国家精品课程／国家精品资源共享课程配套教材

"十二五"普通高等教育本科国家级规划教材

计算机操作系统

第3版｜微课版

Computer Operating System (3rd Edition)

庞丽萍 阳富民 编著

U0276609

名家系列

人民邮电出版社

北 京

图书在版编目（CIP）数据

计算机操作系统 ：微课版 / 庞丽萍，阳富民编著
. -- 3版. -- 北京 ：人民邮电出版社，2018.1（2024.7重印）
ISBN 978-7-115-46069-1

Ⅰ．①计… Ⅱ．①庞… ②阳… Ⅲ．①操作系统－教
材 Ⅳ．①TP316

中国版本图书馆CIP数据核字（2017）第139838号

内 容 提 要

本书全面、系统地阐述了现代操作系统的基本原理、主要功能及实现技术，重点论述多用户、多任务操作系统的运行机制，系统资源管理的策略和方法，操作系统提供的用户界面。书中讨论了现代操作系统采用的并行处理技术和虚拟技术，且以 UNIX 和 Linux 系统为实例，剖析了其特点和具体的实现技术。

为了便于读者的学习和理解，本书针对重难点内容录制了微课视频，读者可通过扫描二维码进行观看。

本书既可作为高等院校计算机和信息类相关专业教材，也可供从事计算机科学、工程和应用等方面工作的科技人员参考。

◆ 编　著　　庞丽萍　阳富民
　　责任编辑　邹文波
　　责任印制　陈　犇

◆ 人民邮电出版社出版发行　　北京市丰台区成寿寺路 11 号
　　邮编　100164　电子邮件　315@ptpress.com.cn
　　网址　http://www.ptpress.com.cn
　　三河市祥达印刷包装有限公司印刷

◆ 开本：787×1092　1/16
　　印张：21.5　　　　　　　　2018 年 1 月第 3 版
　　字数：549 千字　　　　　　2024 年 7 月河北第 18 次印刷

定价：49.80 元

读者服务热线：(010)81055256　印装质量热线：(010)81055316
反盗版热线：(010)81055315
广告经营许可证：京东市监广登字 20170147 号

自《计算机操作系统（第 2 版）》一书出版以来，我们又经历了几轮教学实践，对操作系统的教学内容、实践环节不断地进行研究和探讨。我们考虑在《计算机操作系统（第 2 版）》的基础上再增加实例操作系统的内容和若干习题，针对教学中的重点和难点内容录制微课视频，以促进教师的教学与学生自学，期望收到更好的教学效果。为此，有必要对《计算机操作系统（第 2 版）》进行修订再版。

操作系统是计算机系统的核心软件。它管理和控制整个计算机系统，使之能正确、有效地运转，为用户提供方便的服务。操作系统复杂且神秘，使人们感觉它威力无比，能量无限。学习操作系统就是要揭开它神秘的面纱，剖析它的复杂性，理解并掌握它，为深入学习计算机专业、信息类专业知识，进一步提升软件开发能力，乃至系统软件开发能力打下坚实的基础。

要学懂操作系统，必须了解操作系统的特点；要写好操作系统教材，也必须根据操作系统的特点确定教材内容的选取和教材的编写方法。操作系统具有如下特点。

（1）内容庞杂、涉及面广。操作系统是计算机系统的核心管理软件，它对计算机系统中的所有硬件和软件实施管理和控制，为用户提供良好的接口。

（2）动态性、并行性。现代操作系统都是多用户、多任务操作系统，支持大量的活动同时运行，各种活动都处在不断变化的过程中。

（3）实践性强。所有的计算机都必须配置操作系统，各种类型的操作系统都在运转，为用户提供良好的服务。

（4）技术发展快。操作系统的实现技术和方法在不断地进步与完善。

针对操作系统的特点，本书在内容的选取上注重基础性、实质性、先进性，框架的设计上注重逻辑性、完整性，力图将操作系统内容组织成一个逻辑清晰的整体。在这一整体中始终贯穿着并发、共享的主线。在这一主线下，有一条动态的进程活动轨迹，还有一个系统资源管理的剖面。针对动态的进程活动，本书论述了操作系统的重要的概念——进程、支持多进程运行必需的机制（包括数据结构、进程控制与进程调度功能）及方法。对系统资源管理则根据多用户、多任务环境的特点，讨论系统资源的共享，资源管理的策略与方法。本书提出了实现现代操作系统的关键技术是并行处理技术和虚拟技术，并力图以这种思想方法引领读者思考、理解操作系统的原理和它实施的策略和方法。

我们认为，在操作系统原理教学中应让学生更多地了解实际操作系统的实现技术，使操作系统原理中的理论知识与操作系统实例的具体实现方法有机地结合、相互印证。本书既保留了当前流行的实例操作系统 Linux 的内容，剖析其特点和实现技术，又增加了 UNIX 系统的相关内容。因为 UNIX 系统是一个经典的操作系统，其设计思路有创新，技术实现高效，代码简洁清晰。UNIX 系统为后来的多个操作系统树立了典范。本书增加的内容包括 UNIX 系统结构，UNIX 系统功能调用，UNIX 系统的进程管理、进程调度、存储管理、设备管理和文件系统。

此次再版，在第 2 版教材的基础上做了如下调整。

（1）针对操作系统教学中的重点与难点内容，录制了微课视频。

（2）增加了 UNIX 系统的内容，并将第 2 版第 9 章 Linux 系统的内容分解到对应的各个章节，这样每章最后两节是 UNIX 系统和 Linux 系统的相关内容（第 5 章资源分配与调度除外），作为理论学习后的案例剖析，便于加深读者对理论知识的认识与理解。

（3）增加第 6 章处理机调度。将第 2 版教材第 4 章的"进程调度"一节移至第 6 章，另外增加处理机的多级调度的有关内容。

（4）部分章增加了若干习题。

本书仍然保持深入浅出、通俗易懂的特点，使读者便于阅读和理解。

在本书的编写过程中考虑了目前高等学校计算机以及信息类各专业教学工作的实际需要。本书用于高等学校计算机本科教学时，原则上应讲授第 1~9 章的全部内容，其授课时数建议按 55~60 学时安排；若用于高校计算机专科教学，应选择 1~9 章的基本内容讲授，其授课时数建议按 45~50 学时安排；本书用于高校其他有关专业本科或研究生教学时，其讲授内容和学时数可由任课教师根据具体情况确定。

我们在教学和编写教材过程中，学习、参考了有关操作系统、UNIX、Linux 系统方面的优秀教材，这些书都给了我们很大的帮助，不断地学习使我们加深了对操作系统的理解。在本书出版之际，我们要感谢指导、帮助过我们的专家、作者、老师和朋友，和他们的讨论、交流使我们受益匪浅。

此书出版后，我们恳切地希望能继续得到同行和读者们的批评和指正，以便使此书的质量能不断地提高。

庞丽萍　阳富民

2017 年 5 月于武汉

计算机操作系统　微课索引

第 1 章　绪论	
认识操作系统 （1.1 节）	
操作系统采用的技术 （1.5 节）	
第 2 章　操作系统的结构和硬件支持	
处理机的态 （2.3 节）	
中断及其处理 （2.4 节）	
第 3 章　操作系统的用户接口	
操作系统的 用户接口及分类 （3.2 节）	
系统功能调用及其 实现技术 （3.3 节）	
Linux 系统功能调用 （3.5 节）	
第 4 章　进程及进程管理	
并发进程及其特点 （4.1 节）	
进程定义 （4.2.1 节）	
进程的状态及变迁 （4.2.2 节）	

进程控制块及 进程队列 （4.2.3 节）	
进程控制 （4.3 节）	
进程互斥的概念 （4.4.2 节）	
进程同步的概念 （4.4.3 节）	
进程互斥的实现 （4.6.2 节）	
合作进程的执行次序 （4.6.3 节）	
共享缓冲区的合作 进程的同步 （4.6.3 节）	
生产者—消费者问题 （4.6.4 节）	
第 5 章　资源分配与调度	
虚拟资源与 资源分配策略 （5.1 节）	
死锁 1 （5.3.1 节）	
死锁 2 （5.3.3 节）	

第 6 章　处理机调度	
处理机的多级调度 （6.1 节）	
作业调度 （6.2 节）	
进程调度 （6.3 节）	
第 7 章　主存管理	
主存空间和程序的 地址空间 （7.1 节）	
地址映射和虚拟存储器 （7.2 节）	
分区分配的放置策略 （7.3 节）	
页式地址变换 （7.4.1 节）	
页面请调机制 （7.4.3 节）	
页面淘汰机制与 淘汰策略 （7.4.4 节）	
页面置换算法 （7.4.5 节）	
段式系统与段页式系统 （7.5 节）	
Linux 系统的段页式 地址变换 （7.7.2 节）	

第 8 章　设备管理	
设备独立性与 设备控制块 （8.1 节）	
缓冲技术 （8.2 节）	
输入/输出控制 （8.4 节）	
UNIX 系统缓冲区管理 （8.5.3 节）	
第 9 章　文件系统	
文件系统概念和 文件结构 （9.1 节）	
文件的物理结构 （9.3 节）	
文件目录概念及树形 文件目录 （9.5 节）	
当前目录和链接技术 （9.6.3 节）	
UNIX 文件系统及文件 索引结构 （9.8.1 节）	
UNIX 文件存储器 空闲块的管理 （9.8.5 节）	
Linux 系统的索引结构 （9.9.7 节）	

目　录 CONTENTS

1

第1章 绪论

1.1 操作系统在计算机系统中的地位

1.1.1 存储程序式计算机的结构和特点

随着科学技术的飞速发展，人类生活质量的不断提高，生产实践和社会活动的水平不断地提升，计算机应用随之广泛深入。在计算机应用中，如科学计算、数据处理、金融、航天、电信、信息家电等领域，都有大量的问题需要计算机来解决。

认识操作系统

任何问题的求解都需要给出其形式化定义和求解方法的形式描述。对问题的形式化定义称为数学模型，问题求解方法的形式描述称为算法，通常将一个算法的实现叫作一次计算。而对问题的求解还必须有实现算法的工具或设施。

实现算法的工具或设施从最初的算盘，大量使用的计算器，直到现代的、几乎无所不能的计算机，发生了巨大的变化。然而，这些工具的计算方法的本质特征是相同的，算盘和计算器都可以进行加、减、乘、除运算。人们要解决某一问题，只有将问题的求解方法归结为四则运算问题后，才可以用算盘之类的工具进行计算。当遇到一个复杂的算法时，如求解一个微分方程，就必须将微分方程的解法转化为数值解法。这种计算称为手工计算方式，算盘或计算器是手工计算的一种工具。在这种计算方式下，人们按照预先确定的一种计算方案，先输入原始数据，然后按操作步骤做第一步计算，记下中间结果，再做第二步计算，直到算出最终结果，并把结果记录在纸上。在这一过程中，输入原始数据、执行运算操作、中间结果的存储和最终结果的抄录都是依靠人来操作完成的，所以，这一计算过程是手工操作过程。

现代计算机归根到底还是进行四则运算，不过，最重要的是它还具有自动计算和逻辑判断能力。著名数学家冯·诺依曼（Von Neumann）总结了手工操作的规律以及前人研究计算机的经验，于 20 世纪 40 年代提出了"存储程序式计算机"方案，即冯·诺依曼计算机体系结构，实现了计算的自动化。计算机要进行自动计算，必须有计算方案或计算机程序存放在机器内，计算机还必须能"理解"程序语言的含义并顺序执行指定的操作，能及时取得初始数据和中间数据，能够自动地输出结果。根据这样的分析，冯·诺依曼计算机必须有一个存储器用来存储程序和数据；有一个运算器用以执行指定的操作；有一个控制部件用来实现操作的顺序；还要有输入/输出（简称 I/O）设备，以便输入数据和输出计算结果。

存储程序式计算机的结构包括中央处理器（CPU）、存储器和输入/输出设备。所有的单元都通过总线连接，总线分为地址总线和数据总线，分别连接不同的部件。冯·诺依曼计算机体系结构如图1.1所示。从20世纪40年代至今，计算机体系结构不断地发展变化，但对于单CPU结构的计算机而言，仍然是存储程序式计算机的体系结构。

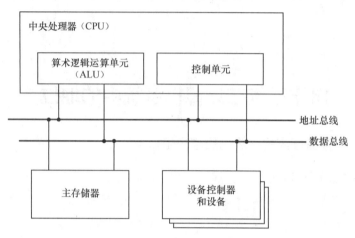

图 1.1　冯·诺依曼计算机体系结构

CPU（又称为中央处理器）是一种能够解释指令、执行指令并控制操作顺序的硬设备。它由算术逻辑运算单元（ALU）和控制单元构成。ALU包含一个能完成算术逻辑操作的功能单元以及一组通用寄存器和状态寄存器，通用寄存器为功能单元提供操作数，并能接收、保存操作的结果。状态寄存器保存着处理机运行过程中的当前状态。现代的CPU一般包含32～64个通用寄存器，每个寄存器能够保存一个32位（bit）的数值。控制单元负责从主存储器提取指令、分析其类型，并产生信号通知计算机其他部分执行指令所指定的操作。控制单元包含一个程序计数器（Program Counter，PC）和一个指令寄存器（Instruction Register，IR）。程序计数器指示下一步应该执行的指令，而指令寄存器包含当前指令的拷贝。

主存储器（Main Memory）简称主存，是组成计算机的一个重要部件，其作用是存放指令和数据，并能由中央处理器直接随机存取。主存接口由存储地址寄存器（Memory Address Register，MAR）、存储数据寄存器（Memory Data Register，MDR）以及命令寄存器（Command Register，CR）三个寄存器组成。主存的单元数目和每个单元的位数取决于当时的电子制造技术以及硬件设计考虑。现代计算机为了提高性能，兼顾合理的造价，往往采用多级存储体系。多级存储体系由存储容量小、存取速度高的高速缓冲存储器，存储容量和存取速度适中的主存储器，存储容量大但存取速度较慢的辅存储器组成。

输入/输出设备（I/O设备）负责信息的传输，将数据从外部世界传送到计算机内，或将主存中的内容传输到计算机的外部世界。输入/输出设备分为存储设备（如磁盘或磁带）、字符设备（如终端显示器、鼠标）和通信设备（如连接调制解调器的串行端口或网络接口）。每个设备通过设备控制器与计算机的地址总线和数据总线相连。控制器提供一组物理部件，可以通过CPU指令操纵它们以完成输入/输出操作。

冯·诺依曼计算机是人类历史上第一次实现自动计算的计算机，它的影响是十分深远的。它采用顺序过程计算模型，具有逻辑判断能力和自动连续运算能力，特点是集中顺序过程控制。其计算是过程性的，完全模拟手工操作过程，即首先取原始数据，执行一个操作，将中间结果保存起来，再取一个数，与中间结果一起执行下一个操作，如此计算下去，直到计算完成。系统中的程序计数器体现其顺序性（在单 CPU 的计算机系统中只有一个程序计数器），计算机根据程序设定的顺序依次执行每一个操作。集中控制是指机器各部件的工作由 CPU 集中管理和指挥。

1.1.2　操作系统与计算机系统各层次的关系

现代计算机系统拥有丰富的硬件和软件资源。硬件是指组成计算机的机械的、磁性的、电子的装置或部件，也称为硬设备。硬件包括中央处理器（CPU）、存储器和各类外部设备。由这些硬件组成的机器称为裸机。

如果用户直接在裸机上处理程序将会寸步难行。因为裸机不包括任何软件，没有程序设计语言及编译系统、没有编辑软件、没有操作系统（不提供数据输入/输出、文件处理等功能）……总之，裸机不提供任何可以帮助用户解决问题的手段，没有方便应用程序运行的环境。用户在使用计算机时希望十分方便，应用程序在处理时需要各方面的支持，这一切若要求硬件完成，不仅成本极高，有些功能硬件也不可能实现，而且对用户使用计算机也将造成极大的障碍。所以，在裸机上必须配置软件，以满足用户的各种要求，特别是那些复杂而又灵活的要求。

软件由程序、数据和在研制过程中形成的各种文档资料组成，是方便用户和充分发挥计算机效能的各种程序的总称。软件可分为以下 3 类。

① 系统软件：操作系统、编译程序、程序设计语言，以及与计算机密切相关的程序。

② 应用软件：各种应用程序、软件包（如数理统计软件包、运筹计算软件包等）。

③ 工具软件：各种诊断程序、检查程序、引导程序。

整个计算机系统的组成可用图 1.2 来描述。由图 1.2 可知，计算机系统由硬件和软件两部分组成。硬件处于计算机系统的底层；软件在硬件的外围，由操作系统、其他的系统软件、应用程序构成。硬件是计算机系统的物质基础，没有硬件就不能执行指令和实施最基本、最简单的操作，软件也就失去了效用；而若只有硬件，没有配置相应的软件，计算机也不能发挥它的潜在能力，这些硬件资源也就没有活力。软件和硬件有机地结合在一起构成了计算机系统。

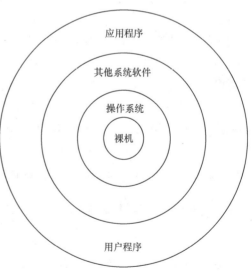

图 1.2　计算机系统的组成

在所有软件中，有一个重要的系统软件称为操作系统。它管理系统中的各种软、硬资源，控制用户和应用程序的工作流程，将系统各部件有机地融合成一个整体，使计算机真正体现了系统的完整性和可利用性。

在计算机系统中，操作系统的位置处在硬件和其他所有软件之间。它在裸机上运行，是所有软件中与硬件相连的第一层软件。从操作系统在计算机系统中的位置可以分析操作系统与各层之间的关系，这对于理解操作系统应具备的功能以及实现这些功能的方法是十分重要的。操作系统与各层的关系表现在两个方面：一是操作系统对各层的管理和控制；二是各层对操作系统的影响和制约。

1. 操作系统对各层的管理和控制

（1）操作系统直接与硬件交互

控制 CPU 的工作、访问存储器、进行设备驱动和设备中断处理。

（2）操作系统与用户和应用程序交互

操作系统是其他系统软件和应用程序运行的基础，它为上层软件和用户提供运行环境，即提供方便、简单的用户接口。

2. 各层对操作系统的制约

（1）计算机系统结构对操作系统实现技术的制约

硬件提供了操作系统的运行基础，计算机的系统结构对操作系统的实现技术有着重大的影响。例如，单 CPU 计算机的特点是集中顺序过程控制，其计算模型是顺序过程计算模型。而现代操作系统大多数是多用户、多任务操作系统，是一个并行计算模型，这就是一对矛盾。

大家熟知的 Windows 系统就是一个多任务操作系统，用户在 Windows 系统中可以开很多窗口，一个窗口就是一个任务，系统支持多个任务同时执行。例如，你正在编辑一个图像时，可以听着音乐，同时还可下载一个文件。那么单 CPU 计算机如何运行多任务呢？这是一件十分困难的事，需要许多技术来支持。为此，操作系统提出并实现了以下各章节要讨论的内容（如多道程序设计技术、分时技术；进程概念、进程控制及同步；资源分配与调度的机制和策略），使得在单 CPU 的计算机上能实现多任务操作系统。这就是计算机的系统结构对操作系统的实现技术的影响和制约。

（2）用户和应用程序的需求对操作系统实现技术的制约

用户和上层软件运行在操作系统提供的环境上，对操作系统会提出各种要求，操作系统必须满足不同的应用需求，提供良好的用户界面，为此需要设计不同类型的操作系统。例如，多用户需要公平的响应，直接与计算机"会话"，这就需要分时操作系统。若要进行过程控制或实时信息处理，应用程序需要实时响应，这时操作系统必须提供实时和具有可预测能力的服务，即提供实时操作系统。所以，在操作系统的设计和采用的实现技术上都要考虑自己的定位，要充分考虑用户和上层软件的需求。

操作系统自它诞生之日起就明确了自己的宗旨——提高计算机的使用效率，方便用户的使用。在操作系统发展的初期，由于硬件价格昂贵，提高计算机的使用效率被放在了第一位，随着计算机硬件技术、微电子技术的快速发展，计算机应用的普及和应用水平的日益提高，方便用户的使用、提高服务质量（QoS）越来越重要。在操作系统的功能实现上必须考虑这一因素和变化。

1.1.3 操作系统与计算机体系结构的关系

计算机系统的硬件基础是冯·诺依曼计算机，而构成计算机系统的另一个重要的系统软件是操作系统。操作系统是运行在计算机上的第一层系统软件，必然受到冯·诺依曼计算机结构特点的制约和影响。

早期的计算机上配置的操作系统是单用户操作系统。这样的操作系统只允许一个用户使用计算机，用户独占计算机系统的各种资源，整个系统为用户的程序运行提供服务。在这种情况下，除了 CPU 和外部设备有可能提供并行操作外，其余的活动都是顺序操作。这种单用户操作系统也是顺序计算模型，容易实现。但存在的问题是，昂贵的计算机硬部件没有得到充分利用，计算机的性能，特别是资源利用率不能充分地发挥。

为了提高资源利用率，操作系统必须能支持多个用户共用一个计算机系统，必须解决多个应用程序共享计算机系统资源的问题，也需要解决这些应用程序共同执行时的协调问题。为此，人们研究并实现了一系列新的软件技术，如多道程序设计技术、分时技术；多任务控制和协调；解决资源分配和调度的策略和方法。这些技术已经载入操作系统发展的光荣史册，并被人们誉为 20 世纪 60 年代至 70 年代计算机科学的奇迹，在近代又得到不断的完善和进一步发展，这些技术的应用取得了可观的经济效益。人们所做的努力实际上是采用了并行处理技术，将单处理机系统改造成了逻辑上的多计算机系统（现代操作系统大都是多用户、多任务操作系统）。多用户、多任务操作系统的计算模型是并行计算模型。

由于计算机系统的计算模型是顺序计算模型，其特点是集中顺序过程控制，而操作系统需要支持的是多用户、多任务的同时执行，是并行计算模型，这就产生了一对矛盾，即硬件结构的顺序计算模型和操作系统的并行计算模型的矛盾。为了解决这一矛盾，单处理机的操作系统的实现技术变得非常复杂、不易理解，最终使操作系统成为一个庞然大物，且效果并不一定很理想。

在单 CPU 计算机上配置的操作系统越来越复杂的情况下，人们研究与并行计算模型一致的计算机系统结构，出现了多处理机系统、消息传递型多计算机和计算机网络等具有并行处理能力的计算机系统结构。

1. 多处理机系统

多处理机系统具有多个处理器，所有处理器共享一个公共主存，共享 I/O 通道、控制器和外部设备。它的特点是通过共享存储器实现多个处理机（结点）之间的互相通信，由于高度的资源共享，被称为紧耦合系统。但多处理机系统存在瓶颈、可扩展性差的问题。

2. 消息传递型多计算机

消息传递型多计算机由两台以上的计算机组成，每台计算机有自己的控制部件、本地存储器（处理机/存储器对）或 I/O 设备，按 MIMD（多指令流多数据流）模式执行程序，采用消息通信机制实现通信。消息传递型多计算机的一般结构如图 1.3 所示。

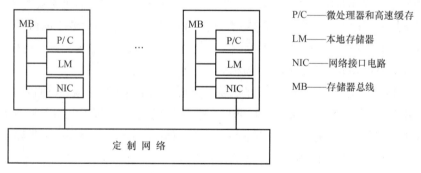

图 1.3　消息传递型多计算机的一般结构

消息传递型多计算机又可称为大规模并行计算机 MPP（Massivery Parallel Processor），其中定制网络的结构可以是网格、环、超立方体、带环立方体结构等。

消息传递型多计算机的结构特点是：①多个处理机/存储器对；②分布存储，无共享资源；③消息传递网络，由硬件直连，传递速率高；④可扩展性好。这种结构的并行计算机是具有分布存储的多计算机系统。

3. 计算机网络

计算机网络是通过通信线将独立自治的计算机互连而成的集合体。互连是指两台计算机之间彼此交换信息，可以通过电缆、光缆、微波、卫星等方式进行互连。独立自治指的是网络中每一台计算机都是独立自治的，没有主从关系。

计算机网络的特点是：①具有多个处理部件；②无公共主存；③有消息通信机制。组成计算机网络的各计算机的位置可以分布在不同的地方，甚至可以相距很远。这一点与消息传递型多计算机不同。消息传递型多计算机的各节点由定制网络连接，它们互相分离但距离不大。

伴随着计算机体系结构的变化，计算机的应用需求也在不断地提高，操作系统随之不断地发展变化，出现了不同类型的操作系统。其类型有批量操作系统、分时操作系统、实时操作系统、个人计算机操作系统，采用分时技术、多任务并发活动处理、资源分配与调度等技术。现代操作系统的代表有 Windows、UNIX、Linux 系统等。在具有并行处理能力的计算机系统上配置的操作系统类型依具体的结构不同而不同，有网络操作系统、多处理机操作系统、集群操作系统、分布式操作系统等。

目前在市场上销售的计算机，大部分仍然采用冯·诺依曼式计算机的结构，预计将来也仍然是如此。因此，我们一方面要学好当前计算机系统上配置的操作系统，另一方面也要关心计算机系统结构发展的新趋势。从计算机体系结构的角度出发去分析操作系统，就容易理解操作系统的功能和实现技术。通过这样的分析，不但可以学到对当前有用的知识，而且可以鉴别哪些是合理的，哪些是需要改造的，哪些是将来仍然有用的。

1.2 操作系统的形成和发展

操作系统是由客观的需要而产生，随着计算机技术的发展、计算机体系结构的变化和计算机应用的日益广泛而不断地发展和完善的。它的功能由弱到强，在计算机系统中的地位也不断提高，以至成为系统的核心。操作系统的发展与当时的硬件基础和软件技术水平有着密切的关系。本章讨论操作系统的发展历程，读者应该关注操作系统的发展经历了哪几个阶段，每个阶段具备的硬件支持、所采用的软件技术、获得的成就、解决的问题，以及进一步发展出现的新问题，这样我们就能了解操作系统产生的必然性和促使它发展的根本原因。

从 20 世纪 40 年代至今，组成计算机的元器件经历了电子管时代、集成电路时代、超大规模集成电路时代。硬件技术在 20 世纪 60 年代初期有了两个重大突破——通道的引入和中断技术的出现。硬件技术的成果使操作系统支持多个程序同时运行成为可能。外部设备从只有纸带输入机、磁带机，发展到出现磁盘、磁鼓、磁盘阵列、光盘塔等存储设备，调制解调器、网络接口等通信设备，这些设备使操作系统与外界的联系与通信更加方便和快捷。计算机体系结构也在不断地变化，由单 CPU 的计算机系统发展到具有并行处理能力的计算机系统，在不同体系结构的计算机系统上配置了不同类型的操作系统。

操作系统的发展过程经历了操作系统发展的初级阶段、操作系统的形成以及进一步发展这 3 个阶段。操作系统发展的初级阶段又可分为早期批处理、脱机批处理和执行系统 3 个过程；操作系统形成的标志性特征是采用了多道程序设计技术和分时技术，这一阶段出现了批量操作系统、分时操作系统和实时操作系统；从 20 世纪 80 年代以来，操作系统得到了进一步发展，出现了功能更强、使用更方便的各种不同类型的操作系统。

1.2.1　操作系统发展的初级阶段

1946 年至 20 世纪 50 年代后期，计算机的发展处于电子管时代，构成计算机的主要元件是电子管，其运算速度很慢（只有几千次/秒）。早期计算机由主机、输入设备（如纸带输入机、卡片阅读机）、输出设备（如打印机）和控制台组成。人们在早期计算机上解题采用的是手工操作方式，即用户以手工方式安装或拆卸，控制数据的输入或输出，通过设置物理地址启动程序运行，这些手工操作称为"人工干预"。在早期计算机中，由于计算机的速度慢，这种人工干预的影响还不算太大。

在 20 世纪 50 年代后期，计算机进入晶体管时代，计算机的速度、容量、外设的品种和数量等方面和电子管时代相比都有了很大的提高，这时手工操作的慢速度和计算机运算的高速度之间形成了人机矛盾。表 1.1 所示为人工操作时间与机器有效运行时间的关系，由表 1.1 可见人机矛盾的严重性。

表 1.1　人工操作时间与机器有效运行时间的关系

机器速度	程序处理所需时间	人工操作时间	操作时间与机器有效运行时间之比
1 万次/秒	1 小时	3 分钟	1：20
60 万次/秒	1 分钟	3 分钟	3：1

说明：程序处理包括完成用户算题任务所需进行的各项工作。在计算机发展的初期，人们对一个程序的处理称为一道作业。

为了解决人机矛盾，必须去掉人工干预，实现作业的自动过渡。科学家编制了一个小的核心代码，称为监督程序。它常驻主存，实现了作业的自动过渡，这个监督程序就是操作系统的萌芽。

1. 早期批处理

每个用户将需要计算机解决的任务组织成一道作业。每个作业包括程序、数据和一个作业说明书。作业说明书提供用户标识、用户程序所需的编译程序、系统资源等信息。每道作业的最后是一个终止信息，它给监督程序一个信号，表示此作业已经结束，应为下一个用户作业的服务做好准备。

在控制作业运行前需要做预处理。各用户提交的作业由操作员装到输入设备上，然后由监督程序控制将这一批作业转存到辅存（早期是磁带）上。监督程序对磁带上的一批作业将依次调度，使它们进入主存运行。监督程序首先审查该作业对系统资源的要求，若能满足，则将该作业调入主存，并从磁带上输入所需的编译程序；编译程序将用户源程序翻译成目标代码，然后由连接装配程序把编译后的目标代码及其所需的子程序装配成一个可执行的程序，接着启动执行；计算完成后输出该作业的计算结果。一个作业处理完毕后，监督程序又自动地调下一个作业进行处理。重复上述过程，直到该批作业全部处理完毕。

监督程序实现了作业的成批处理，I/O 工作由 CPU 直接控制，这样的系统称为（早期）联机批处理系统。注意，这里说的联机指的是中央处理机对 I/O 的控制方式，若 CPU 直接控制 I/O 操作，则系统采用的是联机操作方式。

2. 脱机批处理

早期的联机批处理系统实现了作业的自动过渡，同手工操作相比，计算机的使用效率提高了。

但存在的问题是作业从输入机到磁带、由磁带调入主存、结果的输出打印都是由中央处理机直接控制。在这种早期的联机操作方式下，随着处理机速度的不断提高，CPU 的高速度和 I/O 设备的慢速度之间形成的矛盾不断地加剧。因为在输入或输出时，CPU 是空闲的，使得高速的 CPU 要等待慢速的 I/O 设备的工作，从而不能发挥应有的效率。为了克服这一缺点，在批处理系统中引入了脱机 I/O 技术而形成了脱机批处理系统。

脱机批处理系统由主机和卫星机组成，如图 1.4 所示。主机负责计算，卫星机负责 I/O 工作。作业通过卫星机输入到磁带上，然后移到主机上；主机从输入带上调入作业，并予以执行；作业完成后，主机负责把结果记录到输出带上，再由卫星机负责把输出带上的信息打印输出。这样，主机摆脱了慢速的 I/O 工作，可以较充分地发挥它的高速计算能力。同时，由于主机和卫星机可以并行操作，因此和早期联机批处理系统相比，脱机批处理系统较大程度地提高了系统的处理能力。

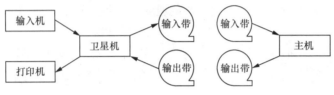

图 1.4　脱机批处理系统

联机批处理系统解决了人机矛盾，而脱机批处理系统进一步解决了 CPU 的高速度和 I/O 设备的低速度这一对矛盾。

3. 执行系统

脱机批处理系统实现了作业的自动过渡，提高了系统的处理能力，但存在着一些缺点。首先是磁带需要人工拆卸，极其不便；其次是系统保护问题越来越突出。一种情况是，由于系统没有任何保护自己的措施，若目标程序执行一条非法的停机指令，机器就会错误地停止运行。另一种情况是，如果一个程序进入死循环，系统就会踏步不前，只有操作员提出终止该作业的请求，删除它并重新启动后，系统才能恢复正常运行。更严重的是无法防止用户程序破坏监督程序和系统程序。

20 世纪 60 年代初期，硬件技术的发展出现了通道和中断，这两项重大成果导致操作系统进入执行系统阶段。通道是一种专用的处理部件，它能控制一台或多台外设的工作，负责外部设备与主存之间的信息传输。它受 CPU 的控制，一旦被启动就能独立于 CPU 运行，这样 CPU 和通道可以并行操作，而且 CPU 和各种外部设备也能并行操作。中断是指当主机接到某种信号（如 I/O 设备完成信号）时，马上停止原来的工作，转去处理这一事件，当事件处理完毕，主机又回到原来的工作点继续工作。

在通道与中断技术的基础上，I/O 工作可以在主机控制之下完成，这与早期联机批处理系统相比较有着本质的区别。因为在通道与中断技术的支持下，不仅实现了联机控制 I/O 工作，而且还实现了 CPU 和 I/O 的并行操作。执行系统可以这样描述：借助通道与中断技术，由主机控制 I/O 传输，监督程序不仅负责作业的自动调度，还要负责提供 I/O 控制功能。这个优化后的监督程序常驻主存，称为执行系统。

执行系统（也称批处理系统）节省了卫星机，降低了成本，实现了主机和通道、主机和外设的并行操作，提高了系统的安全性。系统负责用户的 I/O 传输工作，检查用户 I/O 命令的合法性，避免了由于不合法的 I/O 命令造成的对系统的威胁。

执行系统的普及实现了标准文件管理系统和外部设备的自动调节控制功能。在这期间，程序库变得更加复杂和庞大；随机访问设备（如磁盘、磁鼓）已开始代替磁带作为辅助存储器；高级语言也比较成熟和多样化。20 世纪 50 年代末到 20 世纪 60 年代初期，出现了许多成功的批处理操作系统，其中 IBM7090/7094 计算机配置的 IBM OS 是最有影响的。

1.2.2　操作系统的形成

批处理系统利用中断和通道技术实现了中央处理机和 I/O 设备的并行操作，解决了高速处理机和低速外部设备的矛盾，提高了计算机的工作效率。但在批处理系统使用过程中发现，这种并行还是有限度的，并不能完全消除中央处理机对外部传输的等待。虽然中断和通道技术为中央处理机和外部设备的并行操作提供了硬件支持，但是，是否能实现 CPU 的计算与外部传输的并行操作还依赖于程序的运行特征。如果一个程序只需要 CPU 进行大量的计算时，外部设备就无事可做；而当一个程序需要的是大量的 I/O 传输时，CPU 就不得不处于等待状态。如何解决这一问题？操作系统采用了多道程序设计技术。

1. 多道程序设计技术

首先分析一个进行数据传输的应用程序。该程序在运行过程中依次输入 n 批数据（每批数据是 1000 个字符）。输入机每输入 1000 个字符需要用 1000 ms，CPU 处理这 1000 个字符的数据需用 300 ms。可见，尽管处理机具有和外部设备并行工作的能力，但是在这种情况下处理机仍有空闲等待现象。图 1.5 所示为单个应用程序（又称为单道程序）的工作示例。

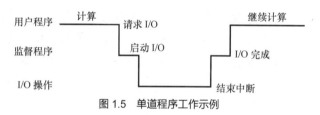

图 1.5　单道程序工作示例

在图 1.5 中，首先是用户程序在 CPU 中进行计算，当它需要进行 I/O 时，向监督程序提出请求。监督程序接到用户程序的 I/O 请求，进行必要的处理，然后启动 I/O 操作。这段时间是监督程序在 CPU 上运行所花费的时间，是系统用于管理的开销。I/O 设备被启动后，CPU 空闲等待，直到 I/O 操作完毕，发生结束中断。当监督程序接收到设备发出的中断信号，进行设备中断处理，然后将 CPU 的控制权交还给用户程序，用户程序又接着在 CPU 上继续计算。注意，用户程序的计算和监督程序的管理工作都是在 CPU 上运行。从上述分析可看出，在输入操作结束之前，处理机处于空闲状态，其原因是 I/O 处理与本道程序相关。

应用程序要解决的问题是多种多样的，一般地，数据处理、情报检索等任务需要的计算量比较少，而 I/O 量比较大。这样的任务运行时，中央处理机的等待时间会比较长。而对于计算量大的科学和工程计算任务而言，使用外部设备则比较少，因而当 CPU 运行时，外部设备经常处于空闲状态。这些情况说明了当系统内只有一道程序工作时，计算机系统的各部件不一定能并行操作，它们的效能没有得到充分发挥。为了解决这一问题，提出了在系统内同时存放几道程序，让它们同时运行的思路和方法，这就是多道程序设计技术。

多道程序设计技术是在计算机主存中同时存放几道相互独立的程序，它们在操作系统控制之下，相互穿插地运行。当某道程序因某种原因不能继续运行下去时（如等待外部设备传输），操作系统便将另一道程序投入运行，这样可以使 CPU 和各外部设备尽可能地并行操作，从而提高计算机的使用效率。图 1.6 所示为多道程序工作示例。

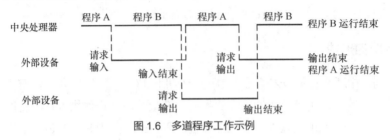

图 1.6　多道程序工作示例

在图 1.6 中，用户程序 A 首先在处理机上运行，当它需要输入数据时，操作系统为它启动输入机进行输入工作，并调度用户程序 B 开始运行。当程序 B 请求输出时，操作系统又启动相应的外部设备进行工作。当程序 A 的 I/O 处理结束时，程序 B 仍在 CPU 上运行，则程序 A 等待，直到程序 B 计算结束请求输出时，才转入程序 A 的执行。从图 1.6 中可以看出，在两道程序执行的情况下，CPU 的效率已大大提高。请读者分析一下，此例中 CPU 有无空闲等待？若有，又是什么原因？

多道程序运行的特征有如下 3 点。

① 多道：计算机主存中同时存放几道相互独立的程序。

② 宏观上并行：同时进入系统的几道程序都处于运行过程中，即它们都开始运行，但都未运行完毕。

③ 微观上串行：从微观上看，主存中的多道程序轮流或分时地占有处理机，交替执行。

如何理解宏观上并行这一特征？在单处理机系统中，CPU 严格地按照指令计数器的内容顺序地执行每一个操作，即一个时刻只能有一个程序在处理机上运行。那么，多道程序如何并行执行呢？由于计算机系统有多个物理部件（如 CPU、输入机、打印机等），进入主存的多道程序可以在不同的部件上进行操作。例如某时刻程序 A 正在处理机上运行，程序 B 在打印输出，程序 C 正在输入数据，从宏观上看，这几道程序的工作都在向前推进，它们都处于执行状态。微观上串行这一特征表现在同时被接收进入计算机的若干道程序在 CPU 上是相互穿插地运行，当正在处理机上运行的程序因为要输入或输出等原因而不能继续运行下去时，就把处理机让给另一道程序。所以从微观上看，一个时刻只有一个程序在处理机上运行。

随着系统中多道运行的数量的增大，CPU 的空闲等待时间随之减少，几乎始终处于忙碌状态。请读者考虑，多道运行的数量可以无限制地增加吗？它将受什么条件的制约？

2. 分时技术

在批处理系统中引入了多道程序设计技术，实现了多道成批处理。在这样的系统中，大量的用户程序以作业为单位成批进入系统，而用户使用计算机的方式是脱机操作方式（请读者注意，这里指的是用户使用计算机的操作方式）。在脱机方式下，程序运行过程中用户不能直接实施控制。用户必须在程序提交给系统前考虑好程序运行中可能出现的问题以及处理的方法。用户使用系统提供的作业控制语言写好操作说明书，连同程序和数据一起提交给系统。以脱机方式使用计算机，用户是非常不方便的。

人们希望能直接控制程序的运行，这种操作方式称为联机操作方式。在此方式下，一方面，操作员可以通过终端向计算机发出各种控制命令；另一方面，系统在运行过程中可输出一些必要的信息，如给出提示符，报告运行情况和操作结果等，以便让用户根据这些信息决定下一步的工作。这样，用户和计算机之间可以"交互会话"，用户十分喜欢这种工作方式。

当计算机技术和软件技术发展到 20 世纪 60 年代中期，主机速度的不断提高，使一台计算机同时为多个终端用户服务成为可能。操作系统采用了分时技术，使每个终端用户在自己的终端设备上以联机方式使用计算机，好像自己独占机器一样。

分时技术，就是把处理机时间划分成很短的时间片（如几百毫秒）轮流地分配给各个用户程序使用，如果某个用户程序在分配的时间片用完之前还未完成计算，该程序就暂停执行，等待下一轮继续计算，此时处理机让给另一个用户程序使用。这样，每个用户的各次要求都能得到快速响应，给每个用户的印象是独占一台计算机。采用分时技术的系统称为分时系统，分时系统的响应时间一般为秒级。

在多道程序设计技术和分时技术的支持下，出现了批处理系统和分时系统，在这两类系统中配置的操作系统分别称为批量操作系统和分时操作系统，这两类操作系统的出现标志着操作系统的形成。

与此同时，计算机开始用于生产过程的控制，形成了实时系统。随着计算机性能的不断提高，计算机的应用领域越来越宽广。例如，炼钢、化工生产的过程控制，航天和军事防空系统中的实时控制。更为重要的是计算机广泛用于信息管理，如仓库管理、医疗诊断、气象监控、地质勘探等。

实时处理的关键词是"实时"二字。"实时"是指计算机对于外来信息能够在被控对象允许的截止期限（Deadline）内做出反应。实时系统的响应时间是由被控对象的要求决定的，一般要求秒级、毫秒级、微秒级甚至更快的响应时间。

实时系统中配置的操作系统称为实时操作系统。在 20 世纪 60 年代后期，批处理系统、分时系统和实时系统得到广泛应用，在这一阶段形成操作系统的主要类型有：批量操作系统、分时操作系统和实时操作系统。在这些操作系统中采用的很多技术至今仍在使用。

1.2.3　操作系统的进一步发展

从 20 世纪 80 年代以来，操作系统得到了进一步发展。促使其进一步发展的原因，一是微电子技术、计算机技术、计算机体系结构的迅速发展；二是用户的需求不断提高。它们使操作系统沿着个人计算机操作系统、网络操作系统、多处理机操作系统、集群操作系统、分布式操作系统等方向发展。

现代操作系统是指当前正广泛使用和流行的操作系统，包括具有图形用户界面、功能强大的个人计算机操作系统；吞吐量大、处理能力强的现代批处理操作系统；交互能力强、响应快的分时操作系统；具有实时响应、可预测分析能力的实时操作系统；具有网络资源共享、远程通信能力的网络操作系统；具有单一系统映像、分布处理能力的分布式操作系统以及分布实时操作系统等。这些操作系统继承了批处理系统和分时系统中已采用的多道程序设计技术、分时技术、保护和安全等技术。随着应用需求的不断提高，人机交互技术、其他面向可视化的技术不断地发展，并得到更为广泛的应用。

在计算机硬件技术不断发展、价格不断下降，网络带宽不断提升这一趋势的推动下，软件技术也得到迅速的发展，出现了客户服务器计算模式。这一计算模式的发展促使操作系统从分时共享和多道操作系统设计技术向支持网络化的方向发展。从实现单台计算机分时共享的分时操作系统（或批处理操作系统）发展为能适应局域网环境的网络操作系统，实现了网络环境下各节点（计算机）之间的资源共享，包括硬件资源和软件资源的共享，还提供网络通信能力、客户和服务器资源管理、进程通信等功能。

计算机网络不是一个一体化的系统，还存在一定的局限性。网络操作系统不支持全局的、动态的资源分配，不支持合作计算，所以它不能满足分布式数据处理和许多分布式应用的需要。而分布式操作系统却能解决网络操作系统不能解决的问题。在硬件体系结构上分布式系统是由多个地理位置分布（或分离）的节点，通过通信网络连接的系统；但在分布式操作系统的支持下，它呈现的是具有单一系统映像，能进行透明的资源访问、支持合作计算的一个逻辑整体，能满足各种分布式应用、并行分布式计算的需要。

1.3 操作系统的基本概念

1.3.1 操作系统的定义和特性

1. 操作系统的定义

组成计算机系统的软件包括系统软件、应用软件和工具软件。其中，有数据库系统，各种程序设计语言和相应的编译系统，负责维护系统正常工作的查错程序、诊断程序，还有大量的应用程序……其中，最重要的是核心系统软件——操作系统。操作系统将系统中的各种软、硬资源有机地组合成一个整体，使计算机真正体现了系统的完整性和可利用性。操作系统是所有软件中与硬件相连的第一层软件，它在裸机上运行；同时它又是系统软件和应用程序运行的基础。计算机系统的软件层可以用图1.7来描述。

操作系统的宗旨是提高计算机系统的效率、方便用户的使用。为了充分利用计算机系统的各类资源、充分发挥整个计算机系统的效率，操作系统必须采用并行处理技术，让多个用户程序同时执行。多个用户共用一个计算机系统，这是一个资源共享的问题，而共享必将导致对资源的竞争。资源共享是指多个计算任务对计算机系统资源的共同享用，资源竞争就是多个计算任务对计算机系统资源的争夺。

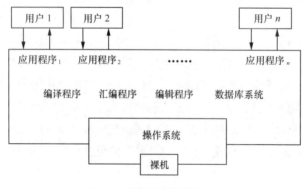

图1.7 计算机系统的软件层

　　一台配置好后的计算机系统有如下部件：一台处理机、两台输入机、一台打印机。假定某时刻该系统有 4 个用户，当这些用户程序同时投入运行时，它们都需要 CPU 进行计算，都需要进入主存，占用主存空间，可能需要输入数据，也可能要输出打印。因此，必然会出现竞争局面，即竞争 CPU 时间、竞争主存空间、竞争 I/O 设备、竞争使用公用子程序等。这种竞争局面是为了充分利用系统资源而必然出现的。为了保证对系统资源的竞争有条不紊，为了保证大量的用户程序正确的运行，必须有一套科学的、完整的策略和方法。这种策略和方法能有效地管理系统资源，协调各用户程序之间的关系和组织整个工作流程，这种策略和方法就是由操作系统来实现的。

　　操作系统将系统资源进行很好的分配以便充分发挥它们的作用，这不仅是经济上的需要，同时也是方便用户的需要。如果面对的是各种各样的物理部件，用户将会束手无策。例如，用户需要使用打印机输出一批数据，若要求用户直接启动其工作，该用户必须事先了解这台设备的启动地址，了解它的命令寄存器、数据寄存器的使用方法，以及如何发启动命令、如何进行中断处理，而这些细节以及设备驱动程序和中断处理程序的编制等均是十分麻烦的。又如，若系统不提供文件管理的功能，当用户想把程序存放到磁盘上，他就必须事先了解磁盘信息的存放格式，具体考虑应把自己的程序放在磁盘的哪一道，哪一扇区内……诸如此类的问题将使用户望而生畏。特别是在多用户的情况下，让用户直接干预各个设备的具体工作更是不可能的，这些工作只能由操作系统来完成。

　　配置了操作系统后，用户便可通过操作系统来使用计算机。用户要使用计算机系统的各类资源，再也不是物理的部件，而是经过操作系统改造后的逻辑部件，或称为虚拟资源。系统内部是非常复杂的，但操作系统提供给用户的是方便、友好的界面，这个界面屏蔽了系统内部的复杂性。计算机通过操作系统的工作可向用户提供一个功能很强的系统，用户可以使用操作系统提供的命令，简单、方便地把自己的意图告诉系统，以完成他所需要完成的工作。正是由于操作系统卓越的工作，才能充分地利用系统的资源，方便用户的使用。

　　综上所述，操作系统是核心系统软件，负责计算机系统软、硬件资源的分配和使用；控制和协调并发活动；提供用户接口，使用户获得良好的工作环境。

　　操作系统是重要的系统软件，只有配置了操作系统，计算机系统才能体现系统的完整性和可利用性。当用户需要计算机解决应用问题时，仅需编制源程序（用户在源程序中，可以利用操作系统提供的系统调用请求其服务），而其余的大量工作，如人机交互、系统资源的合理分配和使用，多个程序之间的协调等工作都是由操作系统来实施。程序的编译、连接等工作将由其他系统软件来完成。所以，操作系统使整个计算机系统实现了高度自动化、高效率、高利用率、高可靠性，因此操作系统是整个计算机系统的核心。

2. 操作系统的特性

　　为了充分利用计算机系统的资源，操作系统一般采用多个同时性用户共享的策略。由于当前计算机大多数仍然是以顺序计算为基础的存储程序式计算机，所以操作系统在解决并行处理问题时，采用了多道程序设计和分时技术等。以多道程序设计为基础的操作系统具备的主要特征就是并发与共享。另外，由于操作系统要随时处理各种事件，所以它也具备不确定性。

　　（1）并发

　　并行性，又称为共行性，是指能处理多个同时性活动的能力。单机操作系统的并行性，又称为并发性。原因是，在单机上可以有多个同时性活动，它们在 CPU 和各种不同的 I/O 设备上可以同时操作，但在 CPU 的执行上只能顺序地执行，这种并行称为逻辑上的并行。这与多处理机系统或多计算机系统的不同在于：在后者环境中的多个活动不仅在 CPU 和各 I/O 设备上可以同时操作，而且在 CPU 的计算上也可同时进行，这些活动是真正的、物理的并行。

在单机操作系统中，I/O 操作和计算重叠，在主存中同时存放的几道用户程序同时执行，这些都是并发的例子。由并发活动产生的一些问题是：如何从一个活动切换到另一个活动；怎样保护一个活动使其免受另外一些活动的影响；如何实现相互依赖的活动之间的同步。

（2）共享

共享是指多个计算任务对系统资源的共同享用。进入系统的各应用程序在其活动期间，都需要各类系统资源，如申请使用 CPU，请求文件信息的读/写，请求数据的输入/输出……操作系统必须解决资源分配的策略和分配方法等问题。对信息资源的共享还需要提供保护手段，如实施存取控制等措施，以保证信息资源的安全。

并发和共享是一对孪生兄弟。程序的并发执行，必然要求对资源的共享，而只有提供资源共享的可能才能使程序真正并发执行。

（3）不确定性

操作系统能处理随机发生的多个事件，如用户在终端上按中断按钮；程序运行时发生错误；一个程序正在运行，打印机发出中断信号等。这些事件的产生是随机的（即随时都有发生的可能），而且大量事件产生的先后次序又有多种可能，即事件组成的序列数量是巨大的，操作系统可以处理各种事件序列，使用户的各种计算任务正确地完成。

1.3.2　操作系统的资源管理功能

操作系统的主要功能包括 3 个方面：①对系统资源实施管理和调度；②控制和协调并发活动；③对外提供用户界面。系统资源管理和并发活动控制是操作系统的核心功能，这两个部分是互相联系、不可分割的。用户程序进入系统开始活动时，系统将这一活动称为一个进程（将在第 4 章详细讨论）。众多的进程在活动过程中需要申请资源、释放资源，这些将与系统资源的分配、调度发生密切的联系。如进程要进入系统执行时，需要存储管理为它分配主存空间；当它需要 CPU 执行权时，需要处理机调度程序为它分配处理机……我们应该关注操作系统的资源管理功能和进程管理之间的内在关系，这样才能更好地理解操作系统的实现技术。

操作系统资源管理的目标与操作系统的宗旨是一致的，那就是提高系统资源的利用率和方便用户使用。操作系统的资源管理包括处理机管理、存储管理、输入/输出管理和文件系统这四大功能。

1.　处理机管理

计算机系统中最重要的资源是中央处理机，任何计算都必须在 CPU 上进行。在处理机管理中最核心的问题是 CPU 时间的分配，这涉及分配的策略和方法。在单 CPU 计算机系统中，当有多进程请求使用 CPU 时，将处理机分配给哪个进程使用的问题就是处理机分配（又称为进程调度）的策略问题。调度策略也就是分配原则，这是在多对 1（即多个进程竞争 1 个 CPU）的情况下必须确定的。这些原则因系统的设计目标不同而不同。可以按进程的紧迫程度，或按进程发出请求的先后次序，或是其他的原则来确定处理机的分配原则。在确定调度策略时还需要确定给定的 CPU 时间，是分配一个时间片？还是让选中进程占用 CPU，直到该进程因为请求 I/O 操作等原因放弃 CPU 控制权？确定了调度策略就可以用某种程序设计语言（一般为 C 语言）写出进程调度算法。最后，还需要解决的问题是给选中的进程进行处理机的分派，使选中的进程真正得到 CPU 的控制权。所以，处理机管理的功能是：

① 确定进程调度策略；

② 给出进程调度算法；

③ 进行处理机的分派。

2. 存储器管理

计算机系统中另一个重要的资源是主存，任何程序的执行都必须从主存中获取数据信息。现代操作系统非常重视主存的存储调度和处理机调度的结合，在主存分配时，将程序中当前最需要的部分调入主存，这样这一部分程序马上可以投入运行。即只有当程序在主存时，它才有可能到处理机上执行，而且仅当它可以到处理机上运行时才把它调入主存，这种调度能实现最大化的主存使用。

现代计算机系统的存储管理具备以下功能。

（1）存储分配和存储无关性

如果有多个用户程序在计算机上运行，其程序和数据都需要占用一定的存储空间。这些程序和数据将分别安置在主存的什么位置，各占多大区域，这就是主存分配问题。然而，用户无法预知存储管理部件（模块）把他们的程序分配到主存什么地方，而且用户也希望摆脱存储地址、存储空间大小等细节问题。现代操作系统为用户程序呈现的是逻辑地址、程序地址空间（或称虚地址空间）。为此，存储管理部件应具备地址重定位能力，提供地址映像等机构。

（2）存储保护

主存中可同时存放数道程序，为了防止某道程序干扰、破坏其他用户程序，存储管理必须保证每个用户程序只能访问它自己的存储空间，即实现用户程序之间的隔离。当某用户企图（有意或无意）存取任何其他范围的信息时，系统能够捕获，以防止对其他用户程序的干扰和破坏，也就是要提供存储保护的手段。存储保护机构有界限寄存器、存储键和锁等，由硬件提供支持，操作系统实现判断和处理功能。

（3）存储扩充

主存空间是计算机资源中重要的资源之一，尤其是在多用户运行环境中，主存资源显得更加紧张。现代操作系统提供虚拟存储技术，借助联机辅助存储器（如磁盘、阵列、光盘塔等），通过虚拟存储的机制和软件扩充主存空间。

每个应用程序都有自己的虚地址空间，它由用户程序的所有的程序地址和数据地址组成。当多个用户程序同时进入主存投入运行时，现代操作系统并不是将这些用户程序的全部代码和数据，在程序的整个运行时间内都放在主存内。而是将这些用户程序的全部代码和数据存放在辅存中，只将每个用户程序虚地址空间中的一部分调入主存。操作系统能自动处理信息在辅存与主存之间的调度，让各用户程序都能正确地运行。用户的感觉是系统的主存足够用，自己程序的大小没有受到主存容量的限制。这种虚拟的感觉正是由于操作系统提供了虚拟存储技术，实现了主存空间的扩充。

3. 设备管理

设备管理是操作系统中最庞杂、琐碎的部分，其原因是：①设备管理涉及很多实际的物理设备，这些设备品种繁多、用法各异；②各种外部设备都能和主机并行工作，而且有些设备可被多个进程所共享；③主机和外部设备，以及各类外部设备之间的速度极不匹配，级差很大。基于这些原因，现代操作系统的设备管理主要解决以下问题。

（1）设备无关性

用户向系统申请和使用的设备与实际操作的设备无关，即在用户程序中或在资源申请命令中使用设备的逻辑名，此即为与设备无关性。这一特征不仅为用户使用设备提供了方便，而且也提高了设备的利用率。

（2）设备分配

各个用户程序在其运行的开始阶段、中间或结束时都可能要进行输入或输出，因此需要请求使用外部设备。在一般情况下，外部设备的种类与台数是有限的（每一类设备的台数往往少于用户的个数），所以，在多对少（多个用户共享少量的设备台数）的情况下，如何分配设备是十分重要的。设备分配通常采用独享分配、共享分配和虚拟分配这三种基本分配技术。

（3）设备的传输控制

设备的传输控制是设备管理要完成的重要和本质的工作。主要工作包括：①控制设备实现物理的 I/O 操作，即组织完成本次 I/O 操作的有关信息，启动设备工作；②当设备完成本次 I/O 操作或操作出错时会产生设备中断信号，由设备中断处理程序进行中断处理。

另外，设备管理还提供缓冲技术，Spooling 技术以改造设备特性和提高设备的利用率。

4. 文件系统

软件资源是各种程序和数据的集合。程序又分为系统程序和用户程序。系统程序包括操作系统的功能模块、系统库和实用程序。为了实现多个用户对系统程序的有效存取，这些程序必须是可重入的，这比创建多个资源副本有着明显的好处。系统程序是以文件形式组织、存放、提供给用户使用的。用户程序也是以文件的形式进行管理的。

文件系统（也就是软件资源管理）要解决的问题是，为用户提供一种简便的、统一的存取和管理信息的方法，并要解决信息的共享、数据的存取控制和保密等问题。具体而言，文件系统要实现用户的信息组织、提供存取方法、实现文件共享和文件安全，还要保证文件完整性，完成磁盘空间分配的任务。

综上所述，操作系统的主要功能之一是管理系统的软、硬件资源。这些资源按其性质来分，可以归纳为四类：处理机、存储器、外部设备和软件资源。这四类资源构成了系统程序和用户程序赖以活动的物质基础。针对这四类资源，操作系统就有相应的处理机管理、存储管理、设备管理和软件资源管理这四大管理功能。分析这些资源管理程序的功能和实现方法就是操作系统的资源管理观点。

1.3.3 操作系统应解决的基本问题

现代操作系统具有并发、共享的特征。为了实现多用户、多任务的并发执行，操作系统必须解决如下几个问题。

1. 资源分配的策略和方法

操作系统要实现多用户、多任务对处理机、主存空间、外部设备、软件资源的共享，就必须提出资源分配的策略和方法。不同类型的资源有不同的特征和使用方法，但作为资源，它们都要为用户提供服务，所以，对于不同类型的资源而言，资源分配策略和资源分配方法都具有共性，例如资源分配用的数据结构；任何资源的一个具体部件的分配状态就是分配或未分配两种。

研究操作系统的资源管理，可以从共性出发去研究资源的概念、资源的使用方法和管理策略，而对各具体资源的管理，则可在总的调度原则、管理方法基础上结合具体资源的"个性"来考虑和实施。例如，对资源的分配常采用两种策略，即先来先服务（按提出服务请求的先后次序）策略和优先调度（按请求服务的紧迫程度）策略。而对 CPU 的调度（即为处理机分配）策略常采用的就是优先调度策略，按进程优先级的高低来满足进程对处理机的请求。另一个常采用的策略是时间片轮转策略，这一策略正是先来先服务策略的一种特例。

2. 协调并发活动的关系

大量活动（又称为进程）同处于一个计算机系统中，它们之间存在相互制约的关系。这种相互制约关系可以分为两类，一类是间接的相互制约关系，另一类是直接的相互制约关系。间接的相互制约关系是由于各进程对资源的共享而产生的（例如，两个进程都需要打印机输出数据），这种相互制约关系可以通过操作系统的资源管理功能来协调和解决。另一种直接的相互制约关系是由于若干进程为完成一个共同任务而互相协作时产生的，这时，这些进程之间存在着一定的逻辑关系（例如，两个售票进程共享一个代表已售票数目的变量 x）。进程的直接的相互制约关系必须由操作系统提供一种称为同步机构的设施来协调，以使各种活动能顺利地进行并得到正确的结果。同步机构有锁、上锁操作和开锁操作；还有功能更强，使用更为广泛的信号灯、信号灯上的 P 操作和 V 操作，这些内容将在第 4 章阐述。协调并发活动的关系指的就是解决进程的直接的相互制约关系。

3. 保证数据的一致性

数据资源的一致性就是要保证数据资源不轻易地被破坏，如避免其残缺不全，或前后矛盾。为此，操作系统要提供保护手段，解决好程序并发执行时对公用数据的使用问题。

保护数据资源问题涉及多级保护：①对系统程序的保护；②对同时进入主存的多道程序的保护；③对共享数据的保护。

对这 3 类保护问题可分别采取不同的措施。

（1）为保护系统程序不受破坏，应建立一个保护环境。采用的办法是对计算机系统设置不同的状态。现代操作系统支持系统的状态分为系统态、用户态两态；或分为核态、系统态、用户态三态。

（2）为了防止多道程序之间的相互干扰，系统提供主存保护措施。

（3）当并发进程共享某些数据时，必须谨慎地处理进程之间的逻辑关系，即进程间的直接的相互制约关系，以避免发生与时间有关的错误。

4. 实现数据的存取控制

数据的存取控制是一个保护问题。为了确保正确、合理地使用信息，需要解决存取信息时的保护问题。在访问信息时，应由文件系统做保护性检查，未经信息主人授权的任何用户不得存取该信息，授权用户也只能在其允许的权限内使用。例如，任何一个程序都不能在未得到许可的情况下，去访问另外一个用户的内部数据。又如，当一个用户想使用另一个用户被保护的标准程序时，也不应该在没有进行检查控制的情况下去执行这一程序。

每个用户对各种数据的存取都事先规定了一定的权限。权限，就是用户对这个数据能执行什么操作，可分为执行、读、写等不同的权限。当一个用户程序访问某一数据信息时，文件系统要检查该用户是否是核准的用户，是否拥有访问这一数据信息的权限，若满足上述两个条件，就允许访问，否则，系统将中止该程序的执行。

近年来，计算机系统广泛应用于各种数据处理问题，尤其是计算机网络的出现，使得信息保护成了一个重要的问题。数据存取控制问题急需解决，人们在操作系统中，特别是在数据库管理系统中做了不少工作，采取了各种保护措施，以达到安全使用的目的。

1.4 操作系统的基本类型

在操作系统发展过程中，为了满足不同应用的需要而产生了不同类型的操作系统。根据应用环境和用户使用计算机的方式不同，操作系统的类型主要有批量操作系统、分时操作系统、实时操作系统、个人计算机操作系统、网络操作系统和分布式操作系统。

1.4.1 批量操作系统

批处理系统采用多道程序设计技术，对提交给系统的用户程序组织成作业形式，由操作员将一批作业转储到辅存设备（如磁盘）上，形成一个作业队列，等待运行。当需要调入作业时，操作系统的作业调度程序负责对磁盘上的一批作业进行选择，将其中满足资源条件且符合调度原则（例如，按先后顺序进行选择）的几个作业调入主存，使它们投入运行。当某个作业完成计算任务时，输出其结果，并收回该作业占用的全部资源。然后根据主存和其他资源的使用情况，再调入一个或几个作业。现代批处理系统仍然采用批量方式输入作业，但提供批处理文件的能力，一个批处理文件可以通过交互会话提交给系统。早期的计算中心一般都配有批量操作系统。

1. 批量操作系统的定义

批量操作系统将用户提交的作业（包括相应的程序、数据和处理步骤）成批送入计算机，然后由作业调度程序自动选择作业运行。这样减少了处理机的空闲等待，从而提高了系统效率。

批量操作系统的主要特征是"批量"。用户要使用计算机时，必须事先准备好自己的作业，然后由操作员将一批作业送入系统，计算结果也是成批输出。系统内的多道程序同时执行，在作业执行过程中，用户不能直接进行干预。

2. 批量操作系统的特点

批量操作系统的优点是系统的吞吐率高。作业的调度由系统控制，并允许几道程序同时投入运行，只要合理搭配作业（如把计算量大的作业和I/O量大的作业搭配）就可以充分利用系统的资源。缺点是作业周转时间（用户向系统提交作业到获得系统的处理信息的时间间隔称为作业周转时间）较长，用户不能及时了解自己程序的运行情况并加以控制，用户使用计算机十分不方便。

1.4.2 分时操作系统

在分时系统中，一台计算机与许多终端设备连接，每个用户可以通过终端向系统发出命令，请求完成某项工作，系统分析从终端设备发出的命令，完成用户提出的要求，之后，用户又根据系统提供的运行结果，向系统提出下一步请求，这样重复上述交互会话过程，直到用户完成预计的全部工作为止。在分时系统中，用户使用计算机的方式称为联机操作方式。

1. 分时操作系统的定义

分时操作系统一般采用时间片轮转的办法，使一台计算机同时为多个终端用户服务。该系统对每个用户都能保证足够快的响应时间，并提供交互会话功能。

2. 分时操作系统的特点

分时系统具有以下几个特点。

① 并行性。共享一台计算机的众多联机用户可以在各自的终端上同时处理自己的程序。

② 独占性。分时操作系统采用时间片轮转的方法使一台计算机同时为许多终端用户服务，每个用户的感觉是自己独占计算机。操作系统通过分时技术将一台计算机改造为多台虚拟计算机。一般分时系统的响应时间为秒级，这样用户在终端上感觉不到等待，会感到满意。

③ 交互性。用户与计算机之间可以进行"交互会话"，用户从终端输入命令，系统通过屏幕（或打印机）将信息反馈给用户，用户与系统这样一问一答，直到全部工作完成。

分时系统的目标是要实现对处理机共享的公平性，同时，给用户提供一台虚拟计算机。这台计算机处理速度比真实的处理机的速度要慢，但用户感觉到的是在独占使用。另外，分时系统给用户提供的是联机操作方式，每个用户通过各自的终端方便地使用计算机。

批量操作系统、分时操作系统的出现标志着操作系统的形成。

1.4.3 实时操作系统

20 世纪 50 年代后期，计算机开始用于生产过程的控制，形成了实时系统。到了 20 世纪 60 年代中期，计算机进入第三代（集成电路时期），机器性能得到了极大的提高，以监视、响应或控制外部环境为目的的实时应用越来越广泛。这类应用的例子包括完全独立的系统（如军事指挥系统、飞行控制系统、住院病人监护系统）和作为某些大型系统的组件的嵌入式系统（如汽车控制系统、手机）。实时系统中配置的操作系统称为实时操作系统。

1. 实时操作系统的定义

实时操作系统对外部输入的信息，能够在规定的时间（Deadline，截止期限）内处理完毕并做出反应。

实时操作系统最重要的特征是，必须满足控制对象的截止期限的要求，若不能满足这一时间约束，则认为系统失败。其另一个重要的特征是可预测性分析。操作系统各功能模块的实现应该具有有限的、已知的执行时间。对实时应用进程的 CPU 调度应该是基于时间约束的，以满足截止期限的要求。主存管理，即使有虚拟主存，也不能采用异步的和无法预测的页面或段的换进换出。而文件在磁盘上的物理结构一般应采用连续分配方式，以避免耗时的、不可确定的文件操作，如动态确定磁盘柱面的搜寻操作。

2. 实时操作系统的特点

实时操作系统的特点如下。

① 实时响应。对外部实时信号能实时响应，响应的时间间隔足以能够控制发出实时信号的那个环境。

② 高可靠性和安全性。实时系统应具有高可靠性和安全性，系统的效率则放在第二位。为确保系统的可靠性和安全性，有的系统采用双工方式工作。

③ 实时操作系统的终端设备通常只是作为执行装置或咨询装置，不允许用户通过实时终端设备去编写新的程序或修改已有的程序。

计算机应用到实时控制中，配置实时操作系统，可组成各种各样的实时系统。实时系统按其使用方式分为实时控制和实时信息处理两种。

3. 实时操作系统的分类

（1）实时控制

计算机的早期应用之一是进行过程控制和提供环境监督。现在，实时控制的应用已十分广泛，如炼钢、化工生产的过程控制，航天和军事防空系统中的实时控制。实时控制系统将从传感器获得的输入数字或模拟信号进行分析处理后，激发一个改变可控过程的控制信号，以达到控制的目的。

（2）实时信息处理

计算机还有一类很重要的实时性应用是组成实时数据处理系统，如仓库管理、医疗诊断、气象监控、地质勘探、图书检索、飞机订票、银行储蓄、出版编辑管理等。这一类应用大多数用于服务性工作，如预订一张飞机票、查阅一种文献资料。用户可通过终端设备向计算机提出某种要求，而计算机系统处理后通过终端设备回答用户。

4. 嵌入式系统与嵌入式操作系统

嵌入式系统指计算机作为某个专用系统中的一个部件而存在，嵌入到更大的、专用的系统中的计算机系统，是一种以应用为中心、以计算机技术为基础、软件硬件可裁剪，功能、可靠性、成本、体积、功耗有严格要求的专用计算机系统。它与普通计算机系统的区别包括：

① 嵌入式系统一般是专用系统，而普通计算机系统是通用计算平台；
② 嵌入式系统的资源比普通计算机系统少得多；
③ 嵌入式系统软件故障带来的后果比普通计算机系统大得多；
④ 嵌入式系统一般采用实时操作系统；
⑤ 嵌入式系统大都有成本、功耗的要求；
⑥ 嵌入式系统得到多种微处理体系的支持；
⑦ 嵌入式系统需要专用的开发工具。

嵌入式操作系统（Embedded Operating System，EOS）是一种用途广泛的系统软件，过去它主要应用于工业控制和国防系统领域。EOS 负责嵌入系统的全部软、硬件资源的分配和任务调度，控制、协调并发活动。它必须体现其所在系统的特征，能够通过装卸某些模块来达到系统所要求的功能。

流行的嵌入式操作系统包括 VxWorks、Nucleus、Windows CE、嵌入式 Linux 等。它们广泛应用于国防系统、工业控制、交通管理、信息家电、家庭智能管理、POS 网络、环境工程与自然监测、机器人等多种领域。

实时操作系统的出现和应用的日益广泛，批量操作系统和分时操作系统的不断改进，使操作系统日趋完善。

1.4.4 个人计算机操作系统

随着计算机应用的日益广泛，许多人都能拥有自己的个人计算机，而在大学、政府部门或商业系统则使用功能更强的个人计算机，通常称为工作站。在个人计算机上配置的操作系统称为个人计算机操作系统。目前，在个人计算机和工作站领域有两种主流操作系统：一种是微软（Microsoft）公司提供的具有图形用户界面的视窗操作系统（Windows）；另一种是 UNIX 系统和 Linux 系统。

Windows 系统的前身是 MS-DOS。MS-DOS 是微软公司早期开发的磁盘操作系统，其应用十分广泛，具有设备管理、文件系统功能，提供键盘命令和系统调用命令。MS-DOS 的后继版本包含了许多新的特征，其中有许多来源于 UNIX 系统。后来，MS-DOS 逐渐发展成为界面色彩丰富、使用直观方便、具有图形用户界面的 Windows 操作系统。Windows 系统是 32 位的多任务操作系统，它使用图形用户界面（GUI）技术，具有非常直观方便的工作环境。MS-DOS 的另一个发展是 IBM 公司将其升级为多任务系统 OS/2。

UNIX 系统是一个多用户分时操作系统，自 1970 年问世以来十分流行，它运行在从高档个人计算机到大型机等各种不同处理能力的机器上，提供了良好的工作环境；它具有可移植性、安全性，提供了很好的网络支持功能，大量用于网络服务器。而目前十分受欢迎的、开放源码的操作系统Linux，则是用于个人计算机的、类似 UNIX 的操作系统。

1.4.5　网络操作系统

计算机技术、通信技术的快速发展和二者的不断交融，大大地推进了人类社会的进步。计算机通过互相连接形成计算机网络，改变着人类的社会生活。而在其中起着核心控制作用的是网络操作系统。

1. 什么是计算机网络

计算机技术和通信技术的结合使得实现资源更广泛的共享成为可能。这两种技术的结合已经对计算机的组成方式产生了深远的影响。许多台计算机通过通信线路连接起来，就可以实现网上计算机之间硬件资源和软件资源的共享。互连指的是两台计算机，它们之间能彼此交换信息，这种连接不一定必须经过电缆，也可以采用激光、微波和地球卫星等技术来实现。

由一些独立自治的计算机，利用通信线路相互连接形成的一个集合体称为计算机网络。网络中的每一台计算机都是独立自治的，即计算机网络中的各个计算机是平等的，任何一台计算机都不能强制性地启动、停止或控制另一台计算机。

计算机网络的特点是：①具有多个处理部件；②无公共主存；③有消息通信机制。组成计算机网络的每一台计算机（又称为节点）都有自己的处理部件、存储部件。计算机之间通过通信线路可以相互通信。这是计算机网络的硬件结构特点。但计算机网络要实现资源共享，还必须有网络操作系统的支持。

2. 网络操作系统

在计算机网络中，每台主机都有操作系统，它为用户程序运行提供服务。当某一主机联网使用时，该系统就要与网络中其他的系统和用户交往，这个单机操作系统的功能需要扩充，以适应网络环境的需要。网络环境下的操作系统既要为本机用户提供简便、有效地使用网络资源的手段，又要为网络用户使用本机资源提供服务。

网络操作系统除了具备一般操作系统应具有的功能模块（处理机管理、存储管理、设备管理、文件系统）之外，还要增加一个网络通信模块。该模块由通信接口中断处理程序、通信控制程序以及各级网络协议等软件组成。

网络操作系统允许用户访问网络主机中的各种资源，并对用户访问进行控制，仅允许授权用户访问特定的资源。计算机网络上的用户对远程资源的使用如同本地资源一样。

网络操作系统以命令（或称原语）形式向用户或上层软件提供服务。这些原语可分为以下4类。

（1）用户通信原语

用户通信原语支持用户之间、用户对系统、系统对用户的通信及状态检查。状态检查常用于检测网络工作是否正常，例如，检查某个主机当时是否利用不足，或现在可否利用某一主机来完成一项任务等。用户可以通过电子邮件进行通信，也可以在多个用户之间实现会议对话。

（2）作业迁移原语

要完成一个算题任务，往往可以分成若干个子任务来共同完成，这些子任务可以放在不同的主机上运行。这样，可以充分利用网上处于空闲状态的计算机，达到了网络负载平衡的目的。作业迁移功能最好集中由中央网络控制机制来完成。

（3）数据迁移原语

数据迁移原语支持对信息的远程访问，数据迁移有两种常用的方法。

① 请求访问远地主机中的某一个数据项，该命令传送到远地主机后，在那里得到这个数据项，然后传送回本机。

② 请求访问远地主机中的某一个数据项，把含有该数据项的整个文件传送到本机，再实现对该数据项的访问操作。

第一种方法用于请求频率不高的情况，第二种方法常用于对一个文件的高频率请求。但采用第二种方法时，一定要注意数据的一致性问题。

（4）控制原语

控制原语用于对子网的控制，如控制网络与主机间的交互作用。

网络操作系统的功能在不断地扩大和完善，它将随着计算机网络的广泛应用而得到更进一步的发展。

1.4.6　分布式操作系统

1. 计算机网络的局限性

一组相互连接并能交换信息的计算机形成了一个网络。但是，计算机网络并不是一个一体化的系统，它还有许多方面不能满足用户不断提升的应用需求，计算机网络的功能对用户来讲是不透明的。用户希望使用一个功能十分强大的计算机网络，但他们不希望面对的、感受到的是一个非常复杂（由多个计算机组成）的系统。用户希望面对的的是一台计算机（虚拟的），以统一的界面、标准的接口去使用系统的各种资源，去实现所需要的各种操作。计算机网络结构的复杂性，通信功能的实施，各种任务的协调和处理均由一个功能更为强大的操作系统来完成，这就是分布式系统。

计算机网络不是一个一体化的系统，它存在着局限性。下面从以下3个方面来分析计算机网络和分布式系统的区别。

（1）不能支持透明的资源存取

计算机网络是多机集合体，对终端用户或程序员而言，存取资源的方式、方法是不透明的。网络上每台机器的资源组织、命名方式、存取方法可能不同，用户必须知道要存取资源的位置、路径以及存取方法。用户必须使用显示的命令,指出资源所在的主机位置及存取路径,才能共享网上的资源。

而分布式操作系统,用户看到的是一个逻辑整体,是具有单一用户界面的系统。这样的系统以服务方式提出对资源的请求,即提出它需要什么(例如,要访问一个文件),而不需要具体指出它所需要的资源或资源服务器在哪里。这是高水平的资源共享,而不是计算机网络所提供的低级的资源共享方式。

(2)不能对网络资源进行有效、统一的管理

计算机网络对资源的使用方式是资源本地使用,若要共享其他机器上的资源时,必须由用户给出显示的命令。

而分布式操作系统对各节点上的资源进行全局、动态分配,还要进行动态负载平衡,全系统的资源可以得到高效的使用,系统还提供容错能力。为了实现资源的全局、动态分配,分布式操作系统需要实施各种技术和策略,如资源分配策略(就近分配或依负载轻重)、动态负载平衡算法、进程迁移、数据迁移、动态备份、多副本技术等。只有实现了资源的全局、动态分配,系统才可能具备透明性。

(3)不能支持合作计算

不论是分布式数据处理问题,还是高性能计算,都有大量的任务在并行执行,而且,如果有些任务共同完成一个更大的任务,这些任务之间还有合作。

在计算机网络中,如果存在有合作关系的任务并行执行,必须由用户自己负责,进行任务划分;由用户考虑这些任务应分配到哪些节点上去运行;还要用显示的命令进行任务传送、结果收集和处理等工作。

而对于分布式操作系统而言,上述这些工作都将由系统负责,由系统自动完成,而不需要用户干预。系统要具备任务划分、任务全局分配、任务通信、数据文件管理、结果收集等功能,使系统有效地支持合作计算。

综上所述,计算机网络是构成分布式操作系统的一个很好的结构形式,即分布式操作系统的硬件基础可以是计算机网络。分布式操作系统和计算机网络的差别在于软件,特别是操作系统,分布式操作系统有一个全局的分布式操作系统。

2. 分布式操作系统的定义

一个分布式系统的商务活动或事务处理要求硬件和物理的处理部件是分布的,被处理的数据和各种活动也是分布的,这体现了服务的分布化。而分布式系统操作还有一个本质的分布性,那就是控制的分布化。在一个分布式操作系统中有多个控制中心,使系统存在多个执行控制路径,它们控制多个事务活动同时进行,但又相互合作。

(1)分布式操作系统定义

分布式操作系统这一名词用得比较混乱,滥用这些技术名称会导致混淆和误解。许多学者对分布式操作系统给出了不同的描述。下面,给出 P.H.Enslow 提出的比较完整的、具有研究和发展性的定义,他强调了并行处理和分布式控制的重要性。P.H.Enslow 给出的分布式操作系统的定义是根据分布式操作系统应有的特征来描述的。

① 系统包含多个通用的资源部件(物理资源和逻辑资源),它们可以被动态地指派给各个任务,并且物理资源可以是异构的。

② 这些物理资源和逻辑资源是物理分布的，并通过一个通信网络相互作用。各分散的处理部件之间的进程通信采用相互合作的协议来实现消息通信。

③ 在系统内有一个分布式操作系统，采用分布式控制的办法，有多个控制器负责系统的全局控制，以便提供动态的进程间的合作。

④ 系统的内部构造与分布性对用户是完全透明的。用户发出使用请求时，不需要具体指明要哪些资源为他服务，而只需要指明要求系统提供什么服务。

⑤ 所有资源（不论是物理的，还是逻辑的）都必须高度自治而又相互合作。各资源之间不允许存在层次控制或主从控制的关系。

下面对这 5 个特征进行讨论。

第①点强调的是资源的通用性。例如，某系统提供通用处理机服务，那么该系统必须有多个通用的处理机。针对所提供服务的资源，系统有能力在短时间内进行动态重分配和系统重构。只有当一个系统拥有多个通用部件，并且能实施动态分配时，资源的利用率才能提高，可靠性才能增强。也就是说，系统才可能具有容错能力。它是判断分布式操作系统的一个重要特征。

第②点和第③点强调分布式控制和消息通信。系统有多个处理部件，它们是合作自治的。同时，系统内有多个控制中心，存在多个控制路径。系统中多个活动之间的一致性是靠协议来实现的。协议是一种共同约定的规则。在分布式系统中，合作的主要形式是协议。合作进程之间的消息通信是平等的通信。

第④点强调的是系统透明性。分布式操作系统对用户的接口是服务方式而不是服务器。用户提出服务请求时，只需要描述用户要什么，而不需要指明要哪些物理或逻辑部件来提供这种服务。用户使用分布式操作系统就好像面对一个集中式系统一样，因为用户看到的是单一用户界面。系统的透明性是分布式操作系统非常重要的特征，只有具备这一特征，分布式操作系统才可能具有高可靠性、可扩展性和适应性。

第⑤点强调的是合作自治，这也是分布式操作系统的重要特征之一。在分布式系统中所有物理部件或逻辑部件都是自治的。通过网络协议进行消息通信时，消息的发送者和接收者需要相互合作。当某部件接收到一个服务请求后，都有提供服务或拒绝服务的选择权，各部件中间不存在"控制"关系。但系统中各部件又都必须遵循分布式操作系统制定的原则。这种工作模式称为相互合作的自治。

（2）分布式系统的优点

① 增强系统性能

分布式系统采用并行处理技术来提高性能。系统内有多个处理部件可实施物理的并行操作；另一方面分布式操作系统的功能分解成多个任务，分配到系统的多个处理部件中同时执行，系统只需保证处理过程中的一致性，就能提高系统吞吐量、缩短响应时间、增强系统性能。

② 可扩展性好

随着用户需求（包括功能、性能方面的需求）的增长，需要增加新部件或增加新的功能模块，分布式系统可以方便地实现性能扩展或功能扩展，而不必替换整个系统。

③ 增加可靠性

分布式系统由于硬件、软件、数据以及控制的分布性（不存在集中环节），资源冗余以及结构可动态重构，可提高系统的可靠性。

④ 更高一级的资源共享

分布式系统在全系统范围内实施资源的动态分配、负载平衡，并对用户提供透明的服务，使系统得到最佳的资源分配和最好的资源共享效果。

⑤ 经济性好

分布式系统由于可扩充性好，可以避免较大的初始投资。另外，由于分布式系统可用多台微型、小型机构成，而其性能却可超过一台大型机的性能，所以可获得很好的性能价格比。

⑥ 适应性强

分布式系统可广泛应用于资源、信息分布较广，而又需要相互协调、合作的部门，如银行金融业务系统、铁路运营管理系统等。

目前分布式应用越来越广泛，其上配置的分布式系统所采用的硬件结构有许多是计算机网络，也可以采用消息传递型多计算机系统。分布式操作系统是当前研究的热点，并不断取得研究成果。由于计算机应用的迫切需要，分布式操作系统与分布式系统将日益完善和实用化。

1.5 操作系统采用的关键技术

现代操作系统采用了大量的先进技术，从以上几节的讨论，读者已了解了多道程序设计技术和分时技术，还有许多操作系统的实现技术将在以后的章节中讨论。要学懂操作系统，必须抓住操作系统最核心的思想方法和最关键的实现技术。这一节给出操作系统采用的关键技术，是为了让读者能以此作为指导，去分析、思考以后各章节的内容，以便从操作系统庞杂的内容中清晰地抓住操作系统的本质。

操作系统采用
的技术

现代操作系统大多是多用户、多任务操作系统，采用的关键技术是并行处理技术和虚拟技术。

1.5.1 操作系统采用的并行处理技术

所谓并行性是指能处理多个同时性活动的能力。现代操作系统能支持多个应用程序同时进入计算机，使这些应用程序都处于已经开始执行，但都没有执行完毕的过程之中。

在现代操作系统中存在大量的并行活动，如应用程序的并行执行。某时刻在一个计算机系统中有的程序正在输入数据，有的程序正在 CPU 上计算，有的程序在打印机上输出数据。这些任务的活动都在向前推进，它们都处于同时执行的状态中。还有在计算机系统中的多个部件的同时操作。输入机的输入操作、CPU 的计算、打印机的输出打印工作可同时进行；还可能存在远程节点的数据正在通过网卡传送到本机的操作……发生在这些物理部件上的操作是真正的物理并行。

要实现应用程序的并行执行和系统各部件的并行操作，操作系统必须具备资源动态分配的能力，提供在多用户、多任务之间进行资源分配（调度）的策略和实现技术。操作系统还应具备对多任务同时性活动的控制和协调能力，提供有效地解决进程控制、进程调度和进程同步等问题的机制和技术。

操作系统具有处理大量同时性活动的能力，在对系统资源和应用程序实施控制和管理过程中，并行处理技术无处不在、无时不在。并行处理是指利用多个处理部件，为完成一个整体任务而同时执行。并行处理的必要条件是必须具备多个能真正同时操作的物理部件。计算机系统具有各种各样的输入/输出设备，还有计算部件 CPU。面对大量的用户和任务，操作系统采用并行处理技术对系统中的各类软、硬资源进行分配和控制，对大量的用户和应用程序的工作进行处理和协调。这样充分发挥了各物理部件并行操作的能力，使整个计算机系统的效率大大提高。

1.5.2 操作系统采用的虚拟技术

操作系统在其实现中大量使用虚拟技术。操作系统要管理和控制各种硬部件，如中央处理机、存储器和各种外部设备。这些部件的使用、控制是十分复杂的。而用户使用计算机解决各类问题时，希望方便、简单。操作系统采用虚拟技术，提供给用户的是逻辑的部件、使用方便的接口。即使是在多用户、多任务同时共享计算机系统的情况下，每个用户也都会感觉到计算机系统为他提供了足以满足自己需求的资源。例如，在分时系统中，CPU 时间被分为很小的时间片，每个进程每次只能分到一个时间片，若时间片到时任务还未完成，系统会将 CPU 的使用权赋给另一个进程。处理机使用权的切换对用户而言是完全透明的，即用户是不得而知的，从而给用户造成他在独占 CPU 的错觉。这样，操作系统利用分时使用 CPU 的技术将中央处理机改造成可供多进程"同时"使用的多个虚拟的处理机。

在存储管理中，现代操作系统提供虚拟存储技术。为用户提供逻辑地址和用户程序的虚存空间（程序地址空间）。另外，程序实际上是存储在物理主存中，以实际的物理地址进行主存的存取操作。在逻辑与物理之间的映射由操作系统的地址映射机构自动完成。而且，现代操作系统还实现了只装入部分代码和数据的用户程序的正确运行，这时，所需信息是否在主存的判断和信息的调动都由操作系统控制完成（硬件配合）。由于操作系统实现了虚拟存储技术，给用户的感觉是程序的大小不受限制，每个用户都有自己的虚存，其效果是一个物理存储器改造成了多个虚拟存储空间。

操作系统在设备管理中提供虚拟设备和虚拟分配技术。例如，一个应用程序请求在打印机上输出一批数据，实际上操作系统是将这一批数据写到了一个虚拟打印机（磁盘）上，由操作系统的假脱机系统负责，在适当的时候，真正在物理打印机上输出。正是由于操作系统提供假脱机技术，多个进程可以并行"打印"，每个进程都有自己的虚拟的打印机。

图 1.8 所示为虚拟技术的原理。系统硬件包括 CPU、主存和各种外部设备（如打印机）。每台硬部件被操作系统复制成多个虚拟部件，并分配给每一个应用程序使用。这样，每个应用程序就感觉自己拥有 CPU、主存和外部设备，这就是虚拟技术产生的效果。

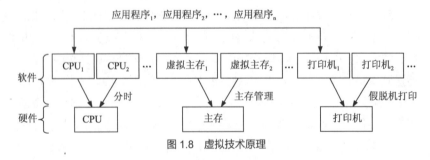

图 1.8 虚拟技术原理

1.6 UNIX、Linux 操作系统概述

1.6.1 UNIX 操作系统的发展

UNIX 操作系统是一个交互式的多用户分时系统，自问世以来十分流行。它可运行于从高档微机

到大型机等各种具有不同处理能力的机器,并且提供良好的工作环境。

UNIX 系统是由美国电报电话公司(AT&T)下属的 Bell 实验室的两名程序员 K.Thompson 和 D.M. Ritchie 于 1969 年~1970 年研制出来的。研制该系统的最初目的是为了创造一个较好的程序设计的开发环境,这两位程序员在 PDP 7 机器上实现了这一系统。这一系统最初是用汇编语言编写的,它继承了由这两个程序员参与研制的 Multics 系统的许多成功的经验。Multics 系统由于极端复杂未达到原定的目标,但它在设计和实现中提出了许多有价值的思想和技术。例如,分级结构的文件系统、与设备独立的用户接口、功能完善的命令程序设计语言、采用高级语言作为系统研制的工具等。UNIX 系统与 Multics 相比较,具有相对简单的特点。UNIX 系统规模较小,研制周期为 2 个人年,Bell 实验室 UNIX 系统规划部主任就 UNIX 成功这一事实说道:"UNIX 的成功并非来自什么崭新的设计概念,而是由于对操作系统所应具备的功能作了一番仔细的斟酌。也就是说,要确定赋予它哪些功能,而且更重要的是,要确定放弃哪些功能。过去的操作系统常常由于庞杂而带来许多问题。有所失才能有所得。UNIX 的成功就在于它做了恰当的选择"。

由于汇编语言编制的程序无法移植,且可读性差,于是,1973 年 K. Thompson 和 D.M. Ritchie 用 C 语言重写 UNIX,这就是运行在 PDP 11 机器上的第 5 版本 UNIX。C 语言是一种通用的高级程序设计语言,它允许产生机器代码、说明数据类型及定义数据结构,因而适合于许多不同类型的计算机体系结构。这使 UNIX 具备了可移植的条件。

同年,在第四届 ACM 操作系统原理会议上,K. Thompson 和 D.M. Ritchie 发表了题为《The UNIX Time Sharing System》的论文。UNIX 开始为外界所认识。

随着微处理机的日益普及,其他公司也把 UNIX 移植到新的机器上。由于 UNIX 具有简单、清晰的特点,许多开发者以各自的方式增加 UNIX 系统的功能,因而导致在基本系统上出现了若干变体。

以下列出有标志性的成果和时间:

1978 年,UNIX V7 第一个商用版本面市,这是 UNIX 大范围、高速发展的起点;

1981 年,AT&T 公司发布 UNIX system Ⅲ,从此不用版本号,而采用系统号;

1983 年,AT&T 公司发布 UNIX system Ⅴ,功能强大且完善。

当前,全世界所使用的 UNIX 系统大部分属于 system Ⅴ。许多大学、研究机构和公司对 UNIX 系统进行不断的修改和扩充,逐步形成各种有不同功能特点的 UNIX 版本。其中,最有代表性的是:

① 加利福尼亚大学伯克利分校开发的 UNIX 系统的变体,它的最新版本是 4.3BSD (Berkeley Software Distribution),适用于工程设计、科学计算等应用领域;

② 美国 SCO 公司开发的 SCO UNIX、SCO XENIX,大量运行在以 Intel 80X86 为基础的微机上。

目前,UNIX 已运行在不同机器上,既包括微机,又包括大型机;并运行在具有各种处理能力的机器上。近年来,几乎所有的 16 位机、32 位微型计算机都竞相移植 UNIX。这种情况在操作系统发展的历史上是极为罕见的。

1.6.2 UNIX 操作系统的类型及特点

1. UNIX 系统的类型

UNIX 系统获得了巨大的成功,这有着内在的原因和客观的因素。一方面,UNIX 问世之前已有许多操作系统研制成功，其中有成功的经验，也有失败的教训，而 UNIX 的设计者正是经过认真考虑，做了恰当的取舍，使 UNIX 站在前人肩头上获得成功；另一方面，由于当时人们需要一个使用方便、能提供良好开发环境、大小适中的系统，UNIX 恰是生逢其时。

UNIX 是多用户交互式分时操作系统。UNIX 系统成功的关键在于自身的性能和特点。下面简单分析 UNIX 的主要特点。

2. UNIX 系统的特点

（1）精巧的核心与丰富的实用层

UNIX 系统在结构上分成核心层和实用层。核心层小巧，而实用层丰富。核心层包括进程管理、存储管理、设备管理、文件系统几个部分。该核心层设计得非常精干简洁，其主要算法经过反复推敲，对其中包含的数据结构和程序进行了精心设计。因此，其核心层只需占用很小的存储空间，并能常驻主存，保证了系统较高的工作效率。

实用层是那些能从核心层分离出来的部分，它们以核外程序形式出现并在用户环境下运行。这些核外程序包含丰富的语言处理程序，UNIX 支持十几种常用程序设计语言的编译和解释程序，如 C、FORTRAN 77、PASCAL、APL、SNOBOL、COBOL、BASIC、ALGOL 68 等语言及其编译程序，还包括其他操作系统常见的实用程序，如编辑程序、调试程序、有关系统状态监控和文件管理的实用程序等。UNIX 还有一组强有力的软件工具，用户能比较容易地使用它们来开发新的软件。这些软件工具包括：用于处理正文文件的实用程序 troff，源代码控制程序（Source Code Control System，SCCS）命令语言的词法分析程序和语法分析程序的生成程序 LEX（Generator of Lexical Analyzers）和 YACC（Yet Another Compiler Compiler）等。另外，UNIX 的命令解释程序 shell 也属于核外程序。正是这些核外程序给用户提供了相当完备的程序设计环境。

UNIX 的核心层为核外程序提供充分而强有力的支持。核外程序则以内核为基础，最终都使用由核心层提供的低层服务，它们逐渐变成了"UNIX 系统"的一部分。核心层和实用层两者结合起来作为一个整体，向用户提供各种良好的服务。

（2）使用灵活的命令语言 shell

shell 首先是一种命令语言。UNIX 的 200 多条命令对应着 200 个实用程序。shell 也是一种程序设计语言。它具有许多高级语言所拥有的控制流能力，如 if、for 、while、until、case 语句，以及对字符串变量的赋值、替换、传递参数、命令替换等能力。用户可以利用这些功能用 shell 语言写出"shell 程序"存入文件。以后用户只要打入相应的文件名就能执行它。这种方法使系统易于扩充。

（3）层次式文件系统

UNIX 系统采用树型目录结构来组织各种文件及文件的目录。这样的组织方式有利于分配辅存空间及快速查找文件，也可以为不同用户的文件提供文件共享和存取控制的能力，且保证用户之间安全有效地合作。

（4）统一看待文件和设备

UNIX 系统中的文件是无结构的字节序列。在缺省情况下，文件都是顺序存取的，但用户如果需要的话，也可为文件建立自己需要的结构，用户可以通过改变读/写指针对文件进行随机存取。

UNIX 将外部设备与文件一样看待，外部设备如同磁盘上的普通文件一样被访问、共享和保护。用户不必区分文件与设备，也不需要知道设备的物理特性就能访问它。例如，行式打印机对应的文件名是/dev/lp。用户只要用文件的操作(write)就能将它的数据从打印机上输出。在用户面前，文件的概念简单了，使用也方便了。

（5）良好的可移植性

UNIX 系统所有的实用程序层和核心层的 90%代码是用 C 语言写成的，这使得 UNIX 成为一个可移植的操作系统。操作系统的可移植性带来了应用程序的可移植性，因而用户的应用程序既可用于小型机，又可用于其他的微型机或大型机，从而大大提高了用户的工作效率。

UNIX 系统取得了巨大的成功，但也存在缺点。概括起来，对 UNIX 的批评有如下几点。

① UNIX 系统版本太多，造成应用程序的可移植性不能完全实现。

UNIX 是用 C 语言写成的，因而容易被修改和移植。UNIX 也鼓励用户用 UNIX 的工具开发适合自己需要的环境，这样造成了 UNIX 版本太多而不统一。为了解决这一问题，AT&T 已与 4 家重要的微机厂家（Intel、Motorola、Zilog 和 National Semiconductor）合作制订了统一的 UNIX system 版本，这就是 UNIX system Ⅴ。

② UNIX 系统的实时控制、分布式处理、网络处理等能力较弱。

这一缺点也在不断改进中，以 UNIX 为基础的分布式系统和具有实时处理能力的系统已在研制并使用，这一问题正在逐步解决。

③ UNIX 系统的核心是无序模块结构。

UNIX 系统核心层有 90%是用 C 语言写成的，但其结构不是层次式的，故显得十分复杂，不易修改和扩充。

UNIX 系统的这些缺点相对它的优点而言是次要的，它的成功无人否认。

1.6.3 Linux 系统及其特点

Linux 操作系统是一个类 UNIX 的多用户、多任务操作系统，且是一个自由的、可免费使用的系统软件。也可以说 Linux 操作系统是 UNIX 操作系统的一个克隆系统。

Linux 系统与 UNIX 完全兼容，在操作系统功能、使用方法等方面极为相似。

1. Linux 系统形成和发展的基础

Linux 系统自 1991 年 10 月 5 日诞生至今，在 Internet 网络的支持下，在全世界各地广泛的计算机爱好者的共同努力下，逐步成为当今世界上使用最为广泛的一种 UNIX 类操作系统，其使用人数还在不断地、迅猛地增长。

Linux 系统的诞生和发展有重要的基础和支持，这就是 UNIX 系统、Minix 系统、GNU 许可证、开放和协作的开发模式、POSIX 标准。

（1）UNIX 系统

Linux 系统与 UNIX 系统有着密切的渊源，这两个操作系统惊人地相似。Linux 系统与 UNIX 系统提供的用户界面一样，有着相同的操作命令和系统功能调用，用户在这两个系统上运行程序的方法和感受是完全一样的。这两个系统实现的功能、采用的数据结构及算法也都是类似的。UNIX 系统自 1970 年研制出来后，不断地发展，1978 年发布了 UNIX Version 7 商用版本。此后，UNIX 被广泛应用在具有不同体系结构的计算机上，其功能强，但源代码是受保护的。

（2）Minix 系统

Linux 系统起源于 Minix 系统。芬兰赫尔新基大学的学生 Linus Torvalds 在学习 Minix 的基础上实现了最初的 Linux 系统。Minix 也是一个类似于 UNIX 的操作系统。但它是一个用于教学目的的操作系统，发布在 Internet 上，免费给全世界的学生使用，它小巧且容易理解，源代码公开。

Minix 首次发布于 1987 年，在功能上与 UNIX Version 7 相仿。但它与 UNIX Version 7 的结构不同，采用的是微内核结构。Minix 系统将存储管理和文件系统从内核中分离出来，将它们作为独立的用户进程单独运行，内核只负责处理进程间通信和设备驱动等底层功能，这样，使操作系统内核实现了最小化。Minix 结构清晰、代码易读，受到广大学生的欢迎。但 Linus Torvalds 因不能修改该系统的源代码（要 Minix 授权）而受到限制，于是，他开始写一个简单的终端仿真程序，通过不断的改进，居然完成了一个虽不成熟，但能称之为 UNIX 的小型操作系统。这就是 Linux 最原始的版本，于 1991 年年底在 Internet 上发布。

（3）GNU 许可证

Linux 系统是按照 GNU 通用公共许可证（General Public License，GPL）的规则，将源代码作为自由软件来开发和发布的。开放源代码（或称自由软件）起源于自由软件基金会（Free Software Foundation，FSF）的发起人 Richard Stallmam，至今已有 20 多年的历史了。Richard Stallmam 完成了许多优秀的软件，如 Emacs 编辑环境、为 C 和 C++所写的 GCC 编译器。他还从事 UNIX 操作系统改进的工作，试图完成一个更优秀的、开放源代码的 UNIX 系统，称为 GNU。GNU 是 "GNU's Not UNIX" 的递归缩写，其含义是名为 GNU 的、类似 UNIX 的操作系统。开发 GNU 的目的是使那些对操作系统感兴趣的人们能自由地获得这个系统的源代码，并可以自由复制。

Richard Stallmam 为这些软件设计了 GPL。GPL 要求首先按《著作权法》获得 GNU 软件的版权，再通过 GPL 释放此权力给所有的使用者。也就是说，用户获得 GNU 软件后可以自由使用和修改，但是用户在发布 GNU 软件时，必须让下一个用户有获得源代码的权利，并且必须告知他这一点。所有的使用者只要遵守 GPL，不把源代码以及自己对源代码所做的修改据为己有，就拥有使用 GNU 软件的权力。遵守 GNU 通用公共许可证 GPL 的规则可以保证 GNU 永远是免费和公开的，这一版权除了规定自由软件的各项许可权之外，还允许用户出售自己的程序拷贝。这使得原来只有业余爱好者和网络黑客参与的这场自由软件活动中，又增加了许多技术实力雄厚、善于市场运作的商业软件公司，开发了多种 Linux 的发行版本。

Linux 系统基于 GNU 开发和发布，Linux 开发过程中使用的大多数软件基本上都出自 GNU，GNU 的软件环境包括 bash shell、C 库、gcc、Emace，世界各地的软件开发者利用这些软件开发环境极为方便地开发 Linux 系统。

（4）开放和协作的开发模式

Linux 系统是一个自由软件，采用的是开放和协作的开发模式。Linux 由来自世界各地的大量自愿者通过 Internet 共同开发，他们借助互联网或其他途径（如发行的光盘）得到源代码和 GNU 软件环境，他们都能修改和调试 Linux 内核、链接新的软件、编写文档或发布信息。这种开发模式激发了软件开发人员的积极性和创造性。

开放和协作的开发模式使自由软件具有强大的生命力。这种开发模式大大地提高了系统的可靠性。Linux 内核经过成百上千位开发者的修改、检查和代码测试，这样广泛和足够多的测试，几乎可以暴露任何问题，并可以使其得到很好的解决。同时，Linux 系统的性能也得以提高，因为众多自愿者对代码的检查、测试可以使内核执行路径的效能得到不断的改进。来自世界各地的自愿者实现了 Linux 系统在各种不同的处理机平台上的移植，在移植过程中对部分代码进行了重写或调整。网上的讨论和比较，也产生了好的代码并实现了共享。开放和协作的开发模式与商业开发模式不同，但同样能开发出高质量的软件。

在开放和协作的开发模式下，Linux 拥有了一个可以紧密团结众多开发者和使用者的社区。Linux 内核社区可以称为内核邮件列表（Linux Kernel Mailing List）之家。内核邮件列表可以发布内核代码，引发讨论和争辩。新代码会在这里张贴，新特性会在这里讨论。网络上还有许多与 Linux 内核开发相关或与 Linux 使用有关的资源（感兴趣的读者可以在网上找到）。

另外，值得一提的是，即使在开放和协作的开发模式下，软件设计和编码规范还是必需的。Linux 制定了编码风格，对代码的风格、格式和布局做出了规定。这样做是为了保证编码风格的一致性。编码风格的一致性可以提高编程的效率，使代码易读易懂，可以进一步发挥 Linux 系统的开放性特征。

（5）POSIX 标准式

POSIX 是一个标准，该标准定义了一套每个 UNIX 系统必须支持的系统调用服务接口，用于保证应用程序可以在源代码一级于多种操作系统上移植运行。Linux 系统遵循了这一标准。

POSIX 标准的产生要追溯到 UNIX 系统的标准化问题。UNIX 自 1970 年问世以来，得到了快速的发展，形成了许多不同的版本，到 20 世纪 80 年代后期，主要有两种互不兼容的 UNIX 版本被广泛地使用，这就是 AT&T 的 UNIX system V 和加州大学伯克利分校（University of California at Berkeley）的 4.3BSD。由于 UNIX 系统的版本太多，又没有二进制程序格式的标准，且不能在任意的计算机上运行，这就影响了 UNIX 系统的推广与使用。为了解决这个问题，必须建立统一的标准。

IEEE 标准化委员会进行了 UNIX 系统标准化的工作，称之为 POSIX，POS 这三个字母代表 Portable Operating System，而 IX 是为了与 UNIX 保持相同的风格。IEEE 标准委员会制定了有关程序源代码可移植性操作系统服务接口正式标准。1986 年 4 月，IEEE 提出了称为 IEEE 1003.1- 1988 的标准，也就是以后经常提到的 POSIX.1 标准。POSIX.1 仅规定了系统服务应用程序编程接口（API），仅概括了基本的系统服务标准。后来，又开展了对系统其他功能的标准制定工作，包括命令与工具标准（POSIX.2）、测试方法标准（POSIX.3）、实时 API（POSIX.4）等。

POSIX 标准的制定为 Linux 提供了极为重要的信息，该标准在推动 Linux 系统朝着正规化的道路上发展起着重要的作用。来自世界各地的自愿者都在 POSIX 标准的指导下进行开发，在 Linux 下开发的应用程序非常容易地被移植到其他遵从 POSIX 标准的操作系统中，即 Linux 与 UNIX 系统完全兼容。

2. Linux 系统及其特点

（1）什么是 Linux 系统

Linux 是一个多用户、多任务操作系统。Linux 最初版本由 Linus Torvalds 于 1991 年开发，运行在具有 Intel 386 微处理器的兼容机上，与 Minux 系统的大小和功能相仿。随后，由于开放和协作的开发模式，众多的开发者积极地参入，使 Linux 快速发展，1996 年发布了 Linux 的主要版本 2.0。这时，Linux 与 UNIX 已完全兼容。它被广泛地移植到 Compaq Alpha、SUN sparc、DEC VAX、HP PA-RISC、IBM S/390、Intel IA-64、Motorola 68000、PowerPC、SPARC 等各种体系结构的机器上。Linux 系统功能强大，运行稳定，应用领域也十分宽广，从各种嵌入式系统到超级计算机服务器处处可见。

Linux 是一个类 UNIX 的操作系统，但它不是 UNIX 操作系统。Linux 借鉴了许多 UNIX 的设计思想并实现了 UNIX 的 API。正如 Linux 开发者所说的那样，Linux 是一个遵循 POSIX 标准的免费操作系统，具有 UNIX system V 和 4.3BSD 的扩展特性。Linux 达到了 UNIX 的设计目标，并保证了应用程序编程界面的一致性，所以从外表和功能上与常见的 UNIX 非常相像。

（2）Linux 与 UNIX 的不同点

Linux 与 UNIX 系统在源代码编写、商业模式、开发模式上完全不同。

Linux 重新编写了系统核心代码，而没有像其他 UNIX 变种那样直接使用 UNIX 的源代码。Linux 的商业模式是免费的系统软件，而 UNIX 在第 7 版本后以商业版本形式发布，源代码是不公开的。

商用 UNIX 的开发过程需要有完整的文档、完善的源代码、全面的测试报告和相应的解决方案，要有严格的质量保证措施。这是一个庞大的工程，需要数以百计的程序员、测试员以及系统管理员参加。而 Linux 系统的开发模式是开放的、协作式的，在 Internet 支持下，全世界范围内的自愿者参入了开发。他们参入 Linux 内核代码的编写、修改、测试等工作，这一分布式的、广泛的系统测试形成了完备的质量保证体系。任何开发者想增加新的内核代码或应用软件，都需要经过测试，他们需要在 Linux USRNET 消息组上张贴一则如何获得和测试其代码的消息，大量的用户可以下载和测试这些"初始"软件，可以将运行结果、故障或问题等以邮件方式告诉作者。Linux 内核的每一个正式版本的发布都要经过几个月时间，这一时间周期由 Linux 源代码的工作量、排除故障数、用户测试预发行版的返回数等来决定。

另外，Linux 系统具体的实现技术也在不断地改进和提高，但与 UNIX 的实现有所区别。如进程调度算法，Linux 和 UNIX 系统采用的都是进程优先数调度算法，但 Linux 比 UNIX 的算法复杂度要低，效果更好。UNIX 系统的进程调度与系统中的进程数有关，开销较大；而 Linux 的进程调度算法则与进程数无关，且具有 O(1)级的算法复杂度，性能很好。

（3）Linux 系统的组成

Linux 系统以高效性和灵活性著称，它能够在 PC 计算机上实现 UNIX 系统的全部特性，具有支持多用户多任务的能力。Linux 操作系统包括 Linux 内核，还包括 shell、带有多窗口管理器的 X-Windows 图形用户接口、文本编辑器、高级语言编译器等应用软件。要说明的是，一般提及 Linux 系统时说的只是 Linux 系统的内核。

下面主要从内核、shell、实用工具几个方面对 Linux 系统的组成做一简单介绍。

① Linux 内核

Linux 内核是 Linux 系统的心脏，它由负责多进程管理和进程调度程序，负责管理进程地址空间的主存管理程序，负责网络、进程间通信的服务程序，负责响应中断的中断处理程序和设备驱动等核心服务程序所组成。它提供了系统其他部分必须的服务支持。Linux 内核运行在内核模式下，拥有受保护的主存空间和访问硬件设备的所有权限。

② Linux shell

Linux shell 是系统提供的操作接口。Shell 是一个命令处理程序，它解释由用户输入的命令，并将该命令送到内核。一方面，用户通过这一命令形式与 Linux 内核进行交互；另一方面，Shell 又是一种程序设计语言，具有其他高级语言的特点，如有循环语句和分支控制语句等。使用 Linux 语言可以编辑成一个文本文件，它以命令作为内容，称为 shell 过程。shell 过程执行的结果是完成设计者某一特定的工作或进入某一状态。每个 Linux 系统的用户可以拥有自己的 shell，用以满足他们自己专用的 shell 需要。

Linux 系统提供可视化的命令输入接口 X-windows 图形用户界面，包括窗口、图标和菜单，所有的管理都通过鼠标控制。

③ Linux 实用工具

Linux 系统包含一组称为实用工具的程序，它们都有专用的程序，如用于编辑文件的编辑器、用于接收数据并过滤数据的过滤器、允许用户发送信息或接收来自其他用户的信息的交互程序等。

Linux 系统的编辑器主要有 Ed、Ex、Vi 和 Emacs。Ed 和 Ex 是行编辑器，Vi 和 Emacs 是全屏幕编辑器。

（4）Linux 系统的特点

Linux 是一个多用户、多任务操作系统，具有以下特征。

① 单体结构的内核

Linux 内核由若干个逻辑模块组成，它们运行在内核地址空间，模块间的通信是通过直接调用其他模块中的函数来实现的。这种结构具有简单和高性能的特点。大多数 UNIX 系统也都采用单体结构。但 Linux 同时吸取了微内核结构的精华，将内核中的一部分代码（包括相关的例程、数据、函数入口和函数出口）组合在一个单独的二进制镜像中，称为内核模块。例如，设备驱动程序就是内核模块。模块可以动态地装载和卸载，这使得 Linux 系统更为灵活。

② 可抢占式内核

Linux 内核可以抢占。Linux 内核允许在核态下执行的多个任务随意切换，只要重新调度是安全的。在其他各种 UNIX 变体中，只有 Solaris 和 IRIX 支持抢占。传统的 UNIX 通常采用固定抢占点的方法来获得有限的抢占能力。

③ 多线程应用程序的支持

Linux 对线程支持的实现比较特别，Linux 内核并不区分线程和其他的一般进程。在 Linux 中线程仅仅被视为一个与其他进程共享某些资源的进程。Linux 与 SVR4、Solaris 等其他系统的实现不同，这些商用 UNIX 变体都是基于内核线程来实现多线程支持的。

④ 多处理器支持

Linux 支持不同存储模式的对称多处理（SMP），系统不仅可以使用多处理器，而且每个处理器可以处理任何一个任务。有几种 UNIX 变体都利用了多处理器系统，但传统的 UNIX 并不支持这种机制。

⑤ 支持多种文件系统

Linux 利用强大的面向对象虚拟文件系统技术，实现了对多种文件系统的支持。Linux 默认的文件系统是 Ext2，还支持 Ext3、ReiserFS，另外，Linux 还使用几个日志文件，如 IBM AIX 的日志文件 JFS、SGI 公司 IRIX 系统的 XFS 文件系统。Linux 和 UNIX 系统一样，可以通过 mount、unmount 命令动态装载或卸载一个文件系统。

习题 1

1-1　存储程序式计算机的主要特点是什么？

1-2　批处理系统和分时系统各具有什么特点？为什么分时系统的响应比较快？

1-3　实时信息处理系统和分时系统从外表看来很相似，它们有什么本质的区别呢？

1-4　什么是嵌入式系统？什么是嵌入式操作系统？

1-5　什么是多道程序设计技术？试述多道程序运行的特征。

1-6　什么是分时技术?

1-7　什么是操作系统? 操作系统的主要特性是什么?

1-8　操作系统的资源管理功能有哪几个? 其中，哪些功能与计算机系统的硬部件相关?

1-9　设一计算机系统有输入机一台、打印机两台，现有 A、B 两道程序同时投入运行，且程序 A 先运行，程序 B 后运行。程序 A 的运行轨迹为：计算 50 ms，打印信息 100 ms，再计算 50 ms，打印信息 100 ms，结束。程序 B 运行的轨迹为：计算 50 ms，输入数据 80 ms，再计算 100 ms，结束。回答如下问题。

（1）用图画出这两道程序并发执行时的工作情况。

（2）说明在两道程序运行时，CPU 有无空闲等待? 若有，在哪段时间内等待? 为什么会空闲等待?

（3）程序 A、B 运行时有无等待现象? 在什么时候会发生等待现象?

1-10　Windows 系统是什么类型的操作系统?

1-11　UNIX、Linux 是什么类型的操作系统?

02 第2章 操作系统的结构和硬件支持

2.1 操作系统虚拟机

操作系统管理和控制多个用户对计算机系统的软、硬件资源的共享。多用户对系统资源的共享，必然引起资源竞争的问题。操作系统的资源管理程序负责资源的分配与调度，但由于系统资源与资源的请求者相比，总是相对较少，会造成程序处理或进程需要等待。而每个用户或应用程序都希望独自使用整个计算机系统，不会考虑并发使用系统的其他进程。虚拟的概念可以有效地实现资源共享，它使一个给定的物理资源具有更强的能力。

另一方面，计算机系统为了帮助用户既快又方便地解决各种问题，应该能提供一个良好的工作环境，这一环境是由几个部分有机地结合在一起而形成的。首先，为了执行指令和实施最原始、简单的操作，需要硬件这一物质基础。硬件层（或称裸机）是由 CPU、存储器和外部设备等组成的。它们构成了操作系统本身和用户进程赖以活动的物质基础和环境。

用户提出的使用要求是多方面的，所需要的功能是非常丰富的。对用户提出的许多功能，特别是那些复杂而又灵活的功能均由软件完成。为了方便用户使用计算机，通常要为计算机配置各种软件去扩充机器的功能，使用户能以透明的方式使用系统各类资源，能得心应手地解决自己的问题。

配置在裸机上的第一层软件是操作系统。在裸机上配置了操作系统后就构成了操作系统虚拟机。

操作系统的核心在裸机上运行，而用户程序则在扩充后的机器上运行。扩充后的虚拟机不仅可以使用原来裸机提供的各种基本硬件指令，而且还可使用操作系统中增加的许多其他"指令"。这些指令统称为扩充机器的指令系统，又称为操作命令语言。操作系统虚拟机的结构如图 2.1 所示。

操作系统虚拟机提供了协助用户解决问题的环境，其功能是通过它提供的命令来体现的，用户也是通过这一组命令和操作系统虚拟机打交道的。系统所提供的全部操作命令的集合称为操作命令语言，它是用户和系统进行通信的手段和界面。这一用户界面分为两个方面：操作命令（又称命令接

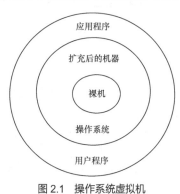

图 2.1 操作系统虚拟机

口）和系统功能调用（又称程序接口）。

1. 操作命令

操作命令按用户使用计算机的方式的不同可分为以下3种。

（1）键盘命令

分时系统或个人计算机系统中的用户使用键盘命令通过终端设备（或控制台）向系统提出请求，组织自己的程序运行。

（2）作业控制语言

批处理系统中的用户使用作业控制语言编写作业说明书，组织作业的运行或提出对系统资源的申请。

（3）图形化用户界面

以交互方式提供服务的计算机一般具有图形化用户界面。该界面以菜单驱动、图符驱动等方式为用户提供一个友好的、直观的、图文并茂的视窗操作环境。

2. 系统功能调用

在用户程序中可以直接使用系统功能调用请求操作系统提供的服务。

若把操作系统看作一台为用户定义的虚拟机，那么，操作命令语言就给出了虚拟机所能执行的"指令"集合，也刻画了相应的虚拟机的功能。

2.2 操作系统的组织结构

操作系统是一个大型的系统软件，对整个计算机系统实施控制和管理，为用户提供灵活、方便的接口。操作系统包括处理机管理、存储管理、输入/输出管理、文件系统等功能模块。那么，如何将这些模块构成一个完整的操作系统？在操作系统活动过程中，这些模块之间如何调用？另外，这些模块如何对外提供接口？这些就是操作系统的结构问题。在设计操作系统时必须按照一般原则对这一软件系统进行统一的组织。操作系统的组织结构应包括模块结构、接口和运行时的组织结构 3 个方面：①模块结构：描述组成系统的不同功能如何分组和交互；②接口：与系统内部结构密切相关，由操作系统提供给用户、用户程序或上层软件使用；③运行时的组织结构：定义了执行过程中存在的实体类型及调用方式。

2.2.1 操作系统的结构

操作系统是一个大型的程序系统。每个模块包含程序、数据以及该模块对外提供的接口。任何软件设计者的任务都是设计模块以实现所需的功能，定义接口以实现模块间交互，使系统满足正确性、可维护性和性能的要求。

在操作系统设计中，有以下 4 种设计方法：一体化结构、模块化结构、可扩展内核结构和层次化结构。图 2.2 给出了这 4 种结构的示意图。

操作系统由内核（核心层）和其他操作系统功能组成。核心层包括操作系统最重要的功能模块（处理机管理、存储管理、设备管理和文件管理，此外还有中断和俘获的处理）。人们讨论操作系统时，往往涉及的是操作系统的内核。所以，在许多场合，操作系统一般指的是操作系统内核。一个操作系统在具体实现时不会十分清晰地采用某一种方式，但主体上会采用这 4 种方式中的一种。

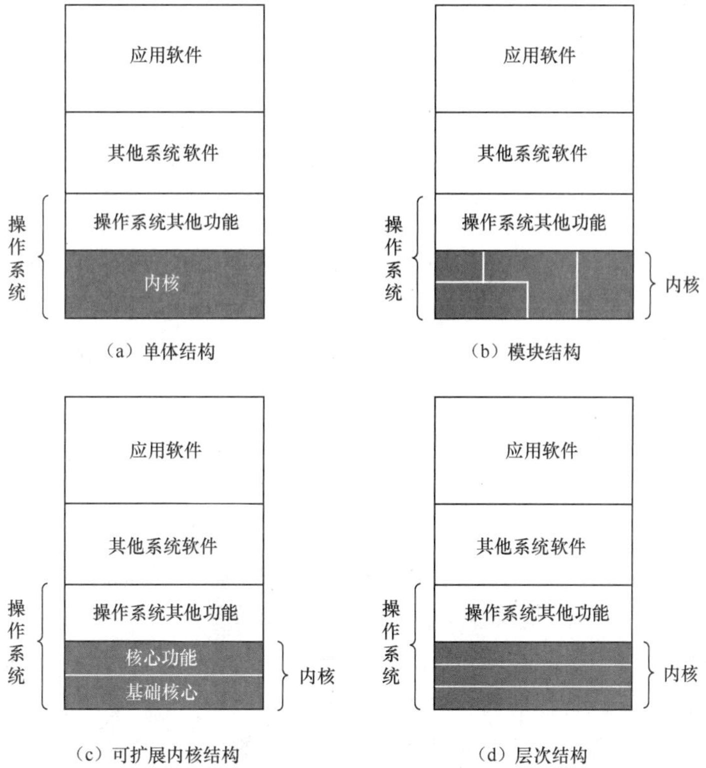

图 2.2 操作系统的 4 种组织结构示意图

1. 单体结构

在单体结构中操作系统是一组过程的集合，每一过程都有一个定义好的接口，包括入口参数和返回值。过程间可以相互调用而不受约束。这种结构是许多操作系统采用的结构。它的特点是操作系统运行效率高，但这种结构难以理解、难以维护，验证其正确性也十分困难。某种意义上，单体结构即为无结构的操作系统。

AT&T System V 和 BSD UNIX 内核都是采用一体化结构的最具代表性的例子。

2. 模块结构

采用模块化结构的系统，其功能是通过逻辑独立的模块来划分的，相关模块间具有良好定义的接口，模块需要封装，数据抽象允许模块隐藏数据结构的实现细节。采用模块化结构来实现操作系统的好处是系统能作为抽象数据类型或对象方法来实现，这样有利于操作系统的理解和维护，缺点是存在潜在的性能退化。

采用模块化方法研究操作系统的例子是面向对象的 Choices 操作系统。Choices 是一个实验性质的操作系统，它是采用面向对象语言设计和建立的。Choices 论证了面向对象技术如何用于操作系统的设计和实现，其目标是通过快速原型方法进行各种实验。而实际的商业化操作系统还没有一个是纯粹采用模块化结构来设计实现的。

3. 可扩展内核结构

可扩展内核结构将操作系统内核分为基础核心和其他核心功能两部分，基础核心包括公共必需的基本功能集合。这种结构方法也可为特定操作系统定义策略独立模块和特定策略模块两类模块。

在现代操作系统设计中，常采用机制与策略分离的方法，对实现操作系统的灵活性具有十分重要的意义。机制是实现某一功能的方法和设施，它决定了如何做的问题；而策略则是实现该功能的内涵，定义了做什么的问题。如定时器是一个对 CPU 进行保护的机制，它是一个装置和设施，但对定时器设置多长时间是策略问题。

策略独立模块用来实现微内核，既为基础核心，又可称为可扩展内核。基础核心的模块功能与机制和硬件相关，是支持上层特定策略模块的共性部分。特定策略模块包含能够满足某种需要的操作系统的模块集合，它依靠策略独立模块的支持以反映特定操作系统的需求。这种体系结构支持操作系统中两个新方向：一是在单一硬件平台上建立具有不同策略的操作系统；二是微内核操作系统。

微内核结构基于客户端/服务器模型，由微内核和核外的服务器进程组成。微内核一般包括最小的进程管理、主存管理以及通信功能，提供客户程序和运行在用户空间的各种服务器之间的通信能力，通信方式采用消息传递。例如，客户程序请求访问一个文件，那么它必须与文件服务器进行交互。客户程序和服务器之间的交互是通过微内核的消息交换来实现通信的。

20 世纪 80 年代中期，卡内基-梅隆大学开发了一个采用微内核结构的 Mach 操作系统。该系统的微内核提供基础的、独立于策略的功能，其他非内核功能从内核移走，以用户进程方式运行。在上层的策略实现中，设计专门的服务器来进行功能扩充。还有一些现代操作系统使用了微内核结构。Tru64 UNIX 向用户提供了 UNIX 接口，它利用 Mach 内核实现了一个 UNIX 服务器。实时操作系统 QNX 也是基于微内核设计的，如图 2.3 所示。QNX 微内核处理低层网络通信和硬件中断，提供消息传递和进程调度的服务支持。QNX 所有的其他服务是以标准进程（以用户模式运行在内核之外）提供的。

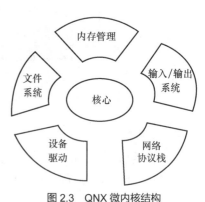

图 2.3　QNX 微内核结构

4. 层次结构

操作系统由若干层组成，每一层提供一套功能，并且该功能仅仅依赖于该层以内的各层，其最终结构与洋葱头相似。洋葱头的中心是机器硬件提供的各种功能，其他各个层次可以看成是一系列连续的虚拟机，而洋葱头作为整体实现了用户要求的虚拟机。

操作系统的层次结构如图 2.4 所示。图 2.4 中，与基本机器硬件紧挨着的是系统核（基础核心）。系统核包括初级中断处理、外部设备驱动、在进程之间切换处理机以及实施进程控制和通信的功能，其目的是提供一种进程可以存在和活动的环境。系统核以外各层依次是存储管理层、I/O 处理层、文件存取层、资源分配和调度层，它们具有资源管理功能并为用户提供服务。

操作系统的层次结构在操作系统设计中一般只

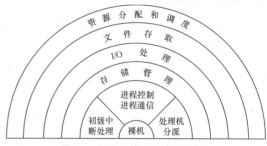

图 2.4　操作系统层次结构示意图

是作为一种指导性原则，因为如何划分操作系统的功能，如何确定各层的内容和调用顺序是十分困难的。对现代操作系统而言，分层结构的限制过于严格，很少采用这种方法来构造操作系统。然而，在设计操作系统时，分层的思想方法是值得借鉴和参考的。

分层操作系统的经典例子是 Dijkstra 的 THE 系统，该系统的设计目标是实现一个可证明正确性的操作系统，分层方法提供了一个隔离操作系统各层功能的模型。

2.2.2　运行时的组织结构

操作系统是一个大型的系统软件，由程序（或称为例程）所组成。操作系统又是一个服务系统，它根据用户的请求而提供服务。在操作系统对计算机系统实施管理和控制的过程中，操作系统的这些例程是如何被调用并提供服务的呢？

在操作系统运行过程中调用一个给定的操作系统的内部例程有两种方式，图 2.5 说明了这两种调用方式。

第一种方式是系统功能调用方式，将操作系统服务作为子例程来提供，如图 2.5（a）所示。操作系统的服务例程以内核功能调用或库函数方式来提供，库函数方式实际上是隐式的内核功能调用，即将内核功能调用通过包装后，以库函数的形式供用户使用。应用程序需要操作系统某个服务功能时，只需调用对应的内核功能或库函数即可。采用这种方式调用操作系统的服务功能时，操作系统被调用的服务例程作为用户进程的子例程（必须通过陷入内核的方式进入操作系统，将在第 3 章讨论）。

第二种方式是客户端/服务器方式，将操作系统服务作为系统服务进程来提供，服务请求和服务响应是通过消息传递方式来实现的，如图 2.5（b）所示。操作系统通过单独自治的系统进程对外提供服务，这种系统进程被称为服务器进程（或称服务器）。应用程序活动时称为应用进程，它需要操作系统某一服务时，向相应的服务器发出请求服务的消息。服务器接收服务请求后，为这一服务请求执行相关例程，然后也以消息形式将结果返回给调用者。提供服务的进程一般称为服务器（sever），调用进程称为客户端（client）。

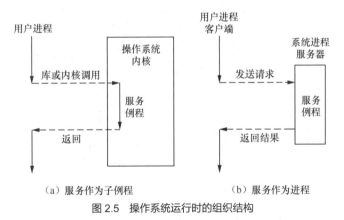

（a）服务作为子例程　　　　　　　　　　　（b）服务作为进程

图 2.5　操作系统运行时的组织结构

以客户端/服务器方式实现系统服务有以下优点。

① 适用于分布式系统。分布式系统由分布在不同地理位置的许多节点组成，具有功能分布的特点。众多的用户进程可以通过客户端/服务器模式向相应的服务器提出申请，一个给定的服务器可以

由不同的客户进行调用。

② 这种组织结构便于实现多种不同的服务类型，通过互联网提供的各类服务就是很好的例子。

③ 具有较好的容错性。与基于函数调用的组织形式相比，客户端/服务器方式具有更高的容错能力。当一个服务进程崩溃时，操作系统其他的服务可以继续工作。而在服务作为子例程方式中，若出现崩溃将影响整个操作系统。

④ 客户端/服务器组织方式严格进行了功能特性的分离，与相互调用的大型同类函数集合体相比较，使系统易于理解和维护。

客户端/服务器组织结构存在的缺点是：操作系统必须维持许多持久型的服务进程，这些进程要监听和响应各种不同的请求。

2.2.3 操作系统与计算机系统各层次的接口

操作系统处在计算机系统中硬件层（裸机）和其他所有软件之间的位置，它在裸机上运行，又是系统软件和应用程序运行的基础。它与硬件、应用程序和用户都有接口。

具有一体化结构的操作系统提供的接口如图 2.6 所示，从图 2.6 中可以看出操作系统提供的多种接口。

操作系统的最低层与硬件接口，它包含 CPU 提供的机器指令。操作系统的程序代码被编译成机器指令并运行在裸机上。操作系统要为上层软件和用户程序提供用户接口，用户以受控方式请求操作系统提供的服务；另外操作系统必须响应系统运行时的并发事件，需要两种硬件机制提供的支持，这两种硬件机制是：①处理机的不同状态；②中断和陷入。

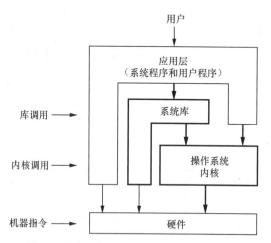

图 2.6 具有一体化结构的操作系统提供的接口

操作系统的用户接口包括程序接口和操作接口。程序接口（或称编程接口）供用户程序和系统库使用。用户程序需要请求操作系统服务时，可以直接使用操作系统提供的程序接口，也可以通过系统库中的函数调用，间接得到操作系统提供的服务。用户还可以通过操作接口控制和处理程序的运行，这一操作接口通过操作系统提供的命令处理程序来实现，包括键盘命令和图形用户界面两种形式。

2.3　处理机的特权级

2.3.1　处理机的态及分类

在计算机系统中运行着大量的程序，这些程序可以分为两大类：一类是操作系统的管理程序（如处理机调度程序、主存分配程序、I/O 管理程序等）；另一类是用户程序。这两类程序的职责不同，前者是管理和控制者，它负责管理和分配系统资源，为用户提供服务。而用户程序运行时，必须向操作系统提出资源请求，自己不能随意取用系统资源，如不能直接启动外部设备的工作，更不能改变机器状态等。对管理者而言，它的工作应该得到保护，操作系统的管理程序不能被破坏，即必须为操作系统提供一个保护环境。

处理机的态

操作系统的管理程序和用户程序在处理机上执行时，二者的职责不同，权限也应不同。为此，根据对资源和机器指令的使用权限，将处理执行时的工作状态区分为不同的态（或称为模式）。所谓处理机的态，又称处理机的特权级，就是处理机当前处于何种状态，正在执行哪类程序。为了保护操作系统，至少需要区分两种状态：管态和用户态。

管态（Supervisor Mode）：又称为系统态，是操作系统的管理程序执行时机器所处的状态。在此状态下中央处理机可以使用全部机器指令，包括一组特权指令（例如，涉及外部设备的输入/输出指令、改变机器状态或修改存储保护的指令），可以使用所有的资源，允许访问整个存储区。

用户态（User Mode）：又称为目态，是用户程序执行时机器所处的状态。在此状态下禁止使用特权指令，不能直接取用资源与改变机器状态，并且只允许用户程序访问自己的存储区域。

有的系统还将管理程序执行时的机器状态进一步分为核态和管态，这时，核态（Kernel Mode）就具有上述管态所具有的所有权限。管态的权限有所变化，管态允许使用一些在用户态下所不能使用的资源，但不能使用修改机器的状态指令。而无核态的系统，管态执行核态的全部功能。管态比核态权限要低，用户态更低。

为了区分处理机的工作状态，需要硬件的支持。在计算机状态寄存器中需设置一个系统状态位（或称模式位）。若状态位是一位，可以区分两态；若状态位是二位，足以区分三态。若用户程序执行时，超出了它的权限（例如，企图访问操作系统核心数据或企图执行一个特权指令）都将发生中断（程序性中断类型），系统从用户态转为管态，由操作系统得到 CPU 控制权，处理这一非法事件。这样可以有效地保护操作系统不受破坏。

用户程序请求操作系统服务的正确方式是通过系统功能调用。用户程序执行时，若需要请求操作系统服务，则通过一种受控方式进入操作系统，将用户态转为核态，由操作系统得到控制权，在核态下执行其相应的服务例程，服务完毕后，返回到用户态，让用户继续执行。

2.3.2　特权指令

在核态下操作系统可以使用所有指令，包括一组特权指令。这些特权指令涉及如下几个方面。
① 改变机器状态的指令；
② 修改特殊寄存器的指令；
③ 涉及外部设备的输入/输出指令。

在下列情况下，由用户态自动转向管态。

① 用户进程访问操作系统，要求操作系统的某种服务，这种访问称为系统功能调用；

② 在用户程序执行时，发生一次中断（如 I/O 完成中断）；

③ 在一个用户进程中产生一个错误状态，这种状态被处理为程序性中断；

④ 在用户态下企图执行一条特权指令，作为一种特殊类型的错误，并按情况③处理。

从管态返回用户态是用一条指令实现的，这条指令本身也是特权指令。

2.4 中断及其处理

中断及其处理

2.4.1 中断概念及类型

1. 中断概念

现代操作系统提供多用户、多任务运行环境，具备处理多个同时性活动的能力。多个应用程序为完成各自的任务都需要获得中央处理机的控制权，它们会在 CPU 上轮流地运行。系统必须具有能使这些任务在 CPU 上快速转接的能力，具有自动处理计算机系统中发生的各种事故的能力，还需解决外设和中央处理机之间的通信问题。例如，当外部设备传输操作完毕时，通过发信号通知主机，使主机暂停对现行工作的处理，立即转去处理这个信号所指示的工作。又如当电源故障、地址错误等事故发生时，立即产生信号，通过中断机构引出处理该事故的程序来处理这一事故。当操作员请求系统完成某项工作时，通过发信号的办法通知主机，使它依照信号及相应的参数要求完成这一工作等。总之，为了实现并发活动，为了实现计算机系统的自动化工作，系统必须具备处理中断的能力。

所谓中断，是指某个事件（例如电源掉电、定点加法溢出或 I/O 传输结束等）发生时，系统中止现行程序的运行、引出处理该事件的程序进行处理，处理完毕后返回断点，继续执行。中断概念如图 2.7 所示。

整个中断过程涉及用户程序和操作系统的中断程序这两类程序（中断嵌套除外）。整个过程包括由硬件实现的中断进入、软件的中断处理过程、中断返回（由中断返回指令实现）这几个步骤。而中断过程是由一个中断信号引发的。

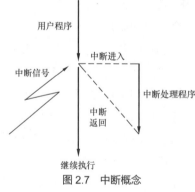

图 2.7 中断概念

2. 中断类型

引起中断的事件（或称中断源）有多种，每一个中断事件称为一个中断类型。不同计算机的中断源不尽相同。由于中断类型太多，为了便于管理，操作系统将众多的中断分类，一般按中断功能、中断方式、中断来源不同进行分类。

（1）按中断功能分类

按中断功能不同可以分为下列 5 类。

① 输入输出中断

输入输出中断是当外部设备或通道操作正常结束或发生某种错误时所发生的中断。例如 I/O 传输出错、I/O 传输结束等。

② 外中断

对某台中央处理机而言，它的外部非通道式装置所引起的中断称为外部中断。例如，时钟中断、操作员控制台中断、多机系统中 CPU 到 CPU 的通信中断等。

③ 机器故障中断

当机器发生故障时所产生的中断称为硬件故障中断。例如，电源故障、通道与主存交换信息时主存出错、从主存取指令错、取数据错、长线传输时的奇偶校验错等。

④ 程序性中断

在现行程序执行过程中，发现了程序性质的错误或出现了某些程序的特定状态而产生的中断称为程序性中断。这种程序性错误有定点溢出、十进制溢出、十进制数错、地址错、用户态下用核态指令、越界、非法操作等。程序的特定状态包括逐条指令跟踪、指令地址符合跟踪、转态跟踪、监视等。

⑤ 访管中断

对操作系统提出某种需求（如请求 I/O 传输、建立进程等）时所发出的中断称为访管中断。

（2）按中断方式分类

在上述这些中断类型中，有些中断类型是随机发生的，并不是正在执行的程序所希望发生的，而有些中断类型是正在执行的程序所希望发生的。从这一角度来区分中断，可以分为强迫性中断和自愿中断两类。

① 强迫性中断

这类中断事件不是正在运行的程序所期待的，而是由某种事故或外部请求信号所引起的。

② 自愿中断

自愿中断是运行程序所期待的事件，这种事件是由于运行程序请求操作系统服务而引起的。

按功能所分的五大类中断中，输入输出中断、外中断、机器故障中断、程序性中断属于强迫性中断类型，访管中断属于自愿中断类型。

（3）按中断来源分类

分析触发不同中断事件的来源，有些来自处理机内部，有些则来自处理机外部。例如，I/O 中断和外中断是发生在 CPU 以外的某种事件，而机器故障中断、程序性中断和访管中断是由 CPU 内部出现的一些事件引起的。如程序运行时发生了非法指令的错误，程序再运行下去已没有意义。这时 CPU 产生一个中断迫使当前程序中止执行，转去处理这一事件。这类事件往往与运行程序本身有关。所以，中断类型还可以根据发生中断的来源不同分类，按这种方式分类可以分为中断与俘获两类，或称为外中断与内中断。

① 中断

由处理机外部事件引起的中断称为外中断，又称为中断，在 x86 中称之为异步中断，它是随着 CPU 的时钟随机产生的，可能发生在一条指令执行过程中，也可能发生在一条指令执行后。包括 I/O 中断、外中断。

② 俘获

由处理机内部事件引起的中断称为俘获，在 x86 中称为异常，也称为同步中断，包括访管中断、程序性中断、机器故障中断。同步中断指的是由 CPU 控制单元产生，是在一条指令执行完毕后才会发出中断，如执行了一条 INT 指令。

现代的一些小型机和微型机系统将所有中断按中断来源分为中断和俘获（或称异常），如图 2.8

所示。在同时发生中断和俘获请求时，俘获总是优先得到响应和处理，所以它也称为高优先级中断。中断和俘获除了来源和响应的先后次序不同以外，一般机器处理中断和俘获所使用的机构和方式基本上是相同的。

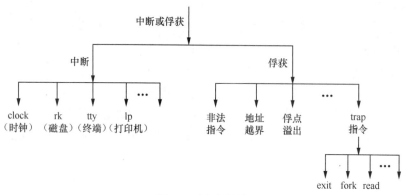

图 2.8　中断与俘获

2.4.2　向量中断和探询中断

当中断发生时，由中断源自己引导处理机进入中断服务程序的中断过程称为向量中断。微型机一般采用向量中断机制。这一中断过程是自动处理的。为了提高中断的处理速度，在向量中断中，对于每一个中断类型都设置一个中断向量。中断向量就是该类型中断的中断服务例行程序的入口地址和处理器状态字。每一个中断向量包含两个字：第一个字含有中断服务例程入口地址；第二个字是服务程序所用的处理器状态字。

系统中所有中断类型的中断向量放在一起，形成中断向量表。每台计算机的主存地址区有一组存储单元，用于存放中断向量表。在中断向量表中，存放每一个中断向量的地址称为中断向量地址。在向量中断中，由于每一个中断都有自己的中断向量，所以当发生某一中断事件时，可直接进入处理该事件的中断处理程序。

有两类不同的中断机制：向量中断和探询中断。在向量中断中，由于对应每一个中断都有一个独特的标识，所以不需要再经过分析就可直接转到处理该中断的处理程序。而探询中断机制是将系统中的所有中断类型分为几大类，每一大类中都包含若干个中断类型。当产生一个中断信号时，在探询中断机制下，由中断响应转入的是某一大类中断的处理程序入口，例如，转入到 I/O 中断处理程序入口。对于各种不同的外设发来的中断都会转到这一中断处理程序来。在这一中断处理程序中有一个中断分析例程用来分析、判断应转入哪个具体的设备中断例程。所以，向量中断和探询中断相比，在处理中断时间上可以大大缩短。当然，这是由消耗存储中断向量所占的主存换来的。

2.4.3　中断进入

发现中断源而产生中断过程的设备称为中断装置，又称为中断系统。中断系统的职能是实现中断的进入，也就是实现中断响应的过程。

当中断信号打断了某个用户程序的执行时，即开始了中断进入过程。这时，必须终止当前用户程序的执行，自动地引出处理这一事件的中断处理程序。为了保证用户程序以后还能正确地恢复执行，必须保留该程序的现场信息。为了能自动地引出处理这一事件的中断处理程序，要依据中断类型，通过中断向量表找到该中断处理程序的执行地址。

1. 保护现场和恢复现场

现场是指在中断的那一时刻能确保程序继续运行的有关信息。现场信息主要包括：后继指令所在主存的单元号、程序运行所处的状态（是用户态还是管态）、指令执行情况以及程序执行的中间结果等。对多数机器而言，这些信息存放在指令计数器、通用寄存器（或累加器和某些机器的变址寄存器）以及一些特殊寄存器中。当中断发生时，必须立即把现场信息保存在主存中，这一工作被称为保护现场。此工作应由硬件和软件共同完成，但二者各承担多少任务，则因具体机器而异。

由于中断的出现是随机的，而中断扫描机构是在中央处理机每执行完一条指令后，在固定的节拍内去检查中断触发器状态的，因此，中断一个程序的执行只能发生在某条指令周期的末尾。所以，中断装置要保存的应该是确保后继指令能正确执行的那些现场状态信息。

为了确保被中断的程序能从恢复点继续运行，必须在该程序重新运行之前，把保留的该程序现场信息从主存中送至相应的指令计数器、通用寄存器或一些特殊的寄存器中。完成这些工作称为恢复现场。一般系统是在处理完中断之后，准备返回到被中断的那个程序之前，通过执行若干条恢复通用寄存器的指令和一条 iret 指令来完成这一工作的。

2. 程序状态字

程序运行时，它的运行状态不断地发生变化，如程序运行所处的状态（是用户态还是管态）、后继指令的地址、指令执行情况等，这些信息基本上反映了程序运行过程中指令一级的瞬间状态。这些信息是动态变化的、十分重要的。为此，操作系统将这一组信息组织在一起，称为程序状态字，并存放在特定的寄存器中。当程序的执行被打断时，系统能方便地得到这些信息。

程序状态字是反映程序执行时机器所处的现行状态的代码。它的主要内容包括：① 程序当前应执行的指令；② 当前指令执行情况；③ 处理机所处的状态；④ 程序在执行时应屏蔽的中断；⑤ 寻址方法、编址、保护键；⑥响应中断的内容。

程序状态字如何存放，不同的机器有不同的做法。大型机（如 IBM 370 机）将程序状态字放在一个称为程序状态字（双字）寄存器中。而小型机或微机则将程序状态字放在两个寄存器中，一个是指令计数器（PC，x86 中为 CS:IP），一个是处理器状态寄存器（PS，x86 中为 FLAGS）。

3. 中断响应

中断响应是当中央处理机发现已有中断请求时，中止现行程序执行，并自动引出中断处理程序的过程。当发生中断事件时，中断系统必须立即将程序状态字寄存器的内容存放到主存约定单元保存（小型机和微型机一般存放到堆栈中），然后会存放到被打断的程序对应的进程控制块（pcb）中，以备以后需要返回原来被中断的程序时，用它来重新设置指令计数器和处理器状态寄存器，使被中断的程序返回断点继续执行。与此同时，中断系统要自动地找到相应的中断处理程序的程序状态字，并将中断处理程序的指令地址和处理器状态送入相应的寄存器中，于是引出了处理中断的程序。

中断响应的实质是交换用户程序和处理该中断事件的中断处理程序的指令执行地址和处理器状态，以达到如下目的：

① 保留程序断点及有关信息；

② 自动转入相应的中断处理程序执行。

中断响应所需的硬件支持包括指令计数器、处理器状态寄存器、中断向量表和系统堆栈。

下面，举一例说明中断响应过程。设某机器，打印机中断处理程序的向量地址是 200 号、202 号单元，分别存放着中断处理程序的入口地址和中断处理时的处理机状态字。系统还提供处理器堆栈和两个专用寄存器，第一个寄存器是指令计数器（PC），其内容是当前运行的程序下一条应执行的指令地址；第二个寄存器是处理机状态字寄存器（PS），其内容是当前正在运行程序的处理机状态字。当发生中断时，指令计数器（PC）和处理机状态字（PS）中的内容自动压入处理器堆栈，同时新的 PC 和 PS 的中断向量也装入各自的寄存器中。这时，PC 中包含的是打印机中断处理程序的入口地址，它控制程序转向相应的处理。当打印机中断处理程序执行完毕，该程序的最后一条指令是 iret（从中断返回），它控制恢复调用程序的环境。中断响应的过程如图 2.9 所示。这里要说明的一点是，中断和俘获是按中断源的不同（来自处理机内部，还是外部）来区分的。俘获发生时进入操作系统的这一行为习惯上被称为自陷，其处理程序被称为自陷处理程序。虽然中断和俘获的中断来源不同，但中断响应过程是相同的。

整个中断处理的功能是由硬件和软件配合完成的。硬件负责中断响应过程，即发现和响应中断请求，把中断的原因和断点记下来供软件处理时查用，同时负责引出中断处理程序。而中断分析、中断处理等工作则由软件的中断处理程序来完成。

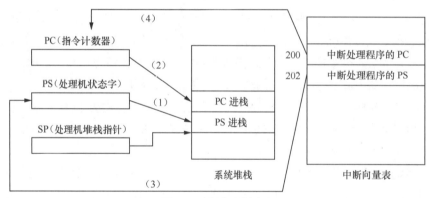

图 2.9   中断响应的过程

2.4.4   软件中断处理过程

当硬件完成了中断响应后，由相应的中断处理程序（或自陷处理程序）得到控制权，进入软件的中断处理（自陷处理过程）。这一过程主要包括以下 3 步：

① 保护现场和传递参数；

② 执行相应的中断（或自陷）服务例程；

③ 恢复和退出中断。

图 2.10 所示为中断处理的一般过程。当程序执行完 k + 0 条指令时发生中断，由中断装置自动记忆断点，并转入虚线方框内的软件中断处理程序进行处理。

值得一提的是，软件中断处理的首要任务是保护被中断程序的现场，但在中断响应时已保存了被中断程序的 PC 和 PS 值，此处还需保护什么？为什么要分为两个步骤？这些问题请读者考虑。

中断处理过程中的中断服务这一步是最为庞杂的。因为中断类型是多种多样的，对于每一个中断都应有相应的中断服务例程。下面简单介绍硬件故障中断、程序性中断、外中断、输入输出中断的中断服务的主要内容。

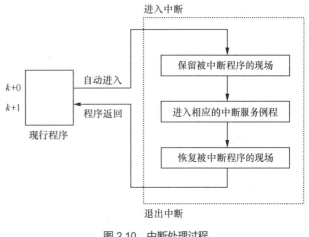

图 2.10　中断处理过程

1. 硬件故障中断的处理

由硬件故障而引起的中断，往往需要人为干预去排除故障，而操作系统所做的工作一般只是保护现场，防止故障蔓延，向操作员报告并提供故障信息。这样做虽然不能排除故障，但是有利于恢复正常和继续运行。

例如，对于主存故障可做如下处理。主存的奇偶校验装置发现主存读写错误时，产生读主存错的中断事件。操作系统首先停止发生该错误的程序的运行，然后向操作员报告出错单元的地址和错误性质（处理器访问主存错还是通道访问主存错）。

2. 程序性中断事件的处理

处理程序性中断事件一般有两种办法：其一，对于那些纯属程序错误而又难以克服的事件，例如地址越界、非管态时用了管态指令、企图写入半固定存储器或禁写区等。操作系统只能将出错的程序名、出错地点和错误性质报告给操作员，请求干预；其二，对于其他一些程序性中断事件，例如溢出、跟踪等，不同的用户往往有不同的处理要求。所以，操作系统可以将这些程序性中断事件交给用户程序，让它自行处理。这时就要求用户编制处理该类中断事件的处理程序。

3. 外部中断事件的处理

外部中断是由外部非通道式装置所引起的中断，有时钟中断、操作员控制台中断、多机系统中 CPU 到 CPU 的通信中断等。现举两例说明。

（1）时钟中断事件的处理

时钟是操作系统进行调度工作的重要部件。时钟可以分成绝对时钟和间隔时钟（即闹钟）两种。为提供绝对时钟，系统可设置一个寄存器，每隔一定时间间隔，寄存器值加 1，例如，每隔 20 ms 将一个 32 bit 长的寄存器的内容加 1。如果开始时这个寄存器的内容为 0，那么只要操作员告诉系统开机时的年、月、日、时、分、秒，以后就可以知道当时的年、月、日、时、分、秒了。当这个寄存器记满溢出时，即经过 $2^{32} \times 20$ ms 后，就产生一次绝对时钟中断信号。此时，系统只要将主存的一个固定单元加 1 就行了。这个单元记录了绝对时钟中断的次数。如果这个单元的长度是 32 bit，那么系统最大计时量为（$2^{32} \times 2^{32} - 1$）×20 ms。一般来说，这个时间是足够长的。

间隔时钟是每隔一定时间（如 20 ms）将一个寄存器内容减 1（一般用一条特殊指令将指定之值预先置入这个寄存器中），当该寄存器内容为 0 时，发出间隔时钟中断信号。这就起到了一个闹钟的作用。例如，某个进程需要延迟若干时间，它可以通过一个系统调用发出这个请求，并将自己挂起，当间隔时钟到来时，产生时钟中断信号，时钟中断处理程序叫醒被延迟的进程。

（2）控制台中断事件的处理

当操作员企图用控制开关进行控制时，可通过控制台开关产生中断事件通知操作系统。系统处理这种中断就如同接受一条操作命令一样。因此，往往是由系统按执行操作命令那样来处理这种中断事件。

4. 外部设备中断的处理

外部设备中断一般可分为传输结束中断、传输错误中断和设备故障中断，分别做如下处理。

（1）传输结束中断的处理

传输结束中断的处理主要包括：决定整个传输是否结束，即决定是否要启动下一次传输。若整个传输结束，则置设备及相应的控制器为闲状态；然后，判定是否有等待传输者，若有，则组织等待者的传输工作。

（2）传输错误中断的处理

传输错误中断的处理应包括：置设备和相应控制器为闲状态；报告传输错误；若设备允许重复执行，则重新组织传输，否则为下一个等待者组织传输工作。

（3）故障中断的处理

故障中断的处理主要包括：将设备置成闲状态；并通过终端打印，报告某台设备已出故障。

中断是实现操作系统功能的基础，是构成多道程序运行环境的根本措施。例如，外设完成中断的出现，将导致 I/O 管理程序工作；申请主存空间而发出的访管中断，将导致在主存中建立一道程序而且开始运行；时钟中断或 I/O 完成中断，可导致处理机调度程序的执行；只有操作员发出键盘命令，命令处理程序才能活跃……所以，中断是程序得以运行的直接或间接的"向导"，是程序被激活的驱动源。只有透彻地了解中断的机理和作用，才能深刻体会操作系统的内在结构。

2.5　UNIX、Linux 系统结构

2.5.1　UNIX 系统的体系结构

图 2.11 所示为 UNIX 系统的体系结构。其中心的硬件是裸机，提供基本硬件功能。操作系统处于硬件和应用程序之间，它与硬件交互作用，向应用程序提供丰富的服务，并使它们同硬件特性隔离。

UNIX 系统核心层的功能包括文件管理、设备管理、存储管理和处理机管理，此外还有中断和俘获的处理。现代计算机系统的硬件机构支持核心态和用户态，使得核心程序在核心态下运行，实用程序在用户态下运行。每一种状态都有自己的栈和栈指针，都有自己的地址

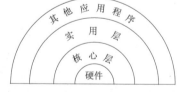

图 2.11　UNIX 系统的体系结构

映射部件。所以，用户态的程序不能直接访问核心态的程序和数据，只能通过访问管理程序指令（访管指令，如 trap 指令）自陷到核心内的操作系统服务程序。

UNIX 的实用层是相当丰富的，有诸如 shell、编辑程序、源代码控制程序及文档准备程序包等。它们在核心层外，最终都使用由核心层提供的低层服务，并且通过系统调用（操作系统的服务方式，将在第 3 章讨论）的集合利用这些服务。核心层的系统调用的集合及实现系统调用的内部算法形成了核心层的主体。核心层提供了 UNIX 系统全部应用程序所依赖的服务，且定义了这些服务。

应用程序处于计算机系统的最外层，这些程序包括用户编制的各种应用程序，还有专门的软件公司编制的各种软件系统，诸如数据库管理系统、办公室自动化系统、事务处理系统等。这些应用软件可由用户选用，也可由用户进一步开发。

2.5.2　UNIX 系统的核心结构

UNIX 系统的核心结构是一体化结构。最初的 UNIX 内核很小，采用一体化组织，运行十分高效。当今 UNIX 系统仍然被广泛使用，且通常配置在一些较大的计算机中。自 UNIX 系统诞生以来，它已被多次扩充、移植和重新实现，但它仍保持一体化结构，即使是 Linux 系统也是一体化结构。UNIX 系统所采用的技术在不断变化，到 20 世纪 80 年代，几乎所有的 UNIX 系统都已经从交换系统转换为页式系统，进程管理也能支持多处理机和分布式系统的需要。

现代 UNIX 系统的内核十分庞大，而且十分复杂。由于内核各部分联系密切，大多数对 UNIX 内核修改的工作变得十分困难。有很多理由需要改变 UNIX 的组织结构，应采用模块化方法，而不是现在使用的一体化结构。然而，UNIX 应用程序接口已成为 POSIX.1 开放系统标准的基础，而且，这一基础已经根深蒂固。为了支持传统的 UNIX 系统调用接口，可采用两种方式：BSD UNIX 4.x 中的方法，以及内核的完全重新设计，如 Mach 2 的可扩充内核。

图 2.12 给出了 UNIX 系统的核心结构。

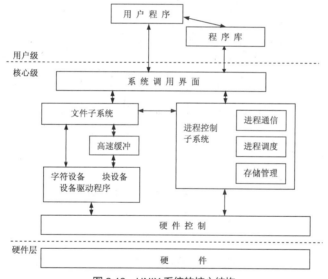

图 2.12　UNIX 系统的核心结构

由于 UNIX 核心层内各部分之间的层次结构不很清晰，各模块之间的调用较为复杂，所以通过简化和抽象给出了此图，它可作为观察核心的一个有用的逻辑视图。它示出了核心的两个主要部分，文件子系统和进程控制子系统。

在图 2.12 中，用户程序可以通过高级语言的程序库或低级语言的直接系统调用进入核心。核心中的进程控制子系统负责进程同步、进程间通信、进程调度和存储管理。

文件子系统管理文件，包括分配文件存储器空间、控制对文件的存取以及为用户检索数据。文件子系统通过一个缓冲机制同设备驱动部分交互作用，也可以在无缓冲机制干预下与字符设备交互作用。

设备管理、进程管理及存储管理通过硬件控制接口与硬件交互作用。

关于进程概念、进程控制及同步、处理机调度、存储管理、设备管理、文件系统将在后续各章中详细讨论。

2.5.3　Linux 系统的内核结构

操作系统的内核通常包括最基础、最核心的功能。一般由负责分配多进程共享处理机时间的进程调度程序、负责管理用户地址空间的存储管理程序、设备驱动、进程间通信以及文件系统组成。

Linux 系统的核心结构是一体化结构。由于 Linux 核心各部分之间的层次结构不很清晰，各模块之间的调用较为复杂，所以通过抽象和简化的方法给出 Linux 系统核心结构的示意图，如图 2.13 所示。它可直观地作为观察核心的逻辑视图。

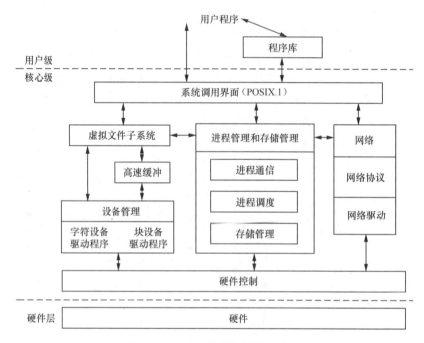

图 2.13　Linux 系统的核心结构示意图

在图 2.13 中，用户程序通过高级语言的程序库或低级语言的系统功能调用进入核心。核心中的进程管理和存储管理模块负责进程同步、进程间通信、进程调度和存储管理。虚拟文件子系统管理文件，包括分配文件存储器空间、控制对文件的存取以及为用户检索数据。文件子系统通过缓冲机制同块设备交互作用，也可以在无缓冲机制干预下与字符设备交互作用。内核还包括负责网上信息传输的网络协议和网络驱动模块。设备管理、进程管理及存储管理、网络驱动通过硬件控制接口与硬件交互作用。

2.6　Linux 系统的特权级与中断处理

2.6.1　Linux 系统的特权级

现在有许多 Linux 系统运行在 i386 系列的处理机上，Intel i386 系列处理机定义了实模式和保护模式。在实模式下只能使用实地址访问主存，并且没有安全保护措施。而保护模式可以使用 i386 系列处理机具备的许多高级特性，如 32 位虚地址寻址空间、段页式机制等。这些是 Linux 系统实现多任务运行、提供保护机制和实现基于页的存储管理功能所必需的硬件基础。

在保护模式下，处理机提供 4 个特权级，当前，Linux 系统使用了其中的两个级别：特权级 0 和特权级 3。特权级 0 是内核模式（或称核态），特权级 3 是用户模式（或称用户态）。设置处理机状态的目的是保护操作系统不受破坏。Linux 系统在特权级 0 时可以执行特权指令和使用计算机系统的所有资源，这对于操作系统实施其管理功能是十分重要的。用户程序执行时处于用户态，不能执行特权指令，使用系统资源必须向操作系统提出申请，通过操作系统提供的系统调用接口才能进入到内核模式。

2.6.2　中断处理的上半部和下半部

整个中断过程包括硬件的中断进入（中断响应）和软件的中断处理过程。Linux 系统的中断进入过程与本书 2.4.3 小节论述的相同，而软件的中断处理过程却有自己的特色。Linux 系统将中断处理过程分为上半部和下半部两个部分。为什么要区分上半部和下半部？又如何实现？下面进行简要介绍。

中断类型非常丰富，每一个中断类型都有自己的设备驱动程序和中断处理程序。不同类型设备的设备特性不同，使用方法也不同，所以每类设备的设备驱动程序和中断处理程序都不相同。对不同的中断处理程序而言还具有一个共同的特点，这就是必须快速处理。因为中断事件是大量的，而且是随机发生的。在进行软件的中断处理时系统进入了核态模式，它的执行应具有较为严格的时间限制。中断打断了其他程序的执行，甚至可能打断某个中断处理程序，正是由于这种异步执行的特征，中断处理程序必须尽可能快速、简洁地执行。中断处理程序的代码越精简越好，这样可以减少操作系统阻塞在中断上的时间与频率。

中断处理程序要处理的事情比较多，所以需要花费较长时间才能把事情做完。例如，网卡中断处理，当 CPU 接收到网卡中断信号后，由中断响应进入网卡中断处理程序。中断处理程序需要与硬件应答与交互，将网卡中数据寄存器接收的数据包拷贝到主存，将网卡中状态寄存器的必要信息复制到主存。然后，对其处理后送到合适的协议栈或应用程序。这些工作的处理量比较大，尤其是在千兆比特和万兆比特网卡的情况下，工作量更大。

许多中断事件的处理都是比较复杂的，如何解决处理时间短的要求和处理事务复杂性的矛盾？如何提高中断处理的效率呢？Linux 提出了一个很好的解决办法。Linux 系统将中断处理程序分为两部分，将中断响应后必须立即处理的工作即刻执行（而且其执行时必须关中断），而将更多的处理工作向后推迟执行。即将中断处理程序分为上半部（Tophalf）和下半部（Tottom Half），目的是缩短关中断的时间，提高系统的处理能力。

中断处理程序的上半部是中断处理中有严格时间限制的工作，是关键而紧迫的部分，例如，与硬件设备应答或使硬件复位。上半部的工作是不可被打断的，即是在屏蔽所有中断的情况下进行的。

中断处理程序的下半部是处理那些可以稍后完成的工作。下半部的执行是可以被打断的，即是在开中断的情况下执行。例如，上述的网卡中断处理程序的上半部的主要工作是：标志数据的到来，从网卡中取数据到主存；并将该中断处理程序的下半部挂到该设备的下半部执行队列中去，然后就可以返回到被中断的程序。而网卡中断处理程序的下半部则将数据移入接收进程的缓冲区，使接收进程能找到该数据，若该进程因等待数据而阻塞，则将它唤醒。

2.6.3　中断处理下半部的实现机制

Linux 引入了中断处理程序的下半部，它被用来完成中断事件所需处理的事务中的大部分工作。下半部和上半部最根本的区别是下半部是可中断的，而上半部是不可中断的。下半部通常是比较耗时的、相对来说并不是非常紧急的工作，因此可由系统安排推迟执行。

Linux 系统中,用于实现将工作推后执行的内核机制称为"下半部机制",下半部机制主要有 tasklet 和工作队列。

1.　tasklet

tasklet 通过软中断实现。软中断就是"信号机制"。中断处理程序通常在其返回前标记它的软中断，使该软中断在稍后执行。一个软中断被标记后才能执行，称为触发软中断。待处理的软中断会在以下时机被检查和执行：①从一个硬件中断返回时；②在 ksoftirqd 内核线程中；③在显示检查和执行待处理的软中断的代码中。软中断由 do_softirq() 处理，其主要工作是循环遍历每一个软中断，调用它们的处理程序。

由于 tasklet 是通过软中断实现的，所以它也是软中断。tasklet 的软中断表示是 TASKLET_SOFTIRQ（另一个为 HI_SOFTIRQ，这二者的唯一区别是后者比前者优先执行）。taskle 由结构体 tasklet_struct 结构表示，每个结构体代表一个 taskle，具体描述如下。

```
struct tasklet_struct{
    struct tasklet_struct *next;        /* 链表中的下一个 taskle */
    unsignet long state;                /* taskle 的状态 */
    atomic_t count;                     /* 引用计数器 */
    void (*func) (unsigned long);       /* taskle 的处理函数 */
    unsigned long data;                 /* 给 taskle 处理函数的参数 */
};
```

结构体中的 func 是 tasklet 的处理函数，data 是该函数的参数。

tasklet 由 tasklet_schedule() 函数调度，该函数的主要工作是将等待执行的 tasklet 挂到 tasklet_vec 链表的表头上，然后，唤醒 TASKLET_SOFTIRQ 软中断，这样在软中断处理程序 do_softirq() 中就会执行该 tasklet。

tasklet 基于 Linux softirq，其使用比较简单，只需定义一个 tasklet 及其对应的处理函数，并将二者关联。然后，在需要调度 tasklet 的时候引用一个 Linux 提供的 API 就能使系统在适当的时候进行调度运行。

2.　工作队列

工作队列（Work Queue）也可以将中断处理程序的下半部推迟执行。工作队列机制将中断处理程序的下半部交给一个内核线程去执行。下半部是在进程上下文（用户地址空间）执行，可以睡眠和被重新调度，这一点与上述的 tasklet 不同。如果下半部工作需要睡眠（如需要执行阻塞式 I/O 操作，或要等待信号灯）时应选择工作队列机制，否则可选择 tasklet 机制。

系统中，每一个处理机有一个默认的工作者线程，该线程会接收由各内核中断处理程序交给它的下半部。工作者线程是用内核线程实现的，执行的函数是 work_thread()，对应的数据结构是工作队列链表。工作者线程由若干个 work_struct 结构组成。每个 work_struct 结构描述如下。

```
struct work_struct{
    unsigned long pending;              /* 该工作正在等待处理 */
    struct list_head entry;             /* 勾链字 */
    void (*func) (void *);              /* 该工作的处理函数 */
    void *data;                         /* 传递该处理函数的参数 */
    void *wq_data;                      /* 内部使用 */
    struct timer_list timer;            /* 延迟的工作队列所用的定时器 */
};
```

函数 work_thread() 执行一个死循环，若工作队列链表不空时，执行链表上的所有工作。工作被执行完毕，它就将相应的 work_struct 对象从链表上移走。当链表为空时，它进入睡眠状态。当有下半部插入到队列时，函数 work_thread() 被唤醒，将继续处理新加入的下半部。

习题 2

2-1　什么是操作系统虚拟机?

2-2　在设计操作系统时，可以考虑的结构组织有哪几种?

2-3　什么是处理机的态? 为什么要区分处理机的态?

2-4　什么是管态? 什么是用户态? 二者有何区别?

2-5　什么是中断? 在计算机系统中为什么要引进中断?

2-6　按中断的功能来分，中断有哪几种类型?

2-7　什么是强迫性中断? 什么是自愿中断? 试举例说明。

2-8　中断和俘获有什么不同?

2-9　什么是中断响应? 其实质是什么?

2-10　试用图画出中断响应的过程。

2-11　什么是程序状态字? 在微机中它一般由哪两部分组成?

2-12　什么是向量中断? 什么是中断向量?

2-13　软件的中断处理过程主要分为哪几个阶段? 试用图画出软件的中断处理过程。

2-14　画出 UNIX 系统的层次结构图，并说明每一层的主要功能。

2-15　试分析 Linux 操作系统成功的主要原因是什么。

2-16　Linux 系统由哪几部分组成?

2-17　试说明 Linux 系统的核心结构。

2-18　Linux 系统的中断处理为什么要分为上半部和下半部?

2-19　Linux 系统中断处理下半部的实现机制主要有哪两种?

03 第3章 操作系统的用户接口

3.1 用户工作环境

现代操作系统提供了多用户工作环境，众多用户可以在操作系统的支持下完成各种应用任务。采用虚拟技术，系统可为每个用户提供一个工作环境，这将保证各个用户之间是隔离的，即用户不会干预这个系统中其他用户已开始的工作。而且，用户还可以根据不同的应用需求，选择不同类型的操作系统，如炼钢生产过程控制可选择实时操作系统以获得实时控制的能力。不同类型的操作系统有不同的特征，具有各自能提供的恰当的服务，即操作系统具有能满足不同应用需求的用户工作环境。

3.1.1 操作系统提供的环境

操作系统应为用户提供一个工作环境，形成用户环境包含下面 3 个方面的内容。

① 提供各种软、硬件资源。

② 设计操作系统的命令集（包括操作命令和系统功能调用）。用户通过查阅操作系统提供的《操作说明书》和《程序员手册》了解操作系统的用户接口，使用户能方便地控制他所在的系统。

③ 当用户需要的时候，激活操作系统，使它成为一个可以提供服务的系统。这就是系统初启。

下面简述一个交互工作环境。用户在一个终端上操作，他可以发出命令，告诉系统当前他需要的某个服务，操作系统就执行这一用户请求并提交结果。如果这一请求失败，系统会尽可能完全或简要地告诉用户这次失败的原因。当用户要求操作系统处理另一个请求时，就重复上述过程，该过程通常称为终端对话期间。在分时系统中，各个终端用户能同时进行会话处理，每个用户都能和操作系统交谈，并由操作系统同时发送回答。

在多用户操作系统中，需要对每个用户的身份进行合法性检查。通常每个用户都有一个用户标识，它可以是数码或一个字符串。当用户进入系统时，必须以用户标识来标识自己。系统根据用户标识的名字和口令来验证其身份。当验证合法后，系统就可以确定用户享有的特权和应有的限制。

用户通过操作系统命令集可以做很多事，例如，创建一个文件，增加、删除或编辑一个文件，运行一个程序或者列出用户的文件目录。在多用户环境中，用户要退出计算机系统时，必须使用"撤离"命令。用户一旦撤离，就不能发任一命令或存取任一个文件。此时，这个终端也变为不活动的，直到另一个用户再联机进入系统时为止。

3.1.2 操作系统的生成和系统初启

为了激活操作系统，需要进行操作系统的初启工作，即将操作系统装入计算机，并对系统参数和控制结构进行初始化，使计算机系统能够为用户提供用户工作环境。操作系统是一个大型的系统软件，包括程序和数据。在系统初启前，它必须存放在硬盘（或软盘、光盘）的特殊位置上，当系统加电时，才能开始系统初始化过程。但是，还有一个十分重要的问题，那就是操作系统这一大型的软件系统是如何产生的呢？这一问题就是操作系统的生成问题。

1. 系统生成

操作系统的生成是形成一个能满足用户需要的操作系统的过程。这一过程只能由计算机厂商或系统程序员在需要时施行。这项工作将决定操作系统规模的大小、功能的强弱，所以它对计算机系统的特性和效率起着很大的作用。

计算机制造商提供一批可供用户选择的系统功能模块和实用程序，另外，还提供一个可以立即执行的系统生成程序，称为 SYSGEN。SYSGEN 程序通过询问系统程序员有关硬件系统特定的配置信息，或直接检测硬件以确定有什么部件，以获得系统的硬件配置信息。另外，SYSGEN 通过与用户的交互，获得用户所希望建立的操作系统的规模、所需系统的功能模块等信息。SYSGEN 程序根据获得的已配置的硬件资源和用户所希望建立的系统的功能，确定选择的功能模块，通过连接而生成操作系统主存映像文件。

所谓系统生成，是指为了满足物理设备的约束和需要的系统功能，通过组装一批模块来产生一个清晰的、使用方便的操作系统的过程。系统生成包括：根据硬件部件确定系统构造的参数，编辑系统模块的参数，并且连接系统的目标模块成为一个可执行的程序。

在系统生成过程中，必须确定以下信息。

① 使用的 CPU 类型，需安装的选项（如扩展指令集、浮点运算操作等）。对于多 CPU 系统必须描述每个 CPU 的类型。

② 可用主存空间，有的系统通过访问每个主存单元直到出现"非法地址"故障的方法来确定这一值。该过程定义了最后合法地址和可用主存的数量。

③ 可用的设备，系统需要知道设备类型、设备号、设备中断号及其所需的设备特点。

④ 所需的操作系统选项和参数值。例如，所支持进程的最大数量、需要的进程调度策略的类型、需要的缓冲区的大小等。

确定这些信息后，通过编译内核，生成所需的操作系统的可执行代码。

2. 系统初启

当操作系统生成后，以文件形式存储在某种存储介质（如磁盘）中。这是一个可执行的目标代码文件，它是由 C 语言和少量汇编语言程序经过编译（或汇编）、连接而形成的。

（1）什么是系统引导

系统初启又叫系统引导。它的任务是将操作系统的必要部分装入主存并使系统运行，最终处于命令接收状态。系统初启在系统最初建立时要实施，在日常关机或运行中出现故障后也要实行引导。

系统引导分为3个阶段。

① 初始引导：把系统核心装入主存中的指定位置，并在指定地址启动。

② 核心初始化：执行系统核心的初启子程序，初始化系统核心数据。

③ 系统初始化：为用户使用系统做准备。例如，建立文件系统，建立日历时钟，在单用户系统中装载命令处理程序；在多用户系统中为每个终端分别建立命令解释进程，使系统进入命令接收状态。

系统引导经过这 3 个阶段后，已经处于接收命令的状态，用户可以使用操作系统提供的用户接口使用计算机系统了。

（2）系统引导的方式

操作系统的引导有两种方式：独立引导（bootup）和辅助下装（download）。

① 独立引导方式（滚雪球方式）

独立引导方式又称为滚雪球方式，这种引导方式适用于微机和大多数系统。它的主要特点是操作系统的核心文件存储在系统本身的存储设备中，由系统自己将操作系统核心程序读入主存并运行，最后建立一个操作环境。

② 辅助下装方式

这种引导方式适用于多计算机系统、由主控机与前端机构成的系统以及分布式系统。它的主要特点是操作系统的主要文件不放在系统本身的存储设备中，而是在系统启动后，执行下装操作，从另外的计算机系统中将操作系统常驻部分传送到该计算机中，使它形成一个操作环境。

辅助下装方式的优点是：可以节省较大的存储空间，下装的操作系统并非是全部代码，只是常驻部分或者专用部分，若这部分代码出现问题和故障时，可以再请求下装。

3. 独立引导的过程

（1）初始引导

初始引导也叫自举。自举是操作系统通过滚雪球的方式将自己建立起来。这是目前大多数系统所常用的一种引导方法。

系统核心是整个操作系统最关键的部分，只有它在主存中运行才能逐步建立起整个系统。初始引导的任务就是把核心送入主存并启动它运行。当系统未启动时并没有文件系统，那么，在初始引导时，如何能在辅存上找到操作系统的核心文件并将它送到主存中呢？这需要设计一个小小的程序做这件事，该程序称为引导程序。然而，这个引导程序也在辅存中，如何将引导程序首先装入主存呢？这需要有一个初始引导程序，而且这个程序必须在一开机时能自动运行，这只有求助于硬件了。

在现代大多数计算机系统中，在它的只读存储器（ROM、PROM、EPROM）中都有一段用于初始引导的固化代码。当系统加电或按下某种按钮时，硬件电子线路便会自动地把 ROM 中这段初始引导程序读入主存，并将 CPU 控制权交给它。初始引导程序的任务是将辅存中的引导程序读入主存。这里必须指出，这个引导程序必须存放在辅存的固定位置上（称为引导块），ROM 从这个引导块去读内容，而不管它是什么，这就要求将引导程序事先存放在这个引导块上。

初始引导的具体步骤如下：

① 系统加电；

② 执行初始引导程序，对系统硬件和配置进行自检，保证系统没有硬件错误；

③ 从硬盘中读入操作系统引导程序，并将控制权交给该程序模块。

在 x86 计算机中，当计算机电源被打开时，它会先进行上电自检，然后执行 FFFF：0000 的 BIOS 初始引导程序，该程序的执行将寻找启动盘，如果选择从软盘启动，计算机就会读入软盘的 0 面 0 磁道 1 扇区，如果发现它以 0xAA55 结束，则 BIOS 认为它是一个引导扇区（Boot Sector），否则报告出错。如果从硬盘引导，则读入的是硬盘的 0 柱面 0 磁道 1 扇区。引导扇区的 512 个字节包含 3 个方面的内容：引导程序、磁盘分区表（其中之一标注为活动分区）、引导盘标记。该扇区的内容会被读入到内存的 0000：7c00 处，随后，CPU 执行跳转指令，跳转到 0000：7c00 处执行引导程序。

（2）引导程序执行

当引导程序进入主存后，随即开始运行。该程序首先查找分区表，找到活动分区，并读入活动分区的第一个扇区，一般称整个磁盘的第一个扇区为主引导块，每个逻辑磁盘的第一个扇区为引导块以示区别。引导块被读入主存后，其程序被执行，该程序的任务是将操作系统的核心程序读入主存某一位置，然后控制转入核心的初始化程序执行。由于现代操作系统往往都很庞大，系统映像可能以压缩格式存放，而引导块又受限于 512 个字节，实现的功能有限，因此，引导程序也可以是只负责装入引导装入程序（如 lilo)，再由后者装入操作系统。

（3）核心初始化

操作系统被装入后，核心的初始化程序开始执行，其任务是初始化系统数据结构及参数，具体如下：

① 建立进程有关的数据结构；

② 获得自由存储空间的容量，建立存储管理的数据结构；

③ 建立系统设备和文件系统的数据结构；

④ 初始化时钟。

（4）系统初始化

系统初始化的主要任务是做好一切准备工作，使系统处于命令接受状态，使用户可以使用计算机。

① 完善操作系统的工作环境，装载命令处理程序（或图形用户界面），并初始化；

② 在多用户系统中，为每个终端建立命令解释进程，使系统处于命令接收状态。

4. Linux 系统的引导

Linux 系统是以滚雪球的方式启动的，通过加电或复位，使 BIOS 启动（bootsect.s），然后装入引导程序（Boot Loader），实现系统初始化。

（1）系统加电或复位

将主存中所有的数据清零，然后进行校验，若无错，ROM 中的 BIOS 入口 FFFF：0000 送入 CS：IP。

（2）BIOS 启动

在 ROM 中的引导程序放在固定位置：FFFF：0000，CPU 从这里开始执行。

① 上电自检；

② 对硬件设备进行检测和连接，并将测得的数据送入 BIOS 数据区；

③ 从盘中读入引导程序（Boot Loader）。

从硬盘启动时，读入 0 柱面 0 磁道 1 扇区 MBR（Master Boot Record），将控制权交给 Boot Loader。

（3）引导程序（Loader）执行

引导程序执行，将 OS 读入主存，并将控制权交给 OS 的初始化程序。

（4）核心及系统的初始化

Linux 系统的核心及系统的初始化工作由 Setup.s、Heads 和 Start_kernel()依次执行来完成。

① Setup.s 的主要工作

- 检查调入主存中的代码 ；
- 获取主存容量信息，设置设备模式；
- 屏蔽中断，准备进入保护模式；
- 设置中断描述符表（idt），全局描述符表（gdt）；
- 将控制权交给 Heads。

② Heads 的主要工作

- 对中断向量表做准备工作；
- 检查 CPU 类型；
- 调用 Setup_paging 进行页面初始化；
- 调用 main.c 中的 Start_kernel()。

③ Start_kernel()的主要工作

- 对与 CPU、主存等最基本硬件相关部分进行初始化；
- 对中断向量表进行初始化；
- 为进程调度程序做准备；
- 设置基准时钟；
- 内核的主存分配；
- 对文件系统进行初始化；
- 建立 init 进程。

init 进程对每一个联机终端建立"getty"进程，getty 在终端上显示"login"，等待用户登录。当登录提示符出现时，就是通知用户，Linux 系统内核已经启动，现在正在运行。

3.1.3 应用程序的处理

1. 处理用户程序的步骤

控制计算机工作的一般方法是，由用户在终端设备上键入请求系统资源或处理应用程序的命令。例如，用户可先通过编辑命令在磁盘上建立源程序，接着发编译命令，操作系统接到这条命令后，将编译程序调入主存并启动它工作。编译程序将源程序进行编译并产生浮动的目标程序。然后，用户再发出连接命令，操作系统执行该命令，将生成一个完整的、可执行的主存映像程序。最后发出运行命令，由操作系统启动主存映像程序运行，从而计算出结果。从这个简单的例子可以看到，应用程序通过计算机的若干个步骤的处理后可得到最后结果。

对应用程序加工的过程一般可分为如下 4 个步骤。

（1）编辑（修改）

建立一个新文件，或对已有的文件中的错误进行修改。

（2）编译

将源程序翻译成浮动的目标代码。完成这一步工作需要有相应语言的编译器，如源程序是 C 语言写的，那么必须有 C 编译器。

（3）连接

将主程序和其他所需要的子程序和例行程序连接装配在一起，使之成为一个可执行的、完整的主存映像文件。

（4）运行

将主存映像文件调入主存，并启动运行，最后得出计算结果。

这 4 个步骤是相互关联、顺序地执行的。具体表现为：① 每个步骤处理的结果产生下一个步骤所需要的文件；② 一个步骤能否正确地执行，依赖于前一个步骤是否成功地完成。一个用户程序的处理步骤如图 3.1 所示。

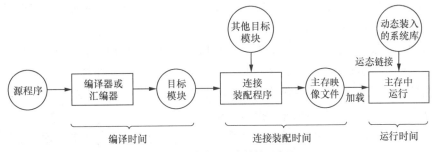

图 3.1　一个应用程序的处理步骤

通过编辑器生成的源程序经过编译（或汇编）程序处理后，被翻译成浮动的目标代码。编译过程同时还形成内部符号表和外部调用表，为下一步的连接装配做好准备。内部符号表说明本模块可被其他程序调用的入口点，外部调用表说明本模块要调用的外部模块名。

连接的主要工作是确定本模块和其他所需要的目标模块之间的调用关系，进行地址的连接，形成一个浮动的（从 0 开始编址）主存映像文件。当该程序要加载到主存运行时，还要经过操作系统的存储管理部件进行地址重定位，才能正确地执行（这部分内容将在第 7 章讨论）。

随着操作系统技术的发展，对应用程序处理的这 4 个步骤也发生了变化。为了有效地使用主存，在虚拟存储技术的支持下，现代操作系统采用动态链接技术，如图 3.1 所示。另外，有的语言处理程序采用软件集成技术（如 TRUBO C），将处理步骤集成在一起，提供自动处理能力。

2. 静态连接和动态链接

连接这一处理步骤，以前通常采用静态连接方式。静态连接是将所有的外部调用函数都连接到目标文件中形成一个完整的主存映像文件。采用这种静态连接的缺点是当有多个应用程序都需要调用同一个库函数时，这多个应用程序的目标文件中都将包含这个外部函数对应的代码。这将造成主存的极大浪费，不能支持有效的共享。

动态链接是将这一连接工作延迟到程序运行的时候进行，所需要的支持是动态链接库（Dynamic Link Library，DLL）。动态链接不需要将应用程序所需要的外部函数代码从库中提取出来并连接到目标文件中，而是在应用程序需要调用外部函数的地方做记录，并说明要使用的外部函数名和引用入口号，形成调用链表。当所需的动态链接库 DLL 在主存时，就可以确定所需函数的主存绝对地址，并将它填入调用链表相应位置中。当应用程序运行时，就可以正确地引用这个外部函数了。现代操作系统中已有许多系统（如 Windows 系统）采用了动态链接技术，现在的动态链接库一般是系统库。

3.2 用户接口

3.2.1 用户接口的定义

用户使用计算机处理应用问题时，他最关心的问题是系统提供什么手段使自己能方便地描述和解决问题。用户需要的是使用方便、简单明了且功能强大的手段和方法。例如，各种高级语言、面向对象的程序设计语言及其对应的编译系统，使用方便的操作系统的键盘命令或直观形象的图形用户界面。在现代计算机系统中，用户通过操作系统提供的用户接口或用户界面来使用计算机。

操作系统的用户
接口及分类

操作系统的用户接口是操作系统提供给用户与计算机打交道的外部机制。用户能够借助这种机制和系统提供的手段来控制用户所在的系统。

操作系统的用户接口分为两个方面：其一，是操作接口，用户通过这个操作接口来组织自己的工作流程和控制程序的运行；其二，是程序接口，任何一个用户程序在其运行过程中，可以使用操作系统提供的功能调用来请求操作系统的服务（如申请主存、使用各种外设、创建进程或线程等）。不论哪一类操作系统都必须同时提供操作接口和程序接口。

操作系统用户接口的形式与操作系统的类型和用户上机方式有关，主要表现在操作接口形式上的不同。用户上机方式分为联机操作和脱机操作两种方式，在联机操作方式下，用户与计算机可以交互会话；而脱机操作方式下，用户不能直接控制程序的运行。所以，批处理系统提供的操作界面称为作业控制语言，因为这类操作系统采用的是脱机处理方式；而分时系统或个人计算机提供的操作界面是键盘命令，因为这类操作系统采用的是联机处理方式。

在图形界面（Graphics Device Interface，GDI）技术、面向对象技术的推动下，现代操作系统还提供图形化的用户界面和用户程序编程接口（Application Programming Interface，API），这是传统操作接口和系统功能服务界面在现代操作系统的体现，用户使用这样的界面会更为直观、方便、有效。

3.2.2 操作系统提供的用户接口

操作系统提供的用户接口如图3.2所示，它包括操作接口和程序接口（系统功能调用）两个方面。其中，操作接口可分为键盘命令、图形化用户界面和作业控制语言3种形式。

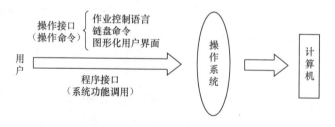

图 3.2 操作系统提供的用户接口

1. 操作接口

对于操作接口而言，其形式取决于操作系统的类型。具有交互操作方式的系统一般提供键盘命令或图形化用户界面；具有脱机操作方式的系统则提供对程序处理的控制语言。这是因为，前者的交互性允许用户能够人为地安排工作过程，并对系统发生的动作做出响应；而在批处理系统中，用户一旦提交了他需处理的程序，就无法控制其运行过程。因此，用户必须事先给出一系列明确的指令，指出处理的步骤，还可能需要对一些无法预测的若干事件进行周密的思考，指出当某一事件发生时应进行什么样的处理。

在分时系统和具有交互作用的系统中，操作命令最通常、最基本的形式为键盘命令。在这样的系统中，用户以联机方式上机。用户直接在控制台或终端设备上输入键盘命令，向系统提出要求，控制自己的程序有步骤地运行。现代操作系统一般还提供图形化用户界面，在这样的操作界面中，用户可以方便地借助鼠标等标记性设备，选择所需要的图标，采用点取或拖拽等方式完成自己的操作意图。

（1）键盘命令

不同的系统提供的键盘命令的数量有差异，但其功能基本上是相同的。一般终端与主机通信的过程可以分为注册、通信、注销 3 个步骤。

① 注册

注册的目的有两个：一是让系统验证你有无使用该系统的权限；二是让系统为你设置必要的环境。尤其是在多用户操作系统中，注册是必须的步骤。

在多用户系统中，系统为每个用户提供一个独立的环境。它要记住每一个用户的名字、注册时间，还要记住每个用户已经用了多少计算机时间，占用了多少文件，正在使用什么型号的终端等。在大多数单用户计算机系统中，不存在注册过程，因为实际地访问这个硬件就证实了你拥有使用这个系统的权力。在批处理系统中，不存在外表上的注册过程，但为了达到记账和调度的目的，每一个提交的作业都要加以标识。

② 通信

当终端用户注册后，就可以通过丰富的键盘命令控制程序的运行，完成系统资源申请、从终端输入程序和数据等工作了。

属于通信这一步的键盘命令是比较丰富的，一般可分为以下几类。

● 文件管理。这类命令用来控制终端用户的文件。例如，删去某个文件，将某个文件由显示器（或打印机）输出，改变文件的名字、使用权限等。

● 编辑修改。这类命令用来编辑新文件或修改已有的用户文件。例如可进行删去、插入、修改等工作。

● 编译、连接装配和运行。这类命令用来控制应用程序的处理步骤。如调出编译或连接装配程序进行编译或装配工作，以及将生成的主存映像文件装入主存启动运行。

● 输入数据。从终端输入一批数据，并将这一批数据以文件形式放到辅存上。

● 操作方式转换。这类命令用来转换程序的控制方式，例如，从联机工作方式转为脱机工作方式。

● 申请资源。这类命令用于终端用户申请使用系统的资源。例如，申请使用某类外部设备若干台等。

③ 注销

当用户工作结束或暂时不使用系统时，应输入注销命令。注销就是通知系统打算退出。

（2）图形化用户界面

在计算机应用迅速普及的需求下，图形化用户界面应运而生。为了使不同阶层、不同文化程度的人们都能使用计算机，必须使人机对话的界面更为方便、友好、易学，这是一个十分重要的问题。在这种需求下出现了菜单驱动方式、图符驱动方式直至视窗操作环境。现在用户十分欢迎的图形化用户界面是菜单驱动方式、图符驱动方式和面向对象技术的集成。

① 菜单驱动方式

菜单（Menu）驱动方式是面向屏幕的交互方式，它将键盘命令以屏幕方式来体现。系统将所有的命令和系统能提供的操作，用类似餐馆的菜单分类、分窗口地在屏幕上列出。用户可以根据菜单提示，像点菜一样选择某个命令或某种操作来通知系统去完成指定的工作。菜单系统的类型有多种，如下拉式菜单、上推式菜单和随机弹出式菜单。这些菜单都基于一种窗口模式。每一级菜单都是一个小小的窗口，在菜单中显示的是系统命令和控制功能。

② 图符驱动方式

图符驱动方式也是一种面向屏幕的图形菜单选择方式。图符（Icon）也称为图标，是一个很小的图形符号。它代表操作系统中的命令、系统服务、操作功能、各种资源。例如用小矩形代表文件，用小剪刀代表剪贴。所谓图形化的命令驱动方式就是当需要启动某个系统命令、操作功能或请求某个系统资源时，可以选择代表它的图符，并借助鼠标器一类的标记输入设备（也可以采用键盘），采用点击和拖拽功能，完成命令和操作的选择及执行。

图形化用户界面是良好的用户交互界面，它将菜单驱动方式、图符驱动方式、面向对象技术等集成在一起，形成一个图文并茂的视窗操作环境。Microsoft 公司的 Windows 系统就是这种图形化用户界面的代表。

2. 程序接口

操作系统和用户的第二个接口是系统功能调用，它是管理程序提供的服务界面，更确切地说，是程序设计语言中增加的操作系统提供服务的语言表示。在源程序中，除了要描述所需完成的逻辑功能外，还要请求系统资源，如请求工作区，请求建立一个新文件或请求打印输出等，这些都需要操作系统的服务支持。这种在程序一级的服务支持称为系统功能调用。

系统功能调用是针对程序设计者而提供的操作系统服务方式，在采用面向对象技术的系统中，为程序员提供的是 API（应用程序编程接口）函数和系统定义的消息形式。

3.3 系统功能调用

为了实现在程序级的服务支持，操作系统提供系统功能调用，采用统一的调用方式——访问管理程序来实现对这些功能的调用。

3.3.1 系统功能调用的定义

系统功能调用及
其实现技术

对于用户所需要的各种功能，在操作系统设计时，就确定和编制好能实现这些功能的例行子程序，它们属于操作系统内核模块。用户程序如何调用这些例行子程序，以达到请求操作系统服务的目的呢？操作系统的例行子程序不能采用用户子程序那种方式来调用，因为用户程序运行时处于用户态，而操作系统例行子程序执行时处于管态。用户程序请求操作系统服务时，会发生处理机状态的改变，由用户态转变为管态。而应用程序调用子程序时，同处用户态，不会发生处理机状态的改变。所以，用户程序对操作系统例行子程序的调用应以一种特殊的调用方式，就是访管方式来实现。

用户所需要的功能，有些是比较复杂的，硬件不能直接提供，只能通过软件程序来实现；有些功能，硬件有相应的指令，如启动外设工作，硬件就有 I/O 指令。但配置了操作系统后，对系统资源的分配、控制不能由用户干预，必须由操作系统统一管理。所以，对于这样一类功能，也需有相应的控制程序来实现。

为了实现对这些事先编制好的、具有特定功能的例行子程序的调用，现代计算机系统提供自愿进管指令，其指令的一般形式为：svc n；其中，svc 表示机器自愿进管指令的操作码记忆符，n 为地址码。svc 是 supervisor call（访问管理程序）的缩写，所以 svc 指令又称访管指令。

当处理机执行到访管指令时就发生中断，称为访管中断（或自愿进管中断），它表示正在运行的程序对操作系统的某种需求。借助中断，机器状态由用户态转为管态，进入访管中断处理程序，经过访管中断处理程序的处理，控制会转到用户所需要的那个例行子程序。如何能使控制转到用户所需要的那个例行子程序呢？这就用到了访管指令中的地址码，用这个地址码来表示系统调用的功能号，它是操作系统提供的众多的例行子程序的编号。在访管指令中填入相应的号码，就能使控制转到特定的例行子程序去执行，实现用户当前所需要的服务。

系统功能调用是用户在程序一级请求操作系统服务的一种手段，它不是一条简单的硬指令，而是带有一定功能号的访管指令。它的功能并非由硬件直接提供，而是由操作系统中的一段程序完成的，即由软件方法实现的。

系统功能调用和访管指令是有区别又有联系的两个概念。首先，系统功能调用是操作系统提供的程序接口，是操作系统命令集中的一部分；而访管指令是一条机器指令，是裸机提供的接口。其次，系统功能调用是由软件实现的；而访管指令是通过硬件实现的。二者又是有联系的，每一个带有确定功能号的访管指令对应一条操作系统的系统功能调用，换句话说，即为一个带有一定功能号的访管指令定义了一个系统调用。可以这样说，系统调用是利用"访管指令"定义的命令。用户可以用带有不同功能号的访管指令来请求各种不同的功能。

操作系统服务例程与一般子程序的区别在于：操作系统服务例程实现的功能都是与计算机系统本身有关的，对它的调用是通过一条访管指令来实现的。不同的程序设计语言提供的操作系统服务的调用方式不同，它们有显式调用和隐式调用之分。在汇编语言中是直接使用系统调用对操作系统提出各种请求，因为在这种情况下，系统调用具有汇编指令的形式。而在高级语言中一般是隐式的调用，经过语言编译程序处理后转换成直接调用形式。

3.3.2　系统功能调用的实现

操作系统的服务是通过系统调用来实现的，系统调用提供运行程序和操作系统之间的接口。实现这种服务是由系统服务请求机构提供的，系统服务请求（System Service Request，SSR）机构本质上是一个自陷门（Trap Door）。SSR 的执行通常取决于计算机的结构，它由特定的访管指令来实现对操作系统某一服务例程的调用，访管指令的执行将发生访管中断。

不同的计算机提供的系统功能调用的格式和功能号的解释都不同，但都具有以下共同的特点：①每个系统调用对应一个功能号，要调用操作系统的某一特定例程，必须在访管时给出对应的功能号；②按功能号实现调用的过程大体相同，都是由软件通过对功能号的解释分别转入到对应的例行子程序。图 3.3 所示为系统调用的执行过程。

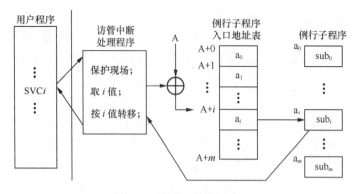

图 3.3 系统调用的执行过程

为了实现系统调用，操作系统设计者必须完成的工作如下。

① 编写并调试好能实现各种功能的例行子程序，如 sub_0、sub_1、$\cdots$、sub_i、$\cdots$、sub_m。

② 编写并调试好访管中断处理程序，其功能是：做常规的现场保护后，取 i 值，然后安排一条转移指令，按 $A+i$ 单元中的内容转移。

③ 构造例行子程序入口地址表。假定该表首址为 A，每个例行子程序的入口地址占 1 个字长，将各例行子程序的入口地址#sub_0、#sub_1、$\cdots$、#sub_i、$\cdots$、#sub_m（即 a_0、a_1、$\cdots$、a_i、$\cdots$、a_m）分别送入 $A+0$、$A+1$、$\cdots$、$A+i$、$\cdots$、$A+m$ 单元中。

在用户程序中，需要请求操作系统服务的地方安排一条系统调用。这样，当程序执行到这一条命令时，就会发生中断，系统由用户态转为管态，操作系统的访管中断处理程序得到控制权，它将按系统调用的功能号，借助例行子程序入口地址表转到相应的例行程序去执行，在完成了用户所需要的服务功能后，退出中断，返回到用户程序的断点继续执行。

3.3.3 应用程序的编程接口

应用程序通过操作系统提供的程序接口请求操作系统的服务、访问各类资源。应用程序发送请求，内核接收并处理请求。在任何操作系统中，系统调用是用户空间访问内核的唯一手段。

应用程序可以使用各种语言编程，若用低级语言（如汇编程序设计语言）编制，则可直接使用系统提供的系统调用，即使用显式方式调用。若使用高级语言编程，则采用隐式方式调用。这种隐式调用是由 API 函数和标准 C 库函数来提供的。

一般情况下，应用程序通过 API 来请求操作系统服务。在 UNIX 和 Linux 系统中，应用程序编程接口是基于 POSIX 标准的。根据 POSIX 标准定义的 API 函数与系统调用之间存在着直接的关系。Linux 系统与 UNIX 系统一样，将系统调用作为 C 库的一部分来提供。C 库实现了 UNIX 系统的主要 API，包括标准 C 函数和系统调用。图 3.4 说明了应用程序、C 库和操作系统内核的关系。

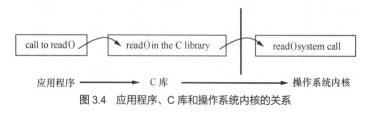

图 3.4 应用程序、C 库和操作系统内核的关系

需要说明的是，系统调用与库函数之间是有区别的：库函数由软件开发商提供，由编译链接工具链入用户程序，库函数的执行不会引起 CPU 状态的变化；而系统调用的代码属于 OS，系统调用代码执行时使 CPU 的状态由用户态变为核心态。有的库函数不涉及系统调用（如字符串操作函数 stracat)，有的库函数则会隐式地发出系统调用请求。我们以 Linux 的库函数 sethostname 为例来说明。

函数名称：sethostname(const char *name,size_t len);

函数功能：设置计算机的主机名；

返回值：成功为 0，否则为 − 1；

参数：主机名 name 及其字符串长度。

通过将 C 库 libc.a 反汇编可以看到 sethostname 的代码如下：

```
00000000 <sethostname>:
0:      movl %ebx, %edx                  #保存 ebx
2:      movl 0x8(%esp,1), %ecx           #从栈中取参数 len（主机名长度）
6:      movl 0x4(%esp,1),%ebx            #从栈中取参数 name（主机名）
a:      movl $0x4a,%eax                  #系统调用号为 0x4a
f:      int  $0x80                       #系统调用
11:     movl $edx,%ebx
13:     cmpl $0xffffff001,%eax           #检查系统调用的返回值
18:     jae  la <sethostname + 0x1a>     #出错返回
1a:     _syscall_error
```

3.4　UNIX 系统功能调用

3.4.1　UNIX 系统调用的分类

UNIX 系统调用大致可以分为 3 类：第一类是与进程管理有关的系统调用；第二类是与文件和外设管理有关的系统调用；第三类是与系统状态有关的系统调用。

1. 有关进程管理的系统调用

fork　　　　建立一个进程；

exec　　　　执行一个文件；

wait　　　　等待子进程；

exit　　　　进程中止；

brk　　　　改变用户数据区大小；

sleep　　　　等待一段时间；

signal　　　　设置软中断处理程序；

kill　　　　发送软中断；

alarm　　　　在指定时间后发送软中断；

pause　　　　等待软中断；

nice　　　　改变进程优先数计算结果；

ptrace　　　　跟踪子进程。

2. 与文件和外设管理有关的系统调用

open	打开文件；
close	关闭文件；
read	读文件；
write	写文件；
lseek	修改读写指针；
mknod	建立目录或特别文件；
creat	建立并打开文件；
link	连接文件；
unlink	删除文件；
chdir	改变当前目录；
chmod	改变文件属性；
chown	改变文件主和用户组；
dup	再产生一个文件描述字；
pipe	建立并打开管道文件；
mount	安装文件系统(卷)；
umount	拆卸文件系统(卷)。

3. 与系统状态有关的系统调用

getuid	取用户号；
setuid	设置用户号；
getgid	取用户组号；
setgid	设置用户组号；
time	取日历时间；
stime	设置日历时间；
times	取进程执行时间；
gtty	读当前终端 tty 部分信息；
stty	设置当前终端 tty 部分信息；
stat	读取文件状态(i 节点)；
sync	使主存映像与磁盘文件信息一致。

3.4.2　UNIX 系统调用的实现

操作系统的系统服务是由访管指令引起的。在 UNIX 系统中，这一访管指令就是自陷指令 trap。系统通过这一指令借助于硬件中断机构为用户提供系统核心的接口。

1. trap 向量

在 PDP 11 系列机中，trap 俘获是俘获类型中的一个，它的俘获向量地址是 034、036 号单元。034 号单元存放着自陷处理程序入口地址 trap，该程序是所有俘获类型都要进入的俘获总控程序。036 号单元存放的是自陷处理程序的 ps 值，即 340 + 6。其中，340 决定了处理器的优先级为 7，而 6

为类型号，进入俘获总控程序后依类型号转入不同的分支处理相应的俘获类型。

2. trap 指令

在 PDP 11 系统中，由 trap 指令引起的俘获将转入各个系统调用程序。trap 指令的二进制代码如图 3.5 所示。

图 3.5 trap 指令的二进制代码

用八进制表示的 trap 指令的指令码为 104400～104777。UNIX 只使用指令码 104400～104477 作为系统调用访管指令。指令码的最低 6 位表示系统调用的类型，最多可表示 64 种系统调用。

3. 系统调用入口地址表

UNIX 系统调用的数目因版本不同而异。UNIX 版本 7 约有 50 个系统调用。所有系统调用程序的自带参数个数和程序入口地址均按系统调用编号次序存入系统调用入口地址表中。该表记为 sysent，其中 count 表示对应系统调用自带参数的个数，call 是系统调用程序的入口地址。用 C 语言描述如下：

```
struct sysent
{ int count ;
      Int(*call)( );
} sysent [64];
```

表 3.1 列出了系统调用入口地址表的部分内容。

表 3.1 系统调用入口地址表

编　　号	自带参数个数	程序入口地址	系统调用名称
0	0	&nullsys	Indir
1	0	&rexit	Exit
2	0	&fork	Fork
3	2	&read	Read
4	2	&write	Write
5	2	&open	Open
⋮	⋮	⋮	⋮
63	无定义	&nosys	无定义

说明——表中& nosys 表示该系统调用无定义，nullsys 是空操作。

4. 系统调用的实现过程

系统调用的执行与返回过程如图 3.6 所示。下面以系统调用 read 为例简述系统调用的实现过程。

系统调用 read 的 C 语言格式如下：

```
read(files, buffer, nbytes);
char buffer;
```

其中，files、buffer、nbytes 是该系统调用的参数，它们分别是文件描述字、存放数据的主存区首地址和要读的字符个数。

对应的汇编代码是：

```
(read = 3)
(files r₀)
sys read; (104403)
buffer;
nbytes
```

下一条指令地址（返回值存入 r0）

sys read 的目标代码是 104403，当执行到这条指令时引起俘获事件，于是开始以下的实现过程：

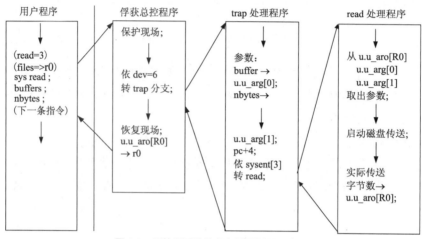

图 3.6　系统调用的执行与返回过程示意图

（1）硬件中断机构把 sys read 后的地址（即 buffer 所在单元地址）作为 PC 进入核心栈，PS 也进栈。然后从 034、036 号单元装入 PC 和 PS：（PC）= trap，（PS）= 0340 + 6(dev = 6)。于是，俘获总控程序 trap 得到控制权。

（2）俘获总控程序执行，依 dev = 6 转入系统调用分支（read 指令处理程序）处理。取 trap 指令后 6 位得系统调用类型号 3，从系统调用入口表中找到 sysent[3] 得 read 的入口地址 & read 和自带参数 2 个，将 sys read 后面的两个参数复制到进程 user 区中的两个单元（u.u_ arg[0] 和 u.u_ arg[1]）中。其他参数如 files 则送入寄存器 r0 中，然后通过中断保留区 u.u_aro[R 0] 传给核心程序。指令返回地址由 buffer 单元地址改为 nbytes 后面的单元地址，控制转入 read。

（3）具体的系统服务 read 处理。取出参数进行系统服务，实际传送字节数送入 u.u_aro[R 0] 中，处理完毕后返回到俘获总控程序。

（4）俘获总控程序恢复俘获现场，u.u_aro[R 0] → r0，控制返回到用户程序内 nbytes 单元后面的一条指令。read 系统调用执行完成。

3.5　Linux 系统功能调用

Linux 系统提供操作接口和程序接口，其接口遵循 POSIX 标准，与 UNIX 系统完全兼容。Linux 的操作接口包括键盘命令和图形用户界面 X Window，其程序接口就是 API 函数。这里主要讨论 Linux 的系统调用的实现机制和在 Linux 中增加一个新的系统调用的方法。

Linux 系统功能调用

3.5.1　Linux 系统功能调用的过程

在 Linux 系统中，系统调用通过异常类型实现。异常是由当前正在执行的进程产生的，包括很多方面，其中的一种是执行了 int 0x80 指令而发生的软件中断，产生的效果是系统自动将用户态切换为核心态来处理该事件，执行自陷处理程序（系统调用处理程序）。

Linux 整个系统调用过程如图 3.7 所示。

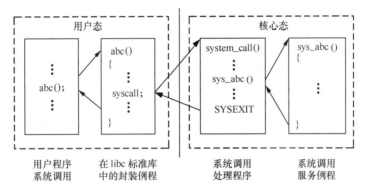

图 3.7　系统调用过程

下面以 getuid 系统调用为例进一步说明系统调用的过程，如图 3.8 所示。在系统调用中，eax 作为传递参数的寄存器，在进入系统调用时，用来传递系统调用号；在服务例程返回时，用来传递服务例程的返回值。

Linux 内核在处理用户系统调用时，需要做的工作有以下几个方面。

1.　系统调用初始化

系统初始化时要对中断向量表进行初始化，具体是在 trap_init()中，通过调用 set_system_gate(0x80,*system_call)函数在中断描述表里填入系统调用处理程序 system_call 的地址。这样当每次用户执行指令 int 0x80 时，系统将控制转移到系统调用处理程序 system_call()中去处理。

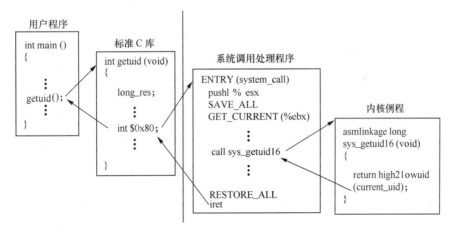

图 3.8　getuid 系统调用过程

2. 系统调用的进入

通过软中断指令的执行引发软件中断，由用户态自陷到内核态，由系统调用处理程序执行。

3. 系统调用执行

系统调用处理程序根据用户程序传进来系统调用号，在 entry.S 中的系统调用表 sys_call_table 中寻找到相应偏移地址的内核处理函数，进行相应的处理。在这个过程之前，需要用宏 SAVE_ALL 保存环境。

4. 系统调用的返回

系统调用处理完毕后，通过 ret_from_sys_call 返回。返回之前，程序会检查一些变量，根据这些变量跳转到相应的地方进行处理。当要返回到用户空间之前，需要用宏 RESTORE_ALL 恢复环境。

3.5.2 Linux 系统功能调用的实现机制

1. Linux 系统调用的进入

Linux 系统的软中断指令是汇编语言指令 int 0x80，执行该指令会发生中断，处理机的状态由用户态自陷到内核态（在 Inter Pentium Ⅱ微处理机芯片中增加了 sysenter 汇编语言指令）。int 0x80 指令使用的异常向量号是 128（即十六进制的 80），该异常向量包含了内核系统调用处理程序的入口地址。在内核初始化时，已将系统调用处理程序的入口地址送入向量 128 的中断描述符表表项中，设置段地址为内核开始的地方，段内偏移则指向系统调用处理程序 system_call()。当应用程序请求操作系统服务，发出 int 0x80 指令时，就会从用户态自陷到内核态，并从 system_call()开始执行系统调用处理程序。当系统调用处理完毕后，通过 iret 汇编语言指令返回到用户态。

2. 系统调用号和系统调用表

（1）系统调用号

在 Linux 中，每个系统调用被赋予一个唯一的系统调用号。用户空间的进程通过系统调用号指明要执行的具体系统调用。

系统调用号定义在 include/asm-i386/unistd.h 头文件中，这个头文件定义了该系统所有的系统调用号。格式如下：

```
#define __NR_restart_syscall    0
#define __NR_exit               1
#define __NR_fork               2
#define __NR_read               3
#define __NR_write              4
#define __NR_open               5
............
............
#define __NR_mq_getsetattr      282
```

该文件中的每一行表示为#define__NR_name NNN，其中，"__NR_"是一种约定，name 为系统调用的名称，而 NNN 则是该系统调用对应的号码。该文件的最后，还定义了几个与系统调用相关的关键的宏，有兴趣的读者可查阅有关的资料。

（2）系统调用表

系统调用表记录了内核中所有已注册过的系统调用，它是系统调用的跳转表，实际上是一个函数指针数组，表中依次保存所有系统调用的函数指针，以方便总的系统调用处理函数 system_call 进行索引。Linux 系统调用表保存在 arch/i386/kernel/下的 entry.S 中，其形式如下：

```
ENTRY(sys_call_table)
.long sys_restart_syscall        /* 0 */
.long sys_exit                   /* 1 */
.long sys_fork                   /* 2 */
.long sys_read                   /* 3 */
.long sys_write                  /* 4 */
.long sys_open                   /* 5 */
............
............
.long sys_mq_getsetattr          /* 282 */
```

文件中有许多.long SYMBOL_NAME(sys_ni_syscall)的结构，"." 代表当前地址，"sys_call_ table" 代表数组首地址。

3. 系统调用处理程序

系统调用处理程序是 system_call()，该函数的主要工作如下：

① 通过宏 SAVE_ALL 保护异常处理程序中要用到的所有寄存器到内核堆栈中，其中，指令地址和处理机状态已在中断进入过程中被保护（eflags、cs、eip、ss、esp 寄存器除外）。

② 进行系统调用正确性检查，如对用户态进程传递来的系统调用号进行有效性检查，若该号大于或等于系统调用表的表项数，系统调用处理程序就终止。

③ 根据 eax 中所包含的系统调用号，调用其对应的服务例程。

④ 系统服务例程结束时，通过宏 RESTORE_ALL 恢复寄存器，最后通过 iret 指令返回。

3.5.3 增加一个新的系统调用的方法

Linux 系统调用的实现机制中包括必要的数据结构（系统调用号和系统调用表）、系统调用服务例程和系统调用处理程序。

如果需要扩充 Linux 系统的功能，增加一个新的系统调用需要做的工作包括以下几个方面：

① 描述新增加功能的服务例程；

② 增加一个新的系统调用号；

③ 在系统调用表中登记新的系统调用号以及对应的服务例程；

④ 新增加的服务例程要被 Linux 系统接受，必须重新编译内核，生成新的包含新增服务例程的内核。

当要增加一个新的系统调用时，首先要确定新增的服务例程的名字，因为确定了这个名字后，在系统调用中的几个相关的名字也就确定了。如：

● 新增加的系统调用名为 mysyscall；

● 系统调用的编号名字为__NR_mysyscall；

● 内核中系统调用服务例程的名字为 sys_mysyscall。

1. 添加新的服务例程

编写新增的服务例程加到内核中去，即在/usr/src/linux/kernel/sys.c 文件中增加一个新的函数，该函数的名字是 sys_mysyscall。函数体内是新增加的功能描述，在 Linux 系统中增加一个新的系统调用时，首先要保证整个控制过程正确，所以在开始调试时，新增功能应尽量简单（如显示一个整型数），待控制过程完全正确后，再调试实际需增加的功能。下例是一个简单的系统调用，其功能是返回一个整型值。

```
asmlinkage int sys_mycall(int number)
{
    return number;
}
```

2. 增加新的系统调用号

定义系统调用号，在文件 include/asm-i386/unistd.h 中添加一项。

```
#define __NR_mysyscall  XX
```

XX 为新增加的系统调用号，此数字选一未用值，一般在已定义的系统调用号的最后增加一项，如下所示。

```
#define __NR_restart_syscall    0
#define __NR_exit               1
............
............
#define __NR_mq_getsetattr      282
#define __NR_mysyscall          283
```

3. 修改系统调用表

在文件/arch/i386/kernel/entry.S 中的系统调用表 sys_call_table 中添加新增的系统调用，sys_call_table 数组包含指向内核中每个系统调用的指针，这样就在数组中增加了新的内核函数的指针。我们在清单最后添加一行，如下所示。

```
ENTRY(sys_call_table)
.long sys_restart_syscall        /* 0 */
.long sys_exit                   /* 1 */
............
............
.long sys_mq_getsetattr          /* 282 */
.long sys_mysyscall              /*283*/
```

4. 重新编译内核并启动新内核

为使新的系统调用生效，需要重建 Linux 的内核。这需要以超级用户身份登录后重新编译内核。

以上讨论了在 Linux 系统中增加一个新的系统调用的方法，在实施时，需要进一步了解计算机的配置、已安装的 Linux 的版本等信息。如不同的 Linux 的版本，重新编译内核的命令会不同。读者可以上网查找所需要的信息，根据具体情况，使用合适的命令正确地进行填加系统调用的工作。

3.5.4 从用户空间访问新的系统调用

经过上述步骤后一个新增加的系统调用就可以加入到 Linux 内核，接下来应在用户程序中，测试新增加的系统调用是否能正确使用。用户程序使用 C 语言编程时，需要与 C 库连接，并要包含标准头文件。用户请求操作系统的服务，是通过调用 C 库的库函数，再由库函数发生实际的系统调用。

Linux 提供一组宏，用于直接对系统调用进行访问，这些宏可以设置好寄存器并调用软中断指令。其格式为：_syscalln()，其中 n 代表传递给系统调用的参数个数，其范围是 0 ~ 6。

第一个参数对应着系统调用返回值类型；

第二个参数是系统调用的名称；

以后是按系统调用参数的顺序排列的每个参数的类型和名称。

下面给出一个新增文件拷贝功能的系统调用，它的宏定义如下：

```
_syscall2(int,copy,char*,src_filename, char*,targ_filename)
```

其中，n=2，表示该系统调用所需的参数为 2，第一个参数 int 表示返回值类型，第二个参数 copy 是函数名，第三个、第四个参数分别用来指定源文件和目标文件的类型和名称。

针对上述文件拷贝功能的系统调用，给出用户程序对这一新增加的系统服务功能的调用方法。

```
#include <stdio.h>
#include <errno.h>
#include </usr/src/linux/include/asm-i386/unistd.h>          /* 引用系统调用号 */
extern int errno;
_syscall2(int,copy,char*,src_filename, char*,targ_filename)  /* 系统调用原型 */
int mail(int argc,char **argv)
{
    ............
    ............
    errno=copy(argv[1],argv[2]);                /* 直接调用新增加的系统调用 */
    ............

}
```

习题 3

3-1 什么是系统生成？

3-2 系统引导的主要任务是什么？

3-3 处理应用程序分哪几个步骤？这些步骤之间有什么关系？

3-4 静态连接和动态链接有什么区别？

3-5 用户与操作系统的接口是什么？一个分时系统提供什么接口？一个批处理系统又提供什么接口？

3-6 Windows 系统提供什么样的用户接口？

3-7 UNIX、Linux 系统的用户接口是什么？

3-8 什么是系统功能调用？对操作系统的服务请求与一般的子程序调用有什么区别？

3-9 假定某系统提供硬件的访管指令（例如，形式为"svc n"），为了实现系统功能调用，系统设计者应做哪些工作？用户又如何请求操作系统服务？

3-10 简述系统功能调用的执行过程。

3-11 Linux 系统功能调用实现机制中，所需的数据结构是什么？

3-12 在 Linux 系统中，增加一个新的系统功能调用需要做哪些工作？

04 第4章 进程及进程管理

4.1 进程引入

操作系统提供多用户、多任务运行的环境，具有并发与共享的特征。任何需要用计算机解决的问题都必须用某种程序设计语言来描述。人们熟悉的概念是程序，程序是指令的有序集合，用来描述一个任务或行为，程序必须严格按照指令规定的顺序依次执行。传统的程序设计方法产生的程序具有顺序执行这一特点，不适应现代操作系统的需要，因为程序的概念不能体现并发这个动态的含义，程序的结构也不具备并发处理的能力。因此，为了描述现代操作系统的并行性，人们引入了一个新的概念——进程。进程是设计和分析操作系统的有力工具。只有以进程的观点去分析操作系统，才能理解操作系统是怎样进行动态管理和控制的。

为了说明进程这一概念，必须了解为什么要引入这个概念。为此，首先讨论程序的顺序执行、程序的并发执行的概念。

4.1.1 顺序程序及特点

1. 程序与计算

当前，计算机的应用越来越广泛，计算机系统可以解决各类应用问题。人机之间的信息交换是通过某种语言来实现的，即定义一些符号和某些物理现象的约定。例如，用程序设计语言编写

并发进程及其
特点

了一个程序，这样，程序设计语言用符号记录了人们需要传递的信息，通过计算机的输入设备将信息表示为二进制的形式传递给计算机系统进行处理。

用来表示人们思维对象的抽象概念的物理表现叫做"数据"，数据可以在人与人、人与计算机之间传递信息，它可以存储起来以供将来使用，也可以按某种规则予以处理以导出新的信息。数据处理的规则叫做操作。每个操作要有操作对象，一经启动就将在一段有限时间内操作完毕，并能根据状态的变化辨认出操作的结果。例如，一个操作可以将一组输入的数据变成另一组输出的数据。任何复杂的操作都是由简单的操作来定义的，所以简单的操作是基础。

程序是为解决某一问题而设计的一系列指令的集合，是算法的形式化描述。程序的一次执行过程是一个计算。计算也可描述为：对某一有限数据的集合所施行的、目的在于解决某一问题的一组有限的操作的集合，称为一个计算，即计算是由若干

操作组成的。

2. 什么是程序的顺序执行

一个计算由若干个操作组成，若这些操作必须按照某种先后次序来执行，以保证操作的结果是正确的，则这类计算过程称为程序的顺序执行过程。最简单的一种先后次序是严格的顺序，每次执行一个操作，只有在前一个操作完成后，才能进行其后继的操作。由于每一个操作可对应一个程序段的执行，而整个计算工作可对应为一个程序的执行，因此，顺序程序可描述为：一个程序由若干个程序段组成，若这些程序段的执行必须是顺序的，这个程序被称为顺序程序。

例如，在处理一个用户程序时，总是先输入用户的程序和数据，然后进行计算，最后将所得的结果打印出来。在单用户系统中，输入、计算、打印这 3 个操作只能是一个一个地顺序进行。图 4.1 描述了这一处理过程，图中结点代表操作，箭头表示操作的先后次序。其中 I 代表输入操作，C 代表计算操作，P 代表打印操作。

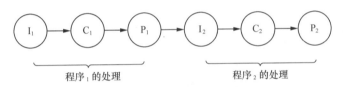

图 4.1　单用户系统中操作的先后次序

3. 顺序程序的特点

顺序程序的操作是一个接一个地以有限的速度进行的，并且每次操作前和操作后的数据、状态之间都有一定的关系。顺序程序具有如下特点。

（1）顺序性

当顺序程序在处理机上执行时，处理机的操作是严格按照程序所规定的顺序执行的，即每个操作必须在下一个操作开始执行之前结束。

（2）封闭性

在单用户系统中，程序一旦开始执行，其计算结果不受外界因素的影响。因为是一个用户独占系统各种资源，当初始条件给定以后，资源的状态只能由程序本身确定，亦即只有本程序的操作才能改变它。

（3）可再现性

程序执行的结果与它的执行速度无关（即与时间无关），而只与初始条件有关。只要给定相同的输入条件，程序重复执行一定会得到相同的结果。

所谓与时间无关性，指的是顺序程序的最后输出只与初始输入的数据有关，而与时间无关。通俗地讲，顺序程序执行的结果与它的执行速度无关，即无论程序在执行过程中是不停顿地执行，还是停停走走地执行，都不会影响所得的最终结果。正是由于顺序程序具备与时间无关的性质，所以才具备可再现性。所谓可再现性，是指当初始条件相同时，程序多次执行，其结果必然重复出现。正是由于这个特点，给程序员检测和校正程序的错误带来了很大的方便。顺序程序具备与时间无关性的先决条件是：要求程序自身是封闭的，即一个程序执行时所用的变量、指针值、各资源的状态不能被外界所改变。

4.1.2 并发程序及特点

现代操作系统采用并行处理技术，在单处理机的计算机系统中，多个任务的同时执行称为并发。之所以并发操作是可能实现的，是因为人们看到了这样的事实：大多数计算问题只要求操作在时间上是偏序的，即有些操作必须在其他操作之前执行，这是有序的；但有的操作可以同时进行。

1. 什么是程序的并发执行

图 4.1 所示的输入操作、计算操作和打印操作这三者必须顺序执行，因为这是一个用户程序的 3 个处理步骤，它们从逻辑上要求顺序执行。虽然系统具有输入机、中央处理机和打印机这 3 个物理部件，且它们实际上是可以同时操作的，但由于程序本身的特点，这 3 个操作还是只能顺序执行。但是，当有一批用户程序要求处理时，情况就不一样了。例如，现有程序 $_1$，程序 $_2$，…，程序 $_n$ 要求处理，对每个程序的处理都有相应的 3 个步骤，描述如下。

对程序 $_1$ 的处理：　　I_1，C_1，P_1。
对程序 $_2$ 的处理：　　I_2，C_2，P_2。

⋮

对程序 $_n$ 的处理：　　I_n，C_n，P_n。

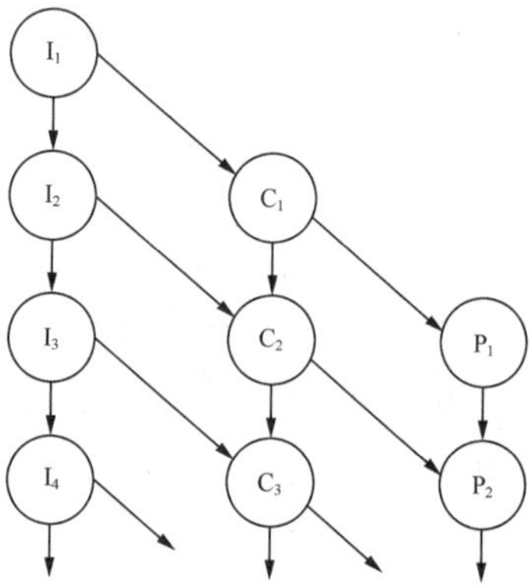

当系统中存在着大量的操作时，就可以进行并发处理。例如，在输入了程序 $_1$ 后，即可进行该程序的计算工作；与此同时，可输入程序 $_2$，这就使程序 $_1$ 的计算操作和程序 $_2$ 的输入操作得以同时进行。图 4.2 说明了系统对一批程序进行处理时，各程序段执行的先后次序。

从图 4.2 中可分析出以下几点。

① 有的程序段执行是有先后次序的。如 I_1 先于 I_2 和 C_1，C_1 先于 P_1 和 C_2，P_1 先于 P_2；I_2 先于 I_3 和 C_2 等。

② 有的程序段可以并发执行。如 I_2 和 C_1，I_3、C_2 和 P_1，I_4、C_3 和 P_2 等。

图 4.2　多用户系统中操作的先后次序

I_2 和 C_1 重叠表示输入完程序 $_1$ 后，在对第一个程序进行计算的同时，又输入第二个程序。I_3、C_2 和 P_1 的重叠表示程序 $_1$ 计算完后，在输出打印的同时，若程序 $_2$ 已输入完毕，则立即对它进行计算，并对程序 $_3$ 进行输入。

所谓程序的并发执行是指：若干个程序同时在系统中运行，这些程序的执行在时间上是重叠的，一个程序的执行尚未结束，另一个程序的执行已经开始，即使这种重叠是很小的一部分，也称这几个程序是并发执行的。图 4.3 所示的 3 个程序就是并发执行的程序。

图 4.3　3 个并发程序

程序的并发执行可以用如下语句描述。

```
cobegin
    S₁;S₂;…;Sₙ;
coend
```

并行语句括号 cobegin 和 coend 之间的 S_1、S_2、…、S_n 可以并发执行，S_i 表示一个具有独立功能的程序段，这是由 Dijkstra 首先提出来的。为了确定这一并发语句的效果，应该考虑在程序中该并

发语句前、后的两个语句 S_0 及 S_{n+1}。即

```
S0;
cobegin
    S1;S2;…;Sn;
coend;
Sn+1;
```

这一段程序可用图 4.4 所示的并发语句的先后次序图来表示。图 4.4 说明先执行 S_0,然后并发执行 S_1、S_2、…、S_n;当 S_1、S_2、…、S_n 全部执行完毕后,最后执行语句 S_{n+1}。

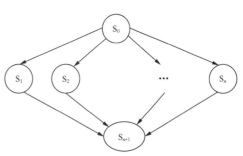

图 4.4　并发语句的先后次序

2. 并发程序的特点

程序的并发执行提高了系统的处理能力和计算机的利用率,但当程序并发执行时,同时也产生了许多新的问题,出现了与顺序程序不同的特征。

(1)失去程序的封闭性

顺序程序具有封闭性特征,即程序一旦开始执行,其计算结果不受外界因素的影响,与它的执行速度无关(即与时间无关)。这是因为程序的变量是其他程序执行时不可接触的,所以,这个程序执行后的输出结果是其输入的一个与时间无关的函数。如果一个程序的执行可以改变另一个程序的变量,那么,后者的输出就可能有赖于这两个程序执行的相对速度,也就是失去了程序的封闭性特点。

下面,讨论共享变量的两个并发程序在执行时,可能产生的结果。程序描述如 MODULE 4.1 所示,其中 cobegin 和 coend 是并行语句,表示它们之间的程序是可以并发执行的。

MODULE4.1　共享变量的两个程序并发执行

```
程序 cn
main( )
{   int  n=0;
    cobegin
        程序A;
        程序B;
    coend
}
程序A                程序B
{                    {
    …                    …
    n++;                 printf("N IS %d \n",n);
    …                    n=0;
    …                    …
}                    }
```

程序 A 与程序 B 在完成各自的功能时,包括对共享变量 n 的操作,为了简单起见,在程序描述中只给出了对变量 n 的操作语句。设程序 A 对变量 n 做加 1 的操作,程序 B 打印 n 值,并将它重新置为零。

由于程序 A 和程序 B 的执行都以各自独立的速度向前推进,故程序 A 的 n++ 操作既可在程序 B 的 printf 操作和 n=0 操作之前,也可在其后或中间。设两个程序在开始执行时,n 的值为 n_0,对于这 3 种情况,打印机输出的 n 值分别为 n_0+1、n_0 和 n_0;执行后 n 的最终赋值分别为 0、1、0。之所以会

出现错误，是因为它们公用了一个公共变量 n，而又没有采取恰当的措施。这说明计算结果与并发程序执行的速度有关，也就是说，并发程序已失去了顺序程序的封闭性的特点。若不具备封闭性，必然不具备可再现性的特点。

（2）程序与计算不再一一对应

程序与计算是两个不同的概念，前者是指令的有序集合，是静态的概念；而后者是指令序列在处理机上的执行过程，是动态的概念。程序在顺序执行时，程序与计算之间有着一一对应的关系，但在并发执行时，这种关系就不再存在了。当多个计算任务共享某个程序时，它们都可以调用这个程序，且调用一次就是执行一次计算，因而这个程序可执行多次，即这个共享的程序对应多个计算。例如，在分时系统中，有多个终端用户编制的程序都是 C 程序，而系统只有一个 C 语言编译程序。为了减少编译程序的副本，他们共享一个编译程序（当然每个用户各带自己的数据区）。这样，一个编译程序同时为多个终端用户服务，每个终端用户调用一次 C 语言编译程序就是执行一次，即这个编译程序对应多个计算（编译活动）。

（3）程序并发执行时的相互制约关系

程序并发执行时的相互制约关系可通过图 4.2 所示的例子来说明。当并发执行的程序之间需要协同操作来完成一个共同的任务时，它们之间具有直接的相互制约关系，且这样的程序之间有一定的逻辑联系。例如，I_1、C_1 和 P_1 之间有一定的逻辑关系，它们必须顺序地执行。如果 I_1 操作没有完毕，C_1 就不能开工，因为程序和数据还没有送入计算机。如果 C_1 没有做完，还没有算出结果，当然不能打印，即 P_1 不能开工。

从图 4.2 中又看到，I_3、C_2、P_1 可以并发执行。当 C_1 完毕后，P_1 即可开工。此时，I_3 和 C_2 同时操作虽是可能的，但能否实现，还要看它们和其他程序段之间的相互制约关系。如果此时 I_2 没有结束，则 I_3 和 C_2 不能进行，因为 I_2 和 C_2 有直接的相互制约关系，而 I_2 和 I_3 之间由于共享一台输入机而产生了一种间接的相互制约关系，当 I_2 占用输入机时，在它输入未结束之前 I_3 是无法开始的。

4.1.3 与时间有关的错误

通常在编制程序时可能发生错误，当一个带有错误的程序并发执行时会出现什么情况呢？能否像查找顺序程序中的错误那样找到其错误所在呢？这就涉及程序并发执行时可能出现的与时间有关的错误这一问题。为了说明这个问题，将继续讨论 MODULE 4.1 描述的共享变量的两个程序并发执行的情况。

在 MODULE 4.1 中，程序 A 和程序 B 并发执行。它们以各自独立的速度向前推进，由于程序 A 与程序 B 共享公共变量 n，所以关于该变量 n 的操作语句的执行就会产生几种可能性。正如上述讨论中提到的，程序 A 的 n++ 操作与程序 B 的 printf 操作和 $n=0$ 操作之间可能有 3 种关系（之前、之后或中间），由此产生了 3 种不同的结果。

当程序并发执行时，系统处于一个复杂的动态组合状态，各程序执行的相对速度不定，若并发程序重复执行，程序员极不容易看到两个同样的结果。按照程序预期应完成的功能，程序的执行只能有一个正确答案，而产生的其他结果应该是错误的。这种现象是程序并发执行时产生的新问题，这种错误与并发程序执行的相对速度有关，是与时间有关的错误。

与时间有关的错误可以这样描述：程序并发执行时若共享了公共变量，其执行结果将与并发程序执行的相对速度有关，即给定相同的初始条件，也可能会得到不同的结果，此为与时间有关的错误。

读者可能会怀疑，程序并发执行能提高系统的处理能力，加快程序执行的速度，但是会出现与时间有关的错误，不能保证程序执行的正确性，那么，程序并发执行还有实用价值吗？首先应该认识到，与时间有关的错误只可能发生在并发程序有公共变量（或公共数据）时的情况。若并发执行的程序没有共享变量，它们之间就没有直接的相互制约关系，这样一组程序并发执行时，不会发生与时间有关的错误。

若并发执行的程序有共享变量（或公共数据），这时必须慎重对待。因为这时，一个程序的执行可能会改变另一个程序的变量（或公共数据），程序的输出结果将受外界的影响而失去封闭性，同时结果也是不可再现的。要解决这一问题的关键是分析清楚这一组并发程序间的相互制约关系，采取恰当的措施。即为了保证得到唯一正确的结果，需要实现并发程序执行时的互斥和同步。关于互斥同步等问题在本章稍后介绍。通过对这个例子的讨论，读者可以体会到为什么要提出互斥同步的问题。

4.2 进程概念

4.2.1 进程的定义

现代操作系统支持程序的并发执行。程序的并发执行指的是多个程序都处于已经开始，但都未执行完毕的状态中。在单 CPU 的计算机系统中，对并发执行的每个程序的执行而言，是一种停停走走地向前推进的模式。这是由于并发程序之间具有相互制约的关系，有时并发程序处于执行状态；有时因需要等待某种共享资源或要等待某些信息而暂时运行不下去，只得处于暂停状态，而当使之暂停的因素消失

进程定义

后，程序又可以恢复执行。换言之，由于程序并发执行时的直接或间接的相互制约关系，将导致并发程序具有"执行——暂停——执行"的活动规律。在这种情况下，如果仍然使用已有的程序这个概念，只能对它进行静止的、孤立的研究，不能动态地反映并发程序的活动和状态的变化。因此，人们引入了新的概念——进程，以便从变化的角度，动态地分析研究并发程序的活动。

进程是处理机活动的一个抽象概念。进程使"执行中的程序"这一概念在任何时候都是有意义的，而不论处理机在这一时刻是否正在执行该程序的指令。这样，静态的程序和动态的进程便区分开了。

进程概念是 20 世纪 60 年代初期，首先由麻省理工学院的 MULTICS 系统和 IBM 公司的 TSS/360 系统引入的。其后，有许多人对进程下过多种定义。下面仅列举几种比较能反映进程实质的定义。

① 进程是这样的计算部分：它是可以和其他计算并行的一个计算。

② 进程（有时称为任务）是一个程序与其数据一道通过处理机的执行所发生的活动。

③ 任务（或称进程）是由一个程序以及与它相关的状态信息（包括寄存器内容、存储区域和链接表）所组成的。

④ 所谓进程，就是一个程序在给定活动空间和初始环境下，在一个处理机上的执行过程。

⑤ 根据 1978 年在庐山召开的全国操作系统会议上关于进程的讨论，结合国外的各种观点，国内对进程这一概念作了如下描述：进程是指一个具有一定独立功能的程序关于某个数据集合的一次运行活动。

上述这些对进程的定义从本质上讲是相同的，但各有侧重。定义①、②、④、⑤强调的是进程的动态特征，核心内容是程序在处理机上的一次执行过程。其中，定义①还强调了进程就是计算，

并且是可以和其他计算并行的一个计算。这里要特别分析一下定义③。在定义③中并未描述进程是程序在处理机上的一次执行过程，但它指出了这一执行过程的本质是程序执行时的相关的状态信息（包括寄存器内容、存储区域和链接表）。程序的执行是一个动态的轨迹，但这不是不可捉摸的，而是可以通过每个时刻的处理机的状态信息来描述的。为了描述进程，人们将状态信息和与进程有关的信息组织成一个数据结构，这就是进程管理中十分重要的数据结构——进程控制块。读者也可以进一步考虑，从结构上来讲，进程应由哪几部分组成。

进程这一概念已广泛而成功地被用于许多操作系统中，成为构造操作系统不可缺少的强有力的工具。

进程和程序是既有联系又有区别的两个概念，它们的区别如下。

① 程序是指令的有序集合，是一个静态概念，其本身没有任何运行的含义。而进程是程序在处理机上的一次执行过程，是一动态概念。程序可以作为一种软件资料长期保存，而进程则是有一定生命期的，它能够动态地产生和消亡。即进程可由"创建"而产生，由调度而执行，因得不到资源而暂停，以致最后由"撤销"而消亡。

② 进程是一个能独立运行的单位，能与其他进程并行地活动。

③ 进程是竞争计算机系统有限资源的基本单位，也是进行处理机调度的基本单位。

进程和程序又是有联系的。在支持多任务运行的操作系统中，活动的最小单位是进程。进程一定包含一个程序，因为程序是进程应完成功能的逻辑描述；而一个程序可以对应多个进程。如果同一程序同时运行于若干不同的数据集合上，它将属于若干个不同的进程。或者说，若干不同的进程可以包含相同的程序。这句话的意思是：用同一程序对不同的数据先后或同时加以处理，就对应于多个进程。例如，系统具有一个 C 编译程序，当它对多个终端用户的 C 语言源程序进行编译时，就产生了多个编译进程。

读者稍加留心就可以看出：进程和前面提到的计算有相似之处，它们都是程序的动态执行过程，从这一点上讲它们是一样的。但是，由于用进程描述操作系统的内部活动比较准确、清晰，所以都用进程这一概念来设计操作系统。

4.2.2 进程的状态及变迁

1. 进程的基本状态

进程有着"执行——暂停——执行"的活动规律。在多用户、多任务系统中，一个进程不可能自始至终连续不停地在处理机上运行。由于它与并发执行中的其他进程有着相互制约的关系，它有时处于运行状态，有时由于某种原因而暂停运行处

进程的状态及变迁

于等待状态，当使它暂停的原因消失后，它又进入准备运行状态。所以，在一个进程的活动期间至少具备 3 种基本状态，即运行状态、就绪状态、等待状态（又称阻塞状态）。

（1）就绪状态（ready）

当进程获得了除 CPU 之外所有的资源，它已经准备就绪，一旦得到 CPU 控制权，就可以立即运行，该进程所处的状态为就绪状态。

（2）运行状态（running）

进程通过进程调度和处理机分派后，得到中央处理机控制权，该进程对应的程序正在处理机上

运行，它所处的状态为运行状态。

（3）等待状态（wait）

若一进程正在等待某一事件发生（如等待输入/输出操作的完成）而暂时停止执行，这时，即使给它 CPU 控制权，它也无法执行，则称该进程处于等待状态，又可称为阻塞状态。

一个实际的系统，在进程活动期间至少要区分出就绪、运行、等待这 3 种状态。原因是如果系统能为每个进程提供一台处理机，则系统中所有具备运行条件的进程都可以同时执行，但实际上处理机的数目总是少于进程数，因此，往往只有少数几个进程（在单处理机系统中，则只有一个进程）可真正获得处理机控制权。通常把那些获得处理机控制权的进程所处的状态称为运行状态，把那些已具备运行的条件、希望获得处理机控制权、因处理机数目太少而暂时分配不到处理机的进程所处的状态称为就绪状态。而有些进程相互制约，因某种原因暂时不能运行而处于等待状态。因此，在任何系统中，必须有这 3 种基本状态。

有的系统较为复杂，可设置更多的进程状态，且对每一种状态还可进一步细分。例如，等待状态可能包含若干子状态，如主存等待、文件等待或设备等待等。若是细分或设置更多的状态会增加系统的复杂性。多数系统注意简化状态结构，以提高系统效率。

2. 进程状态变迁图

进程的状态随着自身的推进和外界条件的变化而发生变化。对于一个系统，可以用一张进程状态变迁图来说明系统中的进程可能具备的状态，以及这些状态之间变迁的可能原因。在进程状态变迁图中，结点表示进程的状态，箭头表示状态的变化。具有进程基本状态的变迁图如图 4.5 所示。从图 4.5 中可以看出进程状态之间的变化以及状态转换的典型理由。

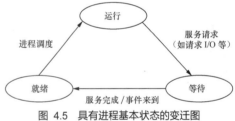

图 4.5 具有进程基本状态的变迁图

值得注意的是，运行状态的进程因请求某种服务而变为等待状态，当请求的事件完成后，处于等待状态的进程并不能恢复到运行状态，而是转变为就绪状态，通过重新调度程序才能转变为运行状态，其原因请读者考虑。

上面介绍了进程的 3 种基本状态及其转换。那么，进程是如何产生和消亡的呢？进程是程序的一次执行过程，它是一个活动。当用户或系统需要一个活动时，可以通过创建进程的方法产生一个进程，进程被创建后进入就绪状态。而当一个进程的任务完成时，可以通过撤销进程的方法使进程消亡，进程转为完成状态。就绪状态、运行状态、等待状态是进程的 3 种基本状态，进程还有创建和消亡的过程。

在不同类型的操作系统中，进程状态变迁的原因，也不完全相同。如在分时系统中，因采用时间片轮转的调度策略，每个进程被调度时，会分得一个时间片。当运行进程时间片到时，该进程应该转变为何种状态呢？请读者思考，并画出分时系统的进程状态变迁图。

4.2.3 进程控制块

1. 什么是进程控制块

进程是程序的一次执行过程，程序是完成该进程操作的算法描述。当程序并发执行时，产生了动态特征，并由于并发程序之间的相互制约关系而形成了一个比较

进程控制块及
进程队列

复杂的外界环境。为了描述一个进程和其他进程以及系统资源的关系，刻画一个进程在各个不同时期所处的状态，人们采用了一个与进程相联系的数据块，称为进程控制块（Process Control Block，PCB）或进程描述器（Process Descriptor）。进程控制块是一个数据结构，是标识进程存在的实体。当系统创建一个进程时，必须为它设置一个 PCB，然后根据 PCB 的信息对进程实施控制和管理。进程任务完成时，系统撤销它的 PCB，进程也随之消亡。

对一般的操作系统而言，PCB 应具有表 4.1 所示的信息。表 4.1 中各项内容说明如下。

（1）进程标识符

每个进程都有唯一的标识符，用字符或编号表示，在创建一个进程时，由创建者给出进程的标识符。另外，为了便于系统管理，进程还有一个内部标识符（id 号）。

（2）进程的状态

该项说明进程当前所处的状态（运行、就绪、等待），可以用不同的数字（如 0、1、2）或不同的符号（如 run、ready、wait）来表示。只有当进程处于就绪状态时，才有可能获得处理机。当进程处于等待状态时，要在 PCB 中说明阻塞的原因。

表 4.1　PCB 结构
进程标识符
进程状态
当前队列指针
进程优先级
CPU 现场保护区
通信信息
家族联系
占有资源清单

（3）当前队列指针（next）

该项登记了处于同一状态的下一个 PCB 的地址，以此将处于同一状态的所有进程勾链起来。每个队列有一个队列头，其内容为队列第一个元素的地址。

为了便于对进程实施管理，通常把具有相同状态的进程链在一起，组成各种队列。例如，将所有处于就绪状态的进程链在一起，称为就绪队列。把所有因等待某事件而处于等待状态的进程链在一起就组成各种等待（或阻塞）队列。而运行链在单处理机系统中则只有一个运行指针（running）。图 4.6 描述了运行指针、就绪队列和等待打印机队列的结构。

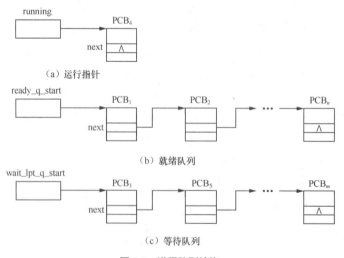

图 4.6　进程队列结构

（4）进程优先级（priority）

进程的优先级反映了进程要求 CPU 的紧迫程度，它通常由用户预先提出或由系统指定。进程将依据其优先级的高低去争夺使用 CPU 的权利。

（5）CPU 现场保护区（cpustatus）

当进程由于某种原因释放处理机时，CPU 现场信息被保存在 PCB 的该区域中，以便在该进程重新获得处理机后能继续执行。通常被保护的信息有工作寄存器、指令计数器以及程序状态字等。

（6）通信信息（communication information）

通信信息是指每个进程在运行过程中与其他进程进行通信时所记录的有关信息。例如，可以包含正等待着本进程接收的消息个数、第一个消息的开始地址等。

（7）家族联系（process family）

有的系统允许一个进程创建自己的子进程，这样，会组成一个进程家族。在 PCB 中必须指明本进程与家族的联系，如它的子进程和父进程的标识符。

（8）占有资源清单（own_resource）

不同的操作系统所使用的 PCB 结构是不同的。对于简单系统，PCB 结构较小。而在一些较复杂的系统中，PCB 所含的内容则比较多，例如，还可能有关于 I/O、文件传输等控制信息。但一般 PCB 应包含的基本内容如表 4.1 所示。

2. 进程的组成

在进程定义中，有一个是这样描述的：任务（或称进程）是由一个程序以及与它相关的状态信息（包括寄存器内容、存储区域和链接表）所组成的。这一描述强调了进程活动过程中，每时每刻的相关的状态信息，包括寄存器内容、存储区域和链接表。这些状态信息反映了进程执行过程中当前的状态、与外界的联系以及占用系统资源情况，它存放在进程控制块 PCB 结构中。进程与程序的最本质的区别是进程的动态特征，而这些特征信息是包含在 PCB 中的。所以，从结构上说，每个进程都由一个程序段（包括数据）和一个进程控制块 PCB 组成，如图 4.7 所示。程序和数据描述进程本身应完成的功能；而进程控制块 PCB 则描述进程的动态特征、进程与其他进程和系统资源的关系。

图 4.7　进程的组成

4.3　进程控制

4.3.1　进程控制的概念

进程控制的职责是对系统中的所有进程实施有效的管理，它是处理机管理功能的一部分，在现代操作系统中，为了实现共享、协调并发进程的关系，进程管理的功能应包括：进程控制、进程调度、实现进程之间同步协调和通信。

进程控制

进程控制负责控制进程状态的变化。操作系统的核心具有创建进程、撤销进程、进程等待和唤醒等功能。这些功能是由具有特定功能的程序组成的，而且通过原语操作来实现控制和管理的目。原语是一种特殊的系统调用，它可以完成一个特定的功能，一般为外层软件所调用，其特点是原语执行时不可中断，所以原语操作具有原子性，即它是不可再分的。在操作系统中原语作为一个基本单位出现。

用于进程控制的原语有：创建原语、撤销原语、等待原语、唤醒原语等。

在多进程环境中，每个应用程序投入运行后，都有一个主进程和可能出现的同时活动的子进程。

为了完成应用程序的任务，一方面，用户需要获得操作系统的支持以便控制这些进程的活动；另一方面，操作系统必须提供进程控制的功能，使用户能通过服务请求的方式方便地获得这些功能。操作系统提供的就是上述的一组进程控制原语。

4.3.2 进程创建与撤销

1. 进程创建

在多用户、多任务系统中存在着大量的进程，那么，系统中的进程是如何产生的呢？在系统初启时，创建并产生一些必需的、承担系统资源分配和管理工作的系统进程。而用户进程是在用户程序提交给系统时创建的。在批处理系统中，由操作系统的作业调度程序负责创建进程；在分时系统中，则由命令处理程序（如 UNIX 或 Linux 系统的 shell）负责创建。当用户程序进入系统时，系统为该程序创建一个进程。这个进程还可以创建一些子进程，以完成一些并行的工作。创建者称为父进程，被创建者称为子进程，创建父进程的进程称为祖父进程，这样就构成了一个进程家族。

进程管理的基本功能之一是提供创建新的进程的支持，这些新进程是一个与现有进程不同的实体。用户不能直接创建进程，而只能通过操作系统提供的进程创建原语，以系统请求方式向操作系统申请创建一个进程。

无论是系统还是用户创建进程都必须调用创建原语来实现。创建原语的主要功能是创建一个指定标识符的进程。主要任务是形成该进程的进程控制块 PCB。所以，调用者必须提供形成 PCB 的有关参数，以便在创建时填入。这些参数是进程标识符、进程优先级等，其他资源从父进程那里继承。在 UNIX 或 Linux 系统中，父进程创建一个子进程时，该子进程继承父进程占用的系统资源，以及除进程内部标识符以外的其他特性，所以 UNIX 或 Linux 系统的进程创建原语 fork() 不带参数。

创建原语的一般形式为

```
create(name,priority)
```

其中，name 为被创建进程的标识符，priority 为进程优先级。进程创建原语的算法描述见 MODULE 4.2。

```
MODULE 4.2  进程创建
算法  create
输入：新进程的标识符，优先级
输出：新创建进程的内部标识符 pid
{
    从 PCB 资源池申请一个空闲的 PCB 结构；
    if（无空 PCB 结构）
        return（错误码）；        /*  带错误码返回  */
    用入口参数设置 PCB 内容；
    置进程为"就绪"态；
    将新进程的 PCB 插入就绪队列；
    return（新进程的 pid）；
}
```

程序中所说的 PCB 资源池是 PCB 集合，如图 4.8 所示。它是系统内核区中的一个结构数组，用来存放进程控制块。该集合的大小为 $n\times(pcb\_size)$。其中，pcb_size 为 PCB 结构的大小，n 为系统具有的 PCB 个数。pcb_size 和 n 值在系统生成时确定。系统初始化时，每个 PCB 结构中进程标识符单元内都

存放 "–1"，表示该 PCB 结构为空。当创建原语执行成功后，该项内容为
新创建进程的标识符。

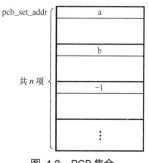

图 4.8　PCB 集合

2．进程撤销

进程撤销的功能包括：撤销本进程、撤销一个指定标识符的进程或
撤销一组子进程，后面两个撤销命令只能用于父进程撤销子进程。

这里简单介绍撤销本进程的功能。一个进程由进程创建原语创建，
当它完成了其任务之后就会终止自己。这时，应使用进程撤销原语，其
命令形式为 kill（或 exit）。该命令没有参数，其执行结果也无返回信息。
它的功能是将当前运行的进程（因为是自我撤销）的 PCB 结构归还到 PCB
资源池，所占用的资源归还给父进程，然后转进程调度程序。因为当前进程已被撤销，所以应转进
程调度程序。进程撤销原语算法描述见 MODULE 4.3。

```
MODULE 4.3  进程撤销
算法  kill
输入：无
输出：无
{
        由运行指针得当前进程的 PCB；
        释放本进程所占用的资源给父进程；
        释放此 PCB 结构；
        转进程调度；
}
```

4.3.3　进程等待与唤醒

1．进程等待

创建原语和撤销原语可使进程发生从无到有、从存在到消亡的状态变化，但还不能完成进程其
他状态的变迁。例如，由 "运行" 转变为 "等待"，由 "等待" 转变为 "就绪" 的状态变迁还需要系
统提供进程等待和进程唤醒原语的支持。这两种变迁可直接使用等待原语和唤醒原语来实现，也可
能在进程同步或通信过程中发生。下面先讨论等待原语（或称挂起命令）。

当进程需要等待某一事件完成时，它可以调用等待原语将自己挂起。进程一旦被挂起，它只能
由另一个进程唤醒。进程等待原语形式为

```
susp(chan)
```

入口参数 chan：进程等待的原因。

等待命令的功能是停止调用进程的执行，将 CPU 现场保留到该进程的 PCB 现场保护区；然后，
改变其状态为 "等待"，并插入到等待 chan 的等待队列；最后使控制转向进程调度。进程等待（挂起）
原语的算法描述见 MODULE 4.4。

```
MODULE 4.4  进程等待（挂起）
算法  susp
输入：chan 等待的事件（等待原因）
输出：无
{
```

保护现行进程的 CPU 现场到 PCB 结构中；

置该进程为"等待"态；

将该进程 PCB 插入到等待 chan 的等待队列；

转进程调度；

}

2. 进程唤醒

进程由"运行"转变为"等待"状态是由于进程必须等待某一事件的发生，所以处于等待状态的进程是绝对不可能叫醒自己的。例如，某进程正在等待输入/输出操作完成或等待别的进程发消息给它，只有当该进程所期待的事件出现时，才由发现者进程用唤醒原语叫醒它。一般说来，发现者进程和被唤醒进程是合作的并发进程。唤醒原语的形式为

wakeup(chan)

唤醒原语的功能是当进程等待的事件发生时，唤醒等待该事件的进程。进程唤醒原语的算法描述见 MODULE 4.5。

MODULE 4.5 进程唤醒

算法 wakeup

输入：chan 等待的事件（等待原因）

输出：无

{

找到该等待原因的队列指针；

for（等待该事件的进程）

{

将该进程移出此等待队列；

置进程状态为"就绪"；

将进程 PCB 插入就绪队列；

}

}

唤醒原语的最后一步可以转进程调度，也可返回现行进程。这要由系统设计者决定。按常理，当发现者进程唤醒了一个等待某事件的进程后，控制仍应返回原进程。但有的系统为了提供更多的调度机会，一般在实施进程控制功能后转进程调度，以便让调度程序有机会去选择一个合适的进程来运行。

4.4　进程之间的约束关系

在多进程系统中，诸进程可以并发执行，并以各自独立的速度向前推进。如果进程之间共享系统资源或有着直接的相互制约关系，那么，这一组进程就存在着相互制约关系。

4.4.1　进程竞争与合作

进程之间的相互制约关系可分为两种情况：一种是由于竞争系统资源而引起的间接相互制约关系；另一种是由于进程之间存在共享数据而引起的直接相互制约关系。

（1）竞争系统资源

进程间的相互制约关系，有一种情况是由于竞争系统资源而引起的间接的相互制约关系。进程

共享系统资源，它们对共享资源的使用是通过操作系统的资源管理程序来协调的。凡需使用共享资源的进程，先向系统提出申请，然后由资源管理程序根据资源情况，按一定的策略来实施分配。例如，进程对处理机的共享是靠操作系统的进程调度程序来协调的；又如，当系统采用分页存储管理技术时，各进程对主存页面的共享是由操作系统的分页存储管理程序来分配的。当进程 A 向系统要求资源 R 但得不到满足时，资源管理程序将其状态改为"等待"，并标明等待原因是等待资源 R；当另一进程释放资源 R 时，资源管理程序尝试能否满足等待者的需要，若能满足，则唤醒等待资源 R 的进程，使其转为"就绪"状态。

（2）进程协作

当进程之间存在有共享数据时，将引起直接的相互制约关系。例如，并发进程之间共享了某些数据、变量、队列等，为了保证数据的完整性，需要正确地处理进程协作的问题。解决进程协作问题的方法是操作系统提供同步机构。各进程利用同步机构来使用共享数据，从而实现正确的协作。

进程在以下两种情况需要协作。

① 信息共享

由于多个用户可能对同样的信息感兴趣（例如，共享文件），所以操作系统必须提供支持，以允许这对些资源类型的并发访问。由于对信息（或称数据）的共享，这些进程是合作进程。

② 并行处理

如果一个任务在逻辑上可以分为多个子任务，这些子任务可以并发执行以加快该任务的处理速度。由于这些子任务是为了完成一个整体任务而并发执行的，它们之间一定有直接的相互制约关系，这些进程称为合作进程。

协调进程之间的直接相互制约关系就是要协调各进程前进的步伐，即实现进程的同步，而要实现进程正确的同步，则必须支持进程之间的信息传递，这就是进程间的通信。实现同步时，进程之间需要交换信息，若交换信息的方式是低级的、单个的，一般称为同步；若交换信息的方式是高级的、有结构的，则称为进程的直接通信。进程同步可细分为：进程互斥、进程同步和进程的直接通信。

4.4.2　进程互斥的概念

进程同步是通过进程之间的通信来实现的，它们之间需要交换信息以便达到协调的目的。进程同步广义的定义是指对于进程操作的时间顺序所加的某种限制。例如，"操作 A 应在操作 B 之前执行"，"操作 C 必须在操作 A 和操作 B 都完成之后才能执行"等。在这些同步规则中有一个较特殊的规则是"多个操作决不能在同一时刻执行"，如"操作 A 和操作 B 不能在同一时刻执行"，这种同步规

进程互斥的概念

则称为互斥。所以，同步是一个大的范畴，互斥是同步的一个特例，但二者又是有区别的，到本章学习结束后，读者应能理解这一点。

为了理解进程互斥的概念，必须先讨论临界资源和临界区的概念。

1．临界资源

通过两个进程共享硬件资源、共享公用变量的例子来说明临界资源的概念。

例 1　进程共享打印机

打印机是系统资源，应由操作系统统一分配。假定进程 A、B 共享一台打印机，若让它们任意使

用，那么可能发生的情况是，两个进程的输出结果将会交织在一起，很难区分。解决这一问题的办法是，进程 A 要使用打印机时应先提出申请，一旦系统把资源分配给它，就一直为它所独占。这时，即使进程 B 也要使用打印机，它必须等待，直到进程 A 用完并释放后，系统才把打印机分配给进程 B 使用。由此可见，虽然系统中有多个进程，它们共享各种资源，然而有些资源一次只能为一个进程所使用。

例 2 进程共享公共变量

并发进程对公用变量进行访问和修改时，必须加以某种限制，否则会产生与时间有关的错误，即进程处理所得的结果与访问公共变量的时间有关。例如，有两个进程 p_1 和 p_2 共享一个变量 x（x 可代表某种资源的数量），这两个进程在一个处理机 C 上并发执行，分别具有内部寄存器 r_1 和 r_2，两个进程可按下列 a、b 两种方式对变量 x 进行访问和修改。

（1）方式 a

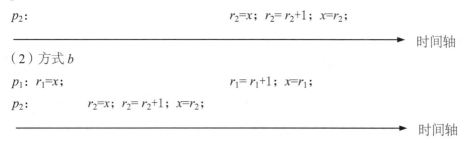

在 a 方式下，两个进程各对 x 做加 1 操作，最后 x 增加了 2；而按 b 方式对变量 x 进行修改，虽然两个进程各自对 x 做了加 1 操作，但 x 却只增加了 1。

所以，当两个（或多个）进程可能异步地改变公共数据区内容时，必须防止两个（或多个）进程同时访问并改变公共数据。如果未提供这种保证，被修改的区域一般不可能达到预期的变化。当两个进程公用一个变量时，它们必须顺序地使用，一个进程对公用变量操作完毕后，另一个进程才能去访问并修改这一变量。

通常把一次仅允许一个进程使用的资源称为临界资源。许多物理设备，如输入机、打印机、磁带机等都具有这种性质。除了物理设备外，还有一些软件资源，若被多进程所共享也具有这一特点，如变量、数据、表格、队列等。它们虽可为若干进程所共享，但一次只能为一个进程所利用。

2. 临界区

一组进程共享某一临界资源，这组进程中的每一个进程对应的程序中都包含了一个访问该临界资源的程序段。在每个进程中，访问该临界资源的那段程序能够从概念上分离出来，称为临界区或临界段。

临界区是进程中对公共变量（或存储区）进行访问与修改的程序段，称为相对于该公共变量的临界区。诸进程进入临界区必须互斥，在例 2 中，仅当进程 A 进入临界区完成对 x 的操作，并退出临界区后，进程 B 才允许访问其对应的临界区；反之亦然。

如图 4.9 所示的 3 个并发进程，其中 c_a、c_c 段分别对某一变量 Q 进行写入操作，c_b 段对该变量 Q 进行读出操作。此时，Q 为这 3 个进程共享的临界资源，而 c_a、c_b、c_c 就是对 Q 进行操作的临界区。在任一时刻，这 3 个进程中最多只允许有一个进程可以进入临界区，否则就会造成错误。

关于临界区的概念要注意以下几点：

① 临界区是针对某一临界资源而言的；

② 相对于某临界资源的临界区个数就是共享该临界资源的进程个数；

③ 相对于同一公共变量的若干个临界区，必须是互斥地进入，即一个进程执行完毕且出了临界区，另一个进程才能进入它的临界区。

为禁止两个进程同时进入临界区内，可以采用硬件的方法，如设置"测试并设置"指令；也可采用各种不同的软件算法来协调它们的关系。但是，不论是软件算法还是硬件方法都应遵循下列准则。

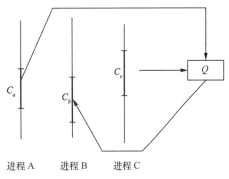

图 4.9 具有临界区的并发进程

① 当有若干进程欲进入它的临界区时，应在有限时间内使进程进入临界区。换言之，它们不应相互阻塞而致使彼此都不能进入临界区。

② 每次至多有一个进程处于临界区。

③ 进程在临界区内仅逗留有限的时间。

3. 互斥

多进程对公共变量（或公用存储区）这样的临界资源的共享具有这样的特点：共享的各方不能同时读、写同一数据区，只有当一方读、写完毕后，另一方才能读、写。

进程互斥可描述为：在操作系统中，当某一进程正在访问某一存储区域时，不允许其他进程来读出或者修改该存储区的内容，否则，就会发生后果无法估计的错误。进程之间的这种相互制约关系称为互斥。

一般采用同步机构实现进程互斥。同步机构将在 4.5 节中讨论。

4.4.3 进程同步的概念

进程基于临界区的交互作用是比较简单的，只要共享临界资源的各进程对临界区的执行在时间上互斥就可以了，换言之，只要共享临界资源的某一方正在临界区内操作时，其他相关进程不进入临界区就能保证互斥，至于哪个进程先进入临界区、哪个进程后进入是没有关系的。这时每个进程可忽略其他进程的存在和作用。但是，同步的概念强调的是保证进程之间操作的先后次序的约束，要保证这一点相对而言比较复杂。

进程同步的概念

1. 什么是同步

相互合作的一组并发进程，其中每一个进程都以各自独立的、不可预知的速度向前推进；但它们又需要密切合作，以实现一个共同的任务，即彼此"知道"相互的存在和作用。例如，相互合作的进程之间需要交换信息，当某进程未获得其合作进程发出的消息之前，该进程就等待，直到所需信息收到时才变为就绪状态（即被唤醒）以便继续执行，从而实现了诸进程的协调运行。

所谓同步，就是并发进程在一些关键点上可能需要互相等待与互通消息，这种相互制约的等待与互通信息称为进程同步。同步意味着两个或多个进程之间根据它们一致同意的协议进行相互作用。

同步的实质是使各合作进程的行为保持某种一致性或不变关系。要实现同步，一定存在着必须遵循的同步规则，要分析清楚合作进程之间的同步关系。同步的例子不仅在操作系统中有，在日常生活中也大量存在，下面分析几个同步的例子。

2. 同步的例子

（1）病员就诊

医院中病员就诊涉及多个活动（即为进程），现在分析这些活动之间的关系。医生为某病员看病这是一个活动，医生问诊后认为需要做某些化验，于是，就为病员开了化验单。病员取样，送到化验室，等待化验完毕交回化验结果，然后继续看病。化验室的化验工作又是另一个活动，化验室接到化验单后开始化验，然后提交化验报告。看病和化验是各自独立的活动单位，但它们共同完成医疗任务，所以需要交换信息。

上述这两个合作进程之间有一种同步关系：化验进程只有在接收到看病进程的化验单后才开始工作；而看病进程只有获得化验结果后才能继续为该病员看病，并根据化验结果确定医疗方案。看病进程与化验进程的同步关系如图 4.10 所示。

（2）计算进程和打印进程

操作系统中有大量的进程合作的例子。现给出计算进程（Compute Process，CP）和打印进程（Intup-Output Process，IOP）共享单缓冲区的同步问题，如图 4.11 所示。其中，计算进程负责对数据进行计算，打印进程负责打印计算结果。

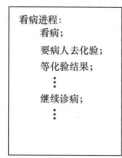

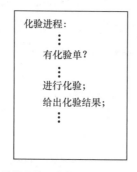

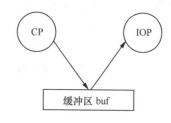

图 4.10　看病进程与化验进程的同步关系　　　　图 4.11　计算进程和打印进程共享单缓冲区的同步问题

CP 进程和 IOP 进程共享单缓冲（一次只能存放一个数据）时，这两个进程的同步关系如下：

① 当 CP 进程把数据送入 buf 时，IOP 进程才能从 buf 中取出数据去打印，即当 buf 内有新数据时，IOP 进程才能动作，否则必须等待；

② 当 IOP 进程把 buf 中的数据取出后，CP 进程才能把下一个数据送入 buf 中，即只有当 buf 为空时，CP 进程才能动作，否则必须等待。

4.5　同步机构

在进程并发执行的过程中，进程之间存在协作的关系，例如，有互斥、同步的关系。要实现进程间正确的协作，必须具备以下两个条件。

① 应用程序的编制者必须十分清楚并发进程之间的同步关系，知道何处需要等待，何处需要给

对方发消息；

② 操作系统必须提供实现进程协作的措施和方法，称为同步机构。用户程序利用操作系统提供的同步机构来实现正确的同步。

操作系统提供的同步机构有如下两种。

① 锁和上锁、开锁操作；

② 信号灯（或称信号量）和 P、V 操作。

锁和信号灯是一个物理实体，采用一个标志来代表某种资源的状态或并发程序当前的状态。而基于标志上的操作则是为了询问资源或进程的当前状态，以便进行正确的控制。这两个同步机构都可以实现进程互斥，而信号灯比锁的功能更强一些，它还可以方便地实现进程同步。

4.5.1　锁和上锁、开锁操作

在锁同步机构中，对应于每一个共享的临界资源（如数据块或设备）都要有一个单独的锁位。常用锁位值 "0" 表示资源可用，而用 "1" 表示资源已被占用。

进程使用共享资源之前必须完成如下操作，称为关锁操作。

① 检测锁位的值（是 0 还是 1）；

② 如果原来的值为 0，将锁位置为 1（表示占用资源）；

③ 如果原来的值为 1（即资源已被占用），则返回①再考察。

当进程使用完资源后，它将锁位置成 0，称为开锁操作。

系统提供在一个锁位 w 上的两个原语操作 lock(w) 和 unlock(w)。其算法描述见 MODULE 4.6 和 MODULE 4.7。

```
MODULE 4.6  上锁原语
算法  lock
输入：锁变量 w
输出：无
{
    test:
    if(w= =1)
        goto test; /* 测试锁位的值 */
        else  w=1; /* 上锁 */
}
MODULE 4.7  开锁原语
算法  unlock
输入：锁变量 w
输出：无
{
    w=0;   /* 开锁 */
}
```

在测试锁位的值和置锁位的值为 1 这两步之间，锁位不得被其他进程所改变，这是必须绝对保证的。一般地，可采用 "原语" 来实现，有些机器在硬件中设置了 "测试并设置" 指令，保证了第一步和第二步的不可分离性。

在上述的上锁原语中，goto 语句使执行 lock(w) 原语的进程可能要循环测试而占用处理机时间（称为"忙等待"）。为此，可将上锁原语和开锁原语做进一步修改。修改后的上锁过程和开锁过程见 MODULE 4.8 和 MODULE 4.9。

```
MODULE 4.8  改进的上锁原语
算法  lock1
输入：锁变量 w
输出：无
{
    while(w= =1)
    {
        保护现行进程的 CPU 现场；
        将现行进程的 PCB 插入 w 的等待队列；
        置该进程为"等待"状态；
        转进程调度；
    }
    w=1;          /＊上锁 ＊/
}


MODULE 4.9  改进的开锁原语
算法  unlock1
输入：锁变量 w
输出：无
{
    if（w 等待队列不空）
    {
        移出等待队列首元素；
        将该进程的 PCB 插入就绪队列；
        置该进程为"就绪"状态；
    }
    w=0;          /＊ 开锁 ＊/
}
```

4.5.2 信号灯和 P、V 操作

信号灯是人类社会中用于交通管理的一种设备，常用在大量人流、车流交汇的十字路口或铁路岔道上，人们利用信号灯的状态（颜色）来规范大量的活动，实现交通管理。操作系统中使用的信号灯正是从交通管理中引用过来的一个术语。

1. 信号灯

在现代操作系统中，有大量的并发进程在活动，它们都处在不断地申请资源、使用资源、释放资源以及与其他进程的相互制约的活动中，这些进程什么时候该停止运行，什么时候该继续向前推进，应根据事先的约定来规范它们的行为，这就需要操作系统提供信号灯机制。

信号灯是一个确定的二元组（s，q），s 是一个具有非负初值的整型变量，q 是一个初始状态为空的队列。整型变量 s 代表资源的实体或并发进程的状态，操作系统利用信号灯的状态对并发进程和共享资源进行管理。信号灯是操作系统中实现进程间同步和通信的一种常用工具。

一个信号灯的建立必须经过说明，即应该准确说明信号灯 s 的意义和初值（注意：这个初值必须

不是一个负值）。每个信号灯都有相应的一个队列，在建立信号灯时，队列为空。当信号灯的值大于或等于零时，表示绿灯，进程可以继续推进；若信号灯的值小于零时，表示红灯，进程被阻。整型变量 s 的值可以改变，以反映资源或并发进程状态的改变。操作系统提供 P、V 操作原语来实施对信号灯值的操作。要提及的一点是，信号灯的值只能通过 P、V 操作原语来改变，由用户程序给出信号灯的初值，其后，信号灯在进程同步过程中的值不能由用户程序直接修改。信号灯可能的取值范围是负整数值、零、正整数值。

2．P、V 操作

（1）P 操作

对信号灯的 P 操作记为 $P(s)$。$P(s)$ 是一个不可分割的原语操作，即取信号灯值减 1，若相减结果为负，则调用 $P(s)$ 的进程被阻，并插入到该信号灯的等待队列中，否则可以继续执行。

P 操作的主要动作如下：

① s 值减 1；

② 若相减结果大于或等于 0，则进程继续执行；

③ 若相减结果小于零，该进程被封锁，并将它插入到该信号灯的等待队列中，然后转进程调度程序。

P 操作的算法描述见 MODULE 4.10。

```
MODULE 4.10  P 操作
算法  P
输入：变量 s
输出：无
{
    s- -;
    if(s< 0)
    {
        保留调用进程 CPU 现场；
        将该进程的 PCB 插入 s 的等待队列；
        置该进程为 "等待" 状态；
        转进程调度；
    }
}
```

（2）V 操作

对信号灯的 V 操作记为 $V(s)$。$V(s)$ 是一个不可分割的原语操作，即取信号灯值加 1，若相加结果大于零，进程继续执行，否则，唤醒在信号灯等待队列上的一个进程。

V 操作的主要动作如下：

① s 值加 1；

② 若相加结果大于零，进程继续执行；

③ 若相加结果小于或等于零，则从该信号灯的等待队列中移出一个进程，解除它的等待状态，然后返回本进程继续执行。

V 操作的功能描述见 MODULE 4.11。

```
MODULE 4.11  V 操作
算法  V
```

```
输入：变量 s
输出：无
{
    s++;
    if(s<=0)
    {
        移出 s 等待队列首元素；
        将该进程的 PCB 插入就绪队列；
        置该进程为"就绪"状态；
    }
}
```

4.6　进程互斥与同步的实现

4.6.1　上锁原语和开锁原语实现进程互斥

使用上锁原语和开锁原语可以解决并发进程的互斥问题。在用户程序中，访问临界资源的前后必须增加上锁原语和开锁原语。换言之，任何欲进入临界区的进程，必须先执行上锁原语。若上锁原语顺利执行，则进程可进入临界区；在完成对临界资源的访问后再执行开锁原语，以释放该临界资源。进程使用临界资源的操作步骤如图 4.12 所示。

两个进程使用上锁原语和开锁原语实现临界资源的操作可描述为 MODUEL 4.12。

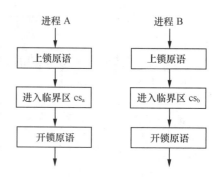

图 4.12　进程使用临界资源的操作步骤

MODUEL 4.12　使用上锁原语和开锁原语实现进程互斥

```
程序  task1
main( )
{
    int  w=0;        /* 互斥锁 */
    cobegin
        pp1( );
        pp2( );
    coend
}
pp1( )                pp2( )
{                     {
    ...                   ...
    lock(w);              lock(w);
    cs1;                  cs2;
    unlock(w);            unlock(w);
    ...                   ...
}                     }
```

4.6.2　信号灯实现进程互斥

用信号灯及其 P、V 操作能方便地解决并发进程的临界区问题，其方法是：

进程互斥的实现

① 设互斥信号灯，一般记为 mutex（mutual exclusion 的缩写），赋初值为 1，表示初始时该临界资源未被占用；

② 将进入临界区的操作置于 P(mutex)和 V(mutex)之间，即可实现进程互斥。

上述方法能正确实现进程互斥。任何欲进入临界区的进程，必先在互斥信号灯上执行 P 操作，在完成对临界资源的访问后再执行 V 操作。由于互斥信号灯的初始值为 1，当第一个进程执行 P 操作后 mutex 值变为 0，说明临界资源可分配给该进程，使之进入临界区。若此时又有第二个进程欲进入临界区，也应先执行 P 操作，结果使 mutex 变为负值，这就意味着临界资源已被占用，因此第二个进程被阻塞。直到第一个进程执行 V 操作，释放临界资源而恢复 mutex 值为 0 后，方可唤醒第二个进程，使之进入临界区，待它完成临界资源的访问后，又执行 V 操作，使 mutex 恢复到初始值。

设两个并发进程 p_a 和 p_b，具有相对于变量 n 的临界段 cs_a 和 cs_b，用信号灯实现它们的互斥描述见 MODULE 4.13。

MODULE 4.13　用信号灯实现进程互斥

```
程序　task2
main( )
{
    int mutex=1;        /* 互斥信号灯 */
    cobegin
        pa( );
        pb( );
    coend
}
pa( )                    pb( )
{                        {
    ...                      ...
    p(mutex);                p(mutex);
    csa;                     csb;
    v(mutex);                v(mutex);
    ...                      ...
}                        }
```

对于两个并发进程，互斥信号灯的值仅取 1、0 和 -1 三个值。

若 mutex=1，表示没有进程进入临界区；

若 mutex=0，表示有一个进程进入临界区；

若 mutex=-1，表示一个进程进入临界区，另一个进程等待进入。

请读者考虑，若要实现 3 个并发进程的互斥，互斥信号灯的取值是多少？每个取值的物理意义是什么？若要实现更多的进程的互斥，上述问题的答案又是什么？

4.6.3　进程同步的实现

用信号灯的 P、V 操作实现进程同步的关键是要分析清楚同步进程之间的相互关系，即什么时候某个进程需要等候，什么情况下需要给对方发一个信息；还需要分析清楚同步进程各自关心的状态。依据分析的结果就可以知道如何设置信号灯，如何安排 P、V 操作。

在病员就诊的例子中，对医生的看病活动要与化验室的化验活动的同步关系分

合作进程的
执行次序

析如下：

① 看病进程开出化验单，并发送给化验进程，化验进程才能开始工作，否则化验进程必须等待；

② 化验进程化验完毕得到化验结果，并发送给看病进程，看病进程才能根据化验结果确定医疗方案，否则看病进程必须等待。

用信号灯的 P、V 操作来实现这两个进程的同步，其算法描述见 MODULE 4.14。

MODULE 4.14　进程同步

```
程序  task3
main( )
{
    int s₁=0;          /*  表示有无化验单  */
    int s₂=0;          /*  表示有无化验结果  */
    cobegin
        labora( );
        diagnosis( );
    coend
}
labora( )
{
    while(化验工作未完成)
    {
        p(s₁);              /*  询问有无化验单，若无则等待  */
        化验工作;
        v(s₂);              /*  送出化验结果  */
    }
diagnosis( )
{
    while(看病工作未完成)
    {
        看病;
        v(s₁);              /*  送出化验单  */
        p(s₂);              /*  等化验结果  */
        diagnosis;          /*  诊断  */
    }
}
```

在实际应用中，需要解决的同步问题是非常多的，按特点不同一般可将同步问题分为两类。一类是保证一组合作进程按逻辑需要所确定的执行次序；另一类是保证共享缓冲区（或共享数据）的合作进程的同步。下面分别讨论这两类问题的解法。

1. 合作进程的执行次序

若干进程为了完成一个共同任务而并发执行。这些并发进程之间的关系是十分复杂的，有的操作可以没有时间上的先后次序，即不论谁先做，最后的计算结果都是正确的。但有的操作有先后次序，它们必须遵循一定的同步规则，才能保证并发执行的最后结果是正确的。

为了描述方便，可用进程流图来描述进程集合的执行时间轨迹，图的连接描述了进程间开始和结束的次序约束。在进程流图中用 s 表示一组任务的启动，用 f 表示任务完成。

图 4.13 所示的进程流图描述了合作进程执行的先后次序。图 4.13 中（a）说明 p_1、p_2、p_3 这 3 个进程依次顺序执行，只有在前一个进程结束后，后一个进程才能开始执行，当 p_3 完成时，这一组

进程全部结束。图 4.13（b）表示 p_1、p_2、p_3、p_4 这 4 个进程可以同时执行。图 4.13（c）、（d）中描述的进程执行次序是混合式的，既有顺序的，也有并行的。如在图 4.13（d）中，p_1 执行结束后，p_2、p_5、p_7 可以开始执行，当 p_2 结束后 p_3、p_4 才能开始执行，当 p_4、p_5 结束时 p_6 才能开始执行，p_3、p_6、p_7 都结束后 p_8 才能开始执行，当 p_8 执行结束后任务终止。

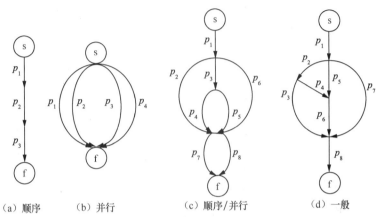

|（a）顺序|（b）并行|（c）顺序/并行|（d）一般|

图 4.13　进程流图

下面，以一例说明用信号灯的 P、V 操作如何解决这类问题。设 p_a、p_b、p_c 为一组合作进程，其进程流图如图 4.14 所示。这 3 个进程的同步关系是：任务启动后 p_a 先执行，当它结束后，p_b、p_c 可以开始执行，当 p_b、p_c 都执行完毕，任务结束。为了确保这一执行顺序，设两个同步信号灯 s_b、s_c，分别表示进程 p_b 和 p_c 能否开始执行，其初值均为 0。这 3 个进程的同步描述见 MODULE 4.15（其他逻辑部分省略）。

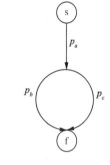

图 4.14　3 个并发程序的进程流图

```
MODULE 4.15  进程同步
程序 task4
main( )
{
    int  s_b=0;        /*  表示 p_b 进程能否开始执行  */
    int  s_c=0;        /*  表示 p_c 进程能否开始执行  */
    cobegin
        p_a( );
        p_b( );
        p_c( );
    coend
}
p_a( )              p_b( )              p_c( )
{                   {                   {
    ...                 p(s_b);             p(s_c);
    v(s_b);             ...                 ...
    v(s_c);             ...                 ...
}                   }                   }
```

2. 共享缓冲区的合作进程的同步

多进程的另一类同步问题是共享缓冲区的同步。通过下例可说明这类问题的

共享缓冲区的合作进程的同步

同步规则及信号灯解法。

设计算进程 CP 和打印进程 IOP 公用一个单缓冲，如图 4.11 所示。其中 CP 进程负责不断地计算数据并送入缓冲区 buf 中，IOP 进程负责从缓冲区 buf 中取出数据去打印。

这两个进程可以并发执行，但由于它们公用一个缓冲区，所以必须遵循一个同步规则，即对缓冲区的操作应做某种限制，以使最终的输出结果是正确的。我们已分析过计算进程和打印进程的同步关系，进一步归纳同步关系如下：

（1）当 buf 内有新数据时，IOP 进程才能打印；当 buf 内有空位置时，CP 进程才能把下一个计算结果数据送入 buf。

（2）当 CP 进程把计算结果送入 buf 时，要给 IOP 进程发消息；当 IOP 进程将 buf 中的数据取出后，要给 CP 进程发消息。

这一同步规则可推广为：如果发送者企图放一个信息到一个满的 buf 中时，它必须等候直到接收者从该 buf 中取走上一个信息；而如果接收者企图从一个空的 buf 中取下一个信息时，它必须等候到发送者放一个信息到这个 buf 中（假定所有信息的发送次序和接收次序精确相同）。

为了遵循这一同步规则，这两个进程在并发执行时必须通信，即进行同步操作。为此，设置两个信号灯 s_a 和 s_b。信号灯 s_a 表示缓冲区中是否有可供打印的计算结果，其初值为 0。每当计算进程把计算结果送入缓冲区后，便对 s_a 执行 $v(s_a)$ 操作，表示已有可供打印的结果。打印进程在执行前须先对 s_a 执行 $p(s_a)$ 操作。若执行 P 操作后 $s_a=0$，则打印进程可执行打印操作；若执行 P 操作后 $s_a<0$，表示缓冲区中尚无可供打印的计算结果，打印进程被阻。信号灯 s_b 表示缓冲区有无空位置存放新的信息，其初值为 1。当计算进程算得一个结果，要放入缓冲区之前，必须先对 s_b 作 $p(s_b)$ 操作，询问缓冲区是否有空位置。若执行 P 操作后 $s_b=0$，则计算进程可以继续执行，否则，计算进程被阻，等待打印进程从缓冲区取走信息后将它唤醒。打印进程将缓冲区中的数据取走后，便对 s_b 执行 $v(s_b)$ 操作，告知缓冲区信息已取走，又可存放新的信息了。上述两个进程之间的同步算法描述见 MODULE 4.16。

```
MODULE 4.16  进程同步
程序  task5
main( )
{
    int s_a=0;          /*  表示 buf 中有无信息  */
    int s_b=1;          /*  表示 buf 中有无空位置  */
    cobegin
        cp( );
        iop( );
    coend
}
cp( )                              iop( )
{                                  {
    while（计算未完成）                while（打印工作未完成）
    {                                  {
        得到一个计算结果;                  p(s_a);
        p(s_b);                          从缓冲区中取一数;
        将数送到缓冲区中;                  v(s_b);
        v(s_a);                          从打印机上输出;
    }                                  }
}                                  }
```

4.6.4　生产者—消费者问题

生产者—消费者
问题

生产者—消费者问题是一类同步问题的抽象描述。计算机系统中的每个进程都可以消费（使用）或生产（释放）某类资源，这些资源可以是硬资源（如主存缓冲区、外设或处理机），也可以是软资源（如临界段、消息等）。当系统中进程使用某一资源时，可以看作是消耗，且将该进程称为消费者。而当某个进程释放资源时，则它就相当于一个生产者。例如在上例中，计算进程和打印进程公用一个缓冲区，CP 进程将数据送入缓冲区，IOP 进程从缓冲区中取出数据去打印，因此，对数据而言 CP 进程相当于生产者，IOP 进程相当于消费者。当两个进程之间互通信件时，也可抽象为，一个发信件进程生产消息，将消息放置到缓冲区中去，而另一个读消息进程则从缓冲区中移走消息并处理消费它。

一群生产者 p_1、p_2、$\cdots$、p_m 和一群消费者 c_1、c_2、$\cdots$、c_k 共享一个有界缓冲区，如图 4.15 所示。假定这些生产者和消费者是互相等效的。只要缓冲区未满，生产者就可以把产品送入缓冲区，类似地，只要缓冲区未空，消费者便可以从缓冲区中取出产品并消耗它。生产者和消费者的同步关系是禁止生产者向满的缓冲区输送产品，也禁止消费者从空的缓冲区中提取物品。

图 4.15　生产者—消费者问题

在生产者—消费者问题中，信号灯具有两种功能。其一，它是跟踪资源的计数器；其二，它是协调生产者和消费者之间的同步器。消费者通过在一个表示满缓冲区数目的信号灯上做 P 操作来消耗一个资源，而生产者通过在同一信号灯上做 V 操作表示生产一个资源。在这种信号灯的 P、V 操作实施中，计数在每次 P 操作后减 1，而在每次 V 操作中增 1。这一计数器的初始值是可利用的资源数目。当资源不可利用时，将申请资源的进程挂到该等待队列中。如果有一个资源释放，在等待队列中的第一个进程将被唤醒并得到资源的控制权。

为解决这一类生产者—消费者问题，应该设置两个同步信号灯：一个表示空缓冲区的数目，用 empty 表示，其初值为有界缓冲区的大小 n；另一个表示满缓冲区（即信息）的数目，用 full 表示，其初值为 0。本例中有 p_1、p_2、$\cdots$、p_m 个生产者和 c_1、c_2、$\cdots$、c_k 个消费者，它们在生产活动和消费活动中要对有界缓冲区进行操作。由于有界缓冲区是一个临界资源，必须互斥使用，所以，还应设置一个互斥信号灯 mutex，其初值为 1。生产者—消费者问题的算法描述见 MODULE 4.17。

MODULE 4.17　生产者—消费者问题

```
程序  prod_cons
main( )
{
    int  full=0;        /*  满缓冲区的数目  */
    int  empty=n;       /*  空缓冲区的数目  */
    int  mutex=1;       /*  对有界缓冲区进行操作的互斥信号灯  */
    cobegin
        p₁( );p₂( );…;pₘ( );     /*  m个生产者进程  */
        c₁( );c₂( );…;cₖ( );     /*  k个消费者进程  */
    coend
```

```
            }
producer( )                        consumer( )
{                                  {
     while（生产未完成）                 while（还要继续消费）
     {                                  {
          …                                 p(full);
          生产一个产品;                       p(mutex);
          p(empty);                         从有界缓冲区中取产品;
          p(mutex);                         v(mutex);
          送一个产品到有界缓冲区;              v(empty);
          v(mutex);                         …
          v(full);                          消费一个产品;
     }                                  }
}                                  }
```

4.7　进程通信

4.7.1　进程通信的概念

并发进程通过操作系统提供的锁和信号灯这些同步机构可以达到协调同步的目的。这两种同步机构的特点是：① 装置限制为一个单一信息，因而进程间传递的只能是单一的信号；② 利用这种同步机构实现的进程同步是通过共享的存储器来实现的；③ 这种通信方式是一种较低级的、间接的通信方式。然而，进程之间的信息交换可能需要传递大量的信息，需要更复杂的结构。所以，为了实现进程间更有效、无需共享存储器支持的同步，应采用直接的进程通信方式。

进程通信是指进程之间可直接以较高的效率传递较多数据的信息交换方式。这种信息交换方式需要消息传递系统，包括信箱通信和消息缓冲通信等方式，信息的发送或接收需要操作系统的干预。

4.7.2　进程通信方式

进程通信（Interprocess Communication，IPC）是一个进程与另一个进程间共享消息的一种方式。消息（message）是发送进程形成的一个信息块，通过信息的语法表示形成所需传送的内容给接收进程。IPC 机制是消息从一个进程的地址空间拷贝到另一个进程的地址空间的过程，而不使用共享存储器的方法。IPC 通信机制适合于分布环境下处于不同节点上进程间的通信，应用范围比较广。

由于现代操作系统都提供存储保护手段，一个用户程序执行时只能在自己的存储空间范围内访问，不能进入另一个用户的存储空间。所以上述的消息传递只能通过操作系统提供的支持才能实现，这就是 IPC 机制。即信息在一个进程的地址空间打包形成消息，然后，从消息中拷贝信息到另一个进程的地址空间，这些工作是由操作系统提供的 IPC 机制来实现的，发送或接收消息需要操作系统的干预，如图 4.16 所示。

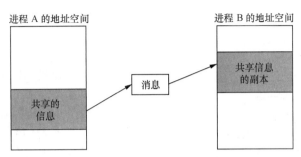

图 4.16　使用消息共享信息的示意图

1. 消息缓冲通信

在消息通信中，接收方和发送方之间有明确的协议，双方都认可其中的消息格式。在大多数消息传递机制中都使用消息头，用于标识与消息有关的信息，包括发送进程的标识符、接收进程的标识符以及消息中传送信息的字节数等。消息头能够被系统中所有的进程所理解。

消息缓冲通信方式包括消息缓冲、发送原语和接收原语。每当发送进程欲发送消息时，便形成一个消息缓冲区（包括消息头和消息内容），然后用发送原语把消息发送出去。接收进程在接收消息之前，在本进程的主存空间中设置一个接收区，然后用接收原语接收消息。

2. 信箱通信

在信箱通信中，除了定义信箱结构外，还包括消息发送和接收功能模块，提供发送原语和接收原语。使用信箱传递消息时，所使用的信箱可以位于用户空间中，是接收进程地址空间的一部分，也可以放置在操作系统的空间中。这两种方法各有特点，到底采用哪一种方法由操作系统的设计者根据需求来决定。图 4.17 所示为使用用户空间中的信箱实现消息传递。图 4.18 所示为使用系统空间中的信箱实现消息传递。

在图 4.17 中，信箱在接收进程的地址空间中。这时，接收调用可以用库例程实现，因为信息是在进程 B 的地址空间中拷贝的。这种方法的缺点是编译器和加载程序必须为每个进程分配信箱的空间；另一个问题是，接收进程有可能覆盖信箱的部分内容，从而导致错误发生。

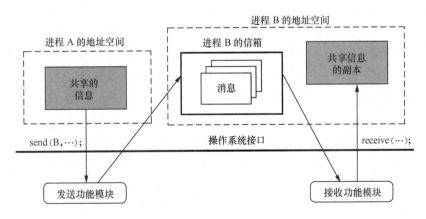

图 4.17　使用用户空间中的信箱实现消息传递

图 4.18 中，在操作系统空间中存放接收进程的信箱，并且消息的拷贝是在接收进程发出接收消息的系统调用时进行，这种方法中信箱的管理由操作系统负责，这就防止了对消息和信箱数据结构

的随意破坏，因为任一个进程都不能直接访问信箱。这种方法的缺点是要求操作系统为所有进程分配主存信箱，由于系统空间有限，可能对通信进程数有所限制。

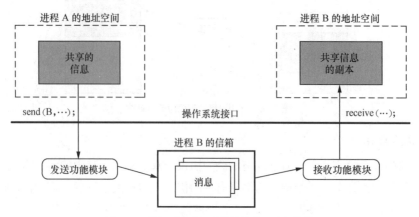

图 4.18　使用系统空间中的信箱实现消息传递

值得一提的是，使用信箱（或消息缓冲）实现消息传递时，发送进程和接收进程之间除了消息的发送和接收外，还要注意发送进程和接收进程的同步。例如，当信箱内没有新消息时，接收进程需要等待；当信箱内没有空位置时，发送进程需要等待。

4.8　线程概念及特点

4.8.1　线程的概念

为了进一步提高系统的并行处理能力。在现代操作系统中，如 Windows 家族，使用了一个叫线程（threads）的概念。为什么要提出线程的概念？什么是线程？在这一节中做一简单讨论。

多线程的概念首先是在多处理机系统的并行处理中提出来的。传统的多处理机由若干台处理机组成，每台处理机每次运行单个现场，也就是说，每台处理机有一个有限硬件资源的单一控制线索。这样的多处理机系统在进行远程访问期间会出现等待现象，处理机在这段时间间隔内处于空闲。为了提高处理机的并行操作能力，提出了多线程的概念。在每台处理机上建立多个运行现场，这样每台处理机有多个控制线程。在多线程系统结构中，多线程控制为实现隐藏处理机长时间等待提供了一种有效的机制。线程可以用一个现场（context）表示，现场由程序计数器、寄存器组和所要求的现场状态字符组成。

在操作系统中，为了支持并发活动，引入了进程的概念，在传统的操作系统中，每个进程只存在一条控制线索和一个程序计数器。但在现代操作系统中，有些提供了对单个进程中多条控制线索的支持。这些控制线索通常称为线程（threads），有时也称为轻量级进程（lightweight processes）。

线程是比进程更小的活动单位，它是进程中的一个执行路径。一个进程可以有多条执行路径，即线程。这样，在一个进程内部就有多个可以独立活动的单位，可以加快进程处理的速度，进一步提高系统的并行处理能力。

线程可以这样来描述：

① 线程是进程中的一条执行路径；

② 它有自己私用的堆栈和处理机执行环境（尤其是处理器、寄存器）；

③ 它共享父进程的主存；

④ 它是单个进程所创建的许多个同时存在的线程中的一个。

进程和线程既有联系又有区别，可以进一步将进程的组成概括为以下几个方面：

① 一个可执行程序，它定义了初始代码和数据；

② 一个私用地址空间（address space），它是进程可以使用的一组虚拟主存地址；

③ 进程执行时所需的系统资源（如文件、信号灯、通信端口等）是由操作系统分配给进程的；

④ 若系统支持线程运行，那么，每个进程至少有一个执行线程。

进程是任务调度的单位，也是系统资源的分配单位；而线程是进程中的一条执行路径，当系统支持多线程处理时，线程是任务调度的单位，但不是系统资源的分配单位。线程完全继承父进程占有的资源，当它活动时，具有自己的运行现场。

线程的应用是很广泛的。例如，字处理程序在活动时，可以有一个线程用于显示图形，另一个线程用来读入用户的键盘输入，还有第三个线程在进行拼写和语法检查。又如，网页服务器需要接收用户关于网页、图像、声音等请求，一个网页服务器可能有众多客户的并发访问，为此，网页服务器进程是多线程的；服务器创建一个线程以监听客户请求，当有请求产生时，服务器将创建另一个线程来处理请求。

4.8.2　线程的特点与状态

1. 线程的特点

相对进程而言，线程的创建与管理的开销要小得多。因为线程可以共享父进程的所有程序和全局数据，这意味着创建一个新线程只涉及最小量的主存分配（线程表），也意味着一个进程创建的多个线程可以共享地址区域和数据。

在进程内创建多线程，可以提高系统的并行处理能力。例如，一个文件服务器，某时刻它正好封锁在等待磁盘操作上，如果这个服务器进程具有多个控制线程，那么当一个线程在等待磁盘操作时，另一个线程就可以运行，例如，它又可接收一个新的文件服务请求。这样可以提高系统的性能。

从图 4.19（a）中看到，一个计算机系统 A 有 3 个进程，每个进程各自创建了一个线程。它们拥有自己私有的指令计数器、私有的栈区、私有的寄存器集合和地址区域。在这种情况下，这些进程和线程都是独立的活动单位，线程的优点没有充分体现出来。

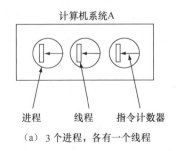

（a）3 个进程，各有一个线程

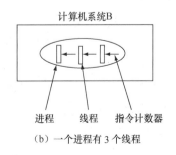

（b）一个进程有 3 个线程

图 4.19　进程和线程

从图 4.19（b）中看到，系统 B 中的一个进程包含了 3 个控制线程。每一个线程运行进程中的一个程序段，并拥有自己的指令计数器和记录它活动轨迹的栈。这样，进程中就有 3 条执行路径，增强了并行处理能力。

2. 线程的状态变迁

如果一个系统支持线程的创建与线程的活动，那么，处理机调度的最小单位是线程而不是进程。一个进程可以创建一个线程，那么它具有单一的控制路径，一个进程也可创建多个线程，那么它就具有多个控制路径。这时，线程是争夺 CPU 的单位。线程也有一个从创建到消亡的生命过程，在这一过程中它具有运行、等待、就绪或终止几个状态。

① 创建。建立一个新线程，新生的线程将处于新建状态。此时它已经有了相应的主存空间和其他资源，并已被初始化。

② 就绪。线程处于线程就绪队列中，等待被调度。此时它已经具备了运行的条件，一旦分到 CPU 时间，就可以立即去运行。

③ 运行。一个线程正占用 CPU，执行它的程序。

④ 等待。一个正在执行的线程如果发生某些事件，如被挂起或需要执行费时的输入/输出操作时，将让出 CPU，暂时中止自己的执行，进入等待状态，等待另一个线程唤醒它。

⑤ 终止。一个线程已经退出，但该信息还没被其他线程所收集（在 UNIX 术语中，父线程还没有做 wait）。

线程与进程一样，是一个动态的概念，也有一个从产生到消亡的生命周期，如图 4.20 所示。

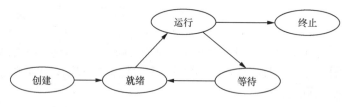

图 4.20　线程的生命周期

线程在活动期间，其状态是不断变化的，这些变化是由系统运行的状况、同时存在的其他线程和线程本身的算法等因素共同决定的。在创建和使用线程时应注意利用线程的方法宏观地控制这个过程。

3. 用户线程和内核线程

用户线程是在内核的支持下，在用户层通过线程库实现的。线程库提供对线程创建、调度和管理等方面的支持。用户线程的创建和调度是在用户空间内进行的，不需要内核干预，因此，用户级线程通常能快速地创建和管理。用户线程存在的缺点是：如果内核是单线程的，那么任何一个用户级线程执行了一个线程等待的系统调用，就会引起整个进程的阻塞，即使还有其他线程可以在应用程序内运行。用户线程库的例子有：POSIX Pthread、Mach C-thread 和 Solaris 2 UI-thread。

内核线程由操作系统直接支持，对内核线程的管理是由操作系统完成的，内核在其空间内执行线程创建、调度和管理。内核线程的创建和管理比在用户级创建和管理用户线程要慢，但正是由于内核管理线程，当一个线程执行等待的系统调用时，内核能调度应用程序内的另一个线程去运行。而且，在多处理器环境下，内核能在不同的处理器上调度线程。绝大多数的现代操作系统都支持内核线程，如 Windows NT、Windows 2000、Solaris 2 等。

4.9　操作系统的并发机制实例

4.9.1　创建进程及应用实例

在 UNIX/Linux 系统中，用户创建一个新进程的唯一方法就是调用系统调用 fork。调用 fork 的进程称为父进程，而新创建的进程叫做子进程。系统调用的语法格式：

```
pid = fork();
```

UNIX/Linux 系统的核心为系统调用 fork 完成下列操作：

① 为新进程分配一个新的 PCB 结构；

② 为子进程赋一个唯一的进程标识号（PID）；

③ 做一个父进程上下文的逻辑副本。由于进程的正文区（代码段）可被几个进程所共享，所以核心只要增加某个正文区的引用数即可，而不是真的将该区拷贝到一个新的主存物理区。这就意味着父子进程将执行相同的代码。但数据段和堆栈段属于进程的私有数据，需要拷贝到新的主存区中。

④ 增加与该进程相关联的文件表和索引节点表的引用数。这就意味着父进程打开的文件子进程可以继续使用。

⑤ 对父进程返回子进程的进程号，对子进程返回零。

在从系统调用 fork 中返回时，两个进程除了返回值 PID 不同外，具有完全一样的用户级上下文。在子进程中，PID 的值为零，父进程中 PID 为子进程的进程标识号（PID）。在系统启动时由核心内部建的 0#进程是唯一不通过系统调用 fork 而创建的进程。

父进程创建了子进程后，父、子进程即与其他进程一起开始了它们的并发执行。

例：设有 Linux 程序如下：

```
#include  <sys/types.h>
#include  <stdio.h>
#include  <unistd.h>
main()
{
    pid_t child;
    int  i=2;
    if((child=fork())==-1) {
        printf("fork error.\n ");
        exit(0);
    }
    if(child==0)    {
        i=i+3;
        printf("i=%d\n",i);
    }
    i=i+5;
    printf("i=%d\n",i);
}
```

该程序多次运行时理论上可能的输出结果包括下面 4 种情况：

① fork error

② i=5

    i=10
    i=7
③ i=7
    i=5
    i=10
④ i=5
    i=7
    i=10

只有当前的进程数已经达到了系统规定的上限或者系统主存不足时，才会出现进程创建不成功的情况。第 2 种结果对应着子进程先调度运行并执行完两条打印语句后才执行父进程的情况，而第 3 种结果则是先执行父进程的打印语句再调度执行子进程的情况，第 4 种结果对应着穿插的情况。如果在 i=i+5 语句前面加上 else，请读者自己考虑会得到何种结果。

之所以称理论上可能出现上述 4 种结果，是因为：① 进程创建一般情况下都能成功，第 1 种情况很难出现；② 父子进程运行时间很短，中间一般不会出现进程调度，读者可以在程序中适当的地方增加系统调用函数 sleep()，引起进程调度从而得到后面的 3 种结果。

父进程为了启动一个新的程序的执行，在 UNIX/Linux 系统中需要用到 exec() 类函数。exec() 类函数不止一个，但大致相同，在 Linux 中，它们分别是：execl()、execlp()、execle()、execv()、execvp()、execve()。exec() 函数族的作用是根据参数指定的文件名找到可执行文件，并用它来取代调用进程的内容，换句话说，就是在调用进程内部执行一个可执行文件。这里的可执行文件既可以是二进制文件，也可以是任何 Linux 下可执行的脚本文件，如果不是可以执行的文件，那么就解释成为一个 shell 文件。一个进程一旦调用了 exec() 类函数，系统将该进程的代码段替换成新的程序的代码，废弃原有的数据段和堆栈段，并根据新程序分配新的数据段与堆栈段，唯一留下的就是进程的 PCB 结构和进程号，也就是说，对系统而言，还是同一个进程，不过已经是一个新的程序了。

例：设有 Linux 程序如下：
```
#include  <sys/types.h>
#include  <stdio.h>
#include  <unistd.h>
main()
{
    if  (fork()==0) {
        printf("a");
        execlp("./file1",0);
        printf("b");
    }
    printf("c");
}
```
而可执行程序 file1 对应的源代码如下：
```
#include  <stdio.h>
main()
{
    printf("d");
}
```
则程序运行时可能的结果为 acd、cad、adc 3 种，读者同样可以通过在适当的地方添加 sleep() 系统调用验证。无论如何字母 b 不会被打印。

　　Windows 提供了 CreateProcess()函数用于创建进程，如果需要运行一个新的程序，只需要改变该 API 函数的 cmdLine 参数即可。

4.9.2　创建线程及应用实例

　　线程（thread）技术早在 20 世纪 60 年代就被提出，但真正将多线程应用到操作系统中去，是在 80 年代中期。现在，多线程技术已经被许多操作系统所支持。

　　Linux 系统下的多线程遵循 POSIX 线程接口，称为 pthread。编写 Linux 下的多线程程序，需要使用头文件 pthread.h，连接时需要使用库 libpthread.a。顺便说一下，Linux 下 pthread 的实现是通过系统调用 clone()来实现的。clone()是 Linux 所特有的系统调用，它的使用方式类似 fork，关于 clone() 的详细情况，有兴趣的读者可以去查看有关文档说明。下面我们展示一个最简单的多线程程序 example1.c。

```
/* example.c*/
#include <stdio.h>
#include <stdlib.h>
#include <pthread.h>
void thread(void)
{
    int i;
    for(i=0;i<3;i++)
    printf("This is a pthread.\n");
}
int main(void)
{
    pthread_t id;
    int i,ret;
    ret=pthread_create(&id,NULL,(void *) thread,NULL);
    if(ret!=0){
        printf ("Create pthread error!\n");
        exit (1);
    }
    for(i=0;i<3;i++)
    printf("This is the main process.\n");
    pthread_join(id,NULL);
    return (0);
}
```

　　主进程创建一个线程，它们并发运行，争夺 CPU 资源，请读者考虑多次运行能得到什么样的结果。

　　Windows 提供了 CreateThread()函数用于创建线程。

4.9.3　等待进程、线程的终止及其应用

　　在 UNIX/Linux 系统中，一个进程可以通过系统调用 wait 使它的执行与子进程的终止同步。系统调用 wait 的语法格式为：

```
pid=wait(stat_addr);
```

　　wait()函数使父进程暂停执行，直到它的一个子进程结束为止，该函数的返回值是终止运行的子

进程的 PID。参数 status 所指向的变量存放子进程的退出码，即从子进程的 main 函数返回的值或子进程中 exit()函数的参数。如果 status 不是一个空指针，状态信息将被写入它指向的变量。

在 Linux 中，waitpid(pid_t pid,int * status,int options)也用来等待子进程的结束，但它用于等待某个特定进程结束。参数 pid 指明要等待的子进程的 PID,参数 status 的含义与 wait()函数中的 status 相同。

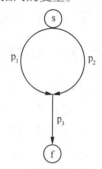

利用进程创建与进程等待终止，可以实现进程流图所描述的进程执行次序。如图 4.21 所示的进程流图，可以由如下程序实现。

```c
#include  <sys/types.h>
#include  <sys/wait.h>
int  main ()
{
    pid_t  pid;
    int status;
    pid=fork();
    if  (pid==0)   {
        p2;
        exit();
    } else p1;
    wait(&status);
    p3;
}
```

图 4.21 3 个进程执行的先后次序

类似地，pthread 线程库也提供了 pthread_join()函数来等待线程的终止。请读者自行分析下述程序的运行结果。

```c
#include <stdio.h>
#include <pthread.h>
int A;
void subp1()
{
    printf("A in thread is %d\n",A);
    A = 10;
}
main()
{
    pthread_t  p1;
    int pid;
    A = 0;
    pid = fork();
    if (pid==0) {
        printf("A in son process is %d\n",A);
        A=100;
        exit(0);
    }
    wait();
    pthread_create(&p1,NULL,subp1,NULL);
    pthread_join(p1,NULL);
    printf("A in father process is %d\n",A);
}
```

Windows 提供的 WaitForSingleObject()函数可以实现类似的功能。

4.9.4　信号量与使用方法

信号量本质上是一个非负的整数计数器，它被用来控制对公共资源的访问。Linux 信号量函数在通用的信号量数组上进行操作，而不是在一个单一的二值信号量上进行操作。这些系统调用主要包括：semget、semop 和 semctl。

1.　信号量创建

Linux 提供了 semget() 函数来创建一个新的信号量或是获得一个已存在的信号量键值。函数原型为：int semget(key_t key, int num_sems, int sem_flags)，说明如下。

（1）第一个参数 key 是一个用来允许多个进程访问相同信号量的整数值，它们通过相同的 key 值来调用 semget()。

（2）第二个参数 num_sems 是所需要的信号量数目。semget() 创建的是一个信号量数组，数组元素的个数即为 num_sems。

（3）sem_flags 参数是一个标记集合，与 open() 函数的标记十分类似。低九位是信号的权限，其作用与文件权限类似。另外，这些标记可以与 IPC_CREAT 进行或操作来创建新的信号量。

2.　信号量控制

Linux 提供了 semctl() 函数来直接控制信号量信息。函数原型为：int semctl(int sem_id, int sem_num, int command, ...)，说明如下。

（1）第一个参数 sem_id，是由 semget() 函数所获得的信号量标识符。

（2）第二个参数 sem_num 参数是信号量数组元素的下标，即指定对第几个信号量进行控制。

（3）command 参数是要执行的动作，有多个不同的 command 值可以用于 semctl() 函数。常用的两个 command 值为：

① SETVAL：用于为信号量赋初值。其值通过第四个参数指定。

② IPC_RMID：当信号量不再需要时用于删除一个信号量标识。

（4）如果有第四个参数，则是 union semun，该联合定义如下：

```
union semun {
    int val;
    struct semid_ds *buf;
    unsigned short *array;
}
```

对信号量赋值时，需要提供该参数，其值通过联合中的 val 指定。

3.　信号量操作

Linux 提供了 semop() 函数来操作信号量。函数原型为：int semop(int sem_id, struct sembuf *sem_ops, size_t num_sem_ops)，说明如下。

（1）第一个参数 sem_id，是由 semget() 函数所返回的信号量标识符。

（2）第二个参数 sem_ops 是一个指向结构数组的指针，该结构定义如下：

```
struct sembuf {
    short sem_num;
    short sem_op;
    short sem_flg;
}
```

在此结构中，第一个成员 sem_num 是信号量数组下标，用于指定对数组中哪个信号量进行操作；sem_op 成员是信号量的变化量值，通常情况下中使用两个值，-1 对应 P 操作，而+1 对应 V 操作；sem_flg 成员通常设置为 0。通过 semop 函数，读者不难实现传统意义上的 P、V 操作。

Windows 提供了一组 API 函数用来实现信号量及其操作。

4.9.5　共享主存及应用实例

共享主存是进程间通信中最简单的方式之一。共享主存允许两个或更多进程访问同一块主存，就如同 malloc() 函数向不同进程返回了指向同一个物理主存区域的指针。当一个进程改变了这块地址中的内容的时候，其他进程都会察觉到这个更改。

因为所有进程共享同一块主存，共享主存是各种进程间通信方式中具有最高的效率的一种通信方式。访问共享主存区域和访问进程独有的主存区域一样快，并不需要通过系统调用或者其他需要切入内核的过程来完成。同时它也避免了对数据的各种不必要的复制。

因为系统内核没有对访问共享主存进行同步，程序编制者必须提供自己的同步措施。例如，在数据被写入之前不允许进程从共享主存中读取信息、不允许两个进程同时向同一个共享主存地址写入数据等。解决这些问题的常用方法是通过使用信号量进行同步。

在 Linux 系统中，每个进程的虚拟主存被分为许多页面。这些主存页面中包含了实际的数据。每个进程都会维护一个从主存地址到虚拟主存页面之间的映射关系。尽管每个进程都有自己的主存地址，不同的进程可以同时将同一个主存页面映射到自己的地址空间中，从而达到共享主存的目的。

要使用一块共享主存，进程必须首先分配它。随后需要访问这个共享主存块的每一个进程都必须将这个共享主存绑定到自己的地址空间中。当完成通信之后，所有进程都将脱离共享主存，并且由一个进程释放该共享主存块。

1.　共享主的分配

分配一个新的共享主存块会创建新的主存页面。因为所有进程都希望共享对同一块主存的访问，只应由一个进程创建一块新的共享主存。再次分配一块已经存在的主存块不会创建新的页面，而只是会返回一个标识该主存块的标识符。一个进程如需使用这个共享主存块，则首先需要将它绑定到自己的地址空间中。这样会创建一个从进程本身虚拟地址到共享页面的映射关系。当对共享主存的使用结束之后，这个映射关系将被删除。当再也没有进程需要使用这个共享主存块的时候，必须有一个（且只能是一个）进程负责释放这个被共享的主存页面。

进程通过调用 shmget(Shared Memory GET，获取共享主存)来分配一个共享主存块。

该函数的第一个参数是一个用来标识共享主存块的键值。彼此无关的进程可以通过指定同一个键以获取对同一个共享主存块的访问。不幸的是，其他程序也可能挑选了同样的特定值作为自己分配共享主存的键值，从而产生冲突。用特殊常量 IPC_PRIVATE 作为键值可以保证系统建立一个全新的共享主存块。

该函数的第二个参数指定了所申请的主存块的大小。因为这些主存块是以页面为单位进行分配的，实际分配的主存块大小将被扩大到页面大小的整数倍。

第三个参数是一组标志，通过特定常量的按位或操作来 shmget。

int segment_id = shmget(shm_key, getpagesize (), IPC_CREAT | S_IRUSR| S_IWUSR)，如果调用成

功，shmget 将返回一个共享主存标识符。如果该共享主存块已经存在，系统会检查访问权限，同时会检查该主存块是否被标记为等待摧毁状态。

2. 共享主存的绑定

要让一个进程获取对一块共享主存的访问，这个进程必须先调用 shmat(SHared Memory Attach，绑定到共享主存)。将 shmget 返回的共享主存标识符 SHMID 传递给这个函数作为第一个参数。该函数的第二个参数是一个指针，指向您希望用于映射该共享主存块的进程主存地址；如果您指定 NULL，则 Linux 会自动选择一个合适的地址用于映射。第三个参数是一个标志位，包含了以下选项：

① SHM_RND 表示第二个参数指定的地址应被向下靠拢到主存页面大小的整数倍，如果不指定这个标志，将不得不在调用 shmat 的时候手工将共享主存块的大小按页面大小对齐；

② SHM_RDONLY 表示这个主存块将仅允许读取操作而禁止写入。

如果这个函数调用成功则会返回绑定的共享主存块对应的地址。通过 fork 函数创建的子进程同时继承这些共享主存块，如果需要，它们可以主动脱离这些共享主存块。当一个进程不再使用一个共享主存块的时候应通过调用 shmdt(Shared Memory Detach，脱离共享主存块)函数与该共享主存块脱离。将由 shmat()函数返回的地址传递给这个函数。如果释放这个主存块的进程是最后一个使用该主存块的进程，则这个主存块将被删除。对 exit()或任何 exec()族函数的调用都会自动使进程脱离共享主存块。

3. 共享主存的释放

调用 shmctl(Shared Memory Control，控制共享主存)函数会返回一个共享主存块的相关信息。同时 shmctl()允许程序修改这些信息。该函数的第一个参数是一个共享主存块标识。

要获取一个共享主存块的相关信息，则将 IPC_STAT 作为第二个参数传递给该函数，同时传递一个指向一个 struct shmid_ds 对象的指针作为第三个参数。

要删除一个共享主存块，则应将 IPC_RMID 作为第二个参数，而将 NULL 作为第三个参数。当最后一个绑定该共享主存块的进程与其脱离时，该共享主存块将被删除。

在结束使用每个共享主存块的时候都应当使用 shmctl()进行释放，以防止超过系统所允许的共享主存块的总数限制。调用 exit 和 exec 会使进程脱离共享主存块，但不会删除这个主存块。要查看其他有关共享主存块的操作的描述，请参考 shmctl()函数的手册页。

本书中所有并发程序的公共变量，都可以通过共享主存的方式来实现。下面是一个使用共享主存的例程。

```c
#include <stdio.h>
#include <sys/shm.h>
#include <sys/stat.h>
int main()
{
    int segment_id;
    char* shared_memory;
    struct shmid_ds shmbuffer;
    int segment_size;
    const int shared_segment_size = 0x6400;              /* 分配一个共享主存块 */
    segment_id = shmget(IPC_PRIVATE, shared_segment_size,
    IPC_CREAT|IPC_EXCL|S_IRUSR|S_IWUSR );                /* 绑定到共享主存块 */
    shared_memory = (char*)shmat(segment_id, 0, 0);
    printf("shared memory attached at address %p\n", shared_memory);
```

```
                                                          /* 确定共享主存的大小 */
    shmctl(segment_id, IPC_STAT, &shmbuffer);
    segment_size = shmbuffer.shm_segsz;
    printf("segment size: %d\n", segment_size);
    sprintf(shared_memory, "Hello, world.");              /* 在共享主存中写入一个字符串 */
    shmdt(shared_memory);                                 /* 脱离该共享主存块 */
    shared_memory = (char*)shmat(segment_id, (void*) 0x500000, 0);
                                                          /* 重新绑定该主存块 */
    printf("shared memory reattached at address %p\n", shared_memory);
    printf("%s\n", shared_memory);                        /* 输出共享主存中的字符串 */
    shmdt(shared_memory);                                 /* 脱离该共享主存块 */
    shmctl(segment_id, IPC_RMID, 0);                      /* 释放这个共享主存块 */
    return 0;
}
```

Windows 提供了 FileMapping 机制来实现共享主存的功能。

4.10 UNIX 系统的进程管理

4.10.1 UNIX 系统的进程及映像

1. 进程映像的组成

进程从结构上来说都是由程序（包括数据）和一个进程控制块组成的。UNIX 系统中的进程实体称为进程映像（image）。它由 3 部分组成：进程基本控制块 proc 结构、正文段和数据段。UNIX 进程映像如图 4.22 所示。

在 4.2.3 节中讨论了进程控制块的概念。进程控制块描述了进程的特征，如进程名、优先级、占用资源情况、进程被中止执行时的 CPU 现场（包括指令计数器、处理器状态、通用寄存器、堆栈指针等信息）。它包含的信息丰富，占用的存储区较大。为了解决这一问题，UNIX 系统把进程控制块分成两部分，即把最

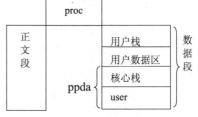

图 4.22　进程映像

常用的一部分信息常驻主存，作为基本控制块，称为 proc 结构。系统将所有的 proc 结构组成一张 proc 表，常驻主存。另一部分存放进程中较不常用的一些信息，例如：文件占用情况、运行时间记录以及一些工作单元等。这一部分作为扩充控制块，称为 user 结构，它和进程的其他数据信息放在一起组成进程数据段，它通常放在磁盘上，需要时才调入。所以，维持一个进程的代价相对而言就低多了。

进程包含正文段和数据段。正文段是纯过程，可以由若干个进程所共享，它只能读和执行。而数据段可读、可执行、可写。如果一个进程没有正文段，那么就只能把要执行的指令放在数据段里执行。进程数据段分 3 部分：最高端是用户栈，中间是用户数据区，低端称为进程数据区 ppda(per process data area)。ppda 又分为两部分，其上面是核心栈，下面是 user 结构，进程数据段的结构如图 4.23 所示。

图 4.23　进程数据段

2. 共享正文段

系统为了对正文段进行单独管理，设置了一个正文表 text（它由几十个表项组成），每项描述一个正文段。text 表的 C 语言说明如下所示：

```
struct  text
{
    int   x_daddr;      /* 磁盘地址 */
    int   x_caddr;      /* 主存地址 */
    int   x_size;       /* 主存块数，每块 64 字节 */
    int   x_iptr;       /* 文件主存 i 节点地址 */
    char  x_count;      /* 共享进程数 */
    char  x_ccount;     /* 主存副本的共享进程数 */
} text [NTEXT];
```

正文段平时存放在磁盘上，需要时才复制到主存。由于每个进程的正文段最初都是从文件中复制过来的，所以用 x_iptr 表示它来自哪个文件。

3. 进程基本控制块

进程基本控制块是 proc 型的数据结构，用 C 语言说明如下：

```
.struct proc
{
    char  p_stat;      /* 进程状态 */
    char  p_flag;      /* 进程特征 */
    char  p_pri;       /* 进程优先数 */
    char  p_sig;       /* 软中断号 */
    char  p_uid;       /* 用户号 */
    char  p_time;      /* 驻留时间 */
    char  p_cpu;       /* 有关进程调度的时间变量 */
    char  p_nice;      /* 用于计算优先数 */
    int   p_ttyp;      /* 控制终端 tty 结构的地址 */
    int   p_pid;       /* 进程号 */
    int   p_ppid;      /* 父进程号 */
    int   p_addr;      /* 数据段地址 */
    int   p_size;      /* 数据段大小 */
    int   p_wchan;     /* 等待的原因 */
    int   p_textp;     /* 对应正文段的 text 项地址 */
} proc [NPROC];
```

这里假定 NPROC=50。

p_stat 的记忆符和对应的值表示如下：

NULL	0	此 proc 结构为空；
SSLEEP	1	睡眠；
SWAIT	2	等待；
SRUN	3	运行或就绪，运行的 proc 可由 user 内的 u_procp 指出；
SIDL	4	创建进程时的过渡状态；
SZOMB	5	僵死状态；
SSTOP	6	被跟踪。

p_flag 是一字位串。下面是该字位串中每一位的记忆符和对应的八进制数表示，其右边是该位为 1 时的意义。

```
SLOAD    01    在主存；
SSYS     02    进程 0#；
SLOCK    04    锁住，不能换出主存；
SSWAP    010   正在换出；
STRC     020   被跟踪；
SWTED    040   跟踪标志。
```

4. 进程扩充控制块

进程扩充控制块是 user 型数据结构，用 C 语言描述如下：

```
struct  user
 {
    int    u_ rsav[2];          /* 保留现场保护区指针 */
    char u_ segflg;             /* 用户或核心空间标志 */
    char u_ error;              /* 返回出错代码 */
    char u_ uid;                /* 有效用户号 */
    char u_ gid;                /* 有效组号 */
    int    u_ procp;            /*  proc 结构地址 */
    char *u_ base;              /* 主存地址 */
    char *u_ count;             /* 传送字节数 */
    char *u_ offset[2];         / * 文件读写位移  */
    int    *u_ cdir;            / * 当前目录 i 节点地址 */
    char *u_ dirp;              /* i 节点当前指针 */
    struct
    {   int    u_ ino;
        char  u_ name [DIRSIZ];
    } u_ dent;                  /* 当前目录项 */
    int  u_ ofile[NOFILE];      /* 用户打开文件表，NOFILE=15 */
    int  u_ arg[5];             /* 存系统调用的自变量 */
    int  u_ tsize;              /* 正文段大小 */
    int  u_ dsize;              /* 用户数据区大小 */
    int  u_ ssize;              /* 用户栈大小 */
    int  u_ utime;              /* 用户态执行时间 */
    int  u_ stime;              /* 核心态执行时间 */
    int  u_ cutime;             /* 子进程用户态执行时间 */
    int  u_ cstime;             /* 子进程核心态执行时间 */
    int  *u_ ar0;               /* 当前中断保护区内 r0 地址 */
        ⋮
 } u;
```

u 指向当前进程的 user 结构。其中，分量表示为"u_分量名"。例如 u.u_procp 表示当前 proc 结构的地址。

图 4.24 更进一步描述了进程映像中进程基本控制块 proc 结构、正文段和数据段之间的关系。其中，共享正文段、用户数据区和用户栈段位于用户态地址空间，其他位于核心态地址空间。

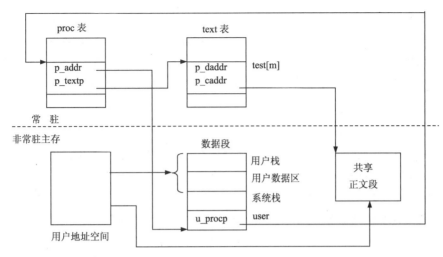

图 4.24　进程映像中各部分的关系

4.10.2　UNIX 进程的状态及变迁

进程是有生命期的。一个进程的生命期从概念上可分成为一组状态，这些状态刻划了进程，描述了进程生命的演变过程。UNIX 系统的进程状态描述如下，其进程状态变迁如图 4.25 所示。

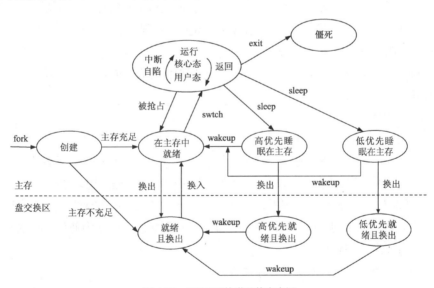

图 4.25　UNIX 系统进程状态变迁

1. 运行状态

运行状态表示进程正在处理机上运行。

状态 p_stat 设置为 SRUN。

标志 p_flag 中的 SLOAD=1，表示该进程映像全部在主存中。

在这种状态下，核心态下的主存管理机制正指向进程数据区 ppda。

进程在运行状态下实际上是在核心态和用户态两种状态下转换，所以有用户运行状态和核心运行状态之分。当一个进程在用户态下执行它的代码，需要系统服务时，进程执行系统调用，核心就要为进程完成资源分配或提供各种操作服务。核心并不是以独立的进程身份去运行，而是包含在每个进程中，是每个进程的一部分。当进程执行系统调用时，它进入"核心态运行"状态。当该系统调用完成时，该进程又进入"用户态运行"状态，此时它在用户态下运行。所以，在图 4.25 中，在执行状态下因中断或自陷会由用户态转入核心态，处理之后由核心态返回用户态。

2. 就绪状态

（1）在主存中就绪

在主存中就绪状态是进程没被执行，但处于就绪状态，只要核心调度到它即可执行。

状态 p_ stat 设置为 SRUN。

标志 p_ flag 中的 SLOAD=1。

核心态下的主存管理机制不指向该进程的 ppda，即主存管理不反映此进程的主存映像。

（2）就绪且换出

就绪且换出状态是指进程处于就绪状态，但它正存放在辅存上，对换进程（进程 0）必须把它换入主存，核心才能调度到它去执行。其他标志与在主存中就绪状态完全相同。

3. 睡眠状态

睡眠状态是进程为了等待某种事件发生而被迫暂时停止前进时所处的一种状态，相当于前面提到的等待状态。

因使进程等待的原因有多种，且有轻重缓急之分，所以依睡眠的原因不同分为高优先睡眠和低优先睡眠。进入睡眠状态的进程的映像可以在主存，也可以在辅存。

（1）高优先睡眠

进程因等待较紧迫的事件而进入睡眠状态，且进程映像可在主存中，也可以不在主存中，而在盘交换区（辅存上）。

状态 p_ stat 设置为 SSLEEP。

标志 p_ flag 中 SLOAD=1（或=0）。

在 UNIX 系统中，每一个进程都有一个优先数 p_pri，它决定了该进程所具有的优先级。优先数越小，优先级越高。系统进行进程调度时选择优先级最高的就绪进程占用处理机。

进程进入睡眠状态时，系统按其睡眠原因设置它被唤醒后应具有的优先数。若进程等待的事件紧迫，设置的优先数为负，则称这种睡眠状态为高优先睡眠状态。反之为低优先睡眠状态，其相应的状态字节 p_ flag 设置为 SWAIT。

在以下 3 种情况下，进程进入高优先睡眠状态。

① 0#进程（交换进程）在入睡时总是处于最高优先级睡眠状态，因为它的优先数最低（为-100）。它一旦被唤醒，在所有进程中，它具有最高优先级，马上可以得到 CPU 的执行权。这是因为 0#进程的作用对整个系统的性能有很大影响。当它运行时，可以将盘交换区（辅存）上可以调入主存的进程迅速调入，使系统有较多的调度对象，从而进行合理调度。

② 因资源请求不能得到满足的进程进入高优先级睡眠状态。这样，当它被唤醒时能继续重复请求资源，从而以较快速度获得并使用资源。它们的优先级与资源竞争的程度以及操作的缓急程度有关。例如，当进程因竞争输入/输出缓存而得不到满足时，它的优先数为-50，这时对 I/O 缓存的竞争相当激烈。

③ 当某进程要求读、写快速设备上某一字符块时，该进程进入高优先级睡眠状态以等待操作结束。其目的是提高这类设备的使用效率。例如，当进程为等待磁盘输入/输出操作结束而进入睡眠状态时，赋予它的优先数为-50。

总之，涉及系统全局以及紧缺资源的进程、等待发生的事件、进行速度比较快的进程将进入高优先级睡眠状态。

（2）低优先睡眠

进程等待的事件不那么紧迫，则进入低优先睡眠（或称等待）状态，进程的映像可在主存或不在主存。

状态 p_stat 设置为 SWAIT。

标志 p_flag 中的 SLOAD=1（或=0）。

在下面两种情况下，进程进入低优先睡眠状态。

① 进程在用户态下运行，在进行同步操作时需要睡眠，这时进入低优先级权睡眠状态。例如，当父进程为等待子进程终止（见下一节）而进入睡眠状态时，其优先数为 40；进程定时睡眠（延迟）时，其优先数被设置为 90。

② 进程因等待低速字符设备输入/输出操作结束而睡眠，这时进入低优先睡眠状态。例如，进程等待行式打印机输出和终端输入而睡眠时，它的优先数被设置为 10。

4. 创建状态

进程刚被创建时处于变迁状态，该进程存在，但还没有就绪，也未睡眠。创建状态是除 0#进程以外所有进程的初始状态。

5. 僵死状态

进程执行了系统调用 exit 后处于僵死（zombie）状态。它等待父进程做善后处理。它所占用的系统资源已基本放弃，但它留下一个记录，该记录可被其父进程收集，其中包含出口码及一些计时统计信息。僵死状态是进程的最后状态。此时 p_stat 置为 SZOMB。

6. 进程状态变迁

UNIX 系统中进程状态变迁如图 4.25 所示，该图说明了 UNIX 系统中进程可能的状态、可能的状态变迁及原因。下面参照图 4.25，讨论一个进程的状态变迁过程，它并不一定遍历图中所有的状态。首先进程 A 执行系统调用 fork，以创建一个子进程 B，这时子进程 B 进入"创建"状态，并最终会转换到"就绪"状态或"就绪且换出"状态。假定主存充足，则该进程进入"在主存中就绪"状态。进程调度程序最终将选取这个进程 B 去执行。这时，它便进入"核心态运行"状态，在此状态下完成它的 fork 调用部分。

当该进程完成系统调用时，进入"用户态运行"状态，此时进程在用户态下运行。过一段时间后，时钟可能中断处理机，进程再次进入"核心态运行"状态。当时钟中断处理程序结束了中断服务时，核心可能决定调度另一个进程（当拥有更高优先级的进程存在时），这时进程 B 进入"在主存中就绪"状态。最后，调度程序还要选取进程 B 去运行，它便进入"运行"状态，再次在用户态下运行。

如果进程需要请求磁盘输入/输出操作，则发出系统调用，它便进入核心态运行，成为"核心态运行"状态。这时，进程需等待输入/输出的完成，因此它进入"在主存中高优先睡眠"状态，一直睡到被告知输入/输出已经完成。当 I/O 完成时，硬件便中断 CPU，中断处理程序唤醒该进程，使它进入"在主存中就绪"状态。

当进程完成时，它发出系统调用 exit，进入"核心态运行"状态，经处理后进入"僵死"状态。

4.10.3　UNIX 进程的创建

在 UNIX 系统的系统调用的分类中，有关进程管理的系统调用有十几个。这一节主要讨论创建一个新进程的系统调用 fork。

在 UNIX 系统中，用户创建一个新进程的唯一方法是使用系统调用 fork。调用进程称为父进程，而新创建的进程叫做子进程。系统调用 fork 的语法格式如下。

pid=fork( );

fork 系统调用的主要功能是为新进程建立一个进程映像，这包括 proc、正文段及数据段。子进程的执行程序可以包含在父进程的正文段中。若还想改变，则可以通过另一个系统调用，即执行一个新文件 exec 来实现。在进程新创建时完全继承父进程的正文段，而子进程的 proc 及数据段的信息除为数不多的几个变量（如进程标识、时间变量）不同之外，全部复制父进程的信息。建立子进程映像这一工作由 newproc 函数完成。该函数返回值为 0。

这里应注意到，子进程继承了父进程的系统栈，即父进程的系统栈指针及栈内保存的信息（包括返回地址）都是相同的。由此看来，父子进程都将返回到调用 newproc()的下一个单元。虽然 newproc()调用的返回值为 0，但父子进程再返回到此处的值却不同。父进程使用系统调用 fork 创建子进程。进入 fork 处理程序后首先执行 newproc 函数，父进程将从该函数直接返回，返回值为 0。而子进程在经 newproc 处理后已建立了映像，它将作为一个独立的进程参与调度。当进程调度程序调度到它时让它投入运行，从 switch 返回时，返回值为 1。所以 fork()在调用 newproc()后根据返回值为 0 或 1 决定是父进程返回还是子进程返回。若为父进程返回，则将子进程标识数送入栈内 r0 保护单元，作为返回值返回，接着使原返回地址加 2，使其跳过子进程返回处；若为子进程返回，则将进程运行时间参数置 0，并将父进程标识数送栈内 r0 保护单元。由于 fork 系统调用在 C 编译时以调用子程序方式转变为汇编形式，所以 fork 的汇编子程序中包含：

```
sys  fork; 带相应系统调用号的自陷指令
clr  r0
```

子进程从 sys fork 指令返回时执行 clr r0，所以子进程从 fork 的返回值为 0（因 r0 为 0），父进程处理部分使栈中保护的 PC（返回地址）值加 2，于是自陷返回后跳过 clr r0 指令，所以父进程从 fork 的返回值为子进程标识数（即 r0 之值）。因此，用户可以根据 fork 的返回值来判断是从父进程返回，还是由子进程返回。通常用如下方法使用 fork：

```
n=fork( );
if (n)
{
    /* 父进程代码 */
}
else
{
    /* 子进程代码 */
}
```

系统调用 fork 的功能及 newproc 的算法描述分别见 MODULE 4.18 进程创建、MODULE 4.19 建立一个子进程。父、子进程的流程如图 4.26 所示。

```
MODULE  4.18    进程创建
算法   fork
输入: 无
输出: 父进程返回为子进程的 pid,
       子进程返回值为 0
{
    newproc();            /* 建立一个子进程 */
    判断从 newproc 返回的值;
    if (返回值为 0)
    {
        子进程标识数送入栈内 r0 保护单元;
        栈内保护的返回地址加 2;
        return(r0);
    }
    else
    {
        父进程标识数送入栈内 r0 保护单元;
        子进程运行时间参数清零;
        return(r0);
    }
}
 MODULE  4.19 建立一个子进程
算法   newproc
输入: 无
输出: 0
{
    在 proc 表中找出空闲 proc 结构;
    填入初值: p_stat=SRUN;
    p_ pid=pid;
    SLOAD=1;
    从父进程的 proc 中复制
    p_ textp, p_ size, p_ ttyp, p_ nice;
    正文表 x_count 加 1;
    x_count 加 1;
    打开文件的访问计数 f_count 加 1;
    复制父进程的栈指针和现场保护区;        /* 父、子进程有相同的栈指针、
                                           现场信息及返回地址 */
    为子进程数据段申请主存;
    if(申请到)
        复制父进程数据段到新区;
    else
    {
        复制父进程数据段到盘交换区;
        SLOAD=0;
```

```
        }
    return(0);
}
```

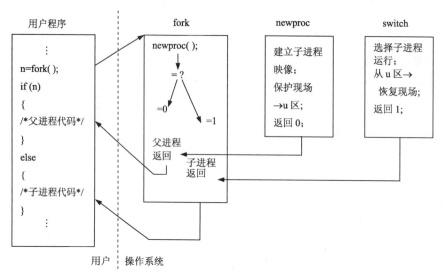

图 4.26　父、子进程的流程

4.10.4　UNIX 进程的终止与等待

1.　进程的自我终止

UNIX 系统中的进程执行系统调用 exit 来终止运行。执行了该调用的进程进入僵死状态，释放它的资源，撤销进程映像，但保留它的进程表项，待父进程去处理。系统调用 exit 的语法格式如下。

```
exit(status);
```

其中：status 是终止进程向父进程传递的参数。父进程用 wait 取得该参数。

exit 的主要任务是把终止进程自 fork 执行以来所占用的系统资源退还给系统。在 fork 系统调用中，为子进程申请了 proc 结构，以便让子进程与父进程共享正文段，并从父进程复制数据段，还与父进程共享一些文件。即使子进程调用 exec 更换了新的进程映像，它仍然占用上述资源。exit 要放弃子进程（即现在的终止进程）的正文段，如果与父进程共享就取消共享，如果没有共享，就释放它的存储区，释放数据段，关闭共享的文件。proc 结构则交给父进程去释放。

除了交回上述资源外，子进程还要把从创建以来，自己及所有子进程运行 CPU 的时间总和交给父进程，这个时间记录在自己的 user 结构内的如下变量中：u.u_utime、u.u_stime、u.u_cutime、u.u_cstime。为此，子进程在 exit 中把 ppda 区中包含 user、大小为 512 个字节的块通过主存缓冲区写到磁盘上的一个存储区中，然后把此块的块号存入子进程 proc 结构内的 p_addr 中，再置子进程 p_stat 为 SZOMB，最后转进程调度程序 switch。

以后父进程在 wait 中可根据这个 p_addr 的值找到磁盘上的那个存储块，将它读入缓冲区中，再从中取出时间数据加到自己 user 中的对应项上去。最后，wait 把子进程的 proc 结构释放。进程终止的算法描述见 MODULE 4.20。

```
MODULE 4.20 进程终止
算法　exit
```

输入：给父进程的返回码

输出：无

```
{
    关闭所有打开的文件；
    放弃正文段；
    将进程 user 结构暂存到盘块上；
    修改 proc: p_addr 为此盘块号；
    将 p_stat 置为 SZOMB；
    释放本进程数据段；
    if(父进程未找到)
        将 1# 进程作为父进程；
    唤醒父进程和 1# 进程；
    将自己的所有子进程的父进程改为 1# 进程；
    向父进程发自己僵死的信号；
    转 switch；
}
```

2. 等待进程的终止

一个进程可以通过系统调用 wait 使它的执行与子进程的终止同步。系统调用 wait 的语法格式如下。

pid=wait(stat_addr);

其中 pid 是僵死子进程的进程号，stat_addr 是一个地址指针，它将含有子进程的退出状态码。

程序 4.4 给出了系统调用 wait 的算法。该算法寻找父进程的某个僵死子进程。如果该进程没有子进程，则返回一个错误码。如果找到一个僵死子进程，则核心取该子进程的 pid 及子进程在 exit 调用中提供的参数，并通过系统调用返回这些值。这样，一个退出的进程可以定义各种返回码来给出退出的原因，并以这种方式来实现父子进程间的通信。

如果执行 wait 的进程有子进程，但没有僵死的子进程，则该进程睡眠在可被中断的优先级上，直到出现"子进程退出"的软中断信号才被唤醒。

等待进程终止的算法描述见 MODULE 4.21。

```
MODULE 4.21 等待进程终止
算法　wait
输入：存放退出进程的状态的变量地址
输出：子进程的标识号，子进程退出码

{
    if (等待进程没有子进程)
        return(错误码);
    for(;;)            /* 该循环直到从循环内返回时结束 */
    {
        if(等待进程有僵死子进程)
        {
            取任一僵死子进程；
            将子进程的 CPU 使用量加到父进程；
            释放子进程的 proc；
            return(子进程标识号，子进程退出码);
        }
        睡眠在可中断的优先级上(事件：子进程退出);
    }
}
```

4.10.5 UNIX 进程的睡眠与唤醒

进程在请求资源得不到满足或等待某一事件发生时，都要调用 sleep 进入睡眠状态，等到资源可以满足，或等待事件来到时通过 wakeup 唤醒。当进程间有直接的相互作用时，进程之间可能要等待某种状态或某一信号来到，它们也可用 sleep 和 wakeup 来实现同步。

1. 进程睡眠

进程调用 sleep 进入高、低优先级睡眠状态。sleep 的调用格式如下。

sleep(chan，pri);

其中，chan 表示睡眠原因，一般是一个变量、数组或数据结构的指针，例如，某进程因竞争使用某一资源不能得到满足而进入睡眠状态时，睡眠原因就是一个指针，它指向代表该资源的一个数据结构；pri 是被唤醒后该进程的优先数，若其值为负，则该进程进入高优先级睡眠状态，否则进入低优先级睡眠状态。sleep 的算法描述见 MODULE 4.22。

```
MODULE 4.22  进程睡眠
算法 sleep
输入：睡眠原因 chan
     优先数  pri
输出：无
{
    提高处理机执行级来屏蔽所有中断;
    置该进程状态为睡眠;
    if (pri<0)
    {
        p_wchan=chan;              /* 修改当前 proc 结构 */
        p_pri=pri;
        s_stat=SSLEEP;
        重置处理机优先级为进程进入睡眠时的值;
        swtch();                   /* 转进程调度 */
    }
    else
    {
        p_wchan=chan;              /* 修改当前 proc 结构 */
        p_pri=pri;
        p_stat=SWAIT;
        if(0# 因无进程换出而等待)
        唤醒 0# 进程;               /* 唤醒对换进程 */
        重设处理机优先级为进程进入睡眠时的值;
        swtch();                   /* 转进程调度 */
    }
}
```

对换进程是负责进程映像换进换出的进程，这是在系统不具备请求调页的能力下提供的。如果系统具备请求调页的机构，则这一工作将由系统调页程序完成。

2. 唤醒睡眠进程

系统调用 wakeup(chan)可唤醒所有由 chan 导致睡眠的进程，该系统调用对应的服务例程是在事件来到时由中断处理程序或核心的其他服务程序调用的。wakeup 的调用格式如下。

wakeup(chan);

chan 的意义与 sleep 中的 chan 相同。该算法的主要任务是对睡眠在输入的睡眠原因上的每一个进程，将其状态置为"就绪"，把它们从睡眠进程的队列中移出，放到有资格被调度的进程的队列中；然后，核心清除 proc 表中的睡眠地址域。如果被唤醒的进程尚未装入主存，核心就唤醒对换进程，并将该进程换入主存；否则，如果唤醒的进程比正在执行的进程更有资格运行，那么核心就设置再调度标志。wakeup 程序并不立即使一个进程被调度，它只是使该进程变为就绪状态，以便有资格被调度。进程唤醒的算法描述见 MODULE 4.23。

```
MODULE 4.23   进程唤醒
算法  wakeup
输入：睡眠原因
输出：无
{
        提高处理机执行级来屏蔽所有中断；
        查找睡眠原因；
        for(每个在该原因上睡眠的进程)
        {
            将进程移出此等待队列；
            置进程状态为"就绪"；
            将进程加入就绪队列中；
            清除 proc 表中的睡眠原因域；
            if(进程尚未装入主存)
                唤醒对换进程(进程 0)；
            else
            if(被唤醒的进程比当前运行进程的优先级高)
                设置调度标志；
        }
        将处理机的执行级恢复为原来的级别；
}
```

4.11　Linux 系统的进程管理

4.11.1　Linux 系统的进程与线程

进程是程序在处理机上的一次执行过程。Linux 系统中进程的概念也是如此，进程是处于执行期的程序，它是分配系统资源和调度的实体。进程包括可执行的程序代码、打开的文件、挂起的信号、内核数据、地址空间、处理机状态、一个或多个可执行的线程等。Linux 内核通常将进程称为任务。

线程是进程活动的对象。每个线程都有一个独立的程序计数器、堆栈和一组寄存器。在 Linux 系统中，对线程和进程并不特别地区分。对 Linux 而言，线程被视为一个与其他进程共享某些资源的特殊进程。

4.11.2　进程描述符及其主要内容

操作系统的进程管理中最重要的数据结构称为进程控制块。进程控制块描述了进程的动态特征、该进程与系统资源和其他进程的关系等。

Linux 系统中描述进程的数据结构称为进程描述符（Process Descriptor）。Linux 系统的进程描述符是 task_struct 类型结构，它包含了一个具体进程的所有状态，完整地描述一个正在执行的程序。进程描述符的内容非常丰富，它不仅包含进程属性字段，还包括了一些指向其他数据结构的指针字段。图 4.27 所示为 Linux 系统进程描述符的示意图。

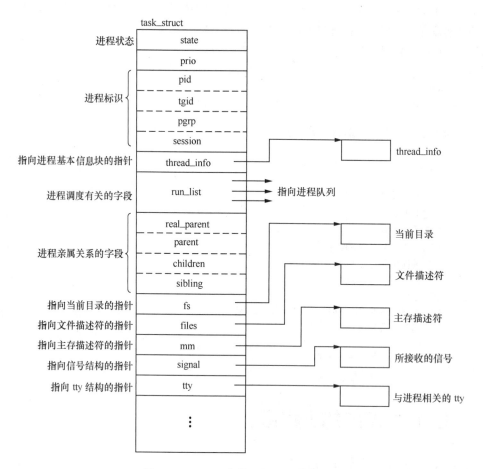

图 4.27　Linux 系统进程描述符示意图

（1）进程状态

进程描述符中的 state 字段描述了进程当前的状态。state 由一组标志组成，其中每一个标志标识进程的一种状态。

① 可运行状态　TASK_RUNNING

ⅰ　运行：该进程正在 CPU 上运行，存储管理地址映射机构正指向该进程；

ⅱ　就绪：该进程正在运行队列上等待运行。

② 可中断的等待状态　TASK_INTERRUPTIBLE

进程正在等待某一事件的发生（如某一硬件中断一个信号），它处于挂起或称睡眠状态。处于此状态的进程当接收到信号时会被唤醒，检查并处理信号。当检查到正在等待的事件（条件为真）时，移出等待该事件的队列，转变为就绪状态。

③ 不可中断的等待状态　TASK_UNINTERRUPTIBLE

不可中断的等待状态与可中断的等待状态类似，不同的是，信号传递到睡眠进程并不能改变其状态。进程必须等待，直到使它不能中断的那个事件结束。这种状态很有用，常在一些特定的情况下使用。例如，一个进程打开一个设备文件，其相应的设备驱动程序开始工作。设备驱动程序在探测所需启动的硬件设备时，设置为这种状态。在探测完成之前，设备驱动程序不能被中断，否则设备状态会处于不可预知的状态。

④ 暂停状态　TASK_STOPPED

进程停止执行。当进程接收到 SIGSTOP、SIGTSTP、SIGTTIN、SIGTTOU 等信号时，会发生这种状态。

⑤ 终止状态　TXIT_ZOMBIE

进程的执行被终止。此时，父进程还没有发出 waitpid()系统调用来回收该撤销进程的信息（即被撤销进程描述符中的有关收据未被父进程接收）。

（2）进程优先级

进程的优先级反映了进程需要运行的紧迫程度。Linux 内核提供两组独立的优先级范围。第一种是 nice 值，范围从-20 到+19，默认值为 0。nice 值越大，优先级越低；第二是实时优先级，其范围为 0～99。任何实时进程的优先级都高于普通进程的优先级。

每个进程都有自己的静态优先级和动态优先级。进程的这两种优先级与进程调度密切相关。Linux 内核通过 nice、进程的特征和计算规则来计算进程的优先级，并作为调度的依据。

（3）进程标识

进程标识符 Process ID，简称 PID，用来标识一个进程。PID 存放在进程描述符的 pid 字段中，在进程描述符中还包含另外几个表示不同类型的 PID 的字段，如表 4.2 所示。

表 4.2　进程描述符中的标识符字段

字段名	说　　明
Pid	进程的 PID
Tgid	线程组领头进程的 PID
Pgrp	进程组领头的进程 PID
Session	会话领头进程的 PID

进程标识符 PID 与进程描述符之间有严格的对应关系。在 Linux 系统中，所有的进程描述符用一个结构数组来定义，每一个进程描述符是其中的一个结构。系统在为进程创建进程描述符时，将该结构的序号作为进程标识符 PID。PID 是顺序编号的，新创建进程的 PID 号通常是前一个进程的 PID 号加 1。PID 的值有一个上限，当内核使用的 PID 达到这个上限时，必须循环使用已闲置的小的 PID 号。在 32 位体系结构中，最大的 PID 号为 32 767（PID_MAX_DEFAULT-1），在 64 位体系结构中为 41 94 303。

POSIX 1003.1c 标准规定一个多线程应用系统中所有线程必须有相同的标识。Linux 系统引入线程组来表示，一个线程组的所有线程使用与线程组领头进程相同的 PID，存入 tgid 字段中。

（4）进程基本信息块

每个进程都有一个进程基本信息块。在进程描述符的 thread_info 字段中包含了指向该结构的指针。thread_info 位于进程内核栈的尾端，在该结构的 TASK 域存放的是指向该进程的 task_struct 的指针。thread_info 结构是为了快速找到进程描述符而设置的，参见本书 4.11.3 小节。

（5）与调度有关的字段

Linux 系统采用优先调度策略，每个进程都有一个优先级。当 CPU 空闲时，进程调度程序选一个优先级最高的进程去运行。Linux 2.6 版本为了实现灵活、有效的进程调度，对处于就绪状态的进程按优先级的高低组织成多个进程链表。系统给每个进程确定一个优先级（对应一个优先数），其值为 k（取值范围为 0~139）。系统将处于同一优先级的进程组成一个队列。每种优先级对应一个不同的链表。这样，Linux 系统中可运行进程链表最多可有 140 个。在 task_struct 中包含着 list_head 类型的字段 run_list，该字段的信息与进程调度密切相关，参见本书 6.6 节。

（6）进程的亲属关系

进程描述符中表示亲属关系的字段如表 4.3 所示。

表 4.3　进程描述符中的亲属关系字段

字　段　名	说　　　明
real_parent	指向创建 p 进程的父进程的描述符，若该父进程不再存在，就指向 1# 进程
parent	指向 p 进程的当前父进程，它的值通常与 real_parent 一致，偶尔也可不同
children	链表的头部，链表中的所有进程都是 p 进程创建的子进程
sibling	指向兄弟进程链表中的下一个或前一个元素的指针

（7）其他字段

fs、files、mm、signal、tty 字段都表示为指针元素，分别指向当前目录结构 fs_steuct、文件描述符结构 files_struct、主存描述符结构 mm_struct、信号结构 signal_struct 和进程相关的 tty_struct 结构。这些数据结构都是进程活动期间可能要访问的重要的数据结构，进程通过进程描述符中的这些相关字段就可以方便地访问所需的信息。

4.11.3　进程描述符的获得

进程活动期间，访问进程描述符是一个重要且频繁的操作，所以内核需要快速地获得指向进程描述符 task_struct 的指针。一般情况下，系统都提供 current 宏以方便找到当前正在运行进程的进程描述符。

current 宏的实现必须针对具体的硬件体系结构来处理。所以，不同硬件体系结构的 current 宏的处理方法不同。如果硬件的寄存器比较多，可以专门用一个寄存器来存放指向当前进程的 task_struct 的指针，这样做，处理的速度最快。而像 x86 这样的体系结构，由于硬件寄存器并不多，只能想办法来解决这一问题。

在 x86 上的 Linux 系统设计了一个 thread_info 结构，称为进程基本信息块，又称为线程描述符。Linux 系统将内核态的进程堆栈和 thread_info 结构组织在一起，存放在一个单独为进程分配的区域，该区域一般占用两个连续的页框。其结构如图 4.28 所示。

图 4.28 所示为进程内核栈与 thread_info 结构的存放。图 4.28 中说明 thread_info 结构在内核的尾端，其中 task 字段存放着指向进程描述符 task_struct 的指针。而在进程描述符的

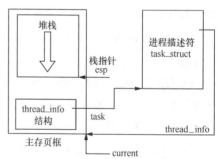

图 4.28　进程内核栈与 thread_info 结构

thread_info 字段存放的是指向 thread_info 结构的指针。

Linux 的内核堆栈与 thread_info 被紧凑地放在一个联合体 thread_union 中。

```
union thread_union {
        struct thread_info thread_info; /
        unsigned long stack[THREAD_SIZE/sizeof(long)];
}
```

这块区域 32 位上通常是 8K=8192（占两个页框），实际地址必须是 8192 的整数倍。这样，内核可以很容易从 esp 的值获得当前在 CPU 上运行的进程的 thread_info 结构的地址（简单地屏蔽掉 esp 的低 13 位有效位）。

4.11.4　Linux 系统的进程状态变迁

Linux 系统中进程的状态是不断变化的，其进程状态变迁图如图 4.29 所示。

Linux 系统提供创建一个新进程的机制，当系统或用户需要创建一个新进程时，调用 fork() 系统调用，被创建的新进程被置为就绪状态 TASK_RUNNING。当调度时机来到时，进程调度程序从进程运行队列中选择优先级最高的进程，设置状态为可运行状态，将其投入运行。正在 CPU 上运行的进程，当其优先级低于处于就绪状态的某一个进程的优先级时，它被抢占而被迫让出 CPU 的控制权，此时，该进程的状态转为就绪状态。若正在运行的进程因等待某一事件而暂时不能运行下去时，进入等待状态（一般设置为 TASK_INTERRUPTIBLE 状态），进入相应的等待队列。当某个进程等待的原因撤销时，该进程被唤醒，将其从等待队列中移出，进入就绪队列。当正在运行的进程完成其任务时，通过 exit() 系统调用终止自己。

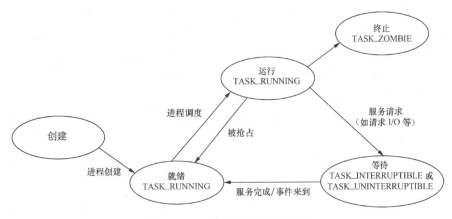

图 4.29　Linux 系统进程状态变迁图

4.11.5　Linux 系统的进程创建和终止

进程控制负责进程状态的变化，Linux 系统提供进程创建与撤销、进程等待与唤醒等功能。

1. Linux 系统的进程创建

（1）写时拷贝

传统的 Linux 系统用 fork() 系统调用创建一个进程，它是通过子进程复制父进程所拥有的资源的方法来实现的，这种进程创建方法慢且效率低，因为子进程需要拷贝父进程的整个地址空间。实际上子进程几乎不用读或修改父进程拥有的所有资源，在很多情况下，子进程立即调用 exec()系统调用，执行另一个新文件，并清除父进程拷贝过来的地址空间。

Linux 的 fork()对此问题进行了优化，使用写时拷贝（copy-on-write）技术。写时拷贝是一种可以推迟、甚至免除数据拷贝的一种技术。在创建新进程时内核并不复制父进程的整个地址空间，而是让父进程和子进程共享同一拷贝（以读方式共享）。只有当一方真正需要写入时，数据才被复制，这时，父、子进程才拥有各自的拷贝。换句话说，资源的复制只有在需要写入时才进行。采用这种技术，fork()后立即调用 exec 函数，父进程的地址空间是不会被复制的。

（2）进程创建过程

Linux 系统为实现进程创建功能，提供 fork()和 clone()系统调用，fork()用来创建一般进程，clone()用来创建轻量级进程（线程）。Linux 系统通过 clone()函数来实现 fork()功能，该调用通过一系列的参数标志来指明父、子进程需要共享的资源。

clone()函数的主要工作是调用 do_fork()。do_fork()完成了创建进程的大部分工作。在 do_fork()中为新创建的进程分配新的 PID（通过查找 pidmap_array 位图）；根据父进程中设置的若干标志进行相应处理（如子进程是否被跟踪等），其中，最重要的是调用 copy_process()函数来创建进程描述符以及子进程执行所需要的所有其他的内核数据结构。

copy_process()函数的主要工作。

① 调用 dup_task_struct()为新进程创建内核栈、thread_info 结构和 task_struct。此时，子进程和父进程的描述符是完全相同的。

② 子进程描述符内的一些成员被清零或被设置为初始值，而大多数数据是共享的。

③ 检查系统中的进程数量是否超过了 max_threads 变量的值。

④ 子进程的状态被设置为 TASK_UNINTERRUPTIBLE，以保证它不会被投入运行。

⑤ 调用 copy_flags(0)以更新 flags 成员；将表明进程是否拥有超级用户权限的 PF_SUPERPRIV 标志清零；设置表明进程还没有调用 exec 函数的 PF_FPRKNOEXEC 标志。

⑥ 将新进程的 PID 存入进程描述符的 pid 字段。

⑦ 根据传递给 clone()的参数标志，拷贝或共享打开的文件、文件系统信息、信号处理函数、进程地址空间和命名空间等。

⑧ 父、子进程平分剩余的时间片。

⑨ 扫尾工作并返回一个指向子进程的指针。

从 copy_process()函数返回时，若成功，新创建的子进程被唤醒并让其投入运行。内核有意选择子进程先运行，因为，一般子进程会马上调用 exec()函数，可免除写时拷贝的开销。

2. Linux 系统的进程终止

Linux 系统提供 exit()系统调用以终止某一个进程。所有进程的终止都是由 do_exec()函数来处理的。do_exec()函数的主要工作如下。

① 将 task_struct 中的 flags 字段设置为 PF_EXECING 标志，以表示该进程正在被删除。

② 分别调用 exit_mm()、exit_sem()、_exit_files()、_exit_fs()、exit_namespace()和 exit_thread()函数从进程描述符中分离出与分页、信号量、文件系统、打开文件描述符、命名空间相关的数据结构。若无别的进程共享这些数据结构，则彻底释放它们。

③ 将进程描述符的 exit_code 字段设置为进程的终止代码，该终止代码可供父进程随时检索。

④ 调用 exit_notify()向父进程发信号，更新父进程和子进程的亲属关系，并将进程状态设置为 TASK_ZOMBIE。

⑤ 最后，调用 schedule()进程调度程序，调另一个进程运行。

进程终止后，此进程处于僵死状态，但系统还保留了它的进程描述符。Linux 系统与 UNIX 系统一样，将进程终止时所需做的清理工作和进程描述符的删除分为两步执行。只有父进程发出了与被终止进程相关的 wait()系统调用后，子进程的 task_struct 结构才能释放。

wait()系统调用在最后调用 release_task()。release_task()函数调用 put_task_struct()，以释放进程内核栈和 thread_info 结构所占用的页并释放 task_struct 所占用的空间。至此，进程描述符和进程占有的所有资源就全部释放了。

4.11.6　Linux 系统的进程等待与唤醒

运行进程需要等待某一事件时会转变为等待状态，当等待的事件来到时进程会被唤醒。Linux 系统提供进程等待和进程唤醒的功能。

Linux 系统设置了 TASK_INTERRUPTIBLE 和 TASK_UNINTERRUPTIBLE 两种不同的进程等待状态。这两种等待状态的唯一区别是处于 TASK_UNINTERRUPTIBLE 状态的进程如果接收到一个信号会被提前唤醒并响应该信号，而处与 TASK_INTERRUPTIBLE 状态的进程会忽略信号。

1. Linux 系统进程的等待

Linux 系统设置了等待队列，进程等待实质上是通过加入某一等待队列来实现的。等待队列是由等待某一事件发生的进程组成的进程链表，Linux 内核用 wake_queue_head_t 表示等待队列。进程需要等待某一事件时，加入到相应的等待队列并设置成不可执行的状态。当与等待队列相关的事件发生时，队列上的进程会被唤醒。

进程等待的主要步骤如下。

① 调用 declare_waitqueue()创建一个等待队列的元素。

② 调用 add_wait_queue()将该元素加入到等待队列。

③ 进程的状态设置为 TASK_INTERRUPTIBLE 状态或 TASK_UNINTERRUPTIBLE 状态。

④ 转进程调度程序 schedule()。

2. Linux 系统进程的唤醒

由于进程等待状态有 TASK_INTERRUPTIBLE 和 TASK_UNINTERRUPTIBLE 两种，所以当信号来到或发生所等待的事件时都会唤醒进程。

进程唤醒的主要工作如下。

① 当进程状态设置为 TASK_INTERRUPTIBLE，则由信号唤醒进程，这是所谓的伪唤醒（不是直接由所等待的事件唤醒），因此需要检查并处理信号。

② 若检查条件为真（所等待的事件发生），转④；若条件不为真，转进程调度 schedule()。

③ 当进程被唤醒时（因事件发生），检查条件是否为真，若为真，转④；否则转进程调度 schedule()。

④ 当条件满足时，进程状态设置为 TASK_RUNNING，并调用 remove_wait_queue()将该进程移出等待队列。

⑤ 调用 try_to_wait_up()，该函数将进程状态设置为 TASK_RUNNING，再调用 activake_task()

将此进程加入到可执行队列。若被唤醒进程的优先级比当前正在运行的进程的优先级高，设置 need_resched 标志。

4.11.7 Linux 系统中线程的实现

1. Linux 系统中的线程

Linux 系统将所有线程当作进程来实现，线程仅仅被看作是一个与其他进程共享某些资源的进程。所以，Linux 内核并没有针对线程的数据结构和特别的调度算法，每个线程拥有自己的进程描述符 task_struct。在 Linux 系统中线程只是一种进程间共享资源的手段。

例如，若有一个进程包含 4 个线程，在提供专门支持线程的系统中，进程拥有进程描述符，线程拥有线程描述符。在进程描述符中描述地址空间、打开的文件与共享的资源。在 Linux 系统中则创建 4 个进程，并分配 4 个 task_struct 结构。建立这 4 个进程时指明它们共享的资源即可。线程的创建与普通进程的创建类似，只不过在调用 clone() 时要传递一些参数特征来指明需共享的资源。如表 4.4 所示。

表 4.4　clone() 参数标志

参数标志	含　义
CLONE_FILES	父、子进程共享打开的文件
CLONE_FS	父、子进程共享文件系统信息
CLONE_NEWNS	为子进程创建新的命名空间
CLONE_PARENT	指定子进程与父进程拥有同一个父进程
⋮	⋮
CLONE_SIGHAND	父、子进程共享信号处理函数
CLONE_THREAD	父、子进程放入相同的线程组
CLONE_VFORK	调用 vfork()，父进程准备睡眠，等待子进程将其唤醒
CLONE_VM	父、子进程共享地址空间
⋮	⋮

2. 内核线程

内核线程在后台执行一些操作，它是独立运行在内核空间的标准进程。其特点是：①没有独立的地址空间；②只在内核空间运行，从不切换到用户空间；③可以被调度、被抢占。

内核线程只能由其他内核线程来创建，新的内核线程通过 clone() 调用创建，在调用时需要传递特定的 flags 参数。一般情况下，内核线程会将它在创建时对应的函数永远执行下去（除非系统重启）。该函数通常执行一个循环，当满足特定的条件时，被唤醒并执行；完成了相应的任务后又会自行休眠。Linux 系统的内核线程所完成的任务包括：刷新磁盘高速缓存、换出不用的页面、维护网络连接、处理与高级电源管理（APM）相关的事件等。

习题 4

4-1　试解释下列名词：程序的顺序执行、程序的并发执行。

4-2　什么是与时间有关的错误？试举一例说明。

4-3　什么是进程? 进程与程序的主要区别是什么?

4-4　图 4.2 标明程序段执行的先后次序。其中：I 表示输入操作、C 表示计算操作、P 表示打印操作、下角标说明是对哪个程序进行上述操作。请指明：

（1）哪些操作必须有先后次序? 其原因是什么?

（2）哪些操作可以并发执行? 其原因又是什么?

4-5　如图 4.30 所示，设一誊抄程序，将 f 中记录序列正确誊抄到 g 中，这一程序由 get、copy、put 3 个程序段组成，它们分别负责获得记录、复制记录、输出记录。请指出这 3 个程序段对 f 中的 m 个记录进行处理时各种操作的先后次序，并画出誊抄此记录序列的先后次序图。（假设 f 中有 1、2、…、m 个记录；s、t 为设置在主存中的软件缓冲区，每次只能装一个记录。）

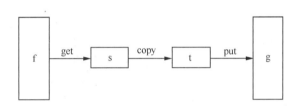

图 4.30

4-6　进程有哪几种基本状态? 在一个系统中为什么必须区分出这几种状态?

4-7　试画出批处理系统的进程状态变迁图。

4-8　试画出分时系统的进程状态变迁图。

4-9　某系统进程调度状态变迁图如图 4.31 所示，请说明：

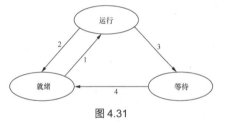

图 4.31

（1）什么原因会导致发生变迁 2、变迁 3、变迁 4?

（2）当观察系统中进程时，可能看到某一进程产生的一次状态变迁将引起另一进程做一次状态变迁，这两个变迁称为因果变迁。在什么情况下，一个进程发生变迁 3 能立即引起另一个进程发生变迁 1?

（3）下述因果变迁是否可能发生? 如果可能的话，在什么情况下发生?

a. 2→1　b. 3→2　c. 4→1

4-10　某系统进程状态除了 3 个最基本状态外，又增加了创建状态、完成状态、因等消息而转变为等待状态 3 种新的状态，试画出增加新状态后的进程状态变迁图，并说明发生每一种变迁的原因。

4-11　什么是进程控制块? 它有什么作用?

4-12　n 个并发进程共用一个公共变量 Q，写出用信号灯实现 n 个进程互斥时的程序描述，给出信号灯值的取值范围，并说明每个取值的物理意义。

4-13　图 4.32（a）、（b）分别给出了两个进程流图。试用信号灯的 P、V 操作分别实现图 4.32（a）、（b）所示的两组进程之间的同步，并写出程序描述。

4-14　如图 4.33 所示的进程流图中，有 5 个进程合作完成某一任务。说明这 5 个进程之间的同步关系，并用 P、V 操作实现之，要求写出程序描述。

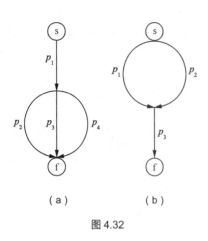

（a）　　　　　（b）

图 4.32

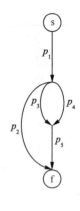

图 4.33

4-15　如图 4.34 所示，get、copy、put 3 个进程共用两个缓冲区 s、t（其每次存放一个记录）。get 进程负责不断地把输入记录送入缓冲区 s 中，copy 进程负责从缓冲区 s 中取出记录复制到缓冲区 t 中，而 put 进程负责把记录从缓冲区 t 中取出、打印。试用 P、V 操作实现这 3 个进程之间的同步，并写出程序描述。

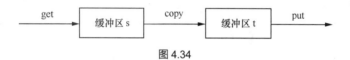

图 4.34

4-16　什么是进程的互斥？什么是进程的同步？同步和互斥这两个概念有什么联系与区别？

4-17　在生产者—消费者问题中，设置了 3 个信号灯，一个用于互斥的信号灯 mutex，其初值为 1；另外两个信号灯是 full（初值为 0，用以指示缓冲区内是否有物品）和 empty（初值为 n，表示可利用的缓冲区数目）。试写出此时的生产者—消费者问题的描述。

4-18　判断下列同步算法是否有错，若有错，请指出错误原因并改正。

（1）3 个进程并发活动的进程流图如图 4.35 所示，其同步算法描述如下：

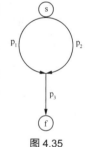

图 4.35

```
main( )
{
    int s = -1;
    cobegin
        p₁( );
        p₂ ( );
        p₃ ( );
    coend
}
p₁ ( )          p₂( )              p₂( )
{              {                  {
    ⋮              ⋮                      p(s);
                                       ⋮
    v(s);          v(s);
}              }                  }
```

（2）设 a、b 两进程共用一缓冲区 t，a 向 t 写入信息，b 则从 t 读出信息，算法框图如图 4.36 所示。

（3）设 a、b 为两个并发进程，它们共享一临界资源。其执行临界区的算法框图如图 4.37 所示。

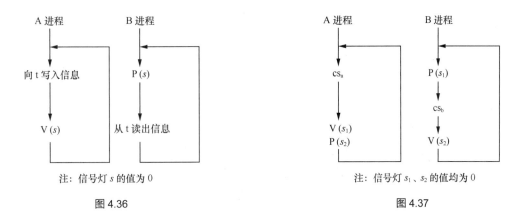

图 4.36　　　　　　　　　　　　　图 4.37

4-19　试分别用 Linux 的线程和进程编程实现 4-15 的誊抄问题。

4-20　试说明进程创建的主要功能是什么？

4-21　用于进程控制的原语主要有哪几个？每个原语的执行将使进程的状态发生什么变化？

4-22　什么是线程？线程与进程有什么区别？

4-23　在多道程序系统中，一个进程向另一个进程转换可以发生在进程用完它的时间片（如 100 ms）之时。试问：使进程状态转换的其他理由和准则是什么？

4-24　试说明 UNIX 进程的映像结构。

4-25　在 UNIX 系统中，进程有哪些状态？这些状态如何变迁？变迁的原因又是什么？

4-26　试说明 Linux 系统中进程有哪几种基本状态？

4-27　试画出 Linux 系统的进程状态变迁图，并说明这些变迁可能的原因。

4-28　10 个读者和 5 个编辑共享一个文件。文件可以同时被多个读者读出，然而，编辑只能在没有任何人读、写文件时才能进行编辑工作。一个读者需要等待的唯一情况是一个编辑正在写文件。写出读者和编辑的同步算法，要求用一种结构化的程序设计语言写出程序描述。

4-29　某公园有一个长凳，其上最多可以坐 5 个人。公园里的游客遵循以下规则使用长凳：

（1）如果长凳还有空间可以坐，就坐到长凳上休息，直到休息结束，离开长凳。

（2）如果长凳上没有空间，就转身离开。

试用信号灯的 P、V 操作描述这一场景。

4-30　某工厂有两条生产线、一条组装线和两条传输线。两条生产线分别生产 A、B 两种零件；组装线将 A、B 两个零件组装成一个产品编号；传输线负责产品的传送。生产线上每生产一个零件，需将零件送到货架 F1 或 F2 上，其中，F1 存放零件 A，F2 存放零件 B，货架一次只能存放一个零件。组装线每次从货架上取一个 A 零件和一个 B 零件，组装成一个产品并按序给产品编号，然后将已编号的产品放入货架 F3，F3 一次只能存放一个产品。传输线分别负责传送不同类型编号的产品，其中，1 号传输线负责传送偶数编号的产品，2 号传输线负责传送奇数编号的产品。请用 P、V 操作和信号灯进行正常管理。要求：

（1）说明信号灯的初值及语义。

（2）写出同步算法来描述工厂的生产活动。

4-31　6 个进程合作完成一项计算任务的并发描述如图 4.38 所示，程序中，s1、s2、s3、s4、s5、s6 分别是同步信号灯，x、y、z 是共享数据变量。试给出变量 z 的最终结果，并画出 6 个进程合作的进程流图。

```
int s1=s2=s3=0;
int s4=s5=0;
int x=y=z=0;
main()
{
   Cobegin
     P1();P2();P3();
     P4();P5();P6();
   Coend
}
```

```
P1()
{
   x=1; y=1;
   V(s1);
   V(s1);
}
```

```
P2()
{
   P(s1);
   x=x+2; z=x;
   V(s2) ;V(s2);
}
```

```
P3()
{
   P(s1);
   y=y×2;
   V(s3);
   V(s3);
}
```

```
P4()
{
   P(s2);
   P(s3);
   x=x+y;
   V(s 4 );
}
```

```
P5()
{
   P(s2);
   P(s3);
   z=z+y;
   V(s5);
}
```

```
P6()
{
   P(s5);
   P(s4);
   z=x+y+z;
}
```

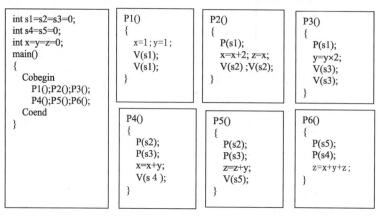

图 4.38

4-32　现有 3 个并发进程 *P*1、*P*2 和 *P*3，如图 4.39 所示。3 个并发进程共享两个单缓冲区 B1 和 B2。进程 *P*1 负责不断从输入设备读数据，若读入的数据为正数，则直接送入 B2，否则应先将数据送入 B1，经 *P*2 取出加工后再送入 B2，*P*3 从 B2 中取信息输出。请使用信号灯和 P、V 操作描述进程 *P*1、*P*2、*P*3 实现同步的算法。

图 4.39

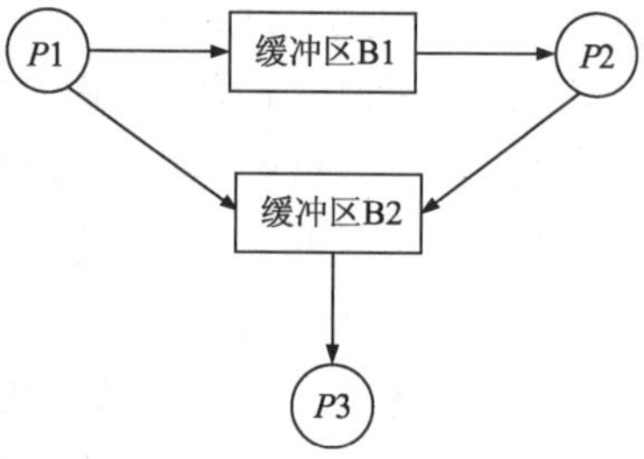

4-33　有一仓库，可以存放 A 和 B 两种产品，假设仓库的容量足够大，但要求：一次只能存入一种产品；

N < (A 产品数量　B 产品数量) < M；其中 M、N 为正整数。

试写出适用“存放 A”“存放 B”的产品入库过程，并用 P、V 操作写出程序描述。

4-34　某商场有一个地下停车场，有 *N* 个停车位，车辆只能通过一个指定的通道进出停车场，通道处只能容一辆车通过，请设计信号灯和 P、V 操作给出进、出车辆两种进程的程序描述。

05

第5章 资源分配与调度

5.1 资源管理概述

5.1.1 资源管理的目的和任务

资源是应用程序执行时所需要的全部硬件、软件和数据。计算机系统拥有大量的资源,管理好各类资源是计算机系统的一个重要职责。随着计算机硬件和软件技术的发展,操作系统需管理的硬、软件的种类和数量越来越多;另一方面,用户的应用需求、数据量也在不断地增长,这促进了操作系统的发展,其中对资源管理的策略和方法的研究也随之不断地深入。尽管各种资源的性质不尽相

虚拟资源与
资源分配策略

同,但从本质上看,它们都具有"共性"。人们研究资源的统一概念,研究资源的分配方法和管理策略,以便寻求一种资源管理的普遍原则和系统方法。

在操作系统中,资源请求者是"顾客";资源分配者是系统中各类资源分配模块,又可称为"服务员"。在系统中哪些是请求资源的"顾客"呢?现代操作系统大多是多用户、多任务操作系统,但又可分为不同的类型。批处理系统将一个用户提交的算题任务视为一道作业,当作业被调度进入主存时处于执行状态,操作系统为其建立相应的进程,进入系统后最小的活动单位是进程。所以批处理系统的"顾客"分为作业和进程两级。而在分时操作系统和个人计算机操作系统中,用户任务提交给系统时建立相应的进程,所以请求资源的"顾客"是进程。

对计算机系统而言,作业和进程是请求系统资源的"顾客",而操作系统是提供资源、满足用户请求的"服务员",资源是被存取的对象。操作系统为响应作业或进程对各类资源的请求,需要一批负责各类资源分配的"服务员",这些"服务员"就是资源管理程序。

1. 资源的静态分配和动态分配

资源的分配方法有静态分配和动态分配两种。在批处理系统中,对作业一级采用资源静态分配方法。作业所需要的资源是在这个作业被调度时,根据用户给出的信息(如所需主存大小、需使用的外部设备等)进行分配,并在作业运行完毕后释放所获得的全部资源。这种分配通常称为资源的静态分配。而进程所需要的资源是在进程运行中根据运行情况动态地分配、使用和释放的,这种分配通常称为资源的动态分配。

在现代计算机系统中，大量的资源请求和有限的资源之间存在着尖锐的矛盾。解决这一矛盾是十分重要的，为此，资源管理必须使互相竞争的进程有效地共享有限的资源。

资源管理的目的是为用户提供一种简单而有效地使用资源的方法，充分发挥各种资源的利用率，它应达到的目标是：①保证资源的高利用率；②在"合理"时间内使所有"顾客"有获得所需资源的机会；③对不可共享的资源实施互斥使用；④防止由资源分配不当而引起的死锁（见 5.3 节）。

在这些目标之间需要权衡，应根据系统总的设计目标来确定该系统应达到的资源管理的目标。

2. 资源管理的任务

资源管理模块的任务是解决资源分配问题，对资源的管理应包含以下 4 个方面的内容。

（1）资源数据结构的描述

用于资源分配的数据结构应包含该类资源最小分配单位的描述信息，如该资源的物理名、逻辑名、类型、地址、分配状态等。这些信息记录了该类资源的分配情况，如哪些还没被占用、哪些已被占用、谁正在使用等。另外，在资源数据结构中还应包含对该资源的存取权限、密级、最后一次存取时间、记账信息以及该类资源使用的特性等。

（2）确定资源的分配原则和调度原则

在资源分配时，对每类资源而言，请求者的数量一般都大于该类资源的数量，例如，在单处理机系统中 CPU 只有一个，而请求使用 CPU 的就绪进程却是大量的。为此，需要确定分配原则，以决定资源应分配给谁、何时分配、分配多少等问题。

（3）执行资源分配

根据所确定的原则以及用户的要求，执行资源分配。当不再需要资源时，收回资源以便重新分配给其他进程使用。

（4）存取控制和安全保护

存取控制和安全保护问题在文件系统或称信息管理中最为突出。对任何文件而言，只有合法的用户对其进行合法的操作才能被允许执行，这需要在资源管理模块中审查。任何一个用户对任一文件的存取都要经过存取控制验证模块的检查。只有合法的用户进行合法的操作才能通过合法性检查，否则将为系统所捕俘。

对其他各类资源的存取控制和安全保护问题采取不同的方法。如对磁盘或字符设备的存取，由于这些操作已经过文件系统合法性的检查，所以对外部设备的存取可以认为在它的上一层已进行了合法性检查。当然，根据实际需要也可对各种外部设备做进一步的存取权限的检查。有的系统对磁盘的某些操作采用锁和密码的方法，以实现对磁盘的存取控制。对主存单元的存取同样也要经过主存保护硬件的检查，只有检查通过者才能进行相应操作，以保证同存于主存的各个用户程序的隔离。至于对中央处理机的存取权，可以认为处于就绪队列的进程具有存取 CPU 的权限。存取控制和安全保护问题已越来越引起人们的重视。

5.1.2 虚拟资源

1.5.2 节讨论了操作系统的关键技术之一的虚拟技术，操作系统在其实现中大量使用虚拟技术，在操作系统的资源管理中提出了虚拟资源的概念。

虚拟资源是用户使用的逻辑资源，是经过操作系统改造的、使用方便的虚资源，而不是那些物理的、实际的资源。这样做的目的，一是要提高资源利用率，二是为了方便用户的使用。

系统管理的物理资源的数量总是有限的，例如，系统只有一台 CPU、一定容量的主存、数量一定的外部设备等，在多用户、多任务环境下，它们无法同时满足大量顾客的需要。但是，由于系统提供虚拟资源，人们可以取得这样的效果，似乎每个请求者都可以拥有它所申请的资源。操作系统采用虚拟技术，这不仅可以提高资源利用率，实现多用户共享，同时使用户能方便地、简单地使用系统资源，避免须对繁杂的物理设备特性了解后，才能使用设备的弊端。

如对于主存储器的使用，操作系统为用户提供逻辑地址空间，也就是提供虚拟存储器。用户只需用逻辑地址编程，而且地址空间大小不受限制。操作系统的存储管理功能为用户实现逻辑地址到物理地址的映射。现代操作系统还提供对主存的扩充，允许应用程序的一部分存放到主存中，而其余部分留在辅存上，该程序就可以运行。操作系统自动实现主存与辅存之间的信息交换，从而为用户提供虚拟存储器。

类似地，系统可为用户提供虚拟外部设备。例如，像打印机这样的具有互斥特性的设备本来是只能被一个用户独占使用的，但为了满足多用户共享的需要，系统为用户提供虚拟打印机功能，其设备管理就要实现虚、实设备的映射。在这种情况下，一个进程与一台真正的打印机之间进行的信息交换是分两步来完成的：①在进程控制之下，在主存与虚拟打印机之间进行信息交换；②在操作系统的假脱机系统 spool（simultaneous peripheral operation on line，又称为外部设备联机同时操作）控制之下，在物理的打印机和虚拟打印机之间进行信息交换。另外，设备管理还提供逻辑设备以方便用户的使用和提高资源的利用率。

对中央处理机而言，当多进程并发执行时，每一个进程就相当于一个逻辑处理机，它是一个独立的活动单位，进程控制块 PCB 中保留了进程动态运行时各种信息（如中央处理机现场信息）。当某一进程被调度到真正占用中央处理机时，物理的处理机和逻辑的处理机在此时便统一了。关于系统提供的各种虚拟资源及采用的技术，将在以后的章节中具体介绍。

5.2　资源管理的机制和策略

资源管理的实质问题是资源管理的机制和资源管理的策略，下面就从这两个方面对资源管理展开讨论。

机制指的是进行资源分配所必需的基本设施和部件，它包括描述资源状态的数据结构（如描述各类资源的资源信息块，描述各类资源中最小分配单位的资源描述器），还包括保证不可共享资源互斥使用的同步机构（如锁、上锁原语、开锁原语，信号灯的 P、V 操作等）以及对不能立即得到满足的资源请求进行排队的各种资源队列的结构。

策略则给出了实现该功能的内涵，它涉及资源分配的原则，当某类资源可用时，将它分给哪一个请求者？分多少？占用多长时间？确定这一类问题的原则就是资源分配的策略。

5.2.1　资源分配机制

为了对系统中的各类资源进行分配和实现存取控制，需要有描述资源的数据结构。下面以统一的观点来描述它们的数据结构形式。

1. 资源描述器

描述各类资源的最小分配单位的数据结构称为资源描述器 rd（resource descriptor）。系统中各类资源都有一个最小分配单位。例如，主存储器可以分成若干个主存块，然后以块为单位进行分配。磁盘一般以磁盘中的一个扇区（又称为磁盘块）作为最小分配单位，而文件是信息的独立的逻辑单位。文件系统则以文件为单位来描述。

资源描述器描述了资源的特性和该资源的管理方式。用于资源分配的最重要的信息是这一资源分配单位是可用的还是已分配的。所以最简化的描述器可以用一个二进制位来实现，它表示该资源是可用的还是已分配的。而一般的描述器中的信息比较丰富，特别是信息资源的描述器更为复杂。表 5.1 中列出了资源描述器一般应包括的内容。对于各类资源而言，若它具有 n 个资源分配单位，则有 n 个资源描述器。对该类资源而言，这些描述器如何组织是一个重要的问题。描述器的组织方式取决于资源分配单位的数量和这一数量是固定不变的还是可以变化的这一特征。如果分配单位的数量是固定的，那么可以用表结构来组织。如果分配单位的数量是变化的，则这一数据结构就是一个队列结构。另一个可行的方案是，这一数目变化范围是可知的，并且在变化不大的情况下，也可用一个数组来表示，这个数组包括的单元数应等于入口可能达到的最大值。

表 5.1 资源描述器

资源名
资源类型
最小分配单位的大小
最小分配单位的地址
分配标志
描述器链接信息
存取权限
密级
最后一次存取时间
资源其他特性

2. 资源信息块

为了对每类资源实施有效的分配，必需设置相应的资源信息块 rib（resource information block）。资源信息块是这样一个数据结构，它描述了某类资源的请求者、可利用的资源以及该类资源分配程序的地址。

对于每一类资源，当前空闲的资源称为可利用的资源，可将其组织成可利用资源队列。另一方面，对于该类资源而言有多个请求者，甚至是大量的请求者，因而系统必须按一定的原则将这些请求排序，这就形成了该类资源的等待队列。在资源信息块中有指向这两个队列的队列指针，另外还有一项为该类资源分配程序的入口地址。资源信息块的结构如图 5.1 所示。

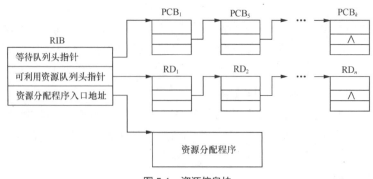

图 5.1 资源信息块

资源分配程序包括资源分配程序和资源回收程序（或称为去分配程序）。当进程请求资源时，控制转到相应的资源分配程序，检索可利用资源队列，若有可利用的资源，则予以分配；否则，将此进程加入到等待资源队列中。当进程执行释放资源命令时，控制转到回收程序，将释放的资源加入到可利用资源的队列中，然后试着释放等待该资源的进程。

5.2.2　资源分配策略

对某类资源而言，在多个资源有多个请求者申请（即多对多）的情况下，资源分配的策略包括选择请求者的策略和选择资源的策略两种。选择请求者的策略，常常称为资源分配策略，即在众多个请求者中选一个满足条件的请求者的原则；选择资源的策略，是在同等资源间选择一个满足条件的资源的原则。分配策略或称原则具体如何体现？实际上这一原则体现在队列的排序原则上。资源分配策略通过资源等待队列的排序原则来体现，选择资源的策略则通过可利用资源队列的排序原则来体现。

分析一下资源分配策略，当某一资源可用时，该类资源分配程序就试着去满足这一请求。它会检索可利用资源队列，查找次序是从队首开始。所以队列排序原则是十分重要的，这一排序原则可以有以下几种可能：

① 按照请求来到的先后次序；

② 将进程请求者的优先级结合到每一个请求中，按优先级的高低的次序；

③ 满足能更合理地利用这一资源的那个请求。

资源分配的时机有多种可能，以下列举几种：

① 当请求者发出一个明确的资源请求命令时；

② 当处理机空闲时；

③ 当一个存储区被释放变为空闲时；

④ 当一个外部设备发生完成中断时。

对于每一类资源而言，选择可用资源的策略一般有多种，但很难确定出一个"绝对好"的策略。因为，在估计它们的质量时，总会出现一些矛盾着的因素，如资源的最佳应用与实现策略的算法复杂度之间的矛盾。下面举两个简单的例子来对这一问题稍加说明，更详细的介绍见后面章节。

例如，存储器的分区分配方法中，有两种最流行的选择可用分区的策略（又称为放置策略）：一是按空闲区的地址从低到高排序；二是按空闲区的大小从小到大排序。又如，输入输出设备分配：当请求使用某类外设中的一个设备时，可随机地分配该资源中的一个空闲的设备，或者去寻找一个可使硬通道的负载更为合理的那个设备。

1.　先请求先服务

先请求先服务是一种最简单的资源分配策略，称为 FIFO（First In First Out）策略。这种先请求先服务的策略不对请求的特征、执行时间长短等做任何考虑，其好处是实现较简单。与该策略相适应的队列按提出请求的先后次序排序。每一个新产生的请求均排在队尾，而当资源可用时，资源分配程序则从队列中选取第一个请求，并满足其需要。

这种策略可用于对进程（或作业）的调度，也可用于对外部设备、主存储区的分配。当处理机的分配采用 FIFO 策略时，一个进入就绪状态的进程被安置在就绪队列的末端，进程被调度时，从队列中移出第一个进程并给予它控制 CPU 的权利。此时就绪队列的组织如图 5.2 所示。

批处理系统在作业调度时采用 FIFO 策略。在这种系统中，作业按来到的先后次序排队，当有作业撤离系统时，作业调度程序就审核是否有一个新作业所申请的系统资源能得到满足，如果能，则予以调度。而审核的顺序是依照队列已排好的次序进行。对于这种策略，如果一些短的作业在长作业之后来到，则它们的响应时间就很长。请读者考虑，应如何克服这一缺点？

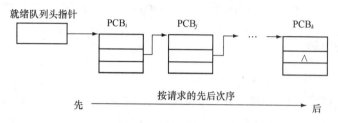

图5.2　按请求的先后次序排列的就绪队列

2. 优先调度

优先调度策略是一种比较灵活的调度策略。在优先调度策略下，对每一个进程（或作业）指定一个优先级，这一优先级反映了进程要求处理的紧迫程度。进程调度队列按进程的优先级由高到低的顺序排列，队首为优先级最高者。当某一进程要入队时，按其优先级的高低插到相应的位置上。这种策略可以优先照顾需要尽快处理的进程（或作业）以及它们的各种请求。在进程活动过程中，对设备、主存提出请求时应予以动态分配。这时，将进程请求者的优先级结合到每一个请求中去，相应的资源等待队列也是按进程的优先级排序的。

按优先级排序的就绪队列结构有多种情况，可以用单就绪队列来实现，也可以用多就绪队列来实现，对于后者，每一优先级上有多个进程。图5.3给出了这两种队列结构。

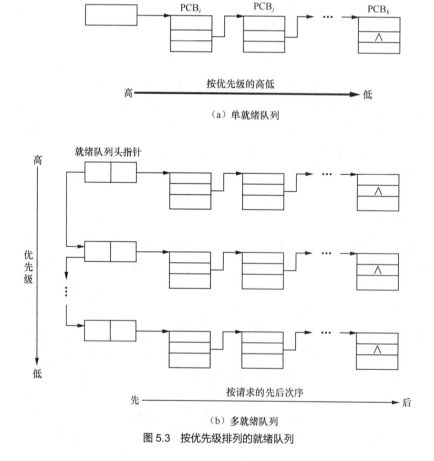

（a）单就绪队列

（b）多就绪队列

图5.3　按优先级排列的就绪队列

3. 针对设备特性的调度

对于具有高速度、大容量的存储设备（如磁盘）而言，在繁重的输入/输出负载下，会有大量的 I/O 请求在等待。操作系统应采取有效的调度策略从众多的请求中按最佳的排序原则去选择。确定最佳排序的目标是降低为完成这些 I/O 请求服务的总时间，从而提高系统效率。下面首先讨论移臂调度和旋转调度，然后给出几个移臂调度算法。

（1）移臂调度

所谓移臂调度是指在满足一个磁盘请求时，总是选取与当前移动臂前进方向上最近的那个请求，使移臂距离最短。

针对设备特性的调度是 I/O 调度。I/O 调度程序是在磁盘硬件层实施的，磁盘硬件看到的是：磁盘面、磁道、块号（对磁盘组为：柱面号、盘面号、块号）。如下例所示，假如对磁盘组同时有 5 个访问请求，它们按请求的先后次序排序，要求访问的盘区的物理位置如下。

柱面号	盘面号	块号
6	3	2
6	5	9
6	5	4
48	8	16
3	9	28

如果当前移动臂处于 1 号柱面上，若按上述次序访问磁盘，移动臂将从 1 号柱面移至 6 号柱面，再移至 48 号柱面，然后回到 3 号柱面。显然，这样移臂是很不合理的。

如果将访问请求按移动臂前进方向上与当前磁头位置最近的次序排序，即按照以下顺序进行访问时，则可以节省移臂时间（注：当前移动臂方向是由外向里，即柱面号由小到大）。

柱面号	盘面号	块号
3	9	28
6	3	2
6	5	9
6	5	4
48	8	16

（2）旋转调度

所谓旋转调度是指在满足一个磁盘请求时，总是选取与当前读写头旋转方向上最近的那个请求，使旋转圈数最少。

进一步再考察对 6 号柱面的 3 次访问，按上述次序，那么可能要使盘旋转接近两圈才能访问完毕。再一次将访问请求进行排序，即按照如下顺序访问。

柱面号	盘面号	块号
3	9	28
6	3	2
6	5	4
6	5	9
48	8	16

显然，对 6 号柱面大约只要旋转一圈或更少就能访问完毕。

对于旋转类设备，在启动之前按调度策略对请求进行排序是十分必要的。对于磁盘和磁鼓都应使用旋转调度策略使得旋转圈数最少。对于活动臂磁盘组，还应考虑使移臂时间最短的调度策略，即移臂调度。这些都是与设备特性有关的调度策略。

4. 几种移臂调度算法

（1）最短寻道时间优先算法（SSTF）

最短寻道时间优先调度算法总是从等待访问者中挑选寻找时间最短（即与当前磁头位置最近）的那个请求先执行的。

用如下例子来讨论。如果现在读写磁头正在 65 号柱面上执行操作，等待访问者按请求的先后次序排序，依次要访问的柱面为 130、32、159、61、75。

现在当 65 号柱面的操作结束后，最短寻道时间优先算法，其处理的次序为 61、75、32、130、159。

即应该先处理 61 号、75 号柱面的请求，然后到达 32 号柱面执行操作，随后处理 130 号、159 号柱面的请求。

采用最短寻道时间优先算法选择与当前磁头位置最近的那个请求，可减少寻道时间，因而缩短了为各访问者请求服务的平均时间，也就提高了系统效率。但最短查找时间优先调度可能会引起读写头在盘面上的大范围移动，SSTF 查找模式有高度局部化的倾向，会推迟一些请求的服务，甚至引起无限拖延（又称饥饿现象）。

（2）扫描算法（SCAN）

扫描算法 SCAN，又称电梯调度算法。SCAN 算法是磁头前进方向上的最短查找时间优先算法，它排除了磁头在盘面局部位置上的往复移动，SCAN 算法在很大程度上消除了 SSTF 算法的不公平性，但仍有利于对中间磁道的请求。

电梯调度算法是从移动臂当前位置开始，沿着臂的移动方向去选择离当前移动臂最近的那个柱面访问者，如果沿臂的移动方向无请求访问时，就改变臂的移动方向再选择。

之所以称为电梯调度算法，是因为它借用了日常生活中大家熟悉的乘坐电梯的规则。例如，乘电梯时，如果电梯已向上运行到 4 层，现依次有 3 位乘客小陈（在 2 层等待去 10 层）、小李（在 5 层等待去 1 层）、小张（在 8 层等待去 15 层）在等候乘电梯。在当前情况下。电梯如何调度呢？由于电梯目前运行方向是向上，且在 4 层，所以电梯的调度是先把乘客小张从 8 层带到 15 层，然后电梯换成下行方向，把乘客小李从 5 层带到 1 层，电梯最后再调换方向，把乘客小陈从 2 层送到 10 层。

仍用上述的同一例子来讨论采用电梯调度算法的情况。由于该算法与移动臂方向有关，所以假定当前移动臂前进的方向是由外向里（即柱面号由小到大）。

设当前读写磁头正在 65 号柱面上执行操作，等待访问者按请求的先后次序排序，依次要访问的柱面为 130、32、159、61、75。

当 65 号柱面的操作结束后，电梯调度算法其处理的次序为 75、130、159、61、32。

开始时，正在 65 号柱面执行操作的读写磁头的移动臂是在由外向里（即向柱面号增大的内圈方向）趋向 75 号柱面的位置，因此，当访问 65 号柱面的操作结束后，沿臂移动方向最近的柱面是 75 号柱面。所以，应先为 75 号柱面服务，然后按移动臂由外向里移动的方向，依次为 130 号、159 号柱面的访问者服务。当 159 号柱面的操作结束后，向里移动的方向上已经无访问等待者，所以改变移动臂的前进方向，由里向外依次为 61 号、32 号柱面的访问者服务。

"电梯调度"与"最短寻道时间优先"都是要尽量减少移动臂时所花的时间。所不同的是"最短寻道时间优先"不考虑臂的移动方向，总是选择离当前读写磁头最近的那个柱面，这种选择可能导致移动臂来回改变移动方向；"电梯调度"是沿着臂的移动方向去选择离当前读写磁头最近的那个柱面的访问者，仅当沿移动臂的前进移动方向无访问等待者时，才改变移动臂的前进方向。由于移动臂改变方向是机械动作，速度相对较慢，所以，电梯调度算法是一种简单、实用且高效的调度算法。

扫描算法 SCAN，即电梯调度算法在实现时，不仅要记住读写磁头的当前位置，还必须记住移动臂的当前前进方向。另外，扫描算法 SCAN 还存在这样的问题：当磁头刚从里向外移动过某一磁道时，恰有一进程请求访问此磁道，这时该进程必须等待，待磁头从里向外，然后再从外向里扫描完所有要访问的磁道后，才处理该进程的请求，致使该进程的请求被严重地推迟。

为了减少这种延迟，提出了循环扫描算法 CSCAN，该算法规定磁头只做单向移动。例如，磁头只自里向外移动，当磁头移到最外的被访问磁道时，磁头立即返回到最里的欲访磁道，即将最小磁道号紧接着最大磁道号构成循环，进行扫描。

5.3 死锁

5.3.1 死锁的定义与例子

操作系统的基本特征是并发与共享。系统允许多个进程并发执行，并且共享系统资源。为了有效地使用系统资源，操作系统最好采用动态分配的策略。然而，当系统比较复杂时，采用这种策略可能会出现进程之间互相等待资源又都不能向前推进的情况，即造成进程相互死等的局面。这种情况是由于资源分配不当造成的，不同进程对资源的申请可能按某种先后次序得到部分满足，这就可能造成其中的 2

死锁 1

个或几个进程彼此间相互等待的情况，即每个进程"抓住"一些为其他进程所等待的资源不放，其结果是谁也得不到它所申请的全部资源，导致这些进程都无法继续运行。

一组进程竞争资源（不论是同类资源，还是非同类资源），若资源分配不当，就可能出现互相死等的局面。

设一个具有 3 个磁带驱动器的系统现有 3 个进程，某时刻，每个进程都占用了一个磁带驱动器。如果每个进程都不释放已占用的磁带驱动器，当还需要另一个磁带驱动器时，这 3 个进程就会处于互相死等的状态，这种状态称为死锁。在这种情况下，每个进程都在等待"磁带驱动器释放"的事件，但没有一个进程能从等待状态下解脱。这个例子说明了涉及同一种资源类型的死锁，下面给出非同类资源死锁的例子。

设某系统拥有非同类资源打印机和输入机各一台，并为进程 p_1、p_2 所共享。在某时刻 t，进程 p_1 和 p_2 分别占用了打印机和输入机。在时刻 t_1（$t_1 > t$），p_1 又申请输入机，由于输入机被 p_2 占有，因此 p_1 处于等输入机的状态。而到时刻 t_2（$t_2 > t_1$），p_2 又申请打印机，但由于打印机被 p_1 占有，因此 p_2 处于等打印机的状态。显然，在 t_2 以后，p_1 和 p_2 都无法继续运行下去了。此时，系统出现了僵持局面，也称为出现了死锁现象。

上述情况可用信号灯的 P、V 操作来描述。设信号灯 s_1 和 s_2，s_1 表示打印机（r_1）可用，初值为 1；s_2 表示输入机（r_2）可用，初值为 1。

p_1、p_2 对打印机和输入机的申请和释放的描述如下。

```
        进程 p1                      进程 p2
          ⋮                           ⋮
        p(s1);                       p(s2);
        占用 r1;                     占用 r2;
        p(s2);                       p(s1);
        占用 r2;                     占用 r1;
          ⋮                           ⋮
        v(s1);                       v(s2);
        释放 r1;                     释放 r2;
        v(s2);                       v(s1);
        释放 r2;                     释放 r1;
          ⋮                           ⋮
```

p_1、p_2 对打印机和输入机的申请和释放是一个动态过程，当资源空闲时，操作系统就予以分配。现在，还需要考虑每次资源分配是否可能发生进程互相等待的僵持局面。下面，考察上述资源申请和释放过程，什么情况是安全的，什么情况可能出现死锁。

设进程 p_1 执行了 $p(s_1)$，占用 r_1 后，接着执行 $p(s_2)$，又占用了 r_2，就不会发生死锁。因为，这时若进程 p_2 执行 $p(s_2)$，一定会等待，等到进程 p_1 执行了 $v(s_1)$，释放 r_1 后，就会唤醒进程 p_1。这两个进程不会出现互相等待的僵持局面。进程 p_2 先执行的情况也是一样。

但如果 p_1、p_2 分别执行了 p 操作，就会出现不安全的状态。因为信号灯 s_1、s_2 的初值皆为 1，若 p_1、p_2 进程都完成了第一次 p 操作，那么信号灯 s_1、s_2 的值都将减至 0。显然，没有一个进程能够通过它们的第二个 p 操作，从而发生了僵持现象。

另外，在生产者—消费者问题中（见 MODULE 4.17），如果将生产者执行的两个 p 操作顺序颠倒（改动后的生产者程序如下），那么死锁情况也可能发生。即

```
producer( )                          consumer( )
{                                    {
    while（生产未完成）                    while（还要继续消费）
    {                                    {
           ...                              p(full);
       生产一个产品;                        p(mutex);
       p(mutex);/* 这两个语句               从有界缓冲区中取产品;
       p(empty);   颠倒 */                 v(mutex);
       送一个产品到有界缓冲区;               v(empty);
       v(mutex);                             ...
       v(full);                          消费一个产品;
    }                                    }
}                                    }
```

在这种情况下，当缓冲区都为满时，生产者仍可顺利执行 p(mutex) 操作，于是它获得了对缓冲区的存取控制权。然后，当它执行 p(empty) 操作时，由于没有空缓冲区而被挂起。能够将这个生产者进程释放的唯一途径是消费者从缓冲区取出一个产品，并执行 v(empty) 操作。但在此时，由于缓冲区已被挂起的生产者所占有，所以没有一个消费者能够取得对缓冲区的存取控制权。因此，出现了生产者和消费者互相死等的局面，也就是说产生了死锁。

　　由于操作系统中的死锁一般是由资源分配不当引起的，所以它的定义常常这样描述：在两个或多个并发进程中，如果每个进程持有某种资源而又都等待着别的进程释放它或它们现在保持着的资源，在未改变这种状态之前都不能向前推进，称这一组进程产生了死锁。

　　死锁是两个或多个进程被无限期地阻塞、相互等待的一种状态。发生死锁时，涉及的一组进程中，每个进程都占用了一定的资源但又都不能向前推进。在这种情况下，计算机虽然处于开机状态，但这一组进程却未做任何有益的工作。

5.3.2　产生死锁的原因和必要条件

1．产生死锁的原因

　　并发进程在竞争资源过程中可能会产生死锁。产生死锁的根本原因是系统能够提供的资源个数比请求该资源的进程数要少。当系统中两个或多个进程因申请资源得不到满足而等待时，若各进程都没有能力进一步执行，系统就发生死锁。

　　资源竞争现象是具有活力的、有必要的，虽然它存在着发生死锁的危险性。竞争并不等于死锁，竞争是多进程对共享资源的争夺，操作系统采用有效的、安全的资源分配方法可以使多进程实现并发执行。而死锁是在资源的争夺过程中，由于资源分配不当造成的极端现象——进程之间互相死等。

　　在并发进程的活动中，存在着一种合理的联合推进路线，这种推进路线可使每个进程都运行完毕。下面对死锁现象作非形式说明，死锁如图 5.4 所示。

　　在图 5.4 中，被进程 p_1 和 p_2 共享的两个设备是 r_1（打印机）和 r_2（输入机），x、y 轴分别表示 p_1 和 p_2 进程的进展（以完成指令的条数来度量）。在单 CPU 系统中，每个时刻只允许一个进程运行，在进程调度的作用下，两个进程交替地向前推进。从空间原点开始的任何一条折线被称为两个进程的共同进展路径。这一轨迹的水平部分表示 p_1 的运行期，其垂直部分表示 p_2 的运行期。图 5.4 中有 3 条折线，它们分别表示 3 种可能的联合推进路径，以折线经过的几个关键点说明其轨迹。下面，讨论在这 3 种情况下，p_1 和 p_2 是否都能运行完毕。

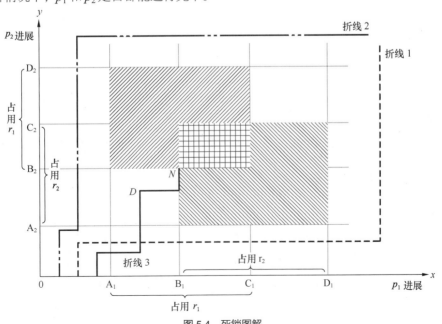

图 5.4　死锁图解

① 第一条折线运行情况如下。

p_1 运行；p_2 运行。

p_1 运行：A_1，p_1 request(r_1)；B_1，p_1 request(r_2)；C_1，p_1 release(r_1)；D_1，p_1 release(r_2)。

p_2 运行：A_2，p_2 request(r_2)；B_2，p_2 request(r_1)；C_2，p_2 release(r_2)；D_2，p_2 release(r_1)。

② 第二条折线运行情况如下。

p_1 运行；p_2 运行；p_1 运行。

p_2 运行：A_2，p_2 request (r_2)；B_2，p_2 request (r_1)；C_2，p_2 release (r_2)；D_2，p_2 release (r_1)。

p_1 运行：A_1，p_1 request (r_1)；B_1，p_1 request (r_2)；C_1，p_1 release (r_1)；D_1，p_1 release (r_2)。

在这两种情况下，p_1 和 p_2 都可顺利地运行完毕。

③ 第三条折线运行情况如下。

p_1 运行；p_2 运行。

p_1 运行：A_1，p_1 request(r_1)。p_2 运行：A_2，p_2 request(r_2)（进入 D 区）。

p_1 运行：B_1，p_1 request(r_2)（p_1 等待）。p_2 运行：B_2，p_2 request(r_1)（p_2 等待），到达死锁点 N。

在第三种情况下出现死锁。

产生死锁的原因有以下两点：①系统资源不足；②进程推进顺序非法。

在多道程序运行时，多进程按照一定的顺序联合推进，如果能使这些进程都能运行完毕，称这样的推进顺序是合法的。若按某种顺序联合推进，进入死锁图解中的危险区 D 时，将导致死锁的发生，该推进顺序便是非法的。

2. 产生死锁的必要条件

产生死锁有如下 4 个必要条件。

（1）互斥条件

多进程共享的资源具有互斥特性，即一次只能由一个进程使用。如果有另一个进程申请该资源，那么申请进程必须等待，直到该资源被释放。

（2）不剥夺条件（非抢占）

进程所获得的资源在未使用完毕之前，不能被其他进程强行夺走，即只能由获得该资源的进程自己来释放。

（3）占有并等待（部分分配）

进程每次申请它所需要的一部分资源，在等待新资源的同时，进程继续占用已分配到的资源。

（4）环路条件（循环等待）

存在一种进程的循环链，链中的每一个进程已获得的资源同时被链中下一个进程所请求。

5.3.3　系统模型和死锁的处理

1. 资源的申请与释放

并发进程在活动过程中可能要使用各类资源。进程在使用每类资源前必须先申请，使用完毕后应立即释放。显然，进程所申请的各类资源的最大数量不能超过系统所拥有的该类资源的数量。例如，系统拥有两台打印机，那么一个进程就不能申请 3 台打印机。

死锁 2

在正常操作模式下，进程按如下顺序使用资源。

（1）申请

进程使用资源前必须以系统服务请求方式提出申请，由操作系统的资源分配程序进行分配。若该类资源可用，则予以分配；否则，申请进程在该资源的等待队列上排队等待。

（2）使用

进程获得资源的使用权，实施对资源的操作。例如，如果资源是打印机，进程就可以在打印机上输出打印。

（3）释放

进程使用完资源后，操作系统的资源回收程序收回该资源，并试着唤醒等待该资源的进程。

资源的申请和释放是通过操作系统提供的系统功能调用实现的，有的也可以通过进程同步机构，如信号灯的 P、V 操作来实现。

2. 系统状态分析

死锁的产生会给系统带来巨大的损失，为了预防死锁，应能观察系统的情况，以分析某一时刻系统是否处于一个合理的状态。

假定一个系统包括 n 个进程和 m 类资源，可描述如下。

① 一组确定的进程集合，这些进程能够以竞争方式运行，记作

$$p=\{p_1, \ p_2, \ \cdots, \ p_i, \ \cdots, \ p_n\}$$

② 一组不同类型的资源集合，每个资源都只有一个访问入口，记作

$$r=\{r_1, \ r_2, \ \cdots, \ r_j, \ \cdots, \ r_m\}$$

系统的初始状态由一个矢量 w 来说明，它给出了在该系统中各类可利用资源的总数目，即资源 r_1 初始时有 w_1 个可利用的数量，$\cdots$，资源 r_m 初始时有 w_m 个可利用的数量。

$$w=\{w_1, \ w_2, \ \cdots, \ w_j, \ \cdots, \ w_m\}$$

系统状态因进程对资源的请求、获得或释放而改变。所以必须要能说明每个时刻进程对资源的请求和占有情况。

在某一时刻 t，系统状态由资源请求矩阵 $d(t)$ 和资源分配矩阵 $a(t)$ 来描述。它们分别表明进入系统的进程在时刻 t 需申请的各类资源的最大需求量和已分配给各进程的各类资源数目。

在任一时刻 t，资源请求矩阵可表示为 $d(t)$。其中，元素 d_{ij} 表示进程 p_i 需请求 j 类资源 r_j 的最大需求量。

$$d(t)=\begin{bmatrix} d_{11} & d_{12} & \cdots & d_{1m} \\ d_{21} & d_{22} & \cdots & d_{2m} \\ \vdots & \vdots & \vdots & \vdots \\ d_{n1} & d_{n2} & \cdots & d_{nm} \end{bmatrix}$$

资源分配矩阵可表示为 $a(t)$。其中，元素 a_{ij} 表示分配给进程 p_i 的第 j 类资源 r_j 的数目。

$$a(t)=\begin{bmatrix} a_{11} & a_{12} & \cdots & a_{1m} \\ a_{21} & a_{22} & \cdots & a_{2m} \\ \vdots & \vdots & \vdots & \vdots \\ a_{n1} & a_{n2} & \cdots & a_{nm} \end{bmatrix}$$

系统的状态只能通过以下 3 种操作来改变。

① 申请资源：一个进程 p_i 申请得到 n 个 j 类资源，其中 $n \leq wj(t)$。

② 接收资源：当满足一定条件时，将 n 个 j 类资源分配给进程 p_i。即

$$a_{ij}(t) = a_{ij}(t)+n;$$
$$d_{ij}(t) = d_{ij}(t)-n;$$
$$w_j(t) = w_j(t)-n。$$

③ 释放资源：一个进程 p_i 释放 m 个 j 类资源。即

$$a_{ij}(t) = a_{ij}(t)-m;$$
$$w_j(t) = w_j(t)+m。$$

在一个系统中，如果满足下述条件，则认为系统的状态是合理的，是可以实现的。

① 一个给定的进程不能申请比系统中所拥有的该类资源数还要多的资源。

② 在每一时刻，每个进程都不会拥有它未曾申请的资源。

③ 在每一给定时刻，所有进程所接收到的某类资源总数不会超过系统所拥有的该类资源总数。

如果从某一时刻 t 开始，有着一系列的可以实现的系统状态，能使所有进程都能得到它们所申请的资源，并能使它们运行完毕，则必定不会出现死锁。

要防止死锁的发生，必须保证系统状态是合理的。为此，预防死锁的思想是进入系统的一组进程必须事先宣布它们所需要的各类资源数目。对某一类资源而言，如果该组中的第一个进程的那些未得到满足的资源申请数目小于在时刻 t 时系统可以分配的资源数，则这个进程的资源请求将得到满足并且执行。当该进程运行完毕，最后释放它得到的全部资源，系统中相应的资源数目增加。如果第二个进程的那些未得到满足的资源申请数目小于这一时刻系统可以分配的资源数，则这个进程又可执行……对于其他进程，也可以依此类推。这些进程都能得到它们所申请的资源，并执行结束。如果系统中各类资源都满足上述情况，那么，就存在着一组可以实现的系统状态，则不会发生死锁。这种状态称为系统的安全状态。

系统的安全状态描述如下：按某种顺序，并发进程都能达到获得全部资源而顺序完成的序列称为安全序列，能找到安全序列的状态为安全状态。

因此，预防死锁的原理是必须对接收资源的操作予以检查控制（或从资源分配方案本身来保证），使系统的状态总是合理的。排除死锁的原理是设法使系统脱离死锁状态，重新进入合理状态。

3. 资源分配图

系统资源分配的有向图可以更为精确地描述死锁现象。该有向图由一个节点集合 V 和一个边集合 E 组成。节点集合 V 分为系统活动进程集合和系统所有资源类型集合两种。

系统活动进程集合描述为：　　　　　　$P=\{p_1, p_2, \cdots, p_n\}$

系统所有资源类型集合描述为：　　　　　$R=\{r_1, r_2, \cdots, r_m\}$

在系统资源分配有向图中，以矩形框代表资源，用圆圈表示进程。从进程 p_i 到资源类型 r_j 的有向边记为 $p_i \rightarrow r_j$，称为资源的请求边，它表示进程 p_i 已经申请了资源类型 r_j 的一个实例，并正在等待该资源。从资源类型 r_j 到进程 p_i 的有向边记为 $r_j \rightarrow p_i$，称为资源的分配边，它表示资源类型 r_j 的一个实例已经分配给进程 p_i。

图 5.5 给出了一个资源分配图。由于资源类型 r_j 可能有多个实例，所以在矩形框中用圆点表示实例数。注意，申请边只指向矩形 r_j，而分配边则必须由矩形内的某个圆点指向进程。当进程 p_i 申请资

源类型 r_j 的一个实例时，在资源分配图中加入一条申请边。当该申请得到满足时，申请边立即转换为分配边。当进程对该资源使用完毕后，立即释放资源，因此删除分配边。

图 5.5 所示的资源分配图描述了以下情况。

（1）集合 P、R、E。

$p=\{p_1,\ p_2,\ p_3\}$；

$R=\{r_1,\ r_2,\ r_3,\ r_4\}$；

$E=\{p_1{\rightarrow}r_1,\ p_2{\rightarrow}r_2,\ r_1{\rightarrow}p_2,\ r_2{\rightarrow}p_3,\ r_3{\rightarrow}p_1,\ r_3{\rightarrow}p_2\}$。

（2）资源实例。

资源类型 r_1 有 1 个实例；资源类型 r_2 有 1 个实例；资源类型 r_3 有两个实例；资源类型 r_4 有 3 个实例。

（3）进程状态。

进程 p_1 占有资源类型 r_3 的 1 个实例，等待资源类型 r_1 的 1 个实例；进程 p_2 分别占有资源类型 r_1、r_3 的 1 个实例，等待资源类型 r_2 的 1 个实例；进程 p_3 占有资源类型 r_3 的 1 个实例。

根据资源分配图的定义，可以证明：若图没有环，系统没有发生死锁；如果图有环，可能存在死锁。如果环涉及一组资源类型，而每个资源类型只有一个实例，那么有环就意味着出现死锁，即环所涉及的进程发生了死锁。在这种情况下，环就是死锁存在的充分必要条件。

如果每个资源类型有多个实例，那么有环并不意味着已经出现了死锁。在这种情况下，环是死锁存在的必要条件，而不是充分条件。

为了说明这一概念，在图 5.5 所示的资源分配图中，增加一个进程 p_3 对资源类型 r_3 的申请。如图 5.6 所示。由于当前没有空闲的资源实例可用，所以就增加了 $p_3{\rightarrow}r_3$ 的资源的请求边。这时，系统有 2 个环，即

$p_1{\rightarrow}r_1{\rightarrow}p_2{\rightarrow}r_2{\rightarrow}p_3{\rightarrow}r_3{\rightarrow}p_1$；

$p_2{\rightarrow}r_2{\rightarrow}p_3{\rightarrow}r_3{\rightarrow}p_2$。

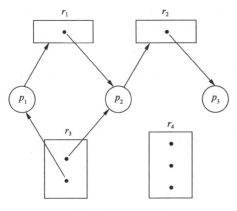

图 5.5　资源分配图

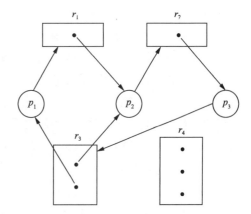

图 5.6　存在死锁的资源分配图

环 $p_1{\rightarrow}r_1{\rightarrow}p_2{\rightarrow}r_2{\rightarrow}p_3{\rightarrow}r_3{\rightarrow}p_1$ 会发生死锁。进程 p_2 等待着为进程 p_3 所占用的资源类型 r_2 的一个实例；进程 p_3 等待着进程 p_1 或 p_2 释放其所占用的资源类型 r_3 的一个实例；进程 p_1 等待着进程 p_2 释放其占用的资源类型 r_1 的一个实例。

而环 $p_2 \rightarrow r_2 \rightarrow p_3 \rightarrow r_3 \rightarrow p_2$ 则不一定会发生死锁。进程 p_2 等待着被进程 p_3 所占用的资源类型 r_2 的一个实例，进程 p_3 等待着进程 p_1 或 p_2 释放其所占用的资源类型 r_3 的一个实例。该环涉及另一个进程 p_1 的资源申请和占用的情况。假定进程 p_1 只占有资源类型 r_3 的一个实例，而没有申请其他资源，那么进程 p_1 在使用完毕后，会释放该资源，从而使进程 p_3 获得资源类型 r_3 的一个实例，这样就不会发生死锁。

图 5.7 说明了系统中 I/O 设备共享时的死锁情况。系统拥有 r_1 和 r_2 两类资源，每类资源各有一个实例。由图 5.7 可见，进程 p_1、p_2 的资源分配边和资源请求边形成一个环路。

存储器或辅存的共享在一定条件下也可能发生死锁。如系统中有一个包含有 m 个分配实例的存储器，它为 n 个进程所共享，且每个进程都要求 k 个分配单位，当 $m \leqslant n \times (k-1)$ 时，同样可能发生死锁。图 5.8 绘出了一个大大简化了的存储器共享的情况，其中 $m=5$，$n=3$，$k=3$。当 p_1、p_2 分别获得两个实例，p_3 获得 1 个实例时，主存被分配完毕。此时，系统进入一个不安全状态，因为在它们都要求下一个所需要的资源实例时，便发生死锁（此时，它们都希望其他进程释放出主存空间，但谁也不能再向前推进一步）。

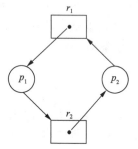

图 5.7　I/O 设备共享时的死锁情况图

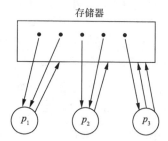

图 5.8　存储器共享时的死锁情况

5.3.4　解决死锁问题的策略

死锁不仅会在两个进程之间发生，也可能在多个进程之间，甚至在系统全部进程之间发生。死锁的危害性是很大的，它使系统处于瘫痪状态。并发进程共享系统资源时如处理不当则可能发生死锁，当系统复杂时，发生的可能性加大。早期的操作系统，由于系统规模较小，结构简单，资源的分配常常采用静态方法，死锁问题的严重性尚未暴露。但是，随着系统规模的增大，软件系统日趋庞大和复杂，系统资源的种类日益增多，因而，产生死锁的可能性也大大增加。由于死锁会给系统带来严重的后果，因此，人们对死锁问题进行了深入的研究。

为了使系统不发生死锁，必须要破坏产生死锁的 4 个必要条件之一。下面针对每一个条件分别讨论。

1. 条件 1（互斥条件）

条件 1 是难于否定的，因为资源的互斥特性是由其自身的性质决定的（如打印机），这是不能更改的。但是，采用虚拟设备技术能排除非共享设备死锁的可能性。

2. 条件 2（不剥夺条件）

条件 2 容易否定，但很难实现。若系统资源可被剥夺，即允许如下的规则：若某进程的资源请求被拒绝时，则必须释放所有已获得的资源；如果需要，再和其他资源一起申请。例如，要剥夺某进程使用打印机的权利，系统就必须为保护和恢复被抢占时的打印机的状态花费相当大的开销。所以系统一般采用让资源占有者自己释放资源，而不采用抢占的方式。

但系统所有资源中，只有中央处理机被抢占所产生的开销相对较小（通常只保存现行进程的现场），因此，可以将处理机看作可强迫抢占的资源。在进程调度中，有一种就是可抢占的进程调度方式。

3. 条件 3（占有并等待）

条件 3 既容易否定，也容易实现。可以规定各进程所需要的全部资源只能一次申请，并且在没有获得全部资源之前，进程不能投入运行。在资源分配策略上可以采取静态的一次性资源分配方法来保证死锁不可能发生，这是一种很保守的静态预防死锁的方法。这种方法的缺点是：被分配的资源可能有的使用时间很短，而在长时间内，其他进程却不能访问它们，使资源利用率很低。

4. 条件 4（环路条件）

在上节讨论中已知，资源分配图中若图没有环，系统不会发生死锁，所以，可以从否定环路条件着手。在进行资源分配前检查是否会出现环路，预测是否可能发生死锁，只要有这种可能性就不予分配。可以采用动态分配资源的办法预防死锁的发生。这是一种避免死锁的策略，也可以说是一种动态预防死锁的方法。

若认为上述预防死锁的策略限制过多，还有一种策略，它允许死锁发生，当死锁发生时能检测出死锁，并有能力实现修复。实现这种策略的开销很大，一般都不采用。另外，还有一种"忽略死锁发生"的策略，不采取任何措施，一旦死锁发生就重启系统。

归纳起来可以采用下列策略之一来解决死锁问题：

① 采用资源静态分配方法预防死锁；

② 采用资源动态分配、有控分配方法来避免死锁；

③ 当死锁发生时检测出死锁，并设法修复；

④ 忽略死锁，一旦死锁发生便重启系统。这种方法为绝大多数操作系统（如 UNIX 系统）所采用。

5.3.5　死锁的预防

预防死锁的方法可以分为静态预防和动态避免两种。静态预防采用资源的静态分配方法，而死锁的避免则采用资源的动态分配方法。

静态预防死锁的方法一般在应用程序进入系统时进行。采用的是预先分配所有共享资源的方法，每个用户向系统提交任务时，需一次性说明所需要的资源。如在批处理系统中，作业调度程序只能在满足该作业所需的全部资源的前提下才能将它调入主存。资源一旦分配给该作业后，在其整个运行期间这些资源为它独占。这种方法的缺点如下：

① 一个用户在作业运行之前可能提不出其作业将要使用的全部设备；

② 用户作业的所有资源满足后才能投入运行，实际上某些资源可能要到运行后期才会用到；

③ 一个作业运行期间，某些设备的使用时间很少，甚至不会用到。例如，只有当用户作业发生错误时才将其程序从打印机上输出，但采用这一技术后必须把打印机分配给该作业。

静态预防死锁的方法若不能对系统资源进行很好的利用，则会造成较大的浪费。

5.3.6 死锁的避免

为了提高资源利用率，应采用动态分配资源的方法。但是，采用这种方法时又可能产生死锁。为了解决这一问题，在进行资源动态分配时，应采用某种算法来预测是否有可能发生死锁，若存在可能性，就拒绝企图获得资源的请求。预防死锁和避免死锁的不同在于：前者所采用的分配策略本身就否定了必要条件之一，这样就保证死锁不可能发生；而后者是在动态分配资源的策略下采用某种算法来预防可能发生的死锁，从而拒绝可能引起死锁的某个资源请求。下面介绍两种死锁的避免方法。

1. 有序资源分配法

系统若采用有序资源分配法，则需要为系统中的每一类资源分配唯一的号码（例如，输入机为1，图像输入设备为2，打印机为3，磁带机为4，磁盘为5等）。

系统要求每个进程：

① 对它所必须使用的而且属于某一类的所有资源，必须一次申请完；

② 在申请不同类的资源时，必须按各类的编号依次申请。

例如，输入机1、打印机3、磁带机4是一个合法的申请序列；而输入机1、磁带机4、打印机3为不合法的申请序列。当遵循上升次序的规则时，若资源可用，则分配资源的请求就能批准；若资源还不能利用，则请求者就等待。所以，在实施分配时，分配程序必须调用一个算法，该算法就是考查本次申请的序号是否符合资源序号递增的规定。若符合，则在资源可用的情况下予以分配；否则，拒绝分配。

不难看出，由于对资源申请采取了这种限制，所对应的资源分配图不可能形成环路，这就破坏了产生死锁的环路条件，因此不会发生死锁。也可以从另一角度来解释为什么资源按线性方式排序不会发生死锁。因为在任何时刻，总有一个进程占有较高序号的资源，该进程继续申请的资源必然是空闲的，故该进程可一直向前推进。换言之，系统中总有进程可以运行完毕，这个进程执行结束后会释放它所占有的全部资源，这将唤醒等待资源进程或满足其他申请者，系统不会发生死锁。这一方案还有一个优点是用户不需预先说明各类资源的最大需求量，只要在申请时按序申请即可。

有序资源分配法无疑比静态方法提高了资源利用率，但它的缺点是进程实际需要资源的顺序不一定与资源的编号相一致，因而仍然会造成资源的浪费。例如，某系统资源按类型编好排序如下：输入机为1，打印机为2，磁带机为3，磁盘机为4。当某进程需要先使用磁带机，较后才使用打印机时，若按这种线性分配方法，则必须先请求打印机，然后再请求磁带机，从而造成了打印机长期地被搁置。

因此，为了提高有序资源分配法的有效性，应对资源进行合理的排序。如果对进入系统的用户使用资源的情况进行调查、分析，使资源类型的排序尽量地符合用户的使用特征，那么这种方法还是有一定实用价值的。

2. 银行家算法

有效地避免死锁的算法必须能预见将来可能发生的事情，以便在死锁发生前就能觉察出它的潜在危险。这种预见类型的代表算法是 Dijkstra.E.W 于1968年提出的银行家算法。之所以称为银行家算法，是因为该算法可用于银行系统。

银行家算法要求进入系统的进程必须说明它对各类资源类型的实例的最大需求量。这一数量不能超过系统各类资源的总数。当进程申请一组资源时，该算法需要检查申请者对各类资源的最大需求量，如果系统现存的各类资源的数量可以满足当前它对各类资源的最大需求量，就满足当前的申请；否则，进程必须等待，直到其他进程释放足够的资源为止。换言之，仅当申请者可以在一定时间内无条件地归还它所申请的全部资源时，才能把资源分配给它。为了进一步说明这种算法，可考虑下面的例子。

假设系统有进程 p_1、p_2、p_3，系统具有某类资源实例共 10 个，目前的分配情况如下。

进程	已占资源个数	还需申请资源个数
p_1	4	4
p_2	2	2
p_3	2	7

若进程 p_1、p_2、p_3 都要再申请一个资源实例，这时应满足哪一个进程的请求呢？此时，只剩下两个资源实例。

① 将剩余的两个资源实例分配给 p_1、p_3，就会形成如下情况。

进程	已占资源个数	还需申请资源个数
p_1	4 或 5 或 6	4 或 3 或 2
p_2	2	2
p_3	2 或 3 或 4	7 或 6 或 5

此后，p_1、p_2、p_3 中任意一个再提出申请都不能满足，最后就可能产生死锁。

② 将剩余的两个资源实例分配给 p_2。

p_2 的申请可以满足，因为 p_2 最多再申请两个，可以满足它的最大需要。p_2 得到它所需的资源后在一有限时间内结束，那时它将归还全部占用的资源实例（共 4 个）。p_2 归还资源后，系统将持有 4 个资源实例，此时的情况是：

进程	已占资源个数	还需申请资源个数
p_1	4	4
p_3	2	7

显然，p_1 的申请可以满足，而 p_3 的申请将被拒绝。

按银行家算法来分配资源是不会产生死锁的。因为，按该算法分配资源时，每次分配后总存在着一个进程，如果让它进行，必然可以获得它所需的全部资源。也就是说，它能结束，而它结束后可以归还这类资源以满足其他申请者的需要。这也说明了存在一个安全、合理的系统状态序列。所以，银行家算法可以避免死锁。

这种算法的主要问题是，要求每个进程必须事先说明对各类资源的最大需求量，而且在系统运行过程中，考查每个进程对各类资源的申请需花费较多的时间。另外，这一算法本身也有些保守，因为它总是考虑最坏可能的情况，即所有进程都可能请求最大要求量（类似银行提款），并在整个执行期间随时提出要求。因此，有时为了避免死锁，可能拒绝某一请求，实际上，即使该请求得到满足，也不会出现死锁。过于谨慎及开销较大是使用银行家算法的主要障碍。

5.3.7 死锁的检测与忽略

1. 死锁的检测

以上讨论的各种处理死锁的技术虽然保证了不发生死锁，但都保守。发现死锁并恢复的技术则较为大胆，因为它允许死锁产生，并能检测出死锁，且有能力恢复。这种方法的价值取决于死锁发生的频率和能够被修复的程度。

发现死锁的原理是考查某一时刻系统状态是否合理，即是否存在一组可以实现的系统状态，能使所有进程都得到它所申请的资源而运行结束。

检测死锁算法的基本思想是：在某时刻 t，求得系统中各类可利用资源的数目向量 $w(t)$，对于系统中的一组进程 $\{p_1, p_2, \cdots, p_n\}$，找出那些对各类资源请求数目均小于系统现在所拥有的各类资源数目的进程。认为这样的进程可以获得它们所需要的全部资源，并运行结束。当它们运行结束后释放所占有的全部资源，从而使可用资源数目增加，这样的进程加入到可运行结束的进程序列 L 中，然后对剩下的进程再做上述考查。如果一组进程 $\{p_1, p_2, \cdots, p_n\}$ 中有几个进程不属于序列 L 中，那么它们会被死锁。

检测可以在每次分配后进行。但是，由于检测死锁的算法比较复杂，所花的检测时间长、系统开销大，因此，也可以选取比较长的时间间隔来进行。只有在可接受的、修复能够实现的前提下，死锁的检测才是有价值的。在死锁现象发生之后，只有在收回一定数目的资源之后，才有可能使系统脱离死锁状态。如果这种收回资源的操作，要扔掉某一程序并且破坏某些信息，例如，撤消那些陷于死锁的全部进程，那么运行时间上的损失是很大的。由于检测死锁的算法太复杂，系统开销大，所以很少使用。

2. 死锁的忽略

如果系统可能发生死锁，且不提供进行死锁预防的方法和死锁的检测与恢复的机制，那么可能会出现这种情况：系统已出现死锁，而又不知道发生了什么。在这种情况下，死锁的发生会导致系统性能下降，因为资源被不能运行的进程所占有，而越来越多的进程会因申请资源而进入死锁状态。最后，整个系统停止工作，且需要人工重新启动。

重启系统的方法看起来不是解决死锁问题的可行方法，但是它却为某些操作系统所使用。对于许多系统而言，死锁很少发生，因此，与使用频繁且开销昂贵的死锁预防、死锁避免、死锁检测与恢复相比，这种方法更为实用。

实际上常常由计算机操作员来处理系统出现的不正常情况，而不是由系统本身来完成。敏感的操作员最终将注意到一些进程处于阻塞状态，经进一步观察，察觉到死锁已经发生。通常修复方法是人工抽去一些程序，释放它们占有的资源，再重新启动系统。

习题 5

5-1　什么是虚拟资源？对主存储器而言，用户使用的虚拟资源是什么？

5-2　常用的资源分配策略有哪两种？在每一种策略中，资源请求队列的排序原则是什么？

5-3　什么是移臂调度？什么是旋转调度？

5-4　说出两种移臂调度算法，并分别说明这两种移臂调度算法的定义。

5-5　假设一个可移动磁头的磁盘具有 200 个磁道，其编号为 0~199，当它刚刚结束了 125 道的存取后，现正在处理 143 道的服务请求，假设系统当前的请求序列以请求的先后次序排列如下：86、147、91、177、94、150、102、175、130。试问对以下几种磁盘 I/O 请求调度算法而言，满足以上请求序列，磁头将分别如何移动？

（1）先来先服务算法（FCFS）；

（2）最短寻道时间优先调度（SSTF）；

（3）扫描算法（SCAN）；

（4）循环扫描算法（CSCAN）。

5-6　试说明在生产者—消费者问题的描述中，将两个 P 操作的次序颠倒后会不会发生死锁？为什么？若将两个 V 操作次序颠倒会出现类似的问题吗？

5-7　什么是死锁？试举例说明。

5-8　竞争与死锁有什么区别？

5-9　3 个进程共享 4 个同类资源，这些资源的分配与释放只能一次一个。已知每一进程最多需要两个资源，试问：该系统会发生死锁吗？为什么？

5-10　p 个进程共享 m 个同类资源，每一个资源在任一时刻只能供一个进程使用，每一进程对任一资源都只能使用一有限时间，使用完便立即释放。并且每个进程对该类资源的最大需求量小于该类资源的数目。设所有进程对资源的最大需要数目之和小于 $p+m$。试证：在该系统中不会发生死锁。

5-11　图 5.9 是一带闸门的运河，其上有两架吊桥。吊桥坐落在一条公路上，为使该公路避开一块沼泽地而令其横跨运河两次。运河和公路的交通都是单方向的。运河上的基本运输由驳船担负。在一般驳船接近吊桥 A 时就拉汽笛警告，若桥上无车辆，吊桥就吊起，直到驳船尾部通过此桥为止。对吊桥 B 也按同样次序处理。

（1）一艘典型驳船的长度为 200 米，当它在河上航行时是否会产生死锁？若会，其理由是什么？

（2）如何能克服一个可能的死锁？请提出一个防止死锁的办法。

（3）如何利用信号灯上的 P、V 操作，实现车辆和驳船的同步？

5-12　讨论图 5.10 描述的交通死锁的例子（设各方向上的汽车是单线、直线行驶）：

（1）产生死锁的 4 个必要条件中的哪些条件在此例中是适用的？

（2）提出一个简单的原则，使它能避免死锁。

（3）若用计算机实现交通自动管理，请用信号灯上的 P、V 操作来实现各方向上汽车行驶的同步。

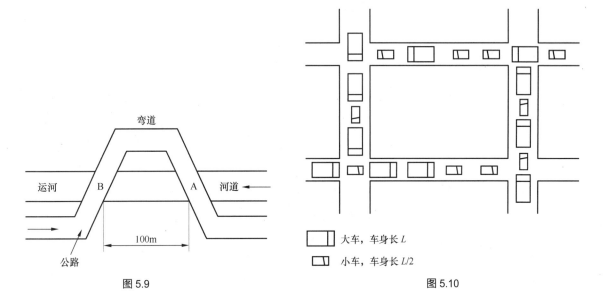

图 5.9

图 5.10

5-13　假设当前系统中共有同类资源10个，有A、B、C三个进程，所需最大资源个数分别是：7、9、3，某时刻3个进程对资源的占用情况为：A：3，　B：2，　C：2，问：

（1）在后续资源分配中，这3个进程有没有可能产生死锁？请说明原因。

（2）如果采用银行家算法分配这些资源，是否会产生死锁？为什么?

5-14　在采用银行家算法管理资源分配的系统中，有A、B、C三类资源可供5个进程P1、P2、P3、P4、P5共享。3类资源的总量为（17，5，20），即A类17个，B类5个，C类20个。假设T_0时刻各进程对资源的需求和分配情况如下表所示。

表5.2　T_0时刻各进程对资源的需求和分配情况

进　　程	最大需求数			已占有资源		
	A	B	C	A	B	C
P1	5	5	9	2	1	2
P2	5	4	6	4	0	2
P3	4	0	11	4	0	5
P4	4	2	5	2	0	4
P5	8	2	4	3	1	4

（1）现在系统是否处于安全状态？如是，给出一个安全序列。

（2）T_0时刻，如果进程P4和P1依次提出A、B、C资源请求（2，0，1）和（0，2，0），系统能否满足它们的请求？请说明原因。

06 第6章 处理机调度

6.1 处理机的多级调度

在任何计算机系统中最关键的资源之一是中央处理机（CPU），每一个任务都必须使用它。那么，处理机以什么方式为多任务所共享呢？由于处理机是单入口资源，任何时刻只能有一个任务得到它的控制权，即多任务只能互斥地使用处理机。人们对这一种资源最感兴趣的是"运行时间"，处理机时间是以分片方式提交给计算任务使用的。这就提出以下几个问题，即处理机时间如何分片？为适应

处理机的多级
调度

不同需要和满足不同系统的特点，时间片的长短如何确定？以什么策略分配处理机？谁先占用，谁后占用？这些就是处理机分配的策略问题。另外还必须注意到每个任务占用处理机时，系统必须建立与其相适应的状态环境。在处理机控制权转接的时刻，系统必须将原任务的处理机现场保留起来，并以新任务的处理机现场设置其状态环境，以确保任务正常地执行。为了实现对处理机时间的分用，系统必须花费交换控制权的开销。交换控制权的频繁程度和开销之间必须权衡，以使系统效率达到理想的程度。

1. 批处理系统中的处理机调度

不同类型的操作系统往往采用不同的处理机分配方法。在多用户批处理操作系统中，对处理机的分配分为两级：作业调度和进程调度。在这样的系统中，每个用户提交的算题任务，往往作为系统的一个处理单位，称为作业。这样一道作业在处理过程中又可以分为多个并发的活动单位，称为进程。

作业调度称为宏观调度，其任务是对提交给系统的、存放在辅存设备上的大量作业，以一定的策略进行挑选，分配主存等必要的资源，建立作业对应的进程，使其投入运行。进入主存中的进程还可以根据需要创建子进程。作业调度使该作业对应的进程具备使用处理机的权利。而进入主存的诸进程，各在什么时候真正获得处理机，这是由处理机的进程调度（一般称为微观调度）来决定的。进程调度的对象是进程，其任务是在进入主存的所有进程中，确定哪个进程在什么时候获得处理机、使用多长时间等。

2. 多任务操作系统中的处理机调度

分时系统或个人计算机操作系统支持多任务并发执行。系统将用户提交的任务处理为进程，一个进程又可以创建多个子进程，这些进程是动态分配系统资源和处

理机的单位。在支持多进程运行的系统中，系统创建进程时，应为该进程分配必要的资源。进程调度要完成的任务是当处理机空闲时，以某种策略选择一个就绪进程去运行，并为它分配处理机的时间。

3. 多线程操作系统中的处理机调度

在现代操作系统中，有些系统支持多线程运行。在这样的系统中，一个进程可以创建一个线程，也可以创建多个线程。系统为进程分配它所需要的资源（如主存），而处理机的分配单位则为线程，系统提供线程调度程序，其功能是当处理机空闲时，以某种策略选择一个就绪线程去运行，并为它分配处理机时间。

6.2 作业调度

6.2.1 作业的状态

作业调度

在批处理系统中，作业调度程序负责对作业一级的处理。当系统调度到一个作业时，必然要为该作业分配必需的资源和创建相应的进程，这时作业进入执行阶段。在此状态下，作业有相应的进程参与处理机的竞争。当进程完成了任务进入完成状态时，它将被撤销。当一个作业的相应进程全部进入完成状态时，该作业也就完成了，将进行撤销等善后处理工作。作业在整个活动期间共有如下几种状态，即后备状态、执行状态、完成状态。

① 后备状态。系统响应用户要求，将作业输入到磁盘后备作业队列上，该作业进入系统，等待调度，称该作业进入后备状态。

② 执行状态。从作业进入主存开始运行，到作业计算完成为止，称该作业处于执行状态。

③ 完成状态。从作业计算完成开始，到善后处理完毕并退出系统为止，称该作业处于完成状态。作业这几种状态的转换以及与各进程状态之间的关系如图6.1所示。

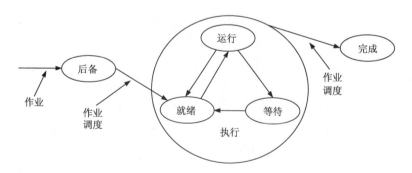

图6.1 作业的状态及转换

6.2.2 作业调度的功能

作业调度的主要任务是完成作业从后备状态到执行状态和从执行状态到完成状态的转变。为了完成这一任务，作业调度程序应包括以下功能。

1. 确定数据结构

系统为每一个已进入系统的作业分配一个作业控制块 jcb（job control block）。作业控制块记录了每个作业在各阶段的情况（包括分配的资源和状态等），作业调度程序根据作业控制块 jcb 的信息对作业进行调度和管理。

2. 确定调度算法

按一定的调度原则（即调度策略）从磁盘中存放的大量作业（后备作业队列）中挑选出一个或几个作业投入运行，即让这些作业由后备状态转变为执行状态，这一工作由作业调度程序完成。作业调度程序所依据的调度原则通常与系统的设计目标有关，并由多个因素决定。如，为了尽量提高系统资源的利用率，应将计算量大的作业和 I/O 量大的作业搭配调度进入系统。为此，在设计作业调度程序时，必须综合平衡各种因素，确定合理的调度算法。

3. 分配资源

为被选中的作业分配运行时所需要的系统资源，如主存和外部设备等。作业调度程序在调度一个作业进入主存时，必须为该作业建立相应的进程，并且为这些进程提供所需的资源。至于处理机这一资源，作业调度程序只保证被选中的作业获得使用处理机的资格，而对处理机的分配工作则由进程调度程序来完成。

4. 善后处理

在一个作业执行结束时，作业调度程序输出一些必要的信息（如执行时间、作业执行情况）等，然后收回该作业所占用的全部资源，撤销与其有关的全部进程和作业控制块。

必须指出，主存和外部设备的分配和释放工作实际上是由存储管理、设备管理程序完成的，作业调度程序只起到控制的作用，即把一个作业的主存、外设要求转给相应的管理程序，由它们完成分配和回收工作。

6.2.3　作业控制块

每个作业进入系统时由系统为其建立作业控制块 jcb。作业存在于系统的整个过程中，相应的 jcb 也存在，只有当作业退出系统时，jcb 才被撤销。因此 jcb 是一个作业存在的标志。每个 jcb 记录与该作业有关的信息，而具体的内容根据作业调度的要求而定。对于不同的系统，其 jcb 内容也有所不同。表 6.1 列出了 jcb 的主要内容。它包括作业名、作业类型、作业状态、该作业对系统资源的要求、已分配给该作业的资源使用情况以及作业的优先级等。

下面就表中各项信息分别加以说明。作业名由用户提供，登记在 jcb 中。估计执行时间是指作业完成计算所需的时间，它是由用户根据经验估计的。最迟完成时间是用户要求完成该作业的截止时间。要求的主存量、外设类型及台数是作业执行时所需的主存和外设的使用量。要求的文件量是指本作业将存储在辅存空间的文件信息总量，输出量是指本作业将输出数据的总量。资源要求均由用户提供。进入系统时间是指该作业的全部信息进入磁盘，其状态转变为后备状态的时间。开始执行时间是指该作业进入主存，其状态由后备状态转变为执行状态的时间。主存地址是指分配给该作业的主存区开始地址。外设台号是指分配给该作业的外设实际台号。在许多情况下主存地址和外设台号是登记在主存管理程序和设备管理程序所掌管的表格中，而不是登记在 jcb 中。控制方式有联机和脱机两种，它们分别表示该作业是联机操作或脱机操作。作业类型是指系统根据作业运行特性所规定的类别，例如可以将作业分成 3 类：占 CPU 时间偏多的作业、I/O 量偏大的作业以及使用 CPU 和 I/O 比较均衡的作业。优先级反映了这个作业运行的紧急程度，它可以由用户自己指定，也可以由系统根据作业类型、要求的资源、要求的运行时间与系统当前状况动态地给定。作业状态是指本作业当前所处的状态，它可为后备状态、执行状态或完成状态中的任一种状态。

作业运行结束后，在释放了该作业所使用的全部资源之后，作业调度程序调用存储管理程序，收回该作业的 jcb 空间，从而撤销了该作业。

表 6.1　作业控制块

作　业　名	
资 源 要 求	估计执行时间
	最迟完成时间
	要求的主存量
	要求外设的类型及台数
	要求文件量和输出量
资 源 使 用 情 况	进入系统时间
	开始执行时间
	已执行时间
	主存地址
	外设台号
类　型	控制方式
	作业类型
优　先　级	
作业状态	

6.2.4　调度算法性能的衡量

作业调度的功能是以一定的策略从后备作业队列中选择作业进入主存，使其投入运行。其关键是要确定作业调度算法。通常，采用平均周转时间和平均带权周转时间来衡量作业调度算法性能的好坏。

作业的平均周转时间 t 为

$$t = \frac{1}{n} \sum_{i=1}^{n} t_i \qquad t_i = t_{ci} - t_{si} \qquad (6.1)$$

其中：n 为进入系统的作业个数；t_i 为作业 i 的周转时间；t_{si} 为作业 i 进入系统（即进入磁盘后备队列）的时间，t_{ci} 为作业 i 的完成时间。

平均带权周转时间 w 为

$$w = \frac{1}{n} \sum_{i=1}^{n} w_i \qquad w_i = \frac{t_i}{t_{ri}} \qquad (6.2)$$

其中：w_i 为作业 i 的带权周转时间；t_{ri} 为作业 i 的实际执行时间。

每个用户总是希望在将作业提交给系统后能立即投入运行并一直执行到完成。这样，他的作业周转时间最短。但是，从系统角度来说，不可能满足每个用户的这种要求。一般来说，系统应选择使作业的平均周转时间（或平均带权周转时间）短的某种算法。因为，作业的平均周转时间越短，意味着这些作业在系统内的停留时间越短，因而系统资源的利用率也就越高，另外，也能使大多数用户感到满意，因而总地来说也是比较合理的。

6.2.5　作业调度算法

1. 先来先服务调度算法

先来先服务调度算法是按作业来到的先后次序进行调度的。换言之，这种算法优先考虑在系统中等待时间最长的作业，而不管它要求执行时间的长短。这种算法容易实现，但效率较低。因为它没有考虑各个作业运行特性和资源要求的差异，所以影响了系统的效率。

假定有 4 个作业，已知它们进入系统时间、执行时间，若采用先来先服务的调度算法进行调度，则可计算出各作业的完成时间、系统的平均周转时间和平均带权周转时间。从表 6.2 中可以看出，这种算法对短作业不利，因为短作业执行时间很短，若令它等待较长时间，则带权周转时间会很高。

表 6.2　先来先服务调度算法 （单位：h，并以十进制计）

作业	进入系统时间	执行时间	开始时间	完成时间	周转时间	带权周转时间
1	8.00	2.00	8.00	10.00	2.00	1
2	8.50	0.50	10.00	10.50	2.00	4
3	9.00	0.10	10.50	10.60	1.60	16
4	9.50	0.20	10.60	10.80	1.30	6.5

平均周转时间　　$t=1.725$
平均带权周转时间　$w=6.875$

2. 短作业优先调度算法

比较磁盘中的作业申请所指出的计算时间，总是选取计算时间最短的作业作为下一次服务的对象。这一算法易于实现，且效率比较高。它的主要弱点是只照顾短作业的利益，而不考虑长作业的利益。如果系统不断地接受新的作业，就有可能使长作业长时间等待而不能运行。如果对上例的作业采用短作业优先调度算法来进行调度，则算出的周转时间和带权周转时间如表 6.3 所示。

表 6.3　短作业优先调度算法 （单位：h，并以十进制计）

作业	进入系统时间	执行时间	开始时间	完成时间	周转时间	带权周转时间
1	8.00	2.00	8.00	10.00	2.00	1
2	8.50	0.50	10.30	10.80	2.30	4.6
3	9.00	0.10	10.00	10.10	1.10	11
4	9.50	0.20	10.10	10.30	0.80	4

平均周转时间　　$t=1.55$
平均带权周转时间　$w=5.15$

比较上述两种调度算法可以看出，短作业优先调度算法的调度性能要好些，因为作业的平均周转时间和平均带权周转时间都比先来先服务算法的短一些。如果系统的目标是使平均周转时间为最小，那么，应采用短作业优先调度算法。

3. 响应比高者优先调度算法

先来先服务调度算法与短作业优先调度算法都是比较片面的调度算法。先来先服务调度算法只是考虑作业的等候时间而忽视了作业的执行时间，而短作业优先调度算法则恰好与之相反，它只考虑了用户估计的作业执行时间而忽视了作业的等待时间。响应比高者优先算法是介乎于这两种算法

之间的一种折中的算法，它既照顾了短作业，又不使长作业的等待时间过长。一般将作业的响应时间与执行时间的比值称为响应比。即

$$响应比 = 响应时间/执行时间 \tag{6.3}$$

其中响应时间为作业进入系统后的等待时间加上估计的执行时间，即为周转时间。因此，响应比可写为

$$响应比 = 1 + 作业等待时间/执行时间 \tag{6.4}$$

所谓响应比高者优先算法，就是每调度一个作业投入运行时，计算后备作业表中每个作业的响应比，然后挑选响应比最高者投入运行。由式（6.4）可见，计算时间短的作业容易得到较高的响应比，因此本算法是优待了短作业。但是，如果一个长作业在系统中等待的时间足够长久，其响应时间将随着等待时间的增加而提高，它总有可能成为响应比最高者而获得运行的机会，而不至于无限制地等待下去。表6.4说明了采用响应比高者优先调度算法时上述作业组合运行的情况。

表6.4 响应比高者优先调度算法   （单位：h，并以十进制计）

作业	进入系统时间	执行时间	开始时间	完成时间	周转时间	带权周转时间
1	8.00	2.00	8.00	10.00	2.00	1
2	8.50	0.50	10.10	10.60	2.10	4.2
3	9.00	0.10	10.00	10.10	1.10	11
4	9.50	0.20	10.60	10.80	1.30	6.5

平均周转时间　　　$t=1.625$
平均带权周转时间　$w=5.675$

采用该算法时，这4个作业的执行次序为：作业1、作业3、作业2、作业4。之所以会是这样的次序，是因为该算法在一个作业运行完时要计算剩下的所有作业的响应比，然后选响应比高者去运行。例如，当作业1结束时，作业2、作业3、作业4的响应比分别为

响应比2 =1+作业等待时间/执行时间 = 1+(10.00−8.50)/0.5 = 1+3

响应比3 =1+作业等待时间/执行时间 = 1+(10.00−9.00)/0.10 = 1+10

响应比4 =1+作业等待时间/执行时间 = 1+(10.00−9.50)/0.20 = 1+2.5

从计算结果可看出，作业3的响应比最高，所以让作业3先运行。当作业3运行结束及以后选中的作业运行结束时，都用上述方法计算出当时各作业的响应比，然后选出响应比高的去运行。

这种算法，虽然其调度性能不如短作业优先调度算法好，但是它既照顾了用户到来的先后，又考虑了系统服务时间的长短，所以，它是上述两种算法的一种较好的折中。

4. 优先调度算法

优先调度算法综合考虑有关因素，例如作业的缓急程度、作业的大小、等待时间的长短、外部设备的使用情况等，并根据系统设计目标分析这些因素对调度性能的影响，然后按比例确定各作业的优先数（优先数和一定的优先级相对应，优先数可以通过赋值或计算得到，然后对应为某一个优先级），系统按作业优先级的高低排序，调度时选取优先级高者先执行。

确定优先级的一种较简单的办法是，当一个作业送入系统时，由用户为自己的作业规定一个优先级，这个优先数反映了用户要求运行的急切程度。但是，有的用户可能为自己的作业规定一个很高的优先级，为了防止这种作法，系统可对高优先级作业收取高的运算费用。更好的办法是作业的优先级不由用户给定，而由系统规定。系统可根据该作业运行时间的长短和对资源要求的多寡来确定。这可以在作业进入系统时确定，也可在每次选择作业时算出。如LANCASTER大学所用的JUNE

系统规定，每当作业调度程序挑选作业时，它要访遍输入井，为等待在那里的每一作业算出一个优先数，确定其优先级，然后根据优先级大小挑选作业。优先数的计算保证使输出量最少、要求执行时间短的作业以及已经等了很久的作业得到优待。即

$$优先数 = 等待时间^2 - 要求执行时间 - 16 \times 输出量$$

其中，等待时间是指作业在磁盘中已等候的时间（以分计），要求执行时间（以秒计）和输出量（以行计）是根据作业控制块中所记录的相应值推算出来的。

这一系统所体现的思想是：它企图十分迅速地执行各种短作业，但偶尔也要执行一个在磁盘中等候很久的作业，此时"等待时间"这一项的值已远远超过其他两项之和。

6.3 进程调度

6.3.1 调度/分派结构

系统中处于就绪状态的进程对处理机的竞争是由进程调度程序来协调的。进程调度的功能可分为调度和分派两部分。其中调度的含义是依照确定的策略将一批进程排序，排在首位的进程一定是满足调度原则的、可被选择的进程；而分派则是当调度时机来到时，从就绪队列中移出一个进程并给它提供处理机的使用权。

进程调度

相应的调度程序和分派程序的功能是：调度程序负责将一个就绪进程插入到就绪队列并按一定原则保持队列结构；分派程序是将进程从就绪队列中移出并建立该进程执行的机器状态。调度/分派结构如图 6.2 所示。

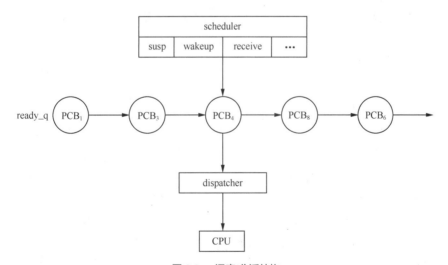

图 6.2   调度/分派结构

图 6.2 说明了处理机的分配是由调度和分派这两方面的功能完成的。进程调度、进程控制和进程通信的功能有着密切的联系。无论何时，当一个运行进程需要延时或请求挂起时，这个进程就被安置到适当的等待队列中去；而当一个进程被激活、被唤醒或由于其他事件使某一进程的状态变为就绪时，它将被插入到就绪队列中，并以确定的排序原则保持该队列的结构，如按优先级高低排序，

或按请求的先后次序排序等。

当处理机空闲，即某一调度时机来到时，如某进程由于某种原因而阻塞（被迫让出处理机），或当一个进程完成其任务正常终止后，自愿让出处理机时，分派程序将得到处理机的控制权，其工作就是移出就绪队列的第一个元素，并将 CPU 的控制权赋予选中的进程，让该进程的相应程序真正在处理机上运行。

在一些系统中常常只提进程调度的概念，而不细分调度和分派这两个部分。因为这里所说的调度功能实际上分散到某些进程控制原语或通信原语中实现了，所以在这些系统中，调度与分派之间不加区别，并统称为调度程序模块。在这里提出调度/分派结构，是希望读者明确处理机的分配包含有两方面内容：一是按确定的调度原则选一个进程；二是给选中进程赋予处理机的控制权。若要强调后者，就使用"分派程序"这一名词；否则就采用"进程调度程序"这一名词。

6.3.2 进程调度的功能

在现代操作系统中，进程数往往多于处理机数，大量的进程相互争夺处理机。此外，系统进程同样需要使用处理机。这样就需要按一定的策略，动态地把处理机分配给就绪队列中的某一进程，使之执行。该任务是由进程调度来完成的。进程调度的具体功能如下。

1. 记录进程的有关情况

进程控制块记录了进程的有关情况和状态特征，其内容的变化体现了进程的活动以及系统对进程的控制和管理。系统中的进程控制模块（包括进程创建、进程撤销、进程通信等功能模块）通过查询、修改、记录进程控制块 PCB 结构中有关的数据项的内容，或在不同的队列中移动 PCB 结构来实施进程控制的功能。

进程在活动期间其状态是可以改变的，如由运行转换到等待、由等待转换到就绪、由就绪转换到运行。相应地，该进程的 PCB 就在运行指针、各种等待队列和就绪队列之间转换。进程进入就绪队列的排序原则体现了调度思想。

2. 决定分配策略

在处理机空闲时，根据一定的原则选择一个进程去运行，同时确定获得处理机的时间片的长短。进程调度策略实际上是由就绪队列排序原则体现的。若按优先调度原则，进程就绪队列按优先级高低排序；若按先来先服务原则，则按进程来到的先后次序排序。入链子程序实施这一功能。当处理机空闲时，分派程序只要选择队首元素就一定满足确定的调度原则。

3. 实施处理机的分配和回收

当正在运行的进程由于某种原因不能继续运行下去时，应将该进程的状态改为"等待"，并插入到相应的等待队列中，还须保留该进程的处理机现场。

当调度时机来到时，根据调度原则选择一个进程去运行，将选中进程从就绪队列中移出，改状态为"运行"，并将该进程的处理机现场信息送到相应的寄存器中，将处理机控制权真正交给被选中的进程。这一部分涉及的功能实际上是"处理机分派程序"的职责。当现行程序不能再继续运行，或者有理由认为应把处理机用于另一进程时，就进入处理机分派程序。

进程切换（即保留原来运行进程的状态信息，并用保留在选中进程 PCB 中的状态信息设置 CPU 现场）所需时间是额外开销，因为切换时系统并不能做其他的工作。进程切换所需时间因机器不同而不同，它依赖于主存速度、必须复制的寄存器的数量、是否有特殊指令（如装入或保存所有单个指令）等因素，切换时间与硬件支持密切相关。例如，有的处理器（如 SUN UltraSPARC）提供了多个寄存器组，切换只需要简单地改变当前寄存器组的指针。当处理器只有一个寄存器组，或活动进程超过了寄存器组的数量时，系统必须在寄存器组与主存之间进行数据复制。而且，操作系统越复杂，这一切换所要做的工作就越多。典型的进程切换时间为 1 μs 到 1000 μs。

进程调度时机可能有以下几种：

① 进程完成其任务时；

② 在一次系统调用之后，该调用使当前进程暂时不能继续运行时；

③ 在一次出错陷入之后，该陷入使现行进程在出错处理时被挂起时；

④ 在分时系统中，当进程使用完规定的时间片，时钟中断使该进程让出处理机时；

⑤ 在采用可剥夺调度方式的系统中，当具有更高优先级的进程要求处理机时。

6.3.3　调度方式

在优先调度策略下还要确定调度方式。所谓调度方式，是指当一进程正在处理机上执行时，若有某个更为"重要而紧迫"的进程需要进行处理，亦即，若有优先级更高的进程转变为就绪状态时，如何分配处理机。通常有非剥夺方式和可剥夺方式两种进程调度方式。

1. 非剥夺方式

当有优先级更高的进程转变为就绪状态时，仍然让正在执行的进程继续执行，直到该进程完成或发生某事件（如提出 I/O 请求）而进入"完成"或"阻塞"状态时，才把处理机分配给"重要而紧迫"的进程，使之执行，这种进程调度方式称为非剥夺方式。

2. 可剥夺方式

当有优先级更高的进程转变为就绪状态时，便暂停正在执行的进程，立即把处理机分配给高优先级的进程，这种方式称为可剥夺调度方式。后者所实施的策略就是可抢占的调度策略。

采用可剥夺调度方式时，系统中正在运行的进程的优先级一定是最高的。可剥夺调度方式的缺点是系统的开销比采用非剥夺方式要大，因为，可能增加处理机切换的次数。

6.3.4　进程优先数调度算法

处理机分配是由调度程序来完成的，由于调度本身也要消耗处理机时间，因此不能过于频繁地进行。为此，许多操作系统把调度工作分为两级进行。对于较低一级的调度工作可以较为频繁地进行（例如，每隔几十毫秒进行一次），且只需考虑一小段时间内的情况，所以算法简单，调度所花时间也较少。这一级称为低级调度或短程调度，也就是进程调度。对于较高一级的调度，需考虑的因素较多，算法比较复杂，所以进行的次数应少一些。这种调度称为高级调度或称中程调度。在批处理系统中，当某作业撤离或新作业进入时，选择一作业进入主存的调度属此种调度。虽然对处理机的分配是分两级进行的，但制定这两级调度的原则应该是一致的，即都必须符合系统总的设计目标。例如，系统采取优先调度策略时，进程优先数应符合作业优先数的制定原则。

1. 什么是进程优先数调度算法

进程优先数调度算法是一种优先调度算法，该算法预先确定各进程的优先数，系统将处理机的使用权赋予就绪队列中具备最高优先级（优先数和一定的优先级相对应）的就绪进程。这种算法又可分为不可抢占 CPU 与可抢占 CPU 两种情况。在后一种情况下，无论何时，执行着的进程的优先级总要比就绪队列中的任何一进程的优先级高。

2. 优先级的设计

优先级的设计需要考虑的是优先级的数目和每一个优先级上进程的数目及排序。

① 若采用多个优先级，且每一个优先级有多个进程，一般采用多队列结构。如多就绪队列，多个就绪队列按优先级的高低排序，每个就绪队列按进程转为就绪状态的先后次序排序。

② 若每一个优先级上只能有一个进程，则以优先级的高低排序，具有最高优先级的进程放在队首并且是第一个被分派的进程。在较简单的优先调度算法中一般采用这种方法。

3. 静态优先数和动态优先数

优先数可以按静态或动态方式指派给进程。

（1）静态优先数

以静态方式指派给进程的优先数称为静态优先数，它一般在进程被创建时确定，且一经确定后在整个进程运行期间不再改变。

被确定的进程优先数可以直接取作业的优先数（在批处理系统中），但若要更精细些时，静态优先数可按以下各种方法确定：

① 优先数根据进程所需使用的资源（如主存、I/O 设备）来计算；

② 优先数基于程序运行时间的估计；

③ 优先数基于进程的类型。

进程所索取的系统资源越多，估计的运算时间越长，其优先级越低。另一种办法是将进程分类，不同类别的进程赋予不同的优先级。例如，可规定系统进程的优先级高于用户进程的优先级，联机用户进程的优先级高于脱机用户进程的优先级等。

采用静态优先数调度算法比较简单，但不够精确，因为静态优先数在进程执行之前就确定了，且在整个执行期间都保持不变。然而，随着进程的推进，很多计算优先数所依赖的特征都将随之改变。因此静态优先数并非自始至终都能准确地反映出这些特性。如果能在进程运行中，不断地随着进程特性的改变重新计算其优先数，就可以实现更为精确的调度，从而获得更好的调度性能。这就产生了动态优先数。

（2）动态优先数

在创建一个进程时，根据系统资源的使用情况和进程的当前特点确定一个优先数，而在以后的任一时刻，当进程被重新调度时，或者当耗尽一个时间定额时，优先数被调整，以反映进程的动态变化。

例如，进程优先数随着它占用 CPU 时间的延长而下降，随着它等待 CPU 时间的延长而上升。又如，当等待一外设的进程较多时，可以提高使用该设备的进程的优先数，以便该进程更快地释放设备以满足其他进程的需要。

采用优先调度算法使处理机分配相当灵活，尤其是在动态优先数方案中，系统设计者希望优先照顾什么样的进程或提高某类资源的利用率，都可以从优先数的计算方法上反映出来。

6.3.5　循环轮转调度

常用的进程调度策略除了优先调度策略外，还有一种策略是先来先服务（First In First Out，FIFO）策略，这种策略按提出请求的先后次序排序。在进程调度中采用 FIFO 算法时作如下处理：一个进程转为就绪状态时加入就绪队列末端，而调度时则从队首选取进程。

采用这种调度算法可能存在的问题是，一个进程在放弃对处理机的控制权之前可能执行很长时间，即它将长时间地占用处理机，而使其他进程的推进受到严重的影响。特别是当系统的设计目标是希望用户能得到公平的响应时，这种调度策略是极其不合适的。为此，提出循环轮转调度算法，系统规定一个时间片，每个进程被调度时分得一个时间片，当这一时间片用完时，该进程转为就绪态并进入就绪队列末端，这种算法遵循循环轮转（ROUND-ROBIN）规则。

1. 简单循环轮转调度

（1）什么是简单循环轮转调度算法

当 CPU 空闲时，选取就绪队列首元素，赋予时间片。当该进程时间片用完时，则释放 CPU 控制权，进入就绪队列的队尾，CPU 控制权给下一个处于就绪队列首元素。简单循环轮转调度算法如图 6.3 所示。

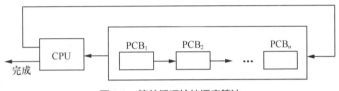

图 6.3　简单循环轮转调度算法

（2）简单循环轮转调度算法的特征

简单循环轮转调度算法的特征是就绪队列中的所有进程以相等的速度向前推进。如果就绪队列中有 k 个就绪进程，时间片的长度为 q 秒，则每个进程在每 $k \times q$ 的时间内可获得 q 秒的 CPU 时间，亦即每个进程是以 $1/k$ 的实际 CPU 速度运行在处理机上。所以，就绪队列的大小成了决定进程以什么样的速度推进的一个重要因素。另外，时间片 q 也是一个十分重要的因素，时间片 q 的计算公式为：

$$q = \frac{t}{n}$$

其中：t 为用户所能接受的响应时间；n 为进入系统的进程数目。q 的选择对进程调度有很大的影响。如果 q 取得太大，使所有进程都能在分给它的时间片内执行完毕，则此时的轮转法已经退化为 FIFO 算法；若 q 值选得适中，则将使就绪队列中的所有进程都能得到同样的服务；但当 q 取得很小时，由一个进程到另一个进程的切换时间就变得不可忽略，换言之，过小的 q 值会导致系统开销的增加。因此，q 值必须定得比较适中，通常为 100 ms 或更大。

人们希望时间片要比进程切换时间长。如果进程切换时间约为时间片的 10%，那么约 10% 的 CPU 时间会浪费在进程切换上。

简单轮转法虽比较简单，但由于采用固定时间片和仅有一个就绪队列，故服务质量是不够理想的。进一步改善轮转法的调度性能是沿着以下两个方向进行的：

① 将固定时间片改为可变时间片，这样可从固定时间片轮转法演变为可变时间片轮转法；

② 将单就绪队列改为多就绪队列，从而形成多就绪队列轮转法。

2. 可变时间片轮转调度

在固定时间片算法中，$q = t/n_{max}$，其中，n_{max} 为进入系统的最大进程数。例如，响应时间 t=3 s，n=30，得到 q=0.1 s，即每 0.1 s 切换一次进程。当就绪队列中的实际进程数少于 n_{max} 时，例如 n=6 时，由于时间片固定，系统的响应时间便缩短为 0.6 s，但对用户来说，响应时间为 3 s 时，已能使他满意，若响应时间再缩短也不会有十分明显的感觉。但是，倘若仍保持响应时间为 3 s，而把时间片增至 0.5 s，这样可显著地减少系统开销，由此，可看出采用可变时间片的好处。

在采用可变时间片算法中，每当一轮开始时，系统便根据就绪队列中已有的进程数目计算一次 q 值，然后进行轮转。在此期间所到达的进程都暂不进入就绪队列，而要等到此次轮转完毕后再一并进入。此时，系统根据就绪队列中的进程数目重新计算 q 值，然后开始下一轮循环。

6.3.6 多级反馈队列调度

多级反馈队列调度（Multilevel Feedback Queue Scheduling）算法采用多就绪队列结构，如图 6.4 所示。多个就绪队列是这样组织的：每个就绪队列的优先级按序递减，而时间片的长度则按序递增。亦即处于序数较小的就绪队列中的就绪进程的优先级要比处于序数较大的队列中的就绪进程的优先级高，但它获得的 CPU 时间片要比后者短。对于每个具有一定优先级的就绪队列中的进程则以先后次序排列。

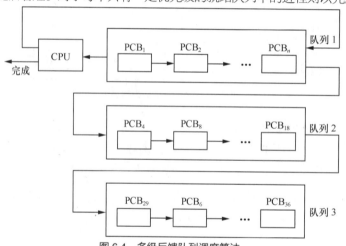

图 6.4　多级反馈队列调度算法

进程从等待状态进入就绪队列时，首先进入序数较小的队列中；当某进程分到处理机时，就给它一个与就绪队列对应的时间片；该时间片用完时，它被迫释放处理机，并进入到下一级（序数增加 1，对应时间片也增加 1 倍）的就绪队列中；虽然它重新执行的时间被推迟了一些，但在下次得到处理机时，时间片却增加了一倍；当处于最大的序数就绪队列时，时间片可以无限大，即一旦分得处理机就一直运行结束。

当 CPU 空闲时，首先从序号最小的就绪队列查找，取队列首元素去运行，若该就绪队列为空，则从序号递增的下一个就绪队列选进程运行。如此类推，序号最大的就绪队列中的进程只有在其上所有队列都为空时，才有机会被调度。

由此可见，这种算法可以先用较小的时间片处理完那些用时较短的进程，而给那些用时较长的进程分配较大的时间片，以免较长的进程频繁被中断而影响处理机的效率。

多级反馈队列调度是较通用的 CPU 调度算法，但它也是较复杂的算法。

6.3.7　调度用的进程状态变迁图

采用进程状态变迁图来阐述进程调度算法是比较方便的。图 6.5 所示的是一个较简单的进程状态变迁图。

图 6.5 中有低优先就绪和高优先就绪两种就绪状态。一个进程如果在运行中超过了它的时间片就进入低优先就绪队列，若一个进程从阻塞状态变为就绪状态时则进入高优先就绪队列。由此可见，进入低优先就绪队列的进程一般是计算量比较大的，即称为受 CPU 限制的进程；而由阻塞变为高优先就绪的进程一般是输入/输出量比较大的进程，即称受 I/O 限制的进程。

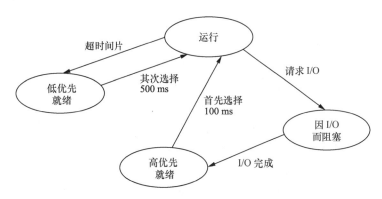

图 6.5　较简单的进程状态变迁图

图 6.5 描述的系统采用的是优先级调度与时间片调度相结合的调度算法。具体的调度方法如下：

① 当 CPU 空闲时，首先从高优先级就绪队列中选择一个进程来运行，给定时间片为 100 ms；

② 如果高优先级就绪队列为空，则从低优先级就绪队列中选择一个进程运行，给定时间片为 500 ms。

这种调度策略优先照顾了 I/O 量大的进程，适当照顾了计算量大的进程。同时，对提高计算机系统的资源利用率也是十分有利的。请读者考虑：为什么采用这种调度策略可以提高系统资源利用率？

一种较为复杂的进程状态变迁图如图 6.6 所示。这种调度算法可用于采用请求分页存储管理技术的分时操作系统中。

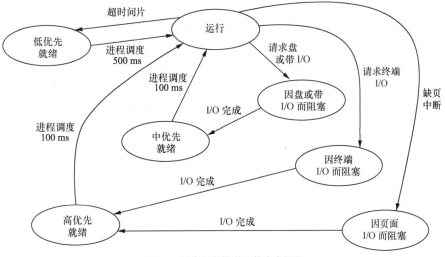

图 6.6　较为复杂的进程状态变迁图

在图 6.6 中，阻塞进程分成 3 组：等待终端 I/O 受阻、等待盘或带 I/O 受阻和等待页面 I/O 受阻。就绪进程也分为 3 组：高优先就绪、中优先就绪和低优先就绪。

该系统采用的也是优先级调度与时间片调度相结合的调度算法。其具体的调度方法是：

① 当 CPU 空闲时，首先从高优先级就绪队列中选取进程去运行，给定时间片为 100 ms；

② 若此队列为空，则从中优先级就绪队列中选择进程，给定时间片也为 100 ms；

③ 只有在无高、中优先级的进程时才运行低优先级的就绪进程，给定时间片为 500 ms。

此状态变迁图具有一个什么样的调度效果？请读者自己分析并得出结论。

6.4 线程调度

为了提高并行处理能力，现代操作系统提供多线程技术，一般对线程调度采用优先调度算法。下面以 Windows 系统为例做一简单介绍。

Windows 系统给每一个线程分配一个优先级。对于任务较紧急、重要的线程，赋予较高的优先级；相反则较低。例如，用于屏幕显示的线程需要尽快地被执行，可以赋予较高的优先级；用来收集主存碎片垃圾的回收线程则不那么紧急，可以赋予较低的优先级，等到处理器较空闲时再执行。

线程就绪队列按优先级的高低排序。对于优先级相同的线程，则遵循队列"先进先出"的原则，当一个在就绪队列中排队的线程分配到了处理器进入运行状态之后，这个线程称为是被调度的。

在 Windows 系统中，线程由 32 位 Windows 应用程序或虚拟设备驱动程序（Vxds）创建。在 Windows 系统中装入应用程序并生成与之相关的进程数据结构时，系统就将这个进程建立成单个的线程。许多应用程序在整个执行过程中只使用单个线程，但有的应用程序也可以创建另一个（或几个）线程来执行某个短期的后台操作。例如，一个字处理应用程序，它以多线程方式运行，其中一个线程控制键盘输入，接收输入的字符，另一个线程用于控制打印。这样，就可以边写作边打印了。某些时候，将一个应用程序设计为多线程操作，可以明显地改善应用程序的执行效果。多线程技术允许一个应用程序在自身范围内进行并发处理，使该应用程序的反应更加灵敏。

在 Windows 系统的虚拟机管理程序中，有两个调度程序：初始调度程序和时间片调度程序，它们以线程为调度单位。初始调度程序负责计算线程优先级；时间片调度程序负责确定时间，并分配给线程。其线程调度如图 6.7 所示，具体描述如下：

① 初始调度程序考察系统的每个进程，计算进程对应线程的执行优先级值，取 0～31 之间的整数；

② 初始调度程序确定当前具有最高优先级值的线程，低于此值的正在运行的线程将被挂起，一旦某个线程被挂起，初始调度程序在这个时间片期间不会再注意该线程，除非再进行优先级的计算；

③ 时间片调度程序根据优先级值和 VM 的当前状态计算并分配给每个线程时间片的分数；

④ 线程运行；

⑤ 初始调度程序每隔 20 ms 再次计算线程的优先级值并做出评价。

在图 6.7 的例子中，5 个活动线程中的两个（B 和 D），其执行优先级为 20，其他 3 个的值低于 20，时间片调度程序就把下一个时间片划分给线程 B 和 D 使用。

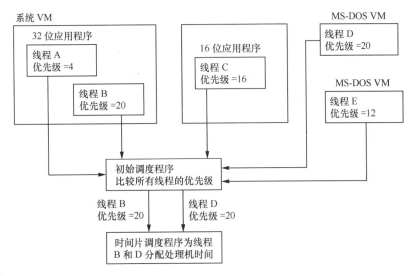

图 6.7　Windows 系统的线程调度

6.5　UNIX 系统的进程调度

处理机的分配主要包括 3 方面工作。首先，将现行进程的 CPU 现场保护到该进程的 pcb 结构中；其次，依调度原则在就绪队列中选择一个进程；最后，恢复选中进程的运行现场。这 3 方面的工作到底由哪些程序去完成，不同系统可有不同的处理。在 UNIX 系统中，完成这 3 项工作的程序称为进程切换调度程序 switch。

6.5.1　UNIX 系统的进程调度算法

UNIX 系统的进程调度算法是优先数算法。一个进程优先级的高低取决于其优先数，优先数越小，优先级越高。在进行进程切换调度时，总是选取优先级最高的进程去运行。所以，UNIX 系统的进程切换调度的关键是如何决定进程的优先数。

UNIX 系统确定进程优先数的方法有设置和计算两种。进程优先数的设置方式用于高、低优先级睡眠状态进程。优先数的计算是当进程处在用户态时，每秒钟由时钟处理程序计算和设置，或者在发生俘获后，返回到用户态之前由俘获处理程序计算和设置。

1.　优先数的设置

当进程因某种原因要睡眠时，在核心中调用 sleep 放弃 CPU，此时设置其优先数。优先数的大小取决于睡眠的原因。如果是等待较紧迫的事件，该进程的优先数设置较小（一般为负数）；反之设置为正数。例如进程 0（对换进程）等待对换设备传送时优先数置为-100，也就是说进程 0 一旦被唤醒就第一个运行。如果一个进程在等待打印机传送完成，则其优先数置为 10。由于核心程序是事先设计好的，所以，这种设置可以根据系统要求而确定。

2.　优先数的计算

进程正在或即将转入用户态下运行时，用计算方式确定其优先数。UNIX 计算进程优先数的算式为

p_pri = min{127，p_cpu / 16 – p_nice + PUSER}

即在 127 和（p_cpu / 16 − p_nice + PUSER）两者中取较小值。其中，p_cpu 和 p_nice 都是当前 proc 的分量，p_cpu 反映了进程使用 CPU 的程度；p_ nice 是程序可以设置的进程优先数偏置值；PUSER 是固定偏置常数，定为 100。

时钟中断程序每来一个时钟脉冲（如 20 ms）就为当前进程的 p_cpu 加 1，直到 255。这使当前进程的 p_cpu 增大，pri 也增大，于是优先级降低。而每过 1 s，核心中计算优先数的程序又将所有进程的 p_cpu 减 10，直到小于 10 时置为 0。这就使所有未占用 CPU 的进程的 p_cpu 减少，p_pri 也随之减少，于是优先级提高。所以，占用 CPU 时间越长的进程，下次被调度的可能性越小，而未占用 CPU 的进程等待时间越长，下次被调用的可能性就越大。

p_nice 是个正整数，用户可以用 shell 命令 nice 或系统调用 nice 加以修改，以影响某一个进程的优先级。普通用户只能增加 p_nice 的值来增加进程的优先数，从而降低了进程的优先级。只有超级用户可以通过减少 p_nice 的值来提高进程的优先级。

p_cpu 这样的改变方式使进程使用 CPU 的时间与它被调用的机会成为负反馈过程。可用图 6.8 描述。

图 6.8　UNIX 系统进程度调中的负反馈过程

这样的负反馈过程使系统中在用户态下运行的各个进程能比较均衡地享用处理机。

6.5.2　进程切换调度程序 switch

UNIX 系统的进程切换调度程序 switch 完成进程间的转换，其算法描述如 MODULE 6.1 所示。switch 程序的主要任务如下。

① 将调用 switch 的当前进程的现场信息保留在其系统栈中。

② 扫描 proc 表，找出满足如下条件的进程去运行：

- 在主存（p_flag 的 SLOAD=1）；
- 就绪状态（p_stat=SRUN）；
- 优先数（p_pri）最小。

如果找不到这样的进程，则表示 CPU 此时无事可做。这时，CPU 空闲等待，一旦有中断发生，它就退出等待状态重新扫描 proc 表。

③ 找到了所要求的进程后，把该进程的 p_addr 装入存储管理地址映射的寄存器中，并设置好相应的地址映射机构，再恢复该进程的现场。

```
MODULE 6.1 进程调度算法
算法  switch
输入：无
输出：无
{
    保留现行进程的现场到其系统栈中；
    for  (就绪队列中的每一个进程)
```

```
            取在主存、就绪态、优先级最高的进程；
    if   (没有找到满足条件的进程)
            机器空闲等待；              /* 下次中断使机器脱离空闲等待状态 */
    将选取的进程从就绪队列中移出；
    切换到被选中进程的映像，恢复其运行；
}
```

6.6　Linux 系统的进程调度

进程调度程序是操作系统的核心组成部分，它的任务是选择下一个运行的进程，并赋予 CPU 的控制权。Linux 系统是类 UNIX 的操作系统，它采用的调度策略和要实现的目标与 UNIX 系统一脉相承，而且 Linux 系统具有很大的发展空间。

Linux 和 UNIX 系统都是多用户多任务操作系统，其目标是对多任务提供公平的服务和快速的响应。Linux 与 UNIX 系统相比较，响应更快，特别是对交互式任务（一般为 I/O 量大的任务）采取了特别的措施，对非交互任务也做了适当的考虑，使 Linux 系统整体性能提高。

UNIX 系统的进程调度算法是优先数调度，优先数是可变的，且采用的是可抢占式的调度方式。Linux 系统采用的是动态优先数加可变时间片的调度算法，也是可抢占的调度方式。

6.6.1　进程调度程序的设计目标和特点

1. Linux 系统进程调度程序的目标

在进程调度中，一般将进程分为 I/O 量大的进程和计算量大的进程。I/O 量大的进程的特点是使用 I/O 设备比较频繁，并耗费很多时间等待 I/O 操作的完成。Linux 系统称这类进程为交互式进程，例如，经常要与用户交互，花较多时间等待磁盘或鼠标操作的进程。

Linux 系统的进程调度目标是响应时间短，并且有最大的系统利用率。系统对交互式任务的响应做了优化，尽量缩短其响应时间，这就照顾了 I/O 量大的进程，同时，也未忽略计算量大的进程。Linux 系统进程调度的目标有如下几点。

（1）实现算法复杂度为 O(1)级的调度

充分实现 O(1)级调度，其进程调度算法保证在恒定的时间内完成，而与系统中处于就绪（可运行）状态的进程个数无关。

（2）提高交互性能

提高交互性能，保证系统能快速响应，即使在系统处于重负载的情况下也能保证快速响应。

（3）保证公平

在合理设定的时间范围内，没有进程会出现饥饿状态，也不会有进程获得大量的时间片。

（4）实现了 SMP 可扩展性

每个处理机拥有自己的可运行队列和保护该队列的锁。

早期的 Linux 版本中的调度算法与 UNIX 系统的类似，在每次进程切换时，调度程序需扫描可运行进程链表，计算进程的优先级后选择优先级最高的进程去运行。这种算法的主要缺点是：选择优先级最高的进程与可运行进程的数量有关，当可运行进程的数量很大时，算法开销过大。而 Linux

系统 2.6 版本的进程调度算法的算法复杂度为 O(1) 级，即算法可在固定的时间内选出优先级最高的进程，而与可运行进程的数量无关。Linux 系统 2.6 版本的进程调度算法采用的数据结构和调度策略有效且灵活，所以才能获得好的效果。

2. Linux 系统进程调度程序的特点

Linux 系统采用基于动态优先级和可变时间片的调度方法，且是可抢占的调度方式。

Linux 系统选择优先级高的进程先运行，低的后运行，相同优先级的进程按循环方式调度。优先级高的进程分配的时间片较长，调度程序总是选择时间片未用完，且优先级最高的进程先运行。

Linux 系统实现了基于进程过去行为的启发式算法。进程有一个动态优先级，调度程序会根据进程占有 CPU 的情况、休眠时间的长短来加、减优先级。系统根据进程动态优先级调整分配给它的时间片。另一方面，若某一个可运行进程的优先级变化后比正在运行进程的优先级高，就可以实施抢占方式。这样，可使那些在较长时间内没有使用 CPU 的进程，通过动态增加其优先级获得奖励；而那些在 CPU 上运行较长时间的进程，通过降低其优先级来惩罚它们。

采用这样的进程调度策略和方法使 Linux 系统稳定且强健，实现了公平响应的目标，特别是对交互式系统能做到快速响应。

6.6.2 可变优先级

1. 静态优先级

静态优先级在进程创建时确定，调度程序根据此优先级来估价该进程与其他普通进程之间的调度的紧迫程度。一般地，新创建的进程继承父进程的静态优先级。用户可以通过系统调用改变 nice 值从而改变自己拥有的静态优先级。nice 是形成进程优先级的一个参数，其值存放在进程描述符的 nice 字段中。

静态优先级的取值范围是 100（最高优先级）～139（最低优先级）。静态优先级的取值越小，优先级越高。

2. 动态优先级

每个进程有一个动态优先级，它是进程调度程序选择可运行进程所使用的参数，其取值范围是 100（最高优先级）～139（最低优先级）。

动态优先级是由静态优先级决定的，它与静态优先级的关系由如式（6.5）所示。

$$动态优先级 = \max(100, \min(静态优先级 - bonus + 5, 139)) \tag{6.5}$$

bonus 取值范围是 0～10，若该值小于 5，表示降低进程的动态优先级，以示惩罚；若该值大于 5，表示增加进程的动态优先级，以示奖励。bonus 与进程动态优先级的关系从公式（6.5）可看出，表 6.5 所示为 bonus 和进程动态优先级的关系。

表 6.5 bonus 与进程动态优先级的关系

bonus 值	− bonus + 5	静态优先级 − bonus + 5	动态优先级
< 5	为正	在静态优先级基础上增加	降低（惩罚）
> 5	为负	在静态优先级基础上减少	提高（奖励）

bonus 的值依赖于进程过去的表现，更准确地说，是与进程的平均睡眠时间相关的。

3. 平均睡眠时间

如何准确判断进程是 I/O 量大的进程还是计算量大的进程。Linux 采用了极为有效和简单的方法来实现。系统记录了进程的睡眠时间，如果是 I/O 量大的进程，其请求 I/O 比较频繁，等待 I/O 操作的时间长，即睡眠时间长。反之，计算量大的进程睡眠时间则较小。

Linux 系统设计了一个有效的推断机制，即记录了一个进程用于休眠和用于执行的时间。该值存放在 task_struct 的 sleep_avg 域中，范围为 0～MAX_SLEEP_AVG，默认值为 10 ms。存放在 sleep_avg 域中的值不仅可以反映进程休眠时间，也可以说明进程用于执行的时间。

① 当一个进程从休眠状态转变为执行状态前，sleep_avg 会根据它休眠时间的增长而增加，直到达到 MAX_SLEEP_AVG 为止；

② 当进程在运行过程中，每运行一个时间节拍，sleep_avg 就递减，直到降至 0 为止。

这个推断机制是十分有效的，它不仅记录了进程休眠时间，而且也计算了进程运行时间的长短。如果一个进程休眠后，大量占用处理机时间，它很快就会失去曾经得到的优先级的提升。Linux 系统这种判断机制不仅奖励了 I/O 量大的进程，同时也惩罚了计算量大的进程。其好处是：①判断比较准确，既考虑了休眠时间，也考虑了运行时间；②反映速度快，其变化可以立即反映到 sleep_avg 中，直接影响进程的动态优先级。

4. bonus

bonus 是形成动态优先级的一个参数，此值的大小依赖于进程过去的表现，它与进程的平均睡眠时间有关，能说明进程的特点——是 I/O 量大的进程，还是计算量大的进程。表 6.6 所示为 bonus 值与平均睡眠时间的关系。

表 6.6　平均睡眠时间与 bonus 的关系

平均睡眠时间	bonus 值	平均睡眠时间	bonus 值
0≤睡眠时间 < 100 ms	0	600 ms≤睡眠时间 < 700 ms	6
100 ms≤睡眠时间 < 200 ms	1	700 ms≤睡眠时间 < 800 ms	7
200 ms≤睡眠时间 < 300 ms	2	800 ms≤睡眠时间 < 900 ms	8
300 ms≤睡眠时间 < 400 ms	3	900 ms≤睡眠时间 < 1000 ms	9
400 ms≤睡眠时间 < 500 ms	4	1 s	10
500 ms≤睡眠时间 < 600 ms	5		

bonus 值大于 5 时，睡眠时间较长，当睡眠时间大于 600 ms，其动态优先级提高，这样的进程一般为交互式进程。

6.6.3　可变时间片

Linux 系统的进程调度策略优先照顾交互式进程（即 I/O 操作量大的进程），对这样的进程提供较长的时间片。系统采用可变时间片方法，并通过以下几个方面来实施。

1. 基本时间片

时间片的计算规则是根据优先级按比例缩放，且符合时间片的数值范围。原则是进程的静态优先级越高，得到的时间片越长。优先级最高的进程（其 nice 值为-20）能获得的最大时间片长度 MAX_TIMESLICE 的值为 800 ms，而优先级最低的进程（其 nice 值为+19）能获得的最短时间片长度 MIN_TIMESLICE 的值是 5 ms。默认优先级（其 nice 值为 0）的进程得到的时间片长度是 100 ms。

图 6.9 所示为进程静态优先级与时间片的关系，表 6.7 所示为普通进程的静态优先级和基本时间片的典型值。

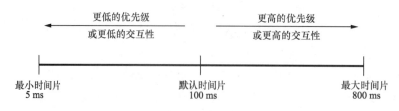

图 6.9　进程静态优先级与基本时间片的关系

表 6.7　普通进程的静态优先级和基本时间片的典型值

说　明	静态优先级	nice 值	基本时间片
最高静态优先级	100	−20	800 ms
高静态优先级	110	−10	600 ms
缺省静态优先级	120	0	100 ms
低静态优先级	130	+10	50 ms
最低静态优先级	139	+19	5 ms
初始创建的进程	父进程的值	父进程的值	父进程的一半

2. 创建新进程时的处理

创建一个新进程时，新创建的子进程和父进程均分父进程剩余的时间片，该策略可以防止用户通过不断创建新进程来达到获取更多的 CPU 时间的企图。

3. 进程用完时间片时的处理

当一个进程的时间片用完时，依任务的动态优先级重新计算时间片，task_timeslice()函数为给定任务返回一个新的时间片。

4. 活动进程链表与过期进程链表

当进程的时间片用完后，进程就是一个过期进程，不再投入运行，该进程被加入到过期进程数组中，此时，它已获得了一个重新计算的时间片。

每个处理机有两个进程数组：活动进程数组和过期进程数组。活动进程数组中的进程都有剩余的时间片，而过期进程数组中的进程都已耗尽了时间片。当所有进程的时间片都已耗尽时，活动进程数组为空，此时 Linux 系统会将活动进程数组和过期进程数组进行切换（只要改变指针内容即可），这样，过期进程数组已转变为活动进程数组，其中的进程以新得到的时间片参与调度。

5. 交互性强的进程时间片用完时的处理

当进程的时间片用完后会被放置到过期进程数组中。对于一个交互式进程而言，系统有特殊的处理方法，一个交互式进程时间片用完时，系统将它放置到活动进程数组。这样做有如下两点考虑。

① 在过期进程数组中的进程不会被调度。

② 当活动进程数组中没有进程时，两个数组才会交换，使过期进程数组变成活动进程数组。而在交换之前，该交互性很强的进程已插入到过期进程数组，它一直不能被调度。这对交互性很强的进程而言是不合适的。

所以，当交互性很强的进程的时间片用完时，系统将其插入到活动进程数组中。

6.6.4 进程调度用的数据结构

1. 可运行队列结构

Linux 系统进程调度用的数据结构最重要的是运行队列结构 runqueue。可运行队列结构是给定处理机上可运行进程的链表，每个处理机都有一个运行队列结构，每一个可运行进程唯一地属于一个可运行队列。可运行队列结构描述如下。

```
struct runqueue {
    lock;                        /* 保护运行队列的锁 */
    nr_running;                  /* 可运行任务数目 */
      ⋮
    *curr;                       /* 当前运行任务 */
    *active;                     /* 指向活动进程数组的指针 */
    *expired;                    /* 指向过期进程数组的指针*/
    arrays[2];                   /* 活动进程数组和过期进程数组的两个集合 */
      ⋮
};
```

2. 优先级数组

运行队列的 arrays 字段包含两个 prio_array_t 结构的数组，又称为优先级数组，描述如下。

```
struct_array {
    nr_active;                   /* 任务数目 */
    bitmap[BITMAP_SIZE];         /* 优先级位图 */
    queue[MAX_PRIO];             /* 优先级队列 */
};
```

每个数组都表示一个可运行进程集合，包括以下 3 部分内容。

① 集合中所包含的进程数量的计数器。

② 一个优先级位图。

③ 140 个双向链表头，每个链表对应一个可能的进程优先级队列。

runqueue 结构中的 active 字段指向 arrays 中的两个 prio_array_t 数据结构中的一个，即对应于包含活动进程的可运行进程数组；而 expired 字段则指向包含过期进程的可运行进程数组。如图 6.10 所示，图 6.10 中，active 字段指向数组中的 arrays[1]，expired 字段指向数组中的 arrays[0]，如上节所述，这种指向是可以切换的。

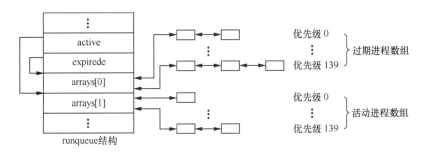

图 6.10 runqueue 结构中的两个进程数组

在优先级数组的结构描述中，MAX_PRIO 定义了系统拥有的优先级个数，默认值是 100。每个优先级链表都是一个 struct_list_head 结构体。BITMAP_SIZE 是优先级位图数组的大小，含有 5 个数据项，总共 160 位，Linux 2.6 版本设计有 140 个优先级，该优先级位图完全能表示。当系统初始时，优先级位图中的每一位都被置为 0，当系统拥有具有某一优先级的进程时，优先级位图中的相应位被置 1。

6.6.5 Linux 系统的进程调度算法

Linux 系统的进程调度程序的任务是确定下一个可运行的进程，并让该进程真正在处理机上运行。系统进行进程调度的时机，也就是进程调度程序激活的时机，这些时机可能是：①当某进程需要休眠时；②某进程终止时；③系统发生抢占时。

进程调度程序的主要工作如下。

① 选取优先级最高的进程。当进程调度时机来到时，进程调度程序在活动数组的优先级位图中找到第一个被设置的位，该位对应着优先级最高的可运行进程链表。调度程序选取该进程链表中的第一个进程，该进程就是系统中当前优先级最高的进程。

② 上下文切换。选中后，函数 context_switch()被调用，该函数负责上下文切换。

动态优先级数组与 O(1)级进程调度算法如图 6.11 所示。

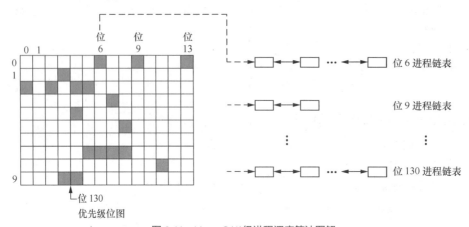

图 6.11　Linux O(1)级进程调度算法图解

Linux 2.6 版本的进程调度程序中，查找系统中优先级最高的进程这一问题转化为查找优先级位图中第一个置为 1 的位。找到这一位就是找到了最高优先级链表，即可确定优先级最高的、可运行的进程。由于优先级个数是定值，所以查找时间恒定。查找函数为 sched_find_first_bit()。许多体系结构提供 find_first_bit 指令（字操作指令），找到第一个设置为 1 的位所花费的时间微不足道。这是保证 Linux 系统进程调度具有 O(1)级算法复杂度的关键所在。

Linux 2.6 版本设计的活动数组和过期数组之间可以切换。当一个进程的时间片耗尽时，被移至过期进程数组中，移之前已经重新计算好了新的时间片。当所有其他进程的时间片都耗尽时，活动数组和过期数组之间切换，过期进程数组集合中的进程可以被调度了。这种重新计算时间片的方法和两个数组切换的机制也是实现 O(1)级调度程序的关键，因为两个数组的切换时间就是交换指针所需的时间，也是极为短暂的。

习题 6

6-1 在处理机多级调度中，作业调度和进程调度的任务各是什么？它们又有什么联系？

6-2 在单道批处理系统中，有下列 4 个作业分别用先来先服务调度算法和最短作业优先调度算法进行调度，哪一种算法调度性能好些？请按表 6.8 的格式，分别用两张表正确填补表中未填写的各项。

表 6.8 ****调度算法 （单位：小时，并以十进制计）

作业	进入系统时间	执行时间	开始时间	完成时间	周转时间	带权周转时间
1	10.00	2.00				
2	10.10	1.00				
3	10.25	0.25				
4	9.50	0.20				

平均周转时间　　$t=$

平均带权周转时间　　$w=$

6-3 某系统的进程状态变迁图如图 6.12 所示（设该系统的进程调度方式为非剥夺方式）。

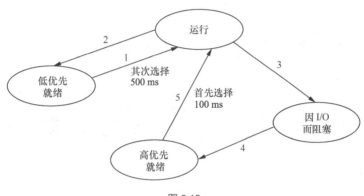

图 6.12

（1）说明一个进程发生变迁 3 的原因是什么？发生变迁 2、变迁 4 的原因又是什么？

（2）下述因果变迁是否会发生？如果有可能的话，在什么情况下发生？

① 2→5　② 2→1　③ 4→5　④ 4→2　⑤ 3→5

（3）根据此进程状态变迁图叙述该系统的调度策略、调度效果。

6-4 某系统的设计目标是优先照顾 I/O 的进程，试画出满足该设计目标的进程状态变迁图。

6-5 画出按优先数调度的进程调度算法的程序框图。

6-6 线程调度的主要任务是什么？

6-7 UNIX 系统采用什么样的进程调度算法？其进程切换调度算法 switch 的主要任务是什么？

6-8 Linux 系统采用什么样的进程调度算法？

6-9 试说明 Linux 系统进程调度的策略和调度方式。

6-10 Linux 2.6 版本实现了 O(1) 级进程调度算法，试说明该算法中使用的"优先级位图"和"进程链表"的作用。

6-11 一实时系统采用不可抢占的优先数调度算法，进程的基本状态设计为运行、就绪和等待三种。

（1）试给出进程的状态变迁图及进程状态变迁的原因。

（2）如果有 3 个进程 A、B、C 同时创建，优先级为 A > B > C，执行程序分别描述如下：

程序 A：计算 30 ms　I/O 20 ms　计算 10 ms；　程序 B：计算 30 ms　I/O30 ms　计算 10 ms；程序 C：计算 20 ms　I/O 10 ms　计算 20 ms。试给出 3 个进程的调度次序及每次占用 CPU 的时间。

6-12　在同一时刻，5 个进程 $P1$、$P2$、$P3$、$P4$、$P5$，依次进入就绪队列，它们的优先数和需要的处理器时间（十进制）如表 6.9 所示，优先数越大表示优先级越高。忽略进程调度等所花费的时间，回答下列问题：

表 6.9

进程	处理器时间	优先数
$P1$	10	5
$P2$	1	1
$P3$	2	3
$P4$	1	4
$P5$	5	2

（1）分别写出采用"先来先服务调度算法"和"非抢占式的优先数调度算法"对应的进程执行次序。

（2）分别计算出使用两种调度算法时各进程在就绪队列中的等待时间以及两种算法的平均等待时间，填入表 6.10 中。

表 6.10

进程	先来先服务调度算法 等待时间	非抢占式的优先数调度 算法等待时间
$P1$		
$P2$		
$P3$		
$P4$		
$P5$		

先来先服务平均等待时间=

非抢占式的优先数平均等待时间=

07

第7章 主存管理

7.1 主存管理概述

7.1.1 主存分片共享

除中央处理机外，主存储器也是计算机系统的重要资源，任何程序执行时都要从主存中存取指令和数据，都必须和主存打交道。在多用户操作系统中，各种系统程序和用户程序共享主存，那么如何有效地实现共享呢？

主存空间和程序
的地址空间

现代操作系统将主存区分为物理主存和逻辑主存两类。物理主存是共享的物质基础，由 $0 \sim (m-1)$ 个物理地址组成。物理地址是计算机主存单元的真实地址，又称为绝对地址或实地址。处理机依据绝对地址可以随机存取存放在其内的信息。物理地址的集合所对应的空间称为主存空间，而主存中的一个区域是物理地址集合的一个递增整数序列子集 n，$n+1$，$\cdots$，$n+m$ 所对应的主存空间。

在现代操作系统中，主存以分片方式实现共享。主存分片的方式有两种：一是划分为大小不等的区域，根据用户程序的实际需要决定分区的大小；二是划分为大小相等的块，以块为单位进行分配，根据用户程序的实际需要决定应分配的块数。前者一般称为按区（或按段）分配，后者称为按页分配。这些分配方法是实现主存共享的主要方法。

多用户、多任务操作系统为了解决对主存的有效共享，需要解决主存分配、各区域内信息保护问题，还需要解决如何方便用户使用的问题。

如果直接以物理地址提交给用户使用，这对用户来说是十分困难的事。而且，多个用户程序共享主存，由用户自行分配主存那更是不可能的事。为了支持多用户的同时执行，方便用户使用，系统必须为每个用户提供 $0 \sim (n-1)$ 的一组逻辑地址（虚地址），即提供一个虚拟地址空间。每个应用程序相信它的主存是由 0 单元开始的一组连续地址组成。用户的程序地址（指令地址或操作数地址）均为逻辑地址。对于每个逻辑地址，在主存中并没有一个固定的、实在的物理单元与之对应。因此，根据逻辑地址还不能直接到主存中去存取信息，它是一个虚地址或称为相对地址。用户所看到的虚存（逻辑地址）与被共享的主存（物理地址）之间有一定的映射关系。程序执行时，必须将逻辑地址正确地转换为物理地址，此即为地址映射。

现代操作系统的主存管理必须实现主存分配、主存保护、虚拟主存等功能，具体可归纳为以下几点：

① 将逻辑地址映射为物理主存地址；

② 在多用户之间分配物理主存；

③ 对各用户区的信息提供保护措施；

④ 扩充逻辑主存区。

7.1.2 程序的逻辑组织

存储器的组织方式是一维的（或称线性的）存储空间，它的地址从零开始顺序编号到主存上界为止。而应用程序有一维线性结构和二维段式结构这两种组织方式。

1. 一维地址结构

在一维地址结构中，所有的程序和数据经编译、连接后成为一个连续的地址空间，确定线性地址空间中的指令地址或操作数地址只需要一个信息，所以又称为一维地址结构。这种组织形式和存储器的组织方式完全吻合，传统上采用这种组织方式。

2. 二维地址结构

另一种程序的组织方式是将程序分成若干模块或过程，并把可修改的数据和不可修改的数据分开，这样一个程序可由代码段、数据段、栈段、特别分段等组成。在二维地址结构下，每个分段是一个连续的地址区，确定任一个线性地址空间中的指令地址或操作数地址需要两个信息，一是该信息所在的分段，另一个是该信息在段内的偏移量。

程序的各分段在用户编程时就可以明确地加以区分。将用户程序的地址空间逻辑上划分成若干个分段有很多优点。其一，它符合人们的习惯；其二，只要增加少量开销就能对不同的段赋予不同的保护级别；其三，可实现动态链接，只有当需要调用另一分段时，才由系统在运行时进行动态链接。

7.2 主存管理的功能

现代操作系统的主存管理实现了地址映射、主存分配、主存保护、虚拟主存等功能。

地址映射和
虚似存储器

7.2.1 虚拟存储器

1. 提供虚拟存储器的必要性

现代操作系统为支持多用户、多任务的同时执行，需要大量的主存空间。特别是现在需要计算机解决的问题越来越多，越来越复杂，有些科学计算或数据处理的问题需要相当大的主存容量，使系统中主存容量显得更为紧张。由于主存容量与应用需求相比较，总是不能满足其日益增长的需求，人们不得不考虑如何解决主存不够用的问题。

计算机系统中存储信息的部件除了主存外还有容量比主存大的辅存。操作系统将主存和辅存统一管理起来，实现信息的自动移动和覆盖。操作系统可以将应用程序的地址空间的一部分放入主存内，而其余部分放在辅存上。当所访问的信息不在主存时，由操作系统负责调入所需要的部分。将应用程序的部分代码装入主存，就让它投入运行，这样做程序还能正确地执行吗？

由于大多数程序执行时，在一段时间内仅使用它的程序编码的一部分，即并不需要在全部时间内将该程序的全部指令和数据都放在主存中，所以，程序的地址空间部分装入主存时，它还能正确地执行，此即为程序的局部性特征。例如以下几种情况。

① 程序通常有处理异常错误条件的代码。这些错误即使有也很少发生，所以这种代码几乎不执行。

② 程序的某些选项或特点可能很少使用。例如，财政部用于预算的子程序只是在特定的时候才使用。

③ 在按名字进行工资分类和按工作证号进行工资分类的程序中，由于这两者每次必定只选用一种，所以只装入其中一部分程序仍能正确执行。

由于人们注意到上面所说的这种事实，所以可以把程序当前执行所涉及的那部分代码放入主存中，而其余部分可根据需要再临时或稍许提前一段时间调入。

现代操作系统提供虚存的根本原因是为了方便用户的使用和有效地支持多用户对主存的共享。操作系统将存储概念分为物理主存和逻辑主存两类，用户所看到的存储空间为逻辑地址空间，信息真正存储在物理主存中为存储空间。一方面，用户可以避免对繁杂的物理主存的了解；另一方面，操作系统可以实现动态的主存分配。

2. 虚存的定义

虚拟存储器（Virtual Memory）将用户的逻辑主存与物理主存分开，这是现代计算机对虚存的实质性的描述。更为一般的描述是：计算机系统在处理应用程序时，只装入部分程序代码和数据就启动其运行，由操作系统和硬件相配合完成主存和辅存之间的信息的动态调度，这样的计算机系统好像为用户提供了一个其存储容量比实际主存大得多的存储器，这个存储器称为虚拟存储器。之所以称它为虚拟存储器，是因为这样的存储器实际上并不存在，只是由于系统提供了自动覆盖功能后，给用户造成的一种虚拟的感觉，仿佛有一个很大的主存供他使用一样。虚拟存储的概念在 1960 年首次出现在英国 Manchester 大学创立的 ATLAS 计算机系统中，后来得到了广泛的应用。

虚拟存储器的核心问题是将程序的访问地址和主存的物理地址相分离。程序的访问地址称为虚地址，它可以访问的虚地址范围称为程序的虚地址空间 V。在指定的计算机系统中，可使用的物理地址范围称为计算机的实地址空间 R。虚地址空间可以比实地址空间大，也可以比实际主存小。在多用户运行环境下，操作系统将物理主存扩充成若干个虚存，系统可以为每个应用程序建立一个虚存。这样每个应用可以在自己的地址空间中编制程序，在各自的虚存上运行。

引入虚存概念后，用户无需了解实存的物理性能，只需在自己的虚存上编制程序，这给用户带来了极大的方便。系统负责主存空间的分配，将逻辑地址自动地转换成物理地址，这样，既消除了普通用户对主存分配细节、具体问题了解的困难，方便了用户，又能根据主存的情况和应用程序的实际需要进行动态分配，从而充分利用了主存。

实现虚拟存储技术需要有如下物质基础：① 相当容量的辅存，足以存放众多应用程序的地址空间；② 一定容量的主存；③ 地址变换机构。那么，引入虚存概念后，应用程序的虚存是否可以无限大？它受什么制约呢？这一问题请读者思考。

可以部分装入页面的分页存储管理技术、分段存储管理及段页式存储管理方法是利用虚拟存储手段扩充主存的具体例子。

7.2.2 地址映射

1. 什么是地址映射

处理机在执行指令时，必须使用物理地址才能从主存存取信息，而应用程序使用的地址是逻辑地址（包括指令地址和操作数地址），这就涉及逻辑地址与物理地址转换的问题。

多用户共享主存时，由系统分配主存。一般情况下，一个应用程序分配到的存储空间和它的地址空间是不一致的。因此，程序的相应进程在处理机上运行时，所要访问的指令和数据的实际地址和地址空间中的地址是不同的。

如图 7.1 所示，程序 A 装入到主存 2000 号单元开始的一片区域，在其地址空间 100 号单元处有一条指令 "mov r_1, [800]"。当程序执行这条指令时，要将 800 号单元处的数 1000 送到寄存器 r_1 中。如果该程序毫无变化地，按原样装入到主存 2000～2999 号单元，当执行到 2100 号单元处的一条指令时，则将 800 号单元的内容送到 r_1 寄存器。这显然是错误的。由图 7.1 可见，正确的执行应该将 2800 号单元的内容送到 r_1 寄存器。为此，应修改 2100 号单元中指令的地址部分，即把其逻辑地址 800 改为 2800。将程序地址空间中的逻辑地址变换成主存中的物理地址的过程，称为地址变换，也叫地址映射。存储管理的功能之一就是实现这种地址变换。

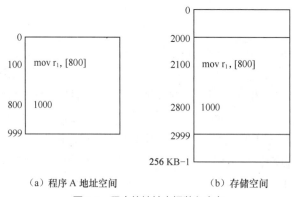

（a）程序 A 地址空间　　　（b）存储空间

图 7.1　程序的地址空间装入主存

2. 地址映射方式

实现地址变换的关键是要建立虚—实地址间的对应关系。而这种对应关系的建立随着应用程序开发的阶段不同而不同。下面，根据应用程序开发的 4 个不同阶段（编辑、编译、连接、运行）讨论地址映射的方式。

（1）编程或编译时确定地址映射关系

如果虚—实地址间的对应关系在程序编写时确定，则结果为一个不能浮动的程序模块。或程序经过编译后，得到的也是一个不能浮动的程序模块（早期编译程序），这样的程序模块必须被放在主存中一个确定的地址中，而且不会改变，因为它所包含的全部地址都是主存的实地址。在这种情况下，申请主存时必须具体地提出申请的主存容量和主存的起始地址，主存分配程序在分配时就没有什么活动余地了。这种方法曾在早期计算机中使用。

（2）静态地址映射

如果虚—实地址间的对应关系是在将程序装入主存时实现的，那么编译和连接的结果就是一个可以浮动的程序模块。当将这一地址空间装入到主存中的任一位置时，若由主存装入程序对有关地址部分进行调整，则这次确定下来的地址就不再改变。

这种在程序装入过程中随即进行的地址变换方式称为静态地址映射或静态重定位。进行静态重定位的条件是：要求被装入的程序本身是可以重定位的，即对那些需要修改的地址部分具有某种标识，以区别于程序中的其他信息。例如，当重定位装入程序要将如图 7.2（a）中所示的程序装入主存由 m 开始的区域时，就对有标识的地址部分进行相应的调整（详见图 7.2（b））。这样，经修改后的程序就被装入到主存，以后这个程序就可以正确地运行了。

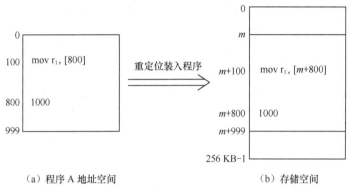

（a）程序 A 地址空间   （b）存储空间

图 7.2 静态重定位的实现

当应用程序在主存中的分配是由主存分配程序处理时，资源管理的效率就提高了。然而，这种在装入时一次定位的方法往往还不能实现对主存有效的管理。因为，在这种情况下，一个已开始执行的程序是无法在主存中移动的；同时，如果该程序因某种原因暂时存放到辅存，若再调入主存时还必须把它放回到主存的同一位置上。

（3）动态地址映射

如果在程序执行过程中每次访问存储器时，都通过一个地址变换机构将虚地址变换为主存的物理地址，那么虚—实地址间的对应关系是在程序执行过程中实现的。这种地址的动态变换允许在一个程序的执行过程中对该程序进行动态的重新定位。

所谓动态地址映射是指在程序执行期间，随着每条指令和数据的访问，自动地、连续地进行的映射。这种重定位的实现需要硬件的支持，最简单的硬件机构是一个重定位寄存器。图 7.3 给出了利用重定位寄存器实现动态地址重定位的过程。

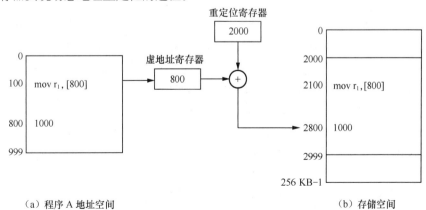

（a）程序 A 地址空间   （b）存储空间

图 7.3 动态地址重定位过程

当某个进程取得 CPU 控制权时，操作系统负责将该程序在主存的起始地址送入重定位寄存器中，之后在进程的整个运行过程中，每次访问存储器时，重定位寄存器的内容将被自动地加到逻辑地址中去，经这样变换后，执行的结果是正确的。图 7.3 中所给出的程序直接装入主存从 2000 号单元开始的一个区域中。在它开始执行之前，由操作系统将重定位寄存器置为 1000。当程序执行到 2100 号单元处的指令时，CPU 给出的取数地址为 800，而所希望的数是存放在 2800 号单元内，故经地址变换后得到的地址为 2800，然后以它作为访问主存的物理地址，执行结果是完全正确的。

动态地址变换方式比静态重定位要好。因为静态重定位是用软件办法实现的，需要花费较多的 CPU 时间，动态重定位则是由硬件自动完成的，而且重定位寄存器的内容可由操作系统用特权指令来设置，比较灵活。概括地说，动态重定位能满足以下目标：

① 具有给用户程序任意分配一个主存区域的能力；

② 在改变系统设备时，具有不需要重新编程和重新编辑的能力；

③ 具有在任何时刻，在主存可用空间中重新分配一个程序的能力；

④ 对于一个用户程序，具有以间断方式分配主存的能力；

⑤ 为了能更多地容纳用户程序，具有只装入用户程序的部分代码即可投入运行的能力。

实现动态地址变换需要有一个硬件的地址变换机构，在使用硬件产生物理地址时会有一定的时钟周期延迟，不过这一延迟是极短的，可以忽略。

7.2.3 主存分配

现代操作系统的主存分配功能包括制定分配策略、构造分配用的数据结构、响应主存分配请求，决定用户程序的主存位置并将程序装入主存。

主存管理存储器的策略有以下 3 种：

① 放置策略——决定主存中放置信息的区域，即确定如何在一些空闲存储区中选择一个空闲区或若干空闲区的原则；

② 调入策略——决定信息装入主存的时机，是在需要信息时调入信息，还是预先调入信息。这是两种不同的调入策略，前者为请调策略，后者为预调策略；

③ 淘汰策略——对一个应用程序而言，它在主存中已没有可用的空闲区（对一个应用程序分配的主存区是一个有限值）时，决定哪些信息可以从主存中移走，即确定淘汰已占用主存区部分信息的原则。

在主存分配中，一般对主存区域的划分有两种方式：一是将主存划分成大小不等的区域；二是将主存等分为一系列大小相等的块。按区分配或段式分配采用第一种划分方式。这种方式使一个主存区域可以存放一个应用程序的连续的地址空间（按区分配），或存放一个应用程序的一个逻辑分段的地址空间（段式系统）。而页式系统往往采用第二种划分方式。这种方式将一个应用程序的地址空间划分成一系列页面，然后放置到主存的块中去。

下面将会看到，调入策略对页式系统或非页式系统没有多大区别，而淘汰策略和放置策略在页式和非页式系统中是不同的。其差别主要在于页式系统中页的大小固定，而非页式系统处理的信息块大小是可变的。

为了进行主存分配，必须建立相应的数据结构。用于主存分配的数据结构有主存资源信息块（m_rib）、空闲区队列（或存储分块表）。对于每一次分配，其分配信息必须保留到相应的数据结构中。

如果系统提供虚拟存储能力，则对于虚存的分配必须和辅存的管理相结合。

主存分配问题直接关系到主存扩充和逻辑地址到物理地址的映射问题，主存管理的这几个功能是不可分割的。

7.2.4 存储保护

现代操作系统中主存储器由多个用户程序所共享。为了保证多个应用程序之间互不影响，必须由硬件（软件配合）保证每个程序只能在给定的存储区域内活动，这种措施叫做存储保护。存储保护在采用分区存储管理或分段存储管理技术的系统中容易实现，且十分有效，因为被保护的是一个程序或者是一个程序的逻辑分段。而在页式系统中，由于页的划分是物理的分割，没有逻辑含义，所以，存储保护并不十分有效。

存储保护的目的是防止用户程序之间的互相干扰。例如，现有程序 A 与程序 B 各分配到一块存储空间，若程序 A 有错误，可能向程序 B 的存储空间中写入一些杂乱无章的内容，这时即使程序 B 是正确无误的，也不能正确运行。为了防止这种现象需采取一些隔离性措施，通常的保护手段有上、下界防护与存储键防护等。

上、下界防护是存储保护的一种手段。硬件为分给应用程序的每一个连续的主存空间设置一对上下界寄存器，由它们分别指向该存储空间的上界与下界。图 7.4（a）所示为一种采用上、下界寄存器的方案。这里进程 A 对应的程序已分配到 30 KB～58 KB（大小为 28 KB）的一个区域内。当进程 A 在 CPU 上运行时，由操作系统分别把下界寄存器置为 30 KB，上界寄存器置为 58 KB。在进程运行过程中，产生的每一个访问主存的物理地址 D，硬件都要将它与上、下界比较，判断是否越界。在正常情况下，应满足 $30\,KB \leqslant D < 58\,KB$。如访问主存的物理地址超出了这个范围，便产生保护性中断。此时，控制将自动地转移到操作系统，它将停止这个有错误的进程的运行。当系统调度到另一个进程时，操作系统必须调整上、下界寄存器的内容。

图 7.4（b）所示的是采用基址、限长寄存器的办法。基址寄存器存放的是当前正执行着的进程的地址空间所占分区的起始地址，限长寄存器存放的是该地址空间的长度。进程运行时所产生的逻辑地址和限长寄存器的内容比较，如超过限长，则发出越界中断信号。

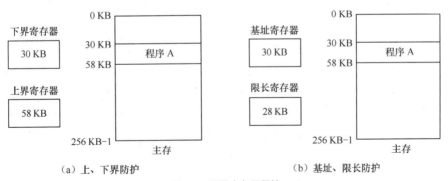

（a）上、下界防护　　　　　　　　　　　（b）基址、限长防护

图 7.4　界限寄存器保护

这种保护方案对于保护存储着一组逻辑意义完整的分段的主存区域是十分有效的。对于主存保护除了防止越界外，还有 4 种可能的保护方式能指派给每一个区域。这 4 种方式分别是：① 禁止做任何操作；② 只能执行；③ 只能读；④ 读/写。

　　允许一个程序从主存块中接收数据的只读保护与只能执行的保护之间的主要差别是共享数据和共享过程之间的不同。完全读/写保护是大多数操作系统进程所要求的。而像实用程序或库程序这样的子系统可能为许多用户所共享，对这些程序采用的均是只能执行的保护方式。

7.3　分区存储管理及存在的问题

　　分区存储管理是满足多道程序设计的最简单的一种存储管理方法。它允许多个应用程序（早期分区存储管理中称为作业）共享主存空间，这些程序在主存是以划分分区而共存的。分区存储管理技术从早期的固定式分区方法发展成为动态分区方法。

分区分配的放置策略

7.3.1　动态分区存储管理技术

　　动态分区存储管理按程序的大小划分分区，主存中分区的大小是不等的。另外，随着程序的进入与完成，主存中分区的数目也是动态变化的。动态分区的分配的方法和特点由图7.5所示的例子来说明。设某系统拥有256 KB主存，操作系统占用低端20 KB主存区，当有一个程序队列请求进入系统时，动态分区分配过程如图7.5所示。

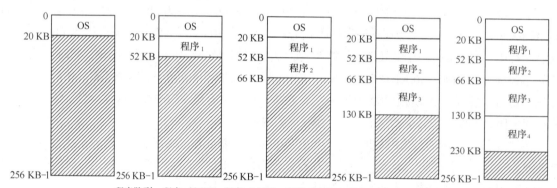

程序队列：程序$_1$ 32 KB；程序$_2$ 14 KB；程序$_3$ 64 KB；程序$_4$ 100 KB；程序$_5$ 50 KB。

图7.5　动态分区存储管理方案中的分区分配

　　在动态分区方案中，系统初启时在主存高址部分有空闲区。当程序序列进入主存后占用主存高址区，直到所剩空闲区不能装下任何一个程序时为止。当系统运行一段时间后，程序陆续完成而释放主存区域，于是在主存中形成一些空闲区。图7.6所示为动态分区方法中存储区的释放。这些空闲区可以被其他程序使用，但由于空闲区和程序请求的大小不一定正好相等，因而这样剩余的空闲区域变得更小。当系统运行相当长一段时间后，主存中会出现一些更小的空闲区，这将造成主存空间的浪费。

　　在动态分区的分配方法中，对用户程序进行动态分配并实现动态地址映射。一般通过基址寄存器实现动态再定位。基址寄存器用来存放一个程序在主存中所占分区的首址，相当于重定位寄存器的作用。当相应进程运行时，CPU每次产生的逻辑地址都要加上这个基址寄存器的内容作为访问主存的物理地址。

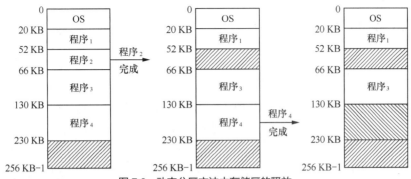

图 7.6　动态分区方法中存储区的释放

7.3.2　分区分配机构

在动态分区方法中，描述主存资源的数据结构有主存资源信息块和分区描述器。主存资源信息块 m_rib 的结构如图 7.7 所示。分区描述器 pd 则描述分区的特征信息，其结构如图 7.8 所示。该结构图中各项内容与分区类型（在主存中有两类不同的分区，一类为已分配区，另一类为自由分区）有关，其具体解释如下。

m_rib
等待队列指针
空闲区队列指针
主存分配程序入口地址

图 7.7　主存资源信息块

pd	
分配标志	flag
分区大小	size
勾链字	next

图 7.8　分区描述器

flag——分配标志。对空闲分区而言为零，对已分配区而言为非零数值；

size——分区大小。分区可用字数（设为 n）与分区描述器所需字数（设为 3）之和，即为 $n+3$；

next——勾链字。对空闲分区而言，为空闲区队列中的勾链字，指向队列中下一个空闲分区，对已分配区而言，此项为零。

图 7.9 给出了某系统在时刻 t 时的主存分布、空闲区描述器的内容和空闲区队列结构。

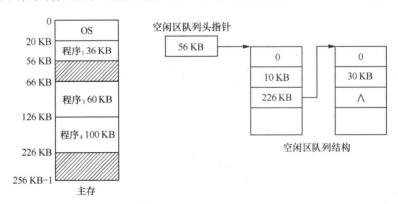

图 7.9　动态分区的空闲区队列

7.3.3 分区分配与放置策略

1. 分区分配

主存分配包括分配和回收主存块两个功能。

分配主存块的功能是：依申请者所要求的主存区的大小，在空闲区队列中找一个足以满足此要求的可用空闲区。对每一个查寻到的空闲区将其大小与所申请的大小进行比较，若该空闲区小于所要求的大小则继续在队列中查找，否则就找到了所需的空闲区。这时有两种情况，情况一是空闲区与要求的大小相等，则将该空闲区分配并从队列中摘除；情况二是空闲区的大小大于所要求的大小，这时将空闲区分为两部分：一部分成为已分配区，建立已分配区的描述器；余下的部分仍为空闲区，修改其分区描述器的信息。

回收分区的主要工作是检查释放分区（即为回收分区）在主存中的邻接情况，它的上、下是否有邻接的空闲区，如有则合并，使之成为一个连续的空闲区，而不是许多零散的小的部分，然后修改空闲分区描述器的信息。若回收分区不与任何空闲区相邻接，这时应建立一个新的空闲区，并加入到空闲区队列中去。

2. 放置策略

多个应用程序请求主存空间是一个多对多的问题。在分区存储分配方法中由多个空闲区组成了空闲区队列。对一个要进入主存的应用程序而言，主存分配程序在多个空闲区中选择哪一个空闲区给该应用程序是一个放置策略问题。

在执行分区分配程序时，依次查找空闲区队列中的每一个空闲区，只要找到第一个满足需要的空闲区就开始分割。因此，空闲区队列的排序原则就体现了选择一个空闲区的策略。这个队列可以是无序的，即按照主存块释放的先后次序排列，也可以按某种分类方法进行排序。

下面是两种常用的分类方法：

① 按地址增加或减少的次序分类排序；

② 按区的大小增加或减少的次序分类排序。

这样就形成了不同的选择空闲区的策略，称为放置策略。最常见的有首次匹配（又称为首次适应算法）、最佳匹配（最佳适应算法）和最坏匹配（最坏适应算法）策略。

无论何种策略都应遵循：① 当分配一个空闲区时，按分配一个主存块的算法进行分配，而放置策略只是描述空闲区队列的排序原则；② 当回收一个空闲区时，必须按照队列的排序原则，将把空闲区插入到队列适当的位置中以保证队列排序规则不变。

特别要说明的是，首次匹配、最佳匹配、最坏匹配是分区分配的放置策略，空闲区队列的排序原则，习惯上称为首次适应算法、最佳适应算法、最坏适应算法，但它们不是分配算法。这一点必须搞清楚。

（1）首次适应算法

首次适应算法是将程序放置到主存中，按地址查找到的第一个能装入它的空闲区。在首次适应算法中，空闲区是按其位置的顺序链在一起的，即每个后继空闲区的起始地址总是比前者大。当要分配一个分区时，总是从低地址空闲区开始查寻，直到找到第一个足以满足该程序要求的空闲区为止。

当空闲区队列按地址由低到高排序时，其分配方法仍是上节讨论的分配算法。只是由于空闲区队列的排序原则，使得查找的顺序是按地址为序。当系统回收一个分区时，若回收的分区不和空闲区邻接，则应根据其起始地址大小，把它插到队列中相应的位置上，要维护队列的排序原则。

首次适应算法的实质是尽可能地利用存储器的低地址部分的空闲区，而尽量保存高地址部分的大空闲区，使其不至于被划分掉。其好处是，当需要一个较大的分区时，有较大希望找到足够大的空闲区以满足要求。

（2）最佳适应算法

最佳适应算法是将程序放入主存中与它所需大小最接近的空闲区中，这样剩下的未用空间最小。最佳适应算法看起来是一种最直观的、吸引人的算法。在最佳适应算法中，空闲区队列是按空闲区大小递增的顺序链在一起的。在进行分配时总是从最小的一个空闲区开始查寻，因而找到的第一个能满足要求的空闲区便是最佳的一个（即从所要求的大小来看，该区和其后的所有空闲区相比它是最接近的）。最佳适应算法的优点如下：

① 如果存储空间中具有正好是所要求大小的空闲区，则它必然被选中；

② 如果不存在这样的空闲区，也只是对比要求稍大的空闲区进行划分，而绝对不会去划分一个更大的空闲区。此后，遇到有大的存储要求时，就比较容易得到满足。

最佳适应算法的一个主要缺点是空闲区一般不可能正好和要求的大小相等，因而要将其分割成两部分，这往往使剩下的空闲区非常小，以至小到几乎无法使用。换句话说，分割发展下去只能是得到许多非常小的分散的空闲区，造成主存空间的浪费。

（3）最坏适应算法

最坏适应算法就是将程序放入主存中最不适合它的空闲区，即最大的空闲区内。这种匹配方法初看起来是十分荒唐的，但在更严密地考察之后可知，最坏适应算法也具有很强的吸引力。其原因很简单：在大空闲区中放入程序后，剩下的空闲区常常也很大，于是也能装下一个较大的新程序。

在最坏适应算法中，空闲区是按大小递减的顺序链在一起的，这同最佳适应算法的排序原则正好相反。因此，其队列指针总是指向最大的空闲区，在进行分配时，总是从最大的一个空闲区开始查寻。

首次适应、最佳适应、最坏适应算法的说明如图 7.10 所示。在图 7.10（a）中，程序放入适合于它的第一个空闲区中；在图 7.10（b）中，则将程序放入适合它的、尽可能最小的空闲区中；在图 7.10（c）中，程序被放置到适合于它的、尽可能最大的空闲区中。

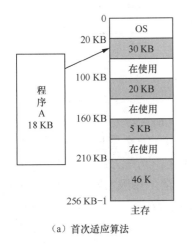

（a）首次适应算法

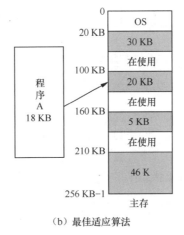

（b）最佳适应算法

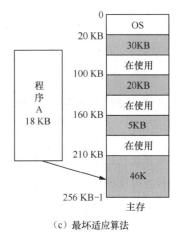

（c）最坏适应算法

图 7.10　3 种放置策略的说明

这 3 种算法到底哪一种分配效果好，不能一概而论，而应针对具体的程序序列来分析。对于某一程序序列来说，若某种算法能将该程序序列中的所有程序安置完毕，那就说该算法对这一程序序列是合适的。对于某一算法而言，如它不能满足某一要求（即在某个被分配的分区回收之前无法进行分配），而其他算法却可以满足此要求，则这一算法对该程序序列是不合适的。

设在图 7.10 所示的系统中（主存容量为 256 KB），现有这样一个程序序列：程序 A 要求 18 KB；程序 B 要求 25 KB；程序 C 要求 30 KB。用首次适应算法、最佳适应算法、最坏适应算法来处理该程序序列，看哪种算法合适（为简单起见，假定程序要求的主存容量中包含了分区描述器所需占用的空间）。

为了讨论这一问题，画出了在这 3 种算法下的自由主存队列，如图 7.11 所示。根据动态分区分配算法可以分析出：最佳适应算法对该程序序列是合适的，其余两种算法对该程序序列是不合适的。读者可以验证上述结论是否正确。

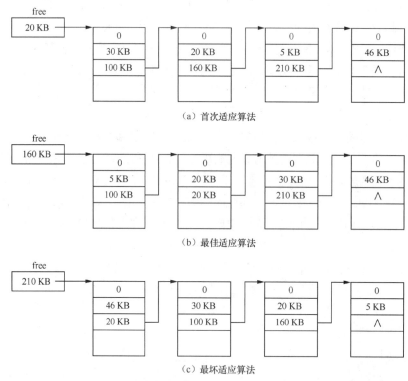

图 7.11　不同放置策略下的空闲区队列

7.3.4　碎片问题及拼接技术

分区存储管理技术能满足多道程序设计的需要，但它也存在着一个非常严重的碎片问题。所谓碎片是指在已分配区之间存在着的一些没有被充分利用的空闲区。在按区分配方法中，根据用户申请按区分配主存，会把主存越分越零碎。在系统运行一段时间后，甚至会出现这样的局面：当一个程序申请一定数量的主存时，虽然此时空闲区的总和大于该程序所要的主存容量，但却没有单个的空闲区大到足够装下这个程序。这时，分布在主存各处的空闲区占据了相当数量的空间，但不能满足一般用户程序的需要，这就造成了主存空间的浪费。

解决这个问题的方法之一是采用拼接技术。所谓拼接技术是指移动存储器中某些已分配区中的信息，使本来分散的空闲区连成一个大的空闲区，分区分配中的存储区拼接如图 7.12 所示。

拼接时机的选择一般有以下两种方案：第一种方案是在某个分区回收时立即进行拼接，于是在主存中总是只有一个连续的空闲区而无碎片，但这时的拼接频率过高，系统开销加大；第二种方案是当找不到足够大的空闲区，而空闲区的存储容量总和却可以满足程序需要时进行拼接，这样，拼接的频率比第一种方案要小得多，但空闲区的管理稍为复杂一些。

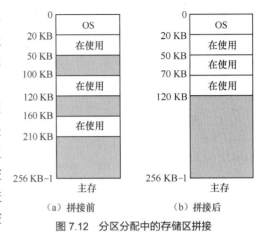

图 7.12　分区分配中的存储区拼接

拼接技术的缺点如下。

① 消耗系统资源，因为移动已分配区信息要花费大量的 CPU 时间。

② 当系统进行拼接时，它必须停止所有其他的工作。对交互作用的用户，可能导致响应时间不规律；对实时系统的紧迫任务而言，由于不能及时响应，可能造成严重后果。

③ 拼接要消耗大量的系统资源，且有时为拼接所花费的系统开销要大于拼接所得到的效益，因而这种方法的使用受到了限制。

7.4　页式存储管理

7.4.1　页式系统应解决的问题

采用拼接技术解决按区分配方法中的碎片问题，其实质是让存储器去满足程序对存储空间连续性的要求。程序地址空间是一个连续的范围，它要求主存中也有一个连续的区域。当主存中现有的空闲区的大小都小于程序的地址空间时，只有采用拼接手段将碎片连成一个大的空闲区才能满足程序的需要，但这是以花费 CPU 时间为代价换来的。

页式地址变换

为了寻找解决碎片问题的新途径，人们很容易想到能否避开程序对连续性的要求，让程序的地址空间去适应存储器的现状。例如，有一个程序要求投入运行，其程序的地址空间为 5 KB，而主存当前已有两个各为 3 KB 和 2 KB 的空闲区。显然，每个空闲区的大小都比该程序的地址空间小，而总和却同它相等，这时可以把该程序存放到主存中这两个不相邻的区域中。这正是分页的思想。为了便于管理，考虑等分主存空间和程序的地址空间。

在分页存储管理方法中，主存被等分成一系列的块，程序的地址空间被等分成一系列的页面，然后将页面存放到主存块中。为了便于实现动态地址变换，主存的块和页面大小相等并为 2 的幂次。主存分块和虚存分页的示意图如图 7.13 所示。这样不需要移动主存原有的信息就解决了碎片问题，提高了主存的利用率，又能很好地满足多用户的需要。

在按区分配方案中，当程序的地址空间小于主存可用空间时，该程序是不能投入运行的。但是，在页式系统中则可方便地支持虚拟存储，扩充主存，因为它不需限定程序在投入运行之前必须把它的全部地址空间装入主存，而只要求把当前所需要的一部分页面装入主存即可，这样对虚地址空间的限制被取消了。为实现虚拟存储系统，必须完成主存和辅存之间的信息的自动调度。因为，一个程序的全部页面存放在辅存上，当它投入运行时，只是将运行进程的部分页面装入主存（这些页面称为活动页面），在进程活动期间，系统必须根据其需要，自动地从辅存调入运行所需的信息。

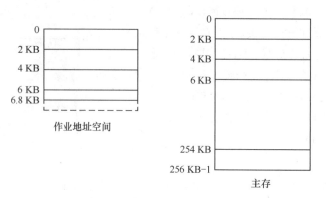

图 7.13　等分主存和虚地址空间

页式系统需解决如下几个问题。

（1）页式系统的地址映射

程序地址空间中的各个页面被装到主存的若干块中，由于这些块可能是不连续的，因此，为保证程序的正确执行，必须进行动态地址映射。

（2）请调策略

当装入部分页面时，需要判断当前访问的信息（页面）是否在主存。当确认所访问的页面不在主存时，系统必须从辅存调入请求的页面，这就是页面请调。系统应提供请调策略和机制。采用这一策略的页式系统又称为请求分页系统。

（3）放置策略

页式系统的存储分配可采用固定空间调度算法，对每个程序分配一定数目的主存块，一般程序分配到的主存块数小于程序的页面总数。放置策略就是确定程序的各个页面分配到主存的哪些块中，以及用什么原则挑选主存块。显然，对于大小相等的主存块而言，实现这一原则是极简单的。当分配给某程序的主存块已全部使用完时，还必须和淘汰策略相结合以决定淘汰哪些页面，从而腾出空闲的主存块。

（4）淘汰策略

当需要调入一新页，而该程序所分得的主存块数已全部用完时，需要确定哪个页面可淘汰，从而空出页框以便装入所需要的那一页。系统应提供淘汰策略和机制。

7.4.2　页式地址变换

1. 页表

程序的虚地址空间划分为若干页，这些连续的页面在主存中可能占用不连续的主存块。为了保证程序能正确地运行，必须在执行每条指令时将程序中的逻辑地址变换为实际的物理地址，即进行动态重定位。在页式系统中，实现这种地址变换的机构称为页面映像表，简称页表。

在页式系统中，当程序按页划分装入存储器时，操作系统为该程序建立一个页表。页表是记录程序虚页与其在主存中块（页框）的对应关系的数据结构。页表中的每一个数据项用来描述页面在主存中的物理块号以及页面的使用特性。在简单的页式系统中，页表只是虚页和主存物理块的对照表。

图 7.14 给出了 3 个程序分页映像存储的情况。从图 7.14 中可以看出每个程序有一张页表。对于实现地址变换而言，页表需两个信息，一为页号，二为页面对应的块号。

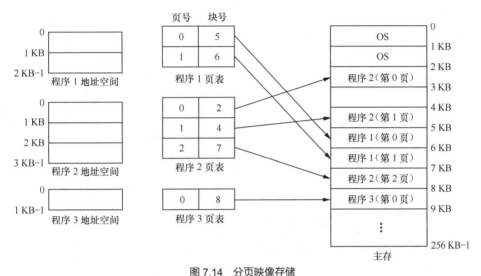

图 7.14　分页映像存储

页表可采用高速缓冲存储器或主存来构造。若用高速缓冲存储器作页表，其特点是地址变换速度快，但成本较高。若用存储单元来存放页表，要占用一部分主存空间，而且地址变换速度较慢。现代的计算机系统，采用硬件与主存页表相结合的方法实现地址变换。

页面尺寸的选择也是一个十分重要的问题。如果页面尺寸选得过大，以致和一般程序大小不相上下，实质上就接近分区分配方法；如果页面尺寸选择过小，一个程序的地址空间所划分的页数增多，页表比较大。如果用高速缓冲存储器来组成页表，成本太高；如果用物理存储器作页表，则会占用较多的主存。根据实际使用的经验，一般页面尺寸为 1 KB、2 KB 或 4 KB。

2. 虚地址结构

页式系统的地址映射必要的数据结构是页表，另外，还与计算机所采用的地址结构有关，而地址结构又与选择的页面尺寸有关。例如，当 CPU 给出的虚地址长度为 32 位，页面大小为 4 KB 时，在分页系统中虚地址结构如图 7.15 所示。

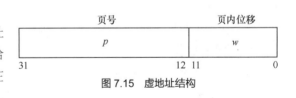

图 7.15　虚地址结构

图 7.15 中，页面大小为 4 KB，机器的地址长度为 32 位，则每当 CPU 给出一个虚地址（指令地址或操作数地址）时，这个地址中的高 20 位（第 12 位～第 31 位）表示该地址所在的页号，而低 12 位（第 0 位～第 11 位）表示该地址在这页内的相对位移。分页系统中具有这种特征的地址结构称为分页机构。

3. 页式地址变换

图 7.16 描述了程序 2 中的一条指令的执行情况，用以说明页式系统的地址变换过程。程序地址

空间中第 200 号单元处有一条指令为 "mov r$_1$，[2052]"。这条指令在主存中的实际位置为 2248 号单元（第 2 块 200 号单元），而操作数 12345 的虚地址为 2052 号单元（第 2 页的 4 号单元），它的物理地址中是 7172 号单元（第 7 块 4 号单元）。

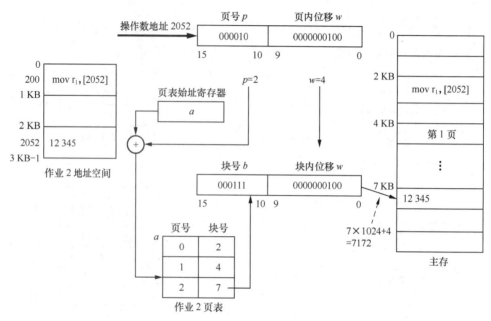

图 7.16 页式系统的地址变换过程

当程序 2 的相应进程在 CPU 上运行时，操作系统负责把该程序的页表在主存中的起始地址（a）送到页表起始地址寄存器中，以便在进程运行过程中进行地址变换时能快速地找到该程序的页表。当程序 2 的程序执行到指令 "mov r$_1$,[2052]" 时，CPU 给出的操作数地址为 2052，首先由分页机构自动地把它分为两部分，得到页号 p=2，页内位移 w=4。然后，根据页表始址寄存器指示的页表始地址，以页号为索引，找到第 2 页所对应的块号为 7。最后，将块号 7 和页内位移量 w 拼接在一起，就形成了访问主存的物理地址 7172。这正是所取的数 12345 所在主存的实际位置。

由上述地址变换过程可知，在分页系统环境下，程序员编制的程序，或由编译程序给出的目标程序，经装配链接后形成一个连续的地址空间，其地址空间的分页由系统自动完成，而地址变换则通过页表自动、连续地进行，系统的这些功能对用户或程序员来说是透明的。正因为在分页系统中，地址变换过程主要是通过页表来实现的，因此，人们称页表为地址变换表，或地址映像表。

4. 联想存储器

在地址变换过程中，若页表全部由主存实现，那么存取一个数据（或一条指令）至少要访问两次主存：一次是访问页表，确定所要取数据（或指令）的物理地址；第二次才根据物理地址取数（或指令）。也就是说，若采用存放在主存的页表进行地址变换，指令执行速度要下降 100%。为了提高查表速度，可以采用高速缓冲存储器作页表。高速缓冲存储器一般是由半导体存储器实现的（其工作周期和中央处理机的周期大致相同），但这样做成本较高。

当前的系统大多采用高速缓冲存储器页表和主存页表相结合的方法，将应用程序的所有页表放在主存中，而将一部分页表放在快速存储器中。这种方法与页表全部放在主存的系统相比较，其成本略有提高，但指令执行速度却明显地加快。存放页表部分内容的快速存储器称为联想存储器，联想存储器中存放的部分页表称为快表。采用联想存储器和主存中页表相结合的分页地址变换过程如图 7.17 所示，图 7.17 中也给出了快表的格式。

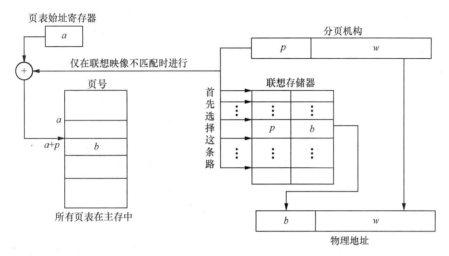

图 7.17　采用联想存储器和主存中页表相结合的分页地址变换

联想存储器用来存放正在运行进程的当前最常用的页号和它相应的块号，并具有并行查找能力。例如，CPU 给出的虚地址为 (p, w)，分页机构自动把页号送入联想存储器，随后立即与其中的所有页号比较，如与某单元的页号符合，则取出该单元中的块号 b，然后就用 (b, w) 访问存储器。这样和通常的执行过程一样，只要访问一次主存就可以取出指令或存取数据。如果所需要查的页号和联想存储器中的所有页号不匹配，则地址变换过程还得通过主存中的页表进行。实际上这二者是同时进行的，即一旦联想存储器中发现有所要查找的页号，就立即停止查找主存中的页表。如果地址变换是通过查找主存中的页表完成的，则还应把这次所查的页号和查得的块号一并放入到联想存储器的空闲单元中。如无空闲单元，则采用一定的原则，如将最先装入的那个页号淘汰掉，以腾出位置。

采用这种方案后，可以使因地址变换过程导致的机器效率（机器指令速度）的降低减少到 10% 以下。这种情况的出现是由于程序具有局部性特征，若程序的访问特征和系统的淘汰策略比较吻合时情况会更好。

通常，使用一组联想存储器仅能装下一个进程所使用的整个页表的一小部分。同时，当一个进程让出 CPU 时，需保护 CPU 现场，还应保护它的快表内容；当某进程被选中运行而恢复其 CPU 现场时，也应恢复它的快表。即当处理机的控制由一个进程转移到另一个进程时，联想存储器的内容也应相应地切换。

7.4.3　请调页面的机制

在页式系统中，允许一个程序只装入部分页面即可投入运行，需要信息时动态调入，这种装入信息的策略称为请调策略。为了实现请调，系统应具有什么样的设施和方法呢？这就是实现请调的机制。

进程在运行过程中必然会遇到所需代码或数据不在主存的情况。这样，系统必须解决如下两个问题。

页面请调机制

① 怎样发现所要访问的页面在不在主存？

② 如确认所要访问的页面不在主存时如何处理？

1. 扩充页表功能

为解决第一个问题必须扩充页表的功能。为实现地址变换功能，页表结构中包含页号和块号两个信息。为了能判断某页面在不在主存，可在每个页表表目中，除了登记虚页所在的主存块号外，再增加两个数据项——中断位和辅存地址。

中断位 i，它用来标识该页是否在主存。若 $i=1$，表示此页不在主存；若 $i=0$，表示该页在主存。

辅存地址标识该页面在辅存的位置。因此，扩充功能的页表结构如图 7.18 所示。

页号	主存块号	中断位	辅存地址

图 7.18　扩充功能的页表结构

2. 缺页判断与处理

当进程运行时，主存中至少有一块为该进程所对应的程序所占用，并正在执行此块内的某一条指令。若这条指令不涉及访内地址则罢，如果涉及访内地址，则由分页机构得到页号，并以该页号为索引查页表。这时，将有以下两种可能性。

① 此页对应的页表表目中的中断位 $i=0$，表示此页面已调入主存，可查得块号 b 并形成 $b+w$ 的物理地址，从而使指令得以执行，继而执行下一条指令。

② 虚地址所在页号的中断位 $i=1$，说明此页不在主存，则情况就比较复杂，这时首先要把这一页调入主存，安置在某一块中，才谈得上逻辑地址的再定位。相应的步骤是：当所访问的页面不在主存时，发生缺页中断请求调入此页；当缺页中断发生时，用户程序被中断，控制转到操作系统的调页程序，由调页程序将所需页面从磁盘（由页表提供盘区地址）调入主存的某块中，并把页表中该页面登记项中的中断位 i 由 1 改为 0，填入实际块号，随后继续执行被中断的程序。

实现请调的机制包括扩充页表的数据项和缺页判断与处理。

由于页面是根据请求而装入的，因此，这种页式系统也称为请求分页系统。特别是当程序最初被调度投入运行时，通常是将相应进程的第一页装入主存，而所需的其他各页，将按请求顺序地装入。这样就可以不必装入不需要的信息，使主存的利用率进一步提高。图 7.19 给出了请求分页映像存储的情形。

在请求分页存储管理系统中采用固定页面分配方法，对每个程序事先分配固定数目的主存块数 m。例如，在图 7.19 中所示的 3 个程序所分得的固定块数：程序 1 为 $m_1=2$；程序 2 为 $m_2=3$；程序 3 为 $m_3=2$。下面讨论程序 2 程序运行时请求页面的情况。

当程序 2 相应进程运行时，根据需要已将第 0 页、第 1 页装到主存第 2 块、第 4 块中。当程序执行到 "mov r_1,[2120]" 这条指令时，因涉及访内地址，CPU 产生的虚地址为 2120，由分页机构得 $p=2$，$w=72$，查页表中该页的中断位 $i=1$，表明此页不在主存，发生缺页中断，操作系统得到处理机控制权。此时程序运行需要调入第 2 页，而该程序所分得的主存块数（$m_2=3$）还有一块剩余，所以按第一种情况处理。分配到块号 7，将此页直接调入并放到第 7 块上。操作系统处理完毕，控制又返回到用户程序，程序从断点继续执行。

当执行到 "add r_1,[3410]" 指令时，需要第 3 页，查页表中该页的中断位 $i=1$，此页不在主存，此时，程序所分得的主存块已全部用完，则必须淘汰已在主存中的一页。哪些页面可以被淘汰掉，这就涉及页面的淘汰策略和实现的问题。

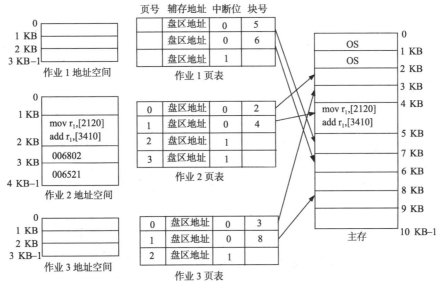

图 7.19　请求分页映像存储

7.4.4　淘汰机制与策略

页面淘汰机制
与淘汰策略

当程序运行中需调入新页而所分得的主存块已用完时，需要淘汰一页。系统应提供淘汰机制和淘汰策略，包括扩充页表数据项、确定页面淘汰原则和是否需要淘汰页面的判断及处理。请求分页系统的指令执行过程中，页面请调和页面淘汰随时可能发生，并能自动地处理。

1. 页面淘汰机制

页面淘汰，又称为页面置换。为了给置换页面提供依据，页表中还必须包含关于页面的使用情况的信息，并增设专门的硬件和软件来考查和更新这些信息。这说明页表的功能还必须进一步扩充。于是，在页表中增加引用位和改变位。

引用位是用来指示某页最近被访问过没有：为"0"表示没有被访问过；为"1"表示已被访问过。改变位是表示某页是否被修改过：为"1"表示已被修改过；为 0 表示未被修改过。这一信息是为了在淘汰一页时决定是否需要写回辅存而设置的。因此，这种情况下完整的页表结构通常在逻辑上至少应包括如图 7.20 所示的各数据项。

页号	主存块号	中断位	改变位	引用位	辅存地址

图 7.20　完整的页表结构

页式系统的虚拟存储功能是由硬件和软件相配合实现的，该过程也说明了缺页处理和淘汰页面的处理。图 7.21 所示的是指令执行步骤和缺页中断处理过程。其中，虚线上面部分是由硬件实现的，而下面部分通常由软件实现。当中断位为 1 时发生缺页中断，由调页程序得到控制权。若请求新页的程序还有空闲块，即可直接调入；否则转页面淘汰子程序，确定应淘汰的页面。这里仅给出了一个很粗略的框图，具体过程是相当复杂的。这是因为，程序是以文件形式存于辅存中的，当需要从辅存调入一页或需要重新写回辅存时，必须涉及文件系统和调用输入/输出过程。在多进程环境下，一个进程在等待传输页面时，它处于阻塞状态，此时，系统可以调度另一个进程运行。当页面传输完成后，唤醒原先被阻塞的那个进程，等到下次再调度到它时，才能恢复到原断点继续运行下去。

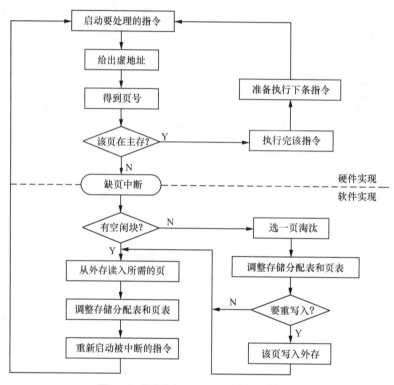

图 7.21　指令执行步骤和缺页中断处理过程

2. 置换算法

当请求调页程序调进一个页面，而此时该程序所分得的主存块已全部用完，则必须淘汰该程序已在主存中的一个页。这时，就产生了在诸页面中淘汰哪个页面的问题，这就是淘汰算法或称为置换算法。

置换算法可描述如下：当要索取一页面并送入主存时，必须将该程序已在主存中的某一页面淘汰掉。用来选择淘汰哪一页的规则就叫做置换算法。

3. 颠簸

请求调页中的淘汰页面的选择很难给出一个通用的算法。这个问题既与整个存储分配有关，又与程序的特征有关。然而，置换算法又是相当重要的。如果选择的淘汰算法不好，将会使程序执行过程中请求调页的频率大大增加，甚至可能会出现这样的现象：刚被淘汰出去的页，过后不久又要访问它，因而又要把它调入，而调入后不久又再次淘汰，再访问再调入，如此反复，使得整个系统的页面置换非常频繁，以致大部分的机器时间花费在来回进行页面的调度上，只有一小部分时间用于程序的实际运行，从而直接影响整个系统的效率。这种现象称为系统抖动。

具体定义如下。导致系统效率急剧下降的主存和辅存之间的频繁页面置换现象称为颠簸（thrashin），又可称为抖动。当索取页面的速度超过了系统所能提供的速度（即索取页面的速度超过了主存和辅存之间的页面传输速度）时，系统必须等待辅存的工作。这时，辅存一直保持忙的状态，而处理机的有效执行速度将很慢，大多数情况处于等待状态，这会导致整个计算机系统的总崩溃，这就是系统抖动。如果一个进程在换页上用的时间要多于执行时间，那么这个进程就在颠簸。颠簸现象花费了系统大量的开销，但收效甚微。因此，各种置换算法应考虑尽量减少和排除颠簸现象的出现。

7.4.5 几种置换算法

1. 最佳算法（OPT 算法）

最佳算法是一个理论算法。假定程序 p 共有 n 页，而系统分配给它的主存只有 m 块，即最多只能容纳 m 页（$1 \leqslant m \leqslant n$）。并且，以程序在执行过程中所进行的页面置换次数多寡，即页面置换频率的高低来衡量一个算法的优劣。在任何时刻，若所访问的页已在主存，则称此次访问成功；若访问的页不在主存，则称此次访问失败，并产生缺页中断。如果程序 p 在运行中成功的访问次数为 s，不成功的访问次数为 f，那么，其总的访问次数 a 为 $a=s+f$。

页面置换算法

若定义 $f'=f/a$，则称 f' 为缺页中断率。显然 f' 和主存固定空间大小 m、程序 p 本身以及调度算法 r 有关，即 $f'=f(r, m, p)$。

最佳算法是指对于任何 m 和 p，有 $f(r, m, p)$ 最小。从理论上说，最佳算法是当要调入一新页而必须先淘汰一旧页时，所淘汰的那一页应是以后不再要用的，或者是在最长的时间以后才会用到的页。然而，这样的算法是无法实现的，因为在程序运行中无法对后面要使用的页面作出精确的断言。不过，这个理论上的算法可以用来作为衡量各种具体算法优劣的标准，可以用于比较研究。例如，如果知道一个算法不是最优的，但与最优相比不差于 12.3%，平均不差于 4.7%，那么也是有价值的。

下面，介绍几种常用的置换算法。

2. 先进先出淘汰算法（FIFO 算法）

先进先出算法的实质是，总是选择在主存中居留时间最长（即最老）的一页淘汰。其理由是最早调入主存的页，其不再被使用的可能性比最近调入主存的可能性大。这种算法实现起来比较简单，只要系统保留一张次序表即可。该次序表记录了程序的各页面进入主存的先后次序。建立次序表的方法有多种，下面介绍两种方法。

（1）页号表

在主存中建立一个有 m（m 是分配给该程序的主存块数）个元素的页号表和一个替换指针。页号表是由 m 个数 p[0]，p[1]，…，p[m−1]所组成的一个数组，其中，每个 p[i]（i=0，1，2，…，m−1）表示一个在主存中的页面的页号。替换指针 k 总是指向进入主存最早的那一页，调入新页时应淘汰替换指针 k 所指向的页面。

每当一页新页调入后，执行语句：

```
P[k]=新的页号；
k=(k+1)mod m;
```

图 7.22 表明在某一时刻 t，调进到主存 4 个存储块（m=4）中的

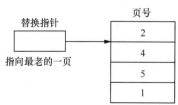

图 7.22　先进先出算法图例

页的先后顺序为 4、5、1、2。即 $p(0)=2$，$p(1)=4$，$p(2)=5$，$p(3)=1$，且 $k=1$，当需要置换时，总是先淘汰替换指针所指的那一页（第 4 页）。新调进的页装入主存后，修改相应的数组元素，然后将替换指针指向下一个最老的页（第 5 页）。

（2）存储分块表中建立先后次序

实现先进先出算法的另一方法是将次序表建立在存储分块表中。存储分块表是用于页面分配的数据结构，以块号为序，依次登记各块的分配情况。假定 $m=4$，且第 4、5、1、2 页已依次装入第 2、6、7、4 各存储块中。此时存储分块表如图 7.23（a）所示。由于存储分块表是以块号为序而不是以进入主存的页面先后顺序排列的，因此，为了反映这个先后次序，必须用指针链接起来，其中每个指针均指向下一个最老的页所在的块号。另外，仍需一个始终指向最老的页的替换指针（它的内容为最老的页所在的块号），用来确定淘汰的对象。图 7.23（b）所示为第 6 页替换第 4 页后的情况。

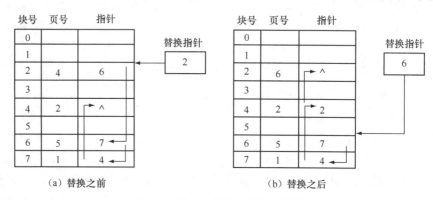

（a）替换之前　　　　　　　　　　　　（b）替换之后

图 7.23　先进先出算法存储分块表构造

先进先出算法较容易实现，对于具有按线性顺序访问地址空间的程序是比较合适的，而对其他情况则效率不高。因为，那些常常被访问的页，可能在主存中也停留得最久，结果这些常用的页终因变"老"而不得不被淘汰出去。据估计，采用这种算法时，缺页中断率差不多是最优算法的 3 倍。

3. 最久未使用淘汰算法（LRU 算法）

最久未使用淘汰算法（Least Recently Used，LRU）的实质是，当需要置换一页时，选择最长时间未被使用的那一页淘汰。LRU 算法基于这种理论：如果某一页被访问了，它很可能马上还要被访问；相反，如果它很长时间未曾用过，看起来在最近的未来是不大需要的。实现真正的 LRU 算法是比较麻烦的，它必须登记每个页面上次访问以来所经历的时间，当需要置换一页时，选择时间最长的一页淘汰。

LRU 淘汰算法被认为是一个很好的淘汰算法。主要问题是如何实现 LRU 置换，为了精确地实现这一算法，要为访问的页面排一个序，该序列按页面上次使用以来的时间长短来排序。有两种可行的方案。

（1）计数器

用硬件实现最久未使用淘汰算法，需要为每个页表项关联一个使用时间域，并为 CPU 增加一个逻辑时钟或称为时钟计数器。每次对主存引用，计数器都会增加。并且时钟计数器的内容要复制到相应页所对应页表项的时间域内。当需要置换一页时，选择具有最小时间的页。这种方案需要搜索页表以查找时间域，且每次主存访问都要写主存（写到页表的时间域）。在任务切换时（因 CPU 调度）也必须保持时间，还要考虑时钟溢出问题。

（2）页号堆栈

LRU 淘汰算法也可采用软件来实现，建立页号堆栈来登记进程已进入主存的页号，且按最近被访问的次序来排序。栈顶是最近访问的页号，栈底是最久未使用的页号。

每当一个页面被访问过，就立即将它的页号记在页号栈的顶部，而将栈中原有的页号依次下移。如果栈中原有的页号中有与新记入顶部的页号相重者，则将该重号抽出，且将页号栈内容进行紧凑压缩。这样，栈底存放的页号，就是自上次访问以来最久未被使用过的页号，该页应先被淘汰。

这种方法的示例如图 7.24 所示。假定该程序分得的主存块数为 5，则构建 5 个单元的栈。图 7.24 中给出了程序执行时访问页面的序列，还给出了 A 之前和 B 之后的堆栈内容的变化。

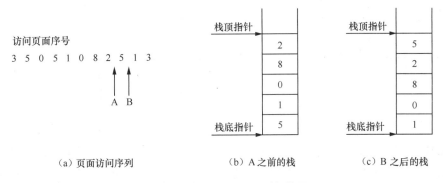

访问页面序号

3 5 0 5 1 0 8 2 5 1 3

A　B

	栈顶指针			栈顶指针	
		2			5
		8			2
		0			8
		1			0
	栈底指针	5		栈底指针	1

（a）页面访问序列　　　（b）A 之前的栈　　　（c）B 之后的栈

图 7.24　用堆栈来记录最近访问的页

LRU 算法能够比较普遍地适用于各种类型的程序，但它与 FIFO 算法相比实现起来困难得多。因为 LRU 算法必须在每次访问页面时都要修改有关信息，且需要进行连续的修改，而 FIFO 算法仅当页面置换时才做修改。LRU 算法需要进行的这种连续的修改，如果完全由软件来做，其代价太高，但若由硬件完成，又要大大增加成本。所以用上述两种方法来实现精确的 LRU 算法比较困难，实际得到推广的是一种简单而有效的 LRU 近似算法。

（3）LRU 近似算法

LRU 近似算法如图 7.25 所示。该算法只要求每一个存储块有一位"引用位"（在逻辑上可以认为它在存储分块表中或在页表中）。当某块中的页面被访问时，这一位由硬件自动置"1"，而页面管理软件周期性（设周期为 T）地将所有引用位重新置"0"。这样，在时间 T 内，某些被访问的页面，其对应的引用位为 1，而未被访问过的页面，其相应的引用位为 0。因此，可以根据引用位的状态来判断各个页面最近使用的情况。当需要置换一页时，选择引用位为 0 的页并淘汰之。图 7.25 所示的 LRU 近似算法就是查找引用位为 0 的块。在查找过程中，那些被访问过的页所对应的引用位重新被置为 0。

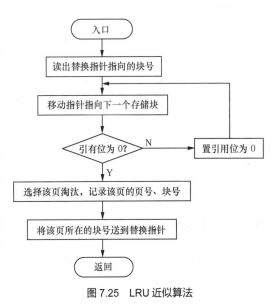

图 7.25　LRU 近似算法

203

图 7.26 给出了 LRU 近似算法的一个例子。此例中，第 6 页需要调入主存。这里，替换指针总是指向最近被替换的页所在的块号。每当发生缺页中断需要再次替换时，就从替换指针的下一块开始考查。如引用位为 1，则置 0 后再往前考查，直到发现第一个引用位为 0 为止。图 7.26（a）中选择第 7 块中第 1 页淘汰，图 7.26（b）为替换后的情况。

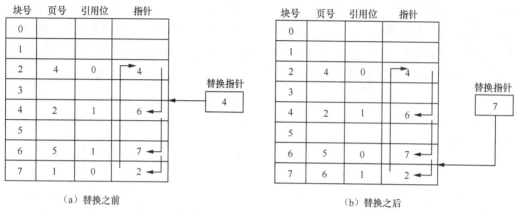

（a）替换之前　　　　　　　　　　　　　（b）替换之后

图 7.26　LRU 近似算法举例

近似 LRU 算法实现起来很简单。其缺点是使所有存储块的引用位重新置 0 的周期 T 的大小选择不易确定。若太大，可能使所有块的引用位都为 1，找不出哪个是最近以来没被访问的页；若太小，引用位为 0 的块可能相当多，也会出现相同的情况。近似 LRU 算法之所以称为近似的，是因为按这种方法淘汰的页不一定是上次访问以来最久未被使用过的页。因为，它淘汰的是查找过程中，第一个遇到的引用位为 0 的那一页。

7.5　段式和段页式存储管理

7.5.1　段式地址结构

在分区存储管理和页式系统中，程序的地址空间是一维线性的，指令或操作数地址只要给出一个信息量即可决定。但这两种方法都存在缺点。分区存储管理方法易出现碎片，页式系统中一页或页号相连的几个虚页上存放的内容一般都不是一个逻辑意义完整的信息单位，这对于要调用许多子程序的大型用户程序来说，仍然会感到主存空间的使用效率不高。为此，提出了段式存储管理技术。段式系统中程序的地址空间由若干个逻辑分段组成，每个分段有自己的名字，对于一个分段而言，它是一个连续的地址区。由于分段是一个有意义的信息单位，所以分段的共享和对分段的保护更有意义，同时也容易实现。

段式系统与段页式系统

7.5.2　段式地址变换

在段式系统中，程序由若干个逻辑分段组成，如可由代码分段、数据分段、栈段组成。分段是程序中自然划分的一组逻辑意义完整的信息集合，它是用户在编程时决定的。图 7.27 给出了一个具有段式地址结构的程序地址空间。

图 7.27　具有段式地址结构的程序地址空间

更灵活的段式系统允许用户使用大量的段，而且可以按照各自赋予的名字来访问这些段。段式系统标识某一程序地址时要同时给出段名和段内地址，因此其地址空间是二维的（为了实现方便，在第一次访问某段时，操作系统就用唯一的段号来代替该段的段名）。

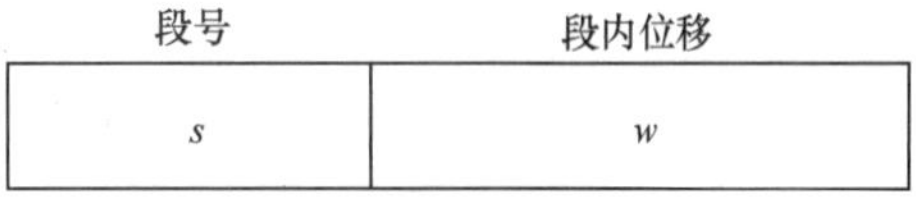

段号	段内位移
s	w

图 7.28　段式地址结构

程序地址的一般形式由 (s, w) 组成，这里 s 是段号，w 是段内位移。段式系统中的地址结构如图 7.28 所示。

段式地址变换由段表（smt）来实现。段表由若干个表目组成。每一个表目描述一个分段的信息，其逻辑上应包括：段号、段长、段首址。段式地址变换的简化形式如图 7.29 所示。

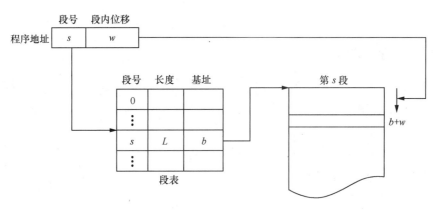

图 7.29　段式地址变换

段式地址变换的步骤如下：

① 取出程序地址 (s, w)；

② 用 s 检索段表；

③ 如 $w < 0$ 或 $w \geq L$，则主存越界；

④ $(b+w)$ 即为所需主存地址。

7.5.3　扩充段表功能

段式系统和请求分页系统一样也可方便地扩充主存，即先装入部分分段，再根据需要装入其他各段。为此，段表的表目中需增加以下几项：中断位、引用位、改变位，其意义和页式系统中的一样。若要提供分段的存取控制功能，则还需增加对每个分段的存取控制信息。扩充功能的段表结构如图 7.30 所示。

在段式系统中，极易实现分段的共享。例如，若两个程序共享一子程序分段，则只要在程序段表的相应表目的段首址一项中填入相同主存地址（即该子程序分段的主存始址）即可。

保护位	段号 s	段长 L	中断 I	引用位	改变位	R	W	E	A	段首址 b

R—可以读此块内的信息；W—可以往此块内写入信息；

E—可以执行此块中的程序；A—可以在此块末尾续加信息

图 7.30　扩充功能的段表结构

段式系统和页式系统的地址变换过程十分相似。但页式系统是一维地址结构，而段式系统是二维地址结构，页式系统中的页面和段式系统中的分段有本质的区别，主要表现在以下几个方面：

① 页式系统可实现存储空间的物理划分，而段式系统实现的是程序地址空间的逻辑划分；

② 页面的大小固定且相等（页的大小由 w 字段的位数决定）；段式系统中的分段，长度可变且不相等，由用户编程时决定（段的最大长度由 w 字段的位数决定）；

③ 页面是用户不可见的，而分段是用户可见的；

④ 将程序地址分成页号 p 和页内位移 w 是硬件的功能，w 字段的溢出将自动加入到页号中去；程序地址分成段号 s 和段内位移 w 是逻辑功能，w 字段的溢出将产生主存越界（而不是加到段号中去）。

7.5.4　段页式存储管理

在段式存储管理中结合分页存储管理技术，即在程序地址空间内分段，在一个分段内划分页面，这就形成了段页式存储管理。图 7.31 给出了一个具有段页式地址结构的用户地址空间。

图 7.31　段页式地址空间

段页式存储管理的用户地址空间是二维的、按段划分的。在段中再划分成若干大小相等的页。这样，地址结构就由段号、段内页号和页内位移三部分组成。用户使用的仍是段号和段内相对地址，由地址变换机构自动将段内相对地址的高几位解释为段内页号，将剩余的低位解释为页内位移。这样，用户地址空间的最小单位不是段，而是页，而主存按页的大小划分，按页装入，这样，一个段可以装入到若干个不连续的主存块内，段的大小不再受主存可用区的限制。

用于段页式地址变换的数据结构是每一个程序一张段表，每个段对应一张页表，段表中的地址是页表的起始地址，而页表中的地址则为某页的主存块号。段页式管理中的段表、页表与主存的关系如图 7.32 所示。

段页式地址变换中要得到物理地址须经过 3 次主存访问（若段表、页表都在主存），第一次访问段表，得到页表起始地址；第二次访问页表，得到主存块号；第三次将主存块号与页内位移组合，得到物理地址。可用软、硬件相结合的方法实现段页式地址变换，这样，虽然增加了硬件成本和系统开销，但在方便用户和提高存储器利用率上很好地实现了存储管理的目标。

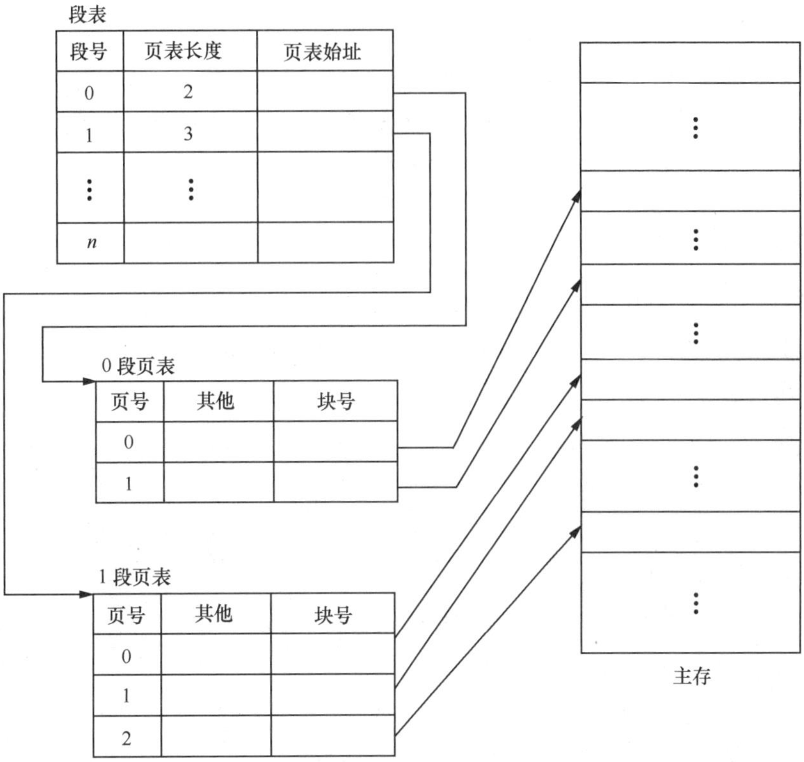

图 7.32 段页式管理中的段表、页表与主存的关系

7.6 UNIX 系统的存储管理

7.6.1 概述

存储管理策略对于进程调度算法有着很大的影响。当一个进程活动时，它的映像至少有一部分在主存。也就是说，CPU 不能执行一个全部内容驻存在二级存储器（即为辅存）中的进程。然而，主存的容量是有限的，它通常容纳不下系统中全部活动的进程。存储管理子系统负责决定哪一个进程应该驻留（至少是部分驻留）在主存中，并管理进程的虚地址空间中不在主存的那一部分。它监视着可用的存储空间，并定期地将进程写到一个称为对换设备的辅存上，以便提供更多的主存空间；在适当的时候，核心再将数据从对换设备中读回主存。

早期的 UNIX 系统在主存和对换设备之间传送整个进程，而不是独立地传送一个进程的各个部分（共享正文除外）。这种存储管理策略称为对换（swap）。这种策略的优点是实现较为简单，系统开销小。但由于对换技术完全是由软件实现的，它与一些大中型计算机上采用的虚拟存储技术相比，效率要低些。特别是随着进程数目的增加，这种对换现象更为严重。所以，对换技术往往用在小型或微型机的分时系统中。后来 UNIX 系统移植到不同的机器上，这些机器都提供了虚拟存储机构。因此，这时的进程可以不用全部换进或换出，而是调入所需要的部分，这就是请求调页策略。

美国加利福尼亚大学伯克利分校的 UNIX 4.2 BSD 版本是在 VAX 11 上实现的第一个采用请求调页策略的系统。现在的许多版本在对换策略的基础上都增加了请求调页策略。UNIX system V 已支持请求调页存储管理策略。请求调页策略是在主存和辅存之间传送存储页，而不是整个进程。这样，整个进程并不需要全部驻留在主存中就可运行，即当进程访问页面时，核心为进程装入该页。请求调页的优点是：它使进程的虚地址空间到机器的物理存储空间的映射更为灵活，允许进程的大小比可用的物理存储空间大得多，还允许将更多的进程同时装入主存。

7.6.2 请求调页的数据结构

在现代计算机系统中，程序经过编译、连接后生成一个虚地址空间，当该程序要进入主存运行时，存储管理部件将生成的虚地址转换成物理存储器中的物理地址。

1. 区和进程区表

UNIX system V 的核心把一个进程的虚地址空间分成若干个逻辑区。区是进程虚地址空间上的一段逻辑上独立的连续区域。进程的正文、数据及栈通常形成一个进程的几个独立的区。若干进程可以共享一个区。例如，几个进程可以执行同一个程序，它们共享一个正文段。类似的几个进程可以合作，共有一个共享存储区。

每个进程有一个私有的本进程区表。它可以放在进程表、u 区或独立分配的存储区中，这取决于具体的实现方法。每个区表项包含如下内容：

① 该区在进程中的起始虚地址；

② 该区的页表地址；

③ 区的大小，即为页表的页数；

④ 保护域，它指出了对应进程所允许的存取类型：只读、读/写或读/执行。

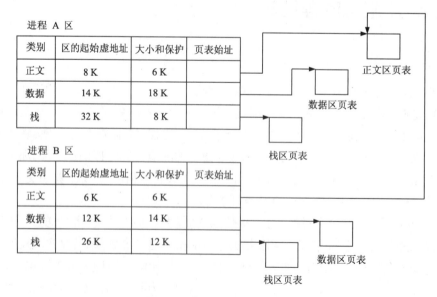

图 7.33 进程区表及其有关内容

图 7.33 给出了两个进程 A 和 B 的区表及其有关内容。其中，两个进程共享正文区，相应的虚地

址分别是 8 K 和 6 K 字节。如果进程 A 读位于 8 K 字节的存储单元，进程 B 读位于 6 K 字节的存储单元，则实际上它们读的是同一正文区的同一存储单元。两个进程的数据区和栈区是各自私有的。

2. 页和页表

在基于页的存储管理体系结构中，存储管理的硬件将物理存储器分成大小相等的块。程序地址空间则分成相等的片，称为页面。典型的页面大小为 1 KB、2 KB 或 4 KB。在 UNIX system V 中，核心将区中的逻辑页号映射为主存的物理块号，从而使区的虚地址与主存的物理地址联系起来。在一个程序中，由于区是连续的地址空间，所以逻辑页号自然是连续的。这些页所在的物理块可以不连续。每个区表项中有一个指针，它指向该区的页表。

页表中每一表项会有该页的物理块号，还有用以指示是否允许进程读、写或执行该页的保护位，以及为支持请调而设的下列位域：有效位、访问位、修改位、年龄位。

有效位（Valid Bit）用来指示该页的内容是否有效。若为 1，该页有效，即该页在主存，这与 7.4.3 节讨论的中断位 i 的意义类似。

访问位（Reference Bit）用来指示最近是否有进程访问了该页。

修改位（Modify Bit）用来指示最近是否有进程修改了该页的内容。

年龄位（Age Bit）记录该页作为一个进程的工作集中的一页有多长时间了。

每一个页表的表项都与一个磁盘块描述项相关联。该磁盘块描述项描述了该页面的磁盘拷贝。一个页面的内容可以在一个对换设备上的特定块中，也可在一个可执行的文件中。如果该页面在对换设备上，则磁盘块描述项中含有存放该页的逻辑设备号和块号。如果该页在一个可执行文件中，则磁盘块描述项含有该文件中的逻辑块号，虚拟页就在这一逻辑块中。核心可以很快地将这个逻辑块号映射到它的磁盘地址上去。

所以，从逻辑上来说，页表表项的内容可由图 7.34 描述。

页号	块号	年龄	修改	访问	有效	保护	对换设备	磁盘块号

图 7.34　页表表项的内容

7.6.3　UNIX 系统的地址变换

若某一机器的物理存储器是 2^{32} 个字节，并设一页的大小为 1 K 字节，那么该机器的分页机构如图 7.35 所示。一个虚地址可看成由一个 22 位的页号和一个 10 位的页内位移组成。

地址映射过程大致如下：CPU 给出虚地址；由分页机构得出页号 p 和页内位移 w；页号 p 的最高位为 1 处说明了该地址在哪一个区；其后各位说明该地址在该区内的页号。这样，由 p 值可以确定在哪一个区，然后，在进程区表中可以找到该区的页表，再以页号 p 为索引在该页表中得块号，将块号与 w 相加得到物理地址。

图 7.36 给出了进程 A 的虚地址到物理地址的映射关系。其中 A 进程的区表给出区的起始虚地址和页表始址；页表给出了页号和块号的对应关系。假定该进程要存取 68432_{10} 这个虚地址，经分页机构得 $p=1000010$，最高位为 1 处为 64 K 位，说明该地址在栈区内。因栈区的起始虚地址为 64 K，而

其后的 $10_2=2_{10}$ 说明在该区的页号为 2，页内位移 w=1101010000$_2$=848$_{10}$，以 p 为索引查栈区页表得块号为 986 K。所以，最终的物理地址为 986 K + 848。

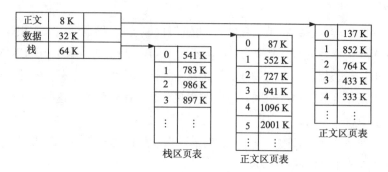

图 7.36　虚地址到物理地址的映射

现代计算机采用各种硬件寄存器和高速缓存，从而使地址变换速度加快。当恢复一个进程的运行时，核心要填写适当的寄存器内容，以便告诉存储管理硬件该进程的页表及该进程的物理存储在哪里。

7.6.4　页面错

UNIX 系统产生两种页面错。一种情况是进程企图存取虚空间范围之外的页面，即段违例。在这种情况下，核心向违例进程发送一个"段违例"软中断信息，由用户自己进行处理。

另一种情况是进程企图存取一个有效位为零（即页面不在主存）的页，它将产生一个有效位错（即产生缺页中断）。此时，该页在虚空间内，但当前它没有分配到物理块，其有效位为零。硬件向核心提供存取虚空间的这一地址，由核心依分页机构找出相应的页表项，核心锁住含有该页表项的区，以防止资源竞争。如果存取的页在页表中没有该页的记录，那么试图进行的主存访问是非法的，核心将发出"段违例"软中断信号。如果这次访问是合法的，则核心分配一个页面的主存块，以便读入对换设备上或可执行文件中该页的内容。

页面失效，即有效位错误处理程序的算法描述见 MODULE 7.1 。

```
MODULE 7.1　页面失效
算法　vfault
输入：进程发生页面错的地址
输出：无
{
    找出对应出错地址的区、页表项，锁住该区；
    if　(出错地址在进程虚空间以外)
    {
        向进程发软中断信号(段违例)；
        goto　out；
    }
    给该区分配新页表；
    从对换设备或可执行文件中读虚页；
    sleep　(事件：I/O 完成)；
    唤醒进程(事件：页内容有效)；
```

　　　　设置页有效位；

　　　　请修改位、年龄位；

　　　　重新计算进程优先级；

　　　　out：解锁该区；

　　}

7.7　Linux 系统的存储管理

　　Linux 系统是一个类 UNIX 的操作系统，它采用的存储管理技术与 UNIX 一样，也是段页式存储管理技术。现代的微处理器包含的硬件线路使主存管理既高效又健壮。为了更好地理解分页单元的一般原理，本章首先讨论主存寻址技术。

7.7.1　主存寻址

　　80x86 微处理器实现了芯片级的主存寻址，Linux 系统在寻址硬件的基础上有效地实现了段页式存储管理。

　　1. 三种地址

　　80x86 微处理器区分 3 种不同的地址，这就是逻辑地址、线性地址和物理地址。

　　① 逻辑地址（Logical Address），就是程序的指令地址或操作数地址，它包含在机器语言指令中。在段式结构中，应用程序由若干个分段组成，每一个逻辑地址由段和偏移量组成，偏移量指明了从段开始的地方到实际地址之间的距离。

　　② 线性地址（Linear Address），或称虚地址，是一个 32 位无符号整数，用以表达高达 4 GB 的虚地址。

　　③ 物理地址（Physical Address），存放信息的实地址，用于主存芯片级的主存单元寻址。

　　主存控制单元（MMU）通过硬件电路进行地址变换。首先通过称为分段单元（Segmentation Unit）的硬件电路将一个逻辑地址转换为线性地址，接着分页单元（Paging Unit）的硬件电路将线性地址转换为物理地址。转换过程如图 7.37 所示。

图 7.37　通过硬件线路进行地址变换

　　2. 分段机制与段描述符

　　Linux 系统采用了分段机制保护模式。与保护模式对应的是实模式，现在实模式仍然存在的原因有两个：一是要维持处理器与早期模型的兼容；二是实现操作系统自举。保护模式与实模式的最大区别是寻址方式不同，保护模式采用了分段机制。

　　（1）段选择符

　　在分段机制下，一个逻辑地址包含两个部分：

　　① 段选择符；

　　② 段内相对地址的偏移量。

段选择符是一个 16 位长的字段，如图 7.38 所示，表 7.1 所示为段选择符中字段的含义。

图 7.38 段选择符

表 7.1 段选择符中字段的含义

字段名	说 明
Index	指定在 GDT（或 LDT）中该字段描述符的入口
TI	指定段描述符是在 GDT 中（TI=0）或在 LDT 中（TI=1）
RPL	请求者特权级（Linux 只用 0 级和 3 级，分别表示内核态和用户态）

系统提供段寄存器，用于存放段选择符，以便能快速找到段选择符。系统共有 6 个段寄存器，分别为 cs、ss、ds、es、fs 和 gs。其中有 3 个作为专用寄存器，介绍如下：

① cs 代码段寄存器，指向包含程序指令的段；

② ss 栈段寄存器，指向包含当前程序栈的段；

③ ds 数据段寄存器，指向静态数据或全局数据段。

其他 3 个段寄存器一般用途，可指向任意的数据段。特别要指出的是：cs 段寄存器中的 RPL 字段有很重要的功能，它说明了 CPU 当前的特权级 CPL（Current Privilege Level）。当 CPL 为 0 时表示内核级，为 3 时为用户级。

（2）段描述符

段描述符描述了分段的特征，由 8 个字节组成。它存放在全局描述符表 GDT 或局部描述符表中。一般只定义一个 GDT，若进程还需要创建附加的段，就可以有自己的 LDT。GDT 在主存中的地址和大小存放在 gdtr 控制寄存器中。图 7.39 所示为段描述符的格式。

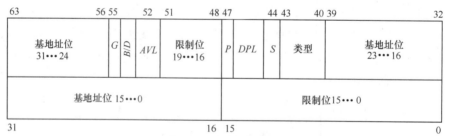

图 7.39 段选择符格式

图 7.39 所示的段描述符中主要字段的意义如下。

① 基地址包含段的首字节的线性地址。

② G 位：颗粒位，若该位为 0，表示段大小以字节为单位，否则以 4096 字节的倍数计。

③ 限制位：存放段中最后一个主存单元的偏移量，表示段的长度。若 $G=0$，则一个段的大小在 1 个字节到 1 MB 之间变化；若 $G=1$，则在 4 KB 到 4 GB 之间变化。

④ 类型：描述段的类型特征和存取权限。

⑤ DPL：表示访问该段所要求的 CPU 的特权级，当 $DPL=0$ 时，表示 CPU 特权级应为 0（即为核态）时才能访问；当 $DPL=3$ 时，表示 CPU 特权级应为 3（即为用户态）时可以访问。

⑥ S：系统标志。若被清 0，表示为系统段，存储如 LDT 这样的关键数据结构，否则表示为普

通代码段或数据段。

⑦ *P*：表示当前段在不在主存，Linux 系统总是将该标志置为 1，因为它从不把整个段交换到磁盘上去。

Linux 系统采用的段描述符的类型有如下 4 种。

① 代码段描述符：表示这个段描述符代表一个代码段，它存放在 GDT 或 LDT 中，其描述符中 *S* 字段标志为 1。

② 数据段描述符：表示这个段描述符代表一个数据段，它存放在 GDT 或 LDT 中，其描述符中 *S* 字段标志为 1。栈段是通过一般的数据段实现的。

③ 任务段描述符（TSSD）：表示这个段描述符代表一个任务状态 TSS（Task State Segment）段，用于保存处理器寄存器的内容。它只存放在 GDT 中。其描述符中 *S* 字段标志为 0，并依相应进程是否在 CPU 上运行，其类型字段的值分别为 11 或 9。

④ 局部描述符表描述符（LDTD）：表示这个段描述符代表一个包含 LDT 的段，它出现在 LDT 中。

3. 逻辑地址转换

在分段机制下，程序的逻辑地址由段选择符和段内相对地址两部分组成。这一逻辑地址通过分段单元可转化为一个 32 位的线性地址，其转换过程如图 7.40 所示，转换步骤如下：

① 由段选择符的 TI 字段决定段描述符保存在 GDT 还是 LDT 中，再由 gdtr（或 ldtr）寄存器中得到 GDT（或 LDT）的首址；

② 由段选择符的 index 字段的值乘以 8，与 gdtr（或 ldtr）寄存器的内容相加，得到该段描述符地址；

③ 将段描述符的基地址字段与逻辑地址中的偏移量相加得到线性地址。

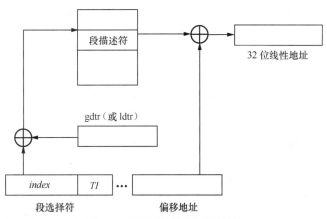

图 7.40 逻辑地址转换为线性地址

值得一提的是，现在 80x86 处理器提供一种附加的非编程的寄存器用于分段单元。每一个非编程寄存器可包含具有 8 个字节的段描述符。每当一个段选择符被装入段寄存器时，相应的段描述符就由主存装入到对应的非编程寄存器中。于是，针对该段的逻辑地址转换就可以不用主存中的 GDT（或 LDT）。处理器只需直接引用存放段描述符的该非编程寄存器即可。只有当段寄存器的内容改变时，才有必要访问 GDT（或 LDT）。所以，有了与段寄存器相关的非编程寄存器，在上述的逻辑地址转换的步骤中的①和②一般不需执行，只有当段寄存器的内容被改变时才需要执行这两个操作。

7.7.2　Linux 系统段页式地址变换

1. Linux 系统的分段

在 80x86 结构下，Linux 系统使用分段。Linux 系统处在用户态时，使用用户代码段和用户数据段来对指令和数据寻址。而处在核态时，使用内核代码段和内核数据段来对指令和数据寻址。每个分段是一个连续的线性地址空间，从 0 开始直到 $2^{32}-1$ 的寻址长度。

Linux 系统的段页式地址变换

存放在 CS 寄存器中的段选择符中的 RPL 字段（CPL）描述了 CPU 的当前特权级，该特权级反映了进程是处在用户态还是处在内核态。当进程切换时，相应的特权级也会随之改变。例如，当 CPL=3（用户态）时，DS 寄存器必须含有用户数据段的段选择符；而当 CPL=0（核态）时，DS 寄存器则应含有内核数据段的段选择符。

2. 80x86 分页结构

程序的逻辑地址如何转换为主存的物理地址？在 80x86 微处理器结构中，要经过 2 个阶段。第一阶段是通过分段单元将一个逻辑地址转换为线性地址，如图 7.37 所示；第二阶段是通过分页单元将这 32 位长的线性地址转换为主存的物理地址。

80x86 微处理器的分页单元处理 4 KB 的页。一个 32 位的线性地址分为 3 个域，如图 7.41 所示。

在图 7.41 中，页目录字段指向页目录项；页表字段指向进程的一个页表项；页内位移则是页内偏移量。Linux 系统使用三级页表完成地址变换。利用多级页表可以节省地址转换需占用的存放空间。在三级页表中，第一级是全局目录（Page Global Directory，PGD），PGD 中的表项指向页目录中的一个表项；二级页表是页目录（Page Middle Diratory，PMD），PMD 中的表项指向页表（Page Table Entry，PTE）中的一个表项；三级是页表，该表项指向物理页（页框）的主存地址。

图7.41　80x86分页结构

3. 线性地址转换为物理地址

Linux 系统通过三级页表完成线性地址到物理地址的转换，如图 7.42 所示。正在使用的页目录表的物理地址存放在控制寄存器 cr3 中。具体步骤如下。

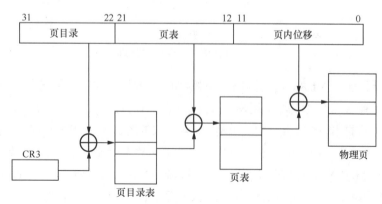

图 7.42　由线性地址转换为物理地址

① 由 cr3 指示的当前页目录的物理地址与分页结构中的页目录字段的内容相加指向页目录表项。

② 由页目录表项内容得到当前使用的页表的起始地址，通过分页结构中的页表字段的内容找到该页表项。

③ 由页表项指示的该页的物理页（页框）的主存地址与分页结构中的页内位移相加，得到最终的物理地址。

为了加快线性地址的地址变换速度，80x86 处理器还包含一个称为转换后援缓冲器或 TLB（Translation Lookaside Buffer）的高速缓存，即本书 6.4.2 节讨论过的快表。当访问一个线性地址时，处理器首先检查 TLB 中是否缓存了该虚拟地址到物理地址的映射，若在缓存中命中，就可立即得到物理地址，否则，还要通过访问 RAM 中的页表得到物理地址。

7.7.3　Linux 系统动态内核管理

整个主存空间被操作系统的内核代码和用户程序所占用，所以可分为内核空间和用户空间两部分。对操作系统而言，除了管理物理主存外，还必须管理进程地址空间（即用户进程所能看到的空间）。本章讨论内核如何管理物理主存。

1．物理页的描述

Linux 系统主存分配的基本单位是物理页（又称为页框）。主存管理单元 MMU 以页为单位进行分配和处理。页的大小与计算机体系结构有关，大多数 32 位体系结构支持 4 KB 的页，而 64 位体系结构支持 8 KB 的页。

内核用 struct page 结构描述页框，其结构如下。

```
struct page {
    flags;              /* 页的状态 */
    _count;             /* 该页被引用的次数 */
     ⋮
    *virtual;           /* 页的虚拟地址，通常情况下记录页在虚拟主存中的地址 */
};
```

struct page 结构说明一个页框是否空闲，若已被分配，它被谁占用，拥有者可能是用户进程、动态分配的内核数据、静态内核数据等。内核用此数据结构来管理系统中的所有页框。此结构中的引用计数说明了页框中的页被引用的次数。当计数为 0 时，说明当前内核没有引用该页，该页可重新分配。状态位说明页是否脏（被修改过）或被锁在主存，flags 的每一个单独的位表示一种状态。

2．物理主存分区及描述

内核将系统中的所有页框划分为不同的区，具有相似特征的页框归为同一个分区。Linux 系统共分为 3 种分区。

ZONE_DMA：这个分区包含的页只能用来执行 DMA 操作。

ZONE_NORMAL：这个分区包含的页都是能正常映射的页。

ZONE_HIGHMEM：这个分区包含的是"高端主存"，其中的物理页并不能永久地映射到内核地址空间。表 7.2 所示为 80x86 上的分区。

ZONE_DMA 的大小为 16 MB，可对 0 MB～16 MB 的主存执行 DMA 操作。可正常寻址的主存区大小为 16 MB～896 MB，这是因为内核地址空间有 1 GB，通常内核会保留其中的 128 MB 留作他用，如利用这些线性地址实现非连续主存分配和固定映射的线性地址，可以正常映射的线性地址空间就剩下 896 MB 了。ZONE_HIGHMEM 区包含的主存不能被内核直接访问。

表 7.2　80x86 上的分区

区	描述	物理主存的位置
ZONE_DMA	DMA 使用的页	< 16 MB
ZONE_NORMAL	正常寻址的页	16 MB～896 MB
ZONE_HIGHMEM	动态映射的页	> 896 MB

Linux 系统将页框划分为不同的分区，其目的是便于分配和管理。这种划分是一种逻辑上的分组，使主存形成不同的主存池，有的便于 DMA 操作，有的区能通过正常的地址映射进行寻址等。

每个区用 struct zone 结构描述，其结构如下。

```
struct zone {
    lock;              /* 锁 */
    free_pages;        /* 空闲页框的数目 */
    page_min;          /* 区中保留的页框的数目 */
    page_low;          /* 回收页框使用的下界 */
    page_high;         /* 回收页框使用的上界 */
        ⋮
    *name;             /* 该区的名字 */
};
```

lock 是一个自旋锁（互斥锁），用于防止此结构被并发访问。free_pages 域记录这个区中空闲页框的数目，内核尽可能保证有 page_min 个空闲页框可以使用。Name 域是一个以 NULL 结束的字符串，表示区的名字。3 个区的名字分别为 "DMA"、"NORMAL" 和 "HIGHMEM"。

3．分区页框分配器

Linux 内核通过页框和区对主存进行管理，实现了请求主存的底层机制，并提供一组访问接口。内核提供的函数（或宏）可以以相当直接的方式获得动态主存，注意这种方式只能由内核使用。表 7.3 和表 7.4 分别为低级页框分配和释放的方法及描述。

表 7.3　低级页框分配

函数（或宏）	描　　述
alloc_page(gfp_mask)	只分配 1 页，返回指向页结构的指针
alloc_pages(gfp_mask,order)	分配 2^{order} 个页，返回指向第一页页结构的指针
_get_free_page(gfp_mask)	只分配 1 页，返回指向其逻辑地址的指针
__get_free_pages(gfp_mask,order)	分配 2^{order} 个页，返回指向第一页逻辑地址的指针
get_zeroed_page(gfp_mask)	只分配 1 页，其内容填 0，返回指向其逻辑地址的指针

表 7.4　低级页框释放

函数（或宏）	描　　述
__free_pages(page,order)	释放由 page 所指的描述符对应的页框开始的 2^{order} 个连续的页框
free_pages(addr,order)	释放由 addr 所指的页框开始的 2^{order} 个连续的页框
__free_page(page)	释放由 page 所指的描述符对应的页框
free_page(addr)	释放线性地址为 addr 的页框

值得注意的是：释放页框时只能释放自己占用的页框，而且在函数（或宏）中传递的参数必须正确，否则可能的错误会导致系统崩溃。

参数 gfp_mask 是一组标志，它指明了如何寻找空闲的页框，其标志内容如表 7.5 所示。

表 7.5   用户请求页框的标志

标　　志	说　　明
__GFP_DMA	所请求的页框必须处于 ZONE_DMA 管理区
__GFP_HIGHMEM	所请求的页框必须处于 ZONE_HIGHMEM 管理区
__GFP_HIGH	允许内核访问保留的页框池
__GFP_IO	允许内核在低端主存页上执行 I/O 传输以释放页框
__GFP_ZERO	任何返回的页框必须被填满 0

4. 分区页框分配器

分区页框分配器（Zoned page frame allocator）是一个内核子系统，它负责对连续页框的主存分配。其组成如图 7.43 所示。

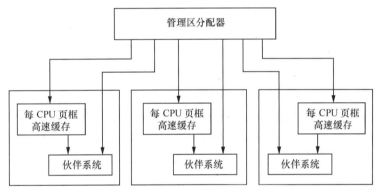

图 7.43   分区页框分配器的组成

分区页框分配器由管理区分配器和 3 个不同的主存管理区组成。管理区分配器接受动态主存分配和释放的请求。当请求分配页框时，相应的管理区分配器在对应的管理区内寻找一个能满足所请求的一组连续页框。在每一个主存管理区内，具体的分配工作由伙伴系统来处理。为了提高系统的性能，每 CPU 页框高速缓存用来保留一小部分页框，以便于快速满足对单个页框的分配请求。

5. 伙伴系统算法

（1）主存管理中的外碎片问题

在系统运行过程中，会有大量的分配和释放连续页框的请求，若频繁地请求和释放不同大小的连续页框，就会导致在已分配页框内产生许多小的、分散的空闲页框。这将造成主存空间的浪费，因为即使有足够的空闲页框可以满足请求的大小，但要分配一个大块的连续页框却无法满足。

为了解决外碎片问题，Linux 系统采用了一种技术，该技术记录了当前空闲的连续页框块的情况，以尽量避免为满足小块的请求而分割大的空闲块。

（2）伙伴系统算法

Linux 系统采用著名的伙伴系统（Buddy System）算法来解决外碎片问题。

① 页框组织

a. 将所有的空闲页框分组为 11 个块链表；

b. 每个块链表分别包含大小为 1、2、4、8、16、32、64、128、256、512、1024 个连续页框；

c. 每个块的第一个页框的物理地址是该块大小的整数倍。

② 页框的分配过程

以分配 256 个页框的块为例说明伙伴系统算法的页框的分配过程：

a. 首先在 256 个页框的链表中检查是否有一个空闲块满足需要；

b. 若没有，则在 512 个页框的链表中找满足需要的空闲块。

- 若存在这样的块，算法将这 512 的页框分为两个相等的部分；
- 一半用来满足请求，另一半插入到 256 个页框的链表中；

c. 若没有，则在 1024 个页框的链表中找满足需要的空闲块

- 若存在，则将 256 块用来满足要求，其余部分分为 256 块和 512 块分别插入到相应的链表中；
- 若不存在，算法放弃并给出不能满足分配的信息。

③ 页框的释放过程

上述过程的逆过程就是页框的释放过程。

a. 内核试图将大小为 b 的一对空闲伙伴块合并为一个大小为 $2b$ 的单独块。满足以下条件的两个块称为伙伴：

- 两个块的大小相同，记为 b；
- 它们的物理地址是连续的；
- 第一块的第一个页框的物理地址是 $2 \times b \times 2^{12}$ 的倍数；

b. 算法是迭代的，如果它成功合并所释放的块，它会试图合并 $2b$ 的块，以再次试图形成更大的块。

7.7.4　Linux 系统的进程地址空间

Linux 内核实现了请求主存的底层机制，提供用于页框分配和释放的函数（或宏）。这些函数只能由内核直接使用，用户进程请求主存时不能直接使用。当用户进程请求动态主存时，内核采用推迟分配的方法，即用户并没有获得请求的页框，而仅仅获得对一个新的线性地址区间的使用权。这一线性地址区间成为进程地址空间的一部分，称为"线性区"。

1. 进程地址空间的描述

进程的地址空间由每个进程的线性地址区组成，是一个独立的连续区间。下面讨论进程地址空间以及空间中的主存区域的描述，并讨论主存区域的创建和销毁。

描述进程地址空间的信息存放在一个称为主存描述符的数据结构中。主存描述符由 mm_struct 结构体表示，进程描述符的 mm 字段指向这个结构。主存描述符的结构和字段的描述如下。

```
mm_struct
{
    *mmap;              /* 指向线性区对象的链表头 */
      ⋮
    mm_users;           /* 次使用计数器 */
    mm_count;           /* 主使用计数器 */
```

218

```
    map_user;                /* 线性区个数 */
    mmlist;                  /* 包含全部 mm_struct 的链表 */
    start_code;              /* 代码段的开始地址 */
    end_code;                /* 代码段的最后地址 */
    start_data;              /* 数据段的首地址 */
    end_data;                /* 数据段的末地址 */
      ⋮
    rss;                     /* 分配给进程的页框数 */
    total_vm;                /* 进程地址空间的大小（页数）*/
      ⋮
};
```

第一个字段 mmap 表示该地址空间的全部主存区域，以链表形式存放，可以简单、高效地遍历所有元素。所有的 mm_struct 结构体通过 mmlist 域链接成为一个双向链表，该链表的首元素是 init_mm 主存描述符。mm_users 字段存放的是共享 mm_struct 数据结构的轻量级进程的个数，在该字段中的所有用户在 mm_count 中只作为一个单位。mm_count 字段是主存描述符的主使用计数。mm_users 和 mm_count 字段的区别可用一例来说明：当有两个轻量级进程共享一个主存描述符时，这时 mm_users 中存放的值是 2，mm_count 字段存放的值是 1。当 mm_count 字段的值为 0 时，说明没有用户使用主存描述符了，这时该结构可以销毁。

2. 分配和销毁主存描述符

主存描述符记录了进程地址空间的所有信息，而一个进程描述符的 mm 域则存放着该进程使用的主存描述符。

（1）分配主存描述符

当一个进程要创建子进程时，将产生一个新的主存描述符。当前进程的进程描述符由 current 指示，所以 current→mm 便指向当前进程的主存描述符。创建进程的 fork() 函数利用 copy_mm() 复制父进程的主存描述符，即将 current→mm 域复制给子进程。而子进程的 mm_struct 结构体则利用主存分配功能，从 mm_cachep slab 缓冲（slab 是通用数据结构缓冲层，slab 层将不同的对象划分为不同的高速缓冲组，mm_cachep slab 用于主存描述符结构的缓冲分配）中获得。每个进程都有一个唯一的 mm_struct 结构体，即唯一的进程地址空间。

对于线程而言，实际上是一个共享特定资源的进程，是否共享地址空间是 Linux 系统中进程与线程的唯一区别。所以，当父进程和子进程共享地址空间且调用 clone() 时，设置 CLONE_VM 标志，此时创建的子进程即为线程。当 CLONE_VM 标志被设置后，内核只需要在 copy_mm 函数中将子进程的 mm 域指向其父进程的主存描述符即可。

（2）销毁主存描述符

当进程撤销时，内核通过 exit_mm() 函数销毁主存描述符。主要工作是减少主存描述符中的 mm_users 次用户计数，若用户计数为 0，则进一步减少 mm_count 主使用计数。若主使用计数也为 0，说明该主存描述符不再有任何使用者了。这时，主存分配功能将回收 mm_struct 结构体到 mm_cachep slab 缓冲中。

3. 进程线性区及描述

进程的地址空间由若干个线性区组成，线性区域（又称为主存区域）用 **vm_area_struct** 结构体描述。主存区域在内核中常被称为虚拟主存区域 VMA。每个主存区域具有一致的属性和相应的操作。进程线性区 vm_area_struct 结构体描述如下。

```
vm_area_struct{
    *vm_mm;              /* 对应的 mm_struct 结构体 */
    vm_start;            /* 该主存区域的首地址 */
    vm_end;              /* 该主存区域的尾地址*/
    *vm_next;            /* VMA 链表 */
    vm_page_prot;        /* 访问控制权限 */
        ⋮
};
```

该结构中，vm_mm 域指向与该 VMA 相关的 mm_struct 结构体。vm_start 域指向该主存区域的首地址，vm_end 域指向该主存区域的尾地址之后的第一个字节，主存区域的位置是在[vm_start, vm_end]之间。在同一地址空间中的不同主存区域不能重叠。vm_next 字段指向 VMA 链表中的下一个元素。

描述进程虚地址空间的数据结构有主存描述符 mm_struct 和主存区域描述符 vm_area_struct。进程地址空间可以由多个主存区域组成，描述这些线性区域的数据结构 vm_area_struct 组成一个链表，mm_struct 中的 mmap 就指向这个链表的头结构。这两类数据结构的关系如图 7.44 所示。

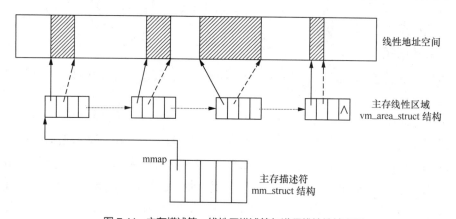

图 7.44　主存描述符、线性区描述符与进程线性地址空间

4.　分配和释放线性区

Linux 内核使用 do_mmap()函数创建一个新的线性区加入到进程地址空间中。内核检查要创建的地址空间是否与一个已经存在的地址空间相邻，并且二者具有相同的访问权限，若这两个条件成立，这两个区间合并为一个。如果不能合并，就需要创建一个新的 VMA 了。

do_munmap()函数从特定的进程地址空间中删除指定的地址空间，该函数调用需要指定要删除区域所在的地址空间、要删除区间的开始地址和要删除的长度（字节数）。若函数调用成功，返回 0；否则返回错误码。

习题 7

7-1　存储管理的功能及目的是什么?

7-2　什么是逻辑地址? 什么是物理地址? 为什么要进行两者的转换工作?

7-3 什么是静态地址重定位？它需要什么支持？

7-4 什么是动态地址重定位？它需要什么支持？

7-5 静态地址重定位与动态地址重定位的区别是什么？

7-6 假定某程序装入主存后的首地址为 36000，某时刻该程序执行了一条传送指令"MOV AX，[1000]"，其功能是将 1000 号单元内的数据送 AX 寄存器。试用图画出该指令执行时的地址重定位过程，并给出数据所在的物理地址（题中数字为十进制数）。

7-7 什么是存储保护?

7-8 用上、下界防护方法如何实现界地址保护？在硬件上需要什么支持？

7-9 什么是首次适应算法？该算法的特点是什么？

7-10 什么是最佳适应算法？该算法的特点是什么？

7-11 如图 7.45 所示，主存中有两个空闲区。现有如下程序序列：程序 1 要求 50 KB；程序 2 要求 60 KB；程序 3 要求 70 KB。若用首次适应算法和最佳适应算法来处理这个程序序列，试问：哪一种算法可以分配得下？简要说明分配过程（假定分区描述器所需占用的字节数已包含在程序所要求的主存容量中）。

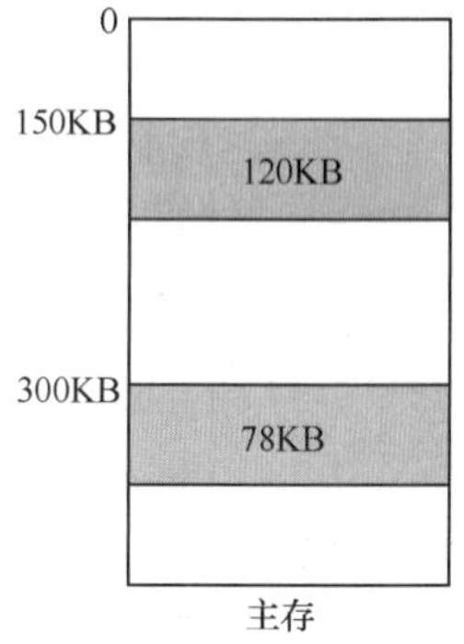

7-12 已知主存有 256 KB 容量，其中 OS 占用低址 20 KB，现有如下一个程序序列。

程序 1 要求 80 KB；程序 2 要求 16 KB；程序 3 要求 140 KB。

程序 1 完成；程序 3 完成。

程序 4 要求 80 KB；程序 5 要求 120 KB。

试分别用首次适应算法和最佳适应算法处理上述程序序列（在存储分配时，从空闲区高址处分割作为已分配区），并完成以下各步骤。

（1）画出程序 1、2、3 进入主存后主存的分配情况。

（2）画出程序 1、3 完成后主存分配情况。

（3）试用上述两种算法画出程序 1、3 完成后的空闲区队列结构（要求画出分区描述器信息，假定分区描述器所需占用的字节数已包含在程序所要求的主存容量中）。

（4）哪种算法对该程序序列是合适的？简要说明分配过程。

7-13 分区分配方法的主要缺点是什么？如何克服这一缺点？

7-14 已知主存容量为 64 KB，某一程序 A 的地址空间如图 7.46 所示，它的 4 个页面（页面大小为 1 KB）0、1、2、3 被分配到主存的 2、4、6、7 块中。

（1）试画出程序 A 的页面映像表；

（2）当 200 号单元处有一条指令"mov r_1，[3500]"执行时，如何进行正确的地址变换，以使 3500 处的内容 12345 装入 r_1 中，要求用图画出地址变换过程，并给出最终的物理地址。

7-15 什么是虚拟存储器？在页式系统中如何实现虚拟存储？

7-16 如果主存中的某页正在与外部设备交换信息，那么在缺页中断时可以将这一页淘汰吗？为了实现正确的页面调度，应如何扩充页表的功能？

7-17 什么是系统的"抖动"？它有什么危害？

图 7.45

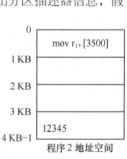

程序 2 地址空间

图 7.46

7-18   什么是置换算法？在页式系统中常用的置换算法是什么？

7-19   什么是先进先出淘汰算法？试举出一种实现方法？

7-20   什么是最久未使用淘汰算法？试举出一种实现方法？

7-21   在请求分页系统中，某程序 A 有 10 个页面，系统为其分配了 3 个主存块。设该程序第 0 页已装入主存，进程运行时访问页面的轨迹是 0130520，试用页号栈的方法回答如下问题。

（1）在先进先出页面置换算法下，缺页中断次数是多少？要求用图画出每一次页面置换前后的情况。

（2）若采用最久未使用置换算法，回答上述同样问题。

7-22   页式系统和段式系统在地址结构上有什么区别？

7-23   页式系统中的页面和段式系统中的分段有什么区别？

7-24   共享有什么好处？在段式系统中如何实现段的共享？

7-25   如何实现段式系统中的存取控制？

7-26   试叙述段页式地址变换过程。

7-27   Linux 系统如何通过三级页表完成线性地址到物理地址的转换？

7-28   Linux 系统的主存分配单位是什么？描述这一分配单位的数据结构是什么？

7-29   Linux 系统的伙伴系统算法中，页框如何组织？

7-30   说明 Linux 系统的伙伴系统算法中，页框的分配过程。

7-31   在 32 位计算机系统中，有的虚存系统采用二级页表存储逻辑页与物理页帧（物理块）之间的对应关系。二级页表包含第一级页表和第二级页表（见图 7.47）。第一级页表一共存储 1024 项 32 位主存地址，这些地址分别是第二级页表的物理主存起始地址。每个第二级页表分别存储 1024 项 32 位主存地址，这些地址是进程所使用的物理页帧的起始地址。回答以下问题：

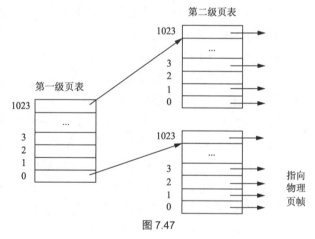

图 7.47

（1）物理页帧的大小是多少字节？32 位虚地址中的哪些数位分别对应第一级页表偏移、第二级页表偏移以及页内偏移？

（2）列出算式计算，假设单次访存操作的时间开销为 500 ns，一次完整的数据访问所耗费的时间是多少（不考虑页表 cache 并假设所访问的页面事先已在主存）？

7-32   某页式存储管理系统实现时结合简化的段式管理，虚拟地址长度为 24 位，其中 23~22 两位表示段类型：01、10、11 分别代表代码段、数据段和栈段，00 非法；主存块和页面大小为 2 K。现有一进程 P，代码段分别占用 4 个主存块 0xA、0x8、0x5、0xF，数据段分别占用 3 个主存块 0xB、0x7、0xD，栈段分别占用两个主存块 0x1、0x6，回答以下问题：

（1）该页式存储管理系统中，进程的代码段空间以及整个虚拟地址空间最大是多少？

（2）画出进程 P 主存中段表、页表结构，其中段表包含段的起始虚拟地址、页表指针。

（3）计算出进程 P 中逻辑地址 8006ADH 的物理地址，给出计算过程。

08 第8章 设备管理

8.1 设备管理概述

操作系统的设备管理，又称为输入/输出（I/O）管理，它负责管理设备和控制I/O传输操作。设备是计算机系统中除中央处理机、主存储器之外的所有其他的设备，又称为外部设备。

设备独立性与
设备控制块

计算机系统中使用的设备分为存储设备、I/O设备和通信设备3类。存储设备用于存储信息，如磁盘、磁带、光盘。I/O设备包括输入设备和输出设备两类。输入设备将外部世界的信息输入到计算机，如键盘、输入机、电传输入机、数字化仪、模数转换器等。输出设备将计算机加工好的信息输出给外部世界，如宽行打印机、激光打印机、数模转换器、绘图仪等。此外，还有各种通信设备负责计算机之间的信息传输，如调制解调器、网卡等。

操作系统设计的目标之一是提高系统资源的利用率，包括提高外部设备的利用率。提高设备利用率的关键是实现设备的并行操作。这既要求设备传输与CPU运行能高度重叠，又要求设备之间能充分地并行工作。操作系统利用硬件提供的通道、中断技术以及各种外部设备提供的物理性能的支持来实现外部设备的共享，并有效地完成各自所需的传输工作。完成这一功能的程序模块称为I/O子系统。

操作系统的第二个目标是方便用户的使用。I/O管理应使用户摆脱具体的、复杂的物理设备特性的束缚，提供方便灵活的、使用外设的手段。为此，系统为用户建立了虚环境。用户只要在程序中使用I/O管理模块提供的系统调用就可由系统负责完成信息转换、设备分配、I/O控制等一系列工作。

I/O管理是操作系统中最庞杂、琐碎的部分，它很难规格化且有着众多的特殊方法，因为系统使用的设备种类繁多，每一台设备的特性和操作方法完全不同，这给设备管理带来了复杂性。但设备管理通过提供设备独立性、设计设备控制块和建立I/O子系统等方法实现了它要达到的目标。

8.1.1 设备管理的功能

为了提高设备的利用率，方便用户使用外部设备，I/O设备管理应具有以下功能。

1. 状态跟踪

为了能对设备实施分配和控制，系统必须能快速地跟踪设备状态。设备状态信息保留在设备控制块中，设备控制块动态地记录设备状态的变化及有关信息。

2. 设备分配

在多用户环境中，I/O 管理的功能之一是设备分配。系统将设备分配给进程（或应用程序），使用完毕后系统将其及时收回，以备重新分配。设备分配和回收可以在进程级进行，也可在应用程序级进行。静态分配在应用程序进入系统时进行分配，退出系统时收回全部资源。动态分配是在进程需要使用某设备提出申请时进行分配，使用完毕后立即将其收回。

3. 设备控制

每个设备都响应带有参数的特定的 I/O 指令。I/O 管理的设备控制模块负责将用户的 I/O 请求转换为设备能识别的 I/O 指令，并实施设备驱动和中断处理的工作。即在设备处理程序中发出驱动某设备工作的 I/O 指令，并在设备发出完成或出错中断信号时进行相应的中断处理。

8.1.2 设备独立性

1. 设备独立性概念

为了方便用户使用各类设备，系统应能屏蔽设备的物理特性，为用户建立虚环境。现代操作系统一般采用"设备独立性"的概念。

所谓设备独立性是指用户在编制程序时所使用的设备与实际使用的设备无关，也就是在用户程序中仅使用逻辑设备名。逻辑设备名是用户自己指定的设备名（或设备号），它是暂时的、可更改的。物理设备名是系统提供的设备的标准名称，它是永久的、不可更改的。

程序在执行中必须使用实际的物理设备，就好像程序在主存中一定要使用物理地址一样，但在用户程序中应避免使用实际的物理名，而采用逻辑设备名。这样做的道理就和用户程序中要使用逻辑地址而不使用物理地址的道理一样。设备管理的任务之一就是把逻辑设备名转换成物理设备名。

有两种类型的设备独立性。

① 一个程序独立于分配给它的某种类型的具体设备。例如，一盘磁带装在哪一台磁带机上或者选用哪一台行式打印机来输出程序是无关紧要的。这种类型的设备独立性既保护了程序不会单单因为某一台物理设备发生故障或已分配给其他程序而失效，又能使操作系统根据当时总的设备配置情况自由地分配该类型中的某一具体设备。

② 程序应尽可能与它所使用的 I/O 设备类型无关。这种性质的设备独立性是指在输入（或输出）信息时，信息可以从不同类型的输入（或输出）设备上输入（或输出），若要改变输入（或输出）设备的类型，程序只需进行最少的修改。

2. 设备独立性的实现

由于系统提供了设备独立性的功能，程序员可直接针对逻辑设备进行 I/O 操作。逻辑设备和实际设备的联系通常是由操作系统命令语言（如键盘命令或程序设计语言）中提供的信息实现的。

（1）软通道实现设备独立性

通过软通道可以实现设备独立性。例如，用户用高级语言编程时，可以通过指定的逻辑设备名（符号名或数字）来定义一个设备（或文件），即提供从程序到特定设备（或文件）的传输线。执行这条语句实际上完成了用户指定的逻辑设备与所需的某个物理设备的连接。以后用户在程序中使用该逻辑设备进行各种 I/O 操作时，实际上是在一台与之相连的物理设备上进行。因此，在用户一级仅进行逻辑指派，而操作系统的 I/O 管理模块则需要建立逻辑设备与物理设备的连接（通过构造逻辑设备描述器），并在进程请求设备时进行设备分配和设备传输控制。

下列指令系列说明了高级语言一级设备独立性的实现方法。

```
fd1=open ("/dev/lp", O_WRONLY);
n= write (fd1, buf1, count1);
    ⋮
```

指令首先让 **fd1** 与行式打印机相连接，然后在打印机上输出 *n* 个字节的信息。

（2）通过指派命令实现设备独立性

有的交互式系统提供的键盘命令中有指派命令，如 RT11 系统就有给设备赋逻辑名的 assign 命令。此命令形式如下。

```
assign〈设备物理名〉〈设备逻辑名〉
```

此命令一次对一个设备赋名，也可用此命令将高级语言中使用的逻辑设备名赋给实际设备。例如，在用户程序中以逻辑名 src 作为输入设备名，而系统中输入设备的标准名称为"dx0"。则可以用以下指派命令将 src 逻辑设备名赋予"dx0"实际的设备。

```
assign dx0 : src
```

下面的命令将使在高级语言程序中所有对逻辑设备号为 7 的引用都在行式打印机上输出。

```
assign lp : 7
```

（3）逻辑设备描述器

逻辑设备描述器 ldd（logic_device_descriptor）描述了进程的逻辑设备名和物理设备名的对应关系，其内容包含设备逻辑名、设备物理名、设备控制块 dcb 指针、逻辑设备描述器队列勾链字 4 项。每个进程都有自己的逻辑设备描述器链表，该进程的 PCB 中的 ldd_ptr 指向该链表的第一个结构，如图 8.1 所示。在进程第一次使用某个逻辑设备时，系统为其分配一台给定类型的具体设备，称在该点上进程打开了这个逻辑设备；逻辑设备的关闭指的是不再使用这个逻辑设备了，相应的逻辑设备描述器可释放给系统。关闭一个逻辑设备既可由进程显式说明，也可在进程撤销时隐式实现。图 8.1 所示的进程 p，将已经分配的输入机 sr_1 作为逻辑设备 I_1，已经分配的行式打印机 lp_3 作为逻辑设备 O_1。

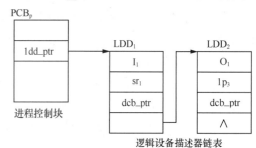

图 8.1　进程的设备信息和逻辑设备描述器

3. 设备独立性的优点

现代操作系统都提供设备独立性的特征，这一特征具有如下优点。

（1）方便用户

系统为用户提供逻辑设备，逻辑设备特性是该类物理设备特性的抽象，它屏蔽了物理设备的复杂性。用户只需给出设备的逻辑名，就可以使用一台物理设备去完成所需的外部传输。

（2）提高设备的利用率

设备独立性使系统能动态地指派物理设备，这使得程序所对应的进程在执行时可利用该类设备中的任一物理设备，而不必仅限于使用具体的某一个设备，有利于改善资源利用率。举一例说明，假定系统拥有同类输入设备 4 台（a、b、c、d），今有程序 A 申请两台输入机。如果该程序指定要使用 a、b 两台，那么，当其中有一台为另一程序 B 所占有，或者是 a、b 两台中有一台坏了，虽然系统中还有 c、d 两台可用，且未被占用，但也不能接收用户 A。因为这样处理是按物理设备名来分配的，造成了人为的限制。如果按逻辑设备名请求，程序 A 只要提出要求该类设备两台，系统就会将空闲的两台输入机分配给它，程序 A 可以投入运行。这样，任何两个程序都不会因为同时要同一型号的设备（而同类型的另一台设备却空着无用）而不能同时被系统接收，设备也得到充分利用。

（3）提高系统的可适应性和可扩展性

若按物理设备名请求使用设备，当该物理设备已坏，不能使用时，该程序不做修改就无法运行。当系统增加了新的同类设备，若不改程序也无法使用新设备，所以使用物理设备名使得系统的可适应性和可扩展性很差。

设备独立性可提高系统的可扩展性和可适应性。当某台设备坏了，只要操作系统改变指派就可以了，而对程序本身不必做任何修改，这样处理，设备利用率也可提高。

8.1.3　设备控制块

1. 设备控制块结构

记录设备的硬件特性、连接和使用情况等信息的数据结构称为设备控制块 dcb。系统为每一个设备构造一个设备控制块。当设备装入系统时，dcb 被创建。dcb 的基本内容如表 8.1所示。

表 8.1　设备控制块 dcb

设备名
设备属性
指向命令转换表的指针
在 I/O 总线上的设备地址
设备状态
当前用户进程指针
I/O 请求队列指针

在表 8.1 中，设备名是设备的系统名，即为设备的物理名。设备属性是描述设备现行状态的一组属性，特别是慢速字符设备，不同类型的设备工作特性常常不同，例如，终端设备的特性主要有如下几个方面：① 传输速度，如 crt 终端的字符传输速度一般为 2400 bit/s、4800 bit/s 或 9600 bit/s；② 图形字符集，有些型号的终端可以输入、输出整个 ASCII 图形字符集，有些则不提供小写英文字母和一些特殊字符；③ 其他，包括是否对制表符进行处理、工作方式是全双工还是半双工、对一些控制字符（如制表符、回车换行符、垂直跳格符等）所需的机械延迟时间类型、字符的奇偶校验方式等。

2. 命令转换表

命令转换表记录了一台设备能实施的 I/O 操作，表中包含设备特定的 I/O 例程地址，不具备某一功能时，在其例程地址上填 "-1"。在设备控制块中有指向命令转换表的指针。使用设备控制块 dcb 的目的是为 I/O 管理提供一个统一的界面。每个 I/O 请求最终都要转换成调用一个能执行 I/O 操作的设备例程，为了方便、快捷地实现这一转换，系统建立命令转换表，其地址登记在设备控制块 dcb 中。在进行转换时，通过操作码检索命令转换表以找到相应的设备例程地址。命令转换表的例子可参见 UNIX 系统的设备开关表。

8.2　缓冲技术

8.2.1　缓冲概述

中断技术和通道技术可以缓解 CPU 和 I/O 设备间速度不匹配的问题，为了进一步解决这一矛盾还必须引入缓冲技术。

缓冲技术

1. 什么是缓冲

缓冲是在两种不同速度的设备之间传输信息时平滑传输过程的常用手段。缓冲可以用缓冲器和软件缓冲来实现。缓冲器是一种容量较小，用来暂时存放数据的一种存储装置，它以硬件方式来实现。由于硬件缓冲器比较贵，除了在关键的地方采用外，大都采用软件缓冲。软件缓冲是指在 I/O 操作期间用来临时存放 I/O 数据的一块存储区域。缓冲是为了解决中央处理机的速度和 I/O 设备的速度不匹配的问题而提出来的，但它也可解决程序所请求的逻辑记录大小和设备的物理记录大小失配的问题，是有效地利用中央处理机的重要技术。

2. 利用缓冲技术进行 I/O 操作

缓冲的工作原理是在进程请求 I/O 传输时，利用缓冲区来临时存放 I/O 传输信息，以缓解传输信息的源设备和目标设备之间速度不匹配的问题。

（1）进程活动期间，请求读操作

在进程活动期间，请求从输入设备进行读操作的步骤如图 8.2 所示。

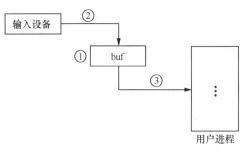

图 8.2　利用缓冲区进行读操作

① 当用户要求在某个设备上进行读操作时，首先从系统中获得一个空的缓冲区。

② 将一个物理记录送到缓冲区中。

③ 当用户要求使用这些数据时，系统将依据逻辑记录特性从缓冲区中提取并发送到用户进程存储区中。

当缓冲区空而进程又要从中取用数据时，该进程被迫等待。此时，操作系统需要重新送数据填满缓冲区，进程才能从中取数据继续运行。要注意操作②与操作③的同步关系。

（2）进程活动期间，请求写操作

在进程活动期间，要从输出设备输出信息时，其操作步骤如图 8.3 所示。

① 当用户要求写操作时，先从系统获得一个空缓冲区。

② 将一个逻辑记录从用户的进程存储区传送到缓冲区中。若为顺序写请求，则把数据写到缓冲区中，直到它完全装满为止。

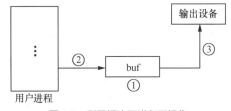

图 8.3　利用缓冲区进行写操作

③ 当缓冲区写满时，系统将缓冲区的内容作为物理记录文件写到设备上，使缓冲区再次为空。

只有在系统还来不及腾空缓冲区之前，进程又企图输出信息时，它才需要等待。要注意操作②与操作③的同步关系。

3. 缓冲技术解决的问题

在现代操作系统中广泛使用缓冲技术，因为缓冲技术可以解决如下问题。

（1）解决速度差异的问题

产生数据流的生产者与消费者之间的速度差异普遍存在。例如，调制解调器传输的速度大约比硬盘慢数千倍。为了解决从调制解调器输入与硬盘的传输速度的差异，应在主存中创建缓冲区以存放从调制解调器收到的字节；当整个缓冲区填满时，就可以通过一个操作将缓冲区中的内容写到硬盘上。

为了进一步提高效率，可以在主存中创建两个缓冲。因为写磁盘并不及时而且调制解调器需要一个空间继续保存输入数据。当调制解调器填满第一个缓冲区后，就可以请求写操作，同时请求第二个缓冲区，并继续将输入的数据填写到第二个缓冲区中；等到调制解调器写满第二个缓冲区时，若第一个缓冲区的写操作已完成，调制解调器就可以切换到第一个缓冲区进行输入，而第二个缓冲区的内容可以写到磁盘。这就是双缓冲技术，该技术将产生数据流的生产者与消费者进行隔离，从而缓解了两者传输速度的差异。

（2）协调传输数据大小不一致的问题

传输数据的大小不一致的问题在计算机网络中常见，可以用缓冲技术来处理消息的分段和重组。在发送端，一个大消息被分成若干小网络包，这些包通过网络传输被接收端接收。接收端将它们存放到缓冲区，进行重组以生成完整的源数据镜像。

（3）应用程序的拷贝语义问题

缓冲的第三个用途是实现应用程序的拷贝语义。下面以应用程序的写磁盘系统调用为例来说明拷贝语义的问题。

假如某应用程序需要将缓冲区内的数据写到磁盘上，它将调用 write 系统调用并给出缓冲区的指针和要求写入的字节数量这两个参数。当该系统调用返回时，如果应用程序改变了缓冲区的内容，那将出现不一致的问题。根据拷贝语义，操作系统必须保证写入磁盘的数据就是 write 系统调用时的版本，而不用考虑应用程序缓冲区随后的变化。一个简单的方法就是操作系统在 write 系统调用返回到应用程序之前，将应用程序缓冲区内容复制到内核缓冲区中。真正的磁盘写操作会从内核缓冲区执行，这样后来应用程序缓冲区的内容改变将不会出现不一致的问题。

操作系统常常使用内核缓冲区与应用程序数据空间之间的数据复制的方法来保证语义的正确。虽然，这样会有一定的开销但获得了简洁的语义。

8.2.2　常用的缓冲技术

操作系统的设备管理提供 3 种常用的缓冲技术，这 3 种技术是双缓冲、环形缓冲和缓冲池。本节简要地讨论双缓冲和缓冲池。

1. 双缓冲

双缓冲描述了缓冲管理中最简单的一种方案。它对于一个具有低频度活动的 I/O 系统是比较有效的。

在双缓冲方案下，为输入或输出分配两个缓冲区。这两个缓冲区可以用于输入数据，也可用于输出数据；还可既用于输入，又用于输出数据。

（1）双缓冲用于数据输入

双缓冲用于数据输入时，可提高设备并行操作的能力，读入数据的示意图如图 8.4 所示。

① 用双缓冲读入数据时，输入设备首先填满 buf_1；

② 进程从 buf_1 提取数据的同时，输入设备填充 buf_2；

③ 当 buf_1 空、buf_2 满时，进程又可从 buf_2 提取数据，与此同时，输入设备又可填充 buf_1。

这两个缓冲区如此交替使用，使 CPU 和输入设备并行操作程度进一步提高。只有当两个缓冲区都空，进程还要提取数据时，该进程才被迫等待。这种情况只有在进程执行频繁，又有大量的 I/O 操作时才会发生。解决此问题经常使用的方法是增加更多的缓冲区。

（2）双缓冲用于数据输出

双缓冲用于数据输出时，同样可提高设备并行操作的能力，双缓冲输出数据的示意图如图 8.5 所示。它的操作过程与数据输入操作类似，只是方向相反。请读者分析利用双缓冲输出数据时，这两个缓冲区如何交替使用，以使 CPU 和输出设备并行操作程度进一步提高？还要分析这些操作之间的同步关系。

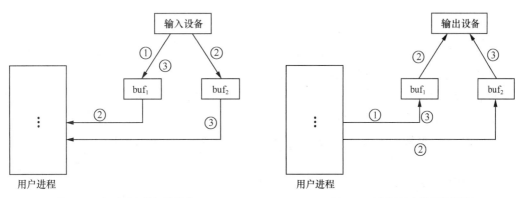

图 8.4 双缓冲读入数据的操作　　　　图 8.5 双缓冲输出数据的操作

2. 缓冲池

缓冲池（Buffer Pool）由主存中的一组缓冲区组成，其中每个缓冲区的大小一般等于物理记录的大小。在缓冲池中各个缓冲区作为系统公共资源为进程所共享，并由系统进行统一分配和管理。缓冲池中的缓冲区既可用于输出，也可用于输入。

使用缓冲池的主要原因是避免在消费者多次访问相同数据时会重复产生相同数据的问题。例如，当用户程序（消费者）要多次读相同的文件块时，I/O 系统（生产者）不必从磁盘反复读取磁盘块，而是可以采用缓冲池作为高速缓存保留最近访问过的块，准备为将来所用。许多操作系统都采用了缓冲池技术，特别是 UNIX 系统的缓冲区管理设计巧妙，运行效果好。

8.3　设备分配

操作系统的设备管理的功能之一是为计算机系统的所有用户程序、活动的进程分配它们所需要的外部设备。

8.3.1　设备分配概述

在多用户多进程系统中，由于用户和进程的数量多于设备数，因而必然会引起对设备资源的争夺，确定适合设备特性且能满足用户需要的设备分配方式和设备分配策略是十分重要的。根据设备特性的不同，设备分配有静态分配和动态分配两种方式。设备分配常用的分配算法有先请求先服务和优先级最高者优先这两种分配算法。

1. 静态分配和动态分配

设备分配时应考虑设备的属性，有的设备仅适于一个应用程序独占，有的设备可方便地为多进程所共享。从设备分配的角度看，外部设备可以分为独占设备和共享设备两类：对独占设备一般采用静态分配，一旦分配给一个应用程序，由其独占使用；而共享设备则采用动态分配方法，并在进程一级实施，进程在运行过程中，需要使用某台设备进行 I/O 传输时向系统提出要求，系统根据设备情况和分配策略实施分配，一旦 I/O 传输完成，就释放该设备，这样使一台设备可以为多个进程服务，从而提高设备的利用率。

2. I/O 设备分配算法

I/O 设备的分配与进程调度很相似，常用的设备分配算法有以下两种。

（1）先请求先服务

当有多个进程对同一设备提出 I/O 请求或同一进程要求在同一设备上进行多次传输时，均要先形成 I/O 请求块（iorb），然后将这些 I/O 请求块链成一个设备请求队列。

先请求先服务算法中的设备请求队列按进程发出此 I/O 请求的先后次序排序，在该设备的设备控制块中有一个设备请求队列指针，指向该队列的第一个设备请求块。该算法循环查询设备请求队列，当设备空闲时处理该队列中的第一个 iorb；当设备请求队列为空时，该算法睡眠，等待新的 I/O 请求的到来。

（2）优先级最高者优先

优先级最高者优先算法中的设备请求队列按进程发出此 I/O 请求的优先级高低排序，即进程的优先级赋予相应的 iorb，每个进程的 iorb 也按优先级的高低来排列。这是因为，在进程调度中优先级高的进程优先获得处理机，若对它的 I/O 请求也赋予高的优先级，显然有助于该进程尽快完成，从而尽早地释放它所占有的资源。如果系统自身也希望使用某 I/O 设备而提出 I/O 请求时，它应比用户 I/O 请求具有更高的优先级。对于优先级相同的 I/O 请求，则按先请求先分配原则排队。

8.3.2 独享分配

在多用户多进程系统中，为使各应用程序、进程有效地共享系统的外部设备，必须对外部设备进行合理的分配。常用的设备分配技术有独享分配、共享分配和虚拟分配 3 种。

有些外部设备的特性适合于一个应用程序独占使用，如输入机、行式打印机、磁带机、绘图仪等。这类设备的特性是 I/O 操作比较费时，或是在使用前需人工干预，如将磁带定位到所需的数据位置上。如果将这些设备分配给多个应用程序共同使用，则操作员和外部设备都要为更换工作状态而花费较大的工作量。另外还有些设备，如行式打印机，若直接让几个用户共同使用，就会出现交叉输出、十分混乱的情况。因此，应把这类设备作为独占设备。

独占设备是让一个应用程序在整个运行期间独占使用的设备。独占设备采用独享分配方式或称为静态分配方式，即在一个应用程序执行前，分配它所要使用的这类设备；当该应用程序处理完毕撤离时，收回分配给它的这类设备。静态分配方式实现简单，且不会发生死锁，但采用这种分配方式时外部设备利用率不高。

8.3.3 共享分配

外部设备中如磁盘等直接存取设备都能进行快速的直接存取。它们往往不是让一个应用程序独占而是被多进程共同使用，或者说，这类设备是共享设备。对共享设备采用共享分配方式，即进行动态分配，当进程提出资源申请时，由设备管理模块进行分配，进程使用完毕后，立即归还。

值得注意的是，对磁盘这类设备的共享除了共享磁盘的存储空间外，还要共享磁盘驱动器。用户一般以文件方式实现对磁盘存储空间的共享，文件系统可以方便地按文件名来存取存储在共享设备上的信息。当进程在执行中以显式的文件读写命令提出传输要求时，则要求对磁盘驱动器进行动态分配。文件系统接收到进程的读写请求时，由文件管理做相应处理，转化为对设备的驱动要求。对进程提出的 I/O 请求形成 I/O 请求块，并按一定原则加入设备等待队列。当设备空闲时，取设备等待队列的第一个 I/O 请求块，完成这一 I/O 请求。

8.3.4　虚拟分配

在计算机系统中，按设备特性来分类只有两类，一类是不适合共享的、慢速的字符设备（如输入机、行式打印机等），另一类是便于共享的、快速的存储设备（如磁盘、光盘等）。

由于独占设备的特性，只能按静态方式进行分配，这样不利于提高系统效率。当设备分配给一个应用程序后它很难有效地使用这些设备。一方面，在一个设备被某个应用程序占用期间，往往只有一部分甚至很少一部分时间在工作；另一方面，申请该类设备的其他应用程序却被拒绝接受。还有一个问题是各类独占设备都是低速外部设备，因此，在应用程序执行中，由于要等待这类设备传输数据而大大延长了应用程序的处理时间。为了解决以上问题，提出了虚拟分配技术。

1.　虚拟设备和虚拟分配

虚拟设备的思想是利用系统中的便于共享的、快速的存储设备来替代不适合共享的、慢速的字符设备，采用预先收存，延迟发送的方式来改造独占设备。

具体的做法是，系统可将欲从独占设备输入（或输出）的信息，先复制到辅存的存储设备中，当进程需要从输入设备上读入信息时，系统就将这一要求转换成从辅存中读入的请求，并从辅存中读入。输出时，先将要输出的信息存入辅存，在适当的时候（如：当一个应用程序执行完毕，或在外存中存储了一个逻辑意义完整的信息集合时），再通过相应的输出设备把它从辅存中复制出来。这样，就可以使输入设备和输出设备连续不断地工作。由于一台设备可以和辅存中的若干个存储区域相对应，所以在形式上就好像把一台输入（或输出）设备变成了许多虚拟的输入（或输出）设备，也就是说，把一台不能共享的输入（或输出）设备转换成了一台可共享的缓冲输入（或输出）设备。

通常把用来代替独占型设备的那部分外存空间（包括有关的控制表格）称为虚拟设备。对虚拟设备采用虚拟分配。当某进程需要与独占型设备交换信息时，系统就将与该独占设备所对应的那部分磁盘、磁鼓的一部分存储空间分配给它。这种分配方法就称为设备的虚拟分配技术。实际上，这一虚拟技术就是在一类物理设备上模拟另一类物理设备的技术，是将独占设备转化为共享设备的技术。

2.　Spool（假脱机系统）

现代操作系统大多实现了虚拟设备技术，有的操作系统提供外部设备联机同时操作的功能，称为 Spool（Simultaneous Peripheral Operation On Line）系统，又称为假脱机系统。该系统在应用程序执行前将应用程序的信息通过独占设备预先输入到辅存（磁鼓或磁盘）上的一个特定的存储区域（称为"井"）存放好，称为预输入。此后，应用程序执行需要数据时不必再启动独占设备读入，而只要从磁鼓或磁盘输入数据就行了。另一方面，在应用程序执行中，也不必直接启动独占设备输出数据，而只要将其输出数据写入磁鼓或磁盘中存放，在应用程序执行完毕后，由操作系统来组织信息输出，称为缓输出。

Spool 系统利用通道和中断技术，在主机控制之下，由通道完成输入/输出工作。该系统包括预输入程序、缓输出程序、并管理程序和预输入表、缓输出表等数据结构。它在联机方式下实现了输入收存和输出发送的功能，使外部设备和主机能并行操作，所以称为假脱机系统。该系统可以提高独占设备的利用率，缩短应用程序的执行时间，提高系统的效率。

假脱机系统实现了外部设备联机同时操作的能力，同时，它也为用户提供了虚拟设备。图 8.6 说明了虚拟设备的概念。

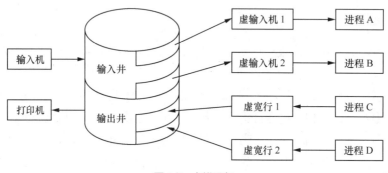

图 8.6　虚拟设备

当某进程需要与独占型设备交换信息时，Spool 系统就将与该独占设备所对应的那部分磁盘、磁鼓的一部分存储空间分配给它，这就是虚拟分配。对输入而言，通过慢速的输入机将信息输入到磁盘上存放，在磁盘上存放信息的那块存储区域就是一个虚拟的输入机。类似地可以形成多个虚拟的输入机。对输出而言，需要通过慢速打印机输出的信息先输出到磁盘上存放，在磁盘上存放信息的那块存储区域就是一个虚拟的打印机。类似地可以形成多个虚拟的打印机。这样可使慢速的设备不断地工作，而且，输入设备、输出设备以及中央处理机都可以并行操作。

系统提供虚拟设备是由于系统采用了假脱机技术，它把独占设备改造成为共享设备，使得每一个用户感到好像拥有各类独占设备一样。在这种情况下，称操作系统给用户提供了虚拟设备。这样做改造了设备特性，提高了设备的利用率，有利于资源的动态分配。

3. 虚拟打印功能

目前，在多用户系统和网络环境中都提供虚拟打印机。各结点机上的用户都可以使用网络提供的虚拟打印机功能，共享网上的打印机。

假脱机系统需要用磁盘来保存设备输出的缓冲。像打印机这样的独占设备不能接收交叉的数据流，打印机只能一次打印一个任务，但是可能有多个程序希望打印而又不能将其输出混合在一起。操作系统提供虚拟打印机功能，通过截取对打印机的输出来解决这一问题，应用程序的输出先送到一个独立的磁盘文件上。假脱机系统将对相应的待送打印的假脱机文件进行排队，一次拷贝一个已排队的假脱机文件到打印机上。

有的操作系统采用系统服务进程来管理假脱机功能的实施，有的操作系统则采用内核线程来处理假脱机文件。对用户或系统管理员而言，操作系统都提供一个控制接口以便显示假脱机文件排队、删除那些尚未打印而不再需要的任务等信息。

8.4 输入/输出控制

8.4.1 输入/输出硬件

计算机系统包含许多设备，这些设备种类繁多，使用方法各异。要了解设备如何与计算机相连、如何用软件控制硬件设备的工作，应掌握端口、总线和控制器这几个概念。

输入/输出控制

1. 端口（port）

计算机端口是设备与计算机通信的一个连接点，其中硬件的端口又称为接口，如 USB 端口、串行端口等。软件领域的端口一般是指网络中面向连接服务和无连接服务的通信协议端口，是一种抽象的软件结构，包括一些数据结构和 I/O（基本输入/输出）缓冲区。

2. 总线（bus）

总线是一组线和一组严格定义的可以描述在线上传输信息的协议，这一组线用来连接一个或多个设备，这种连接称为总线。在总线上连接有多个设备（或称为部件），多个信号源中的任一信号源的信号可以通过总线传送到多个信号接收部件中的任一个接收部件。

总线在计算机体系结构中使用很广。图 8.7 给出了一个典型的 PC 总线结构，图中显示的 PCI 总线（最为常见的 PC 系统总线）用以连接处理机/主存子系统和快速设备，扩展总线用于连接串行、并行端口和相对较慢的设备（如键盘）。图 8.7 中还有一个 SCSI 总线，该总线将 4 块硬盘一起连到 SCSI 控制器上。

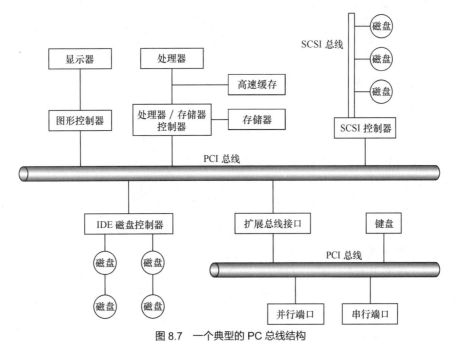

图 8.7 一个典型的 PC 总线结构

3. 控制器（controller）

控制器是用于操作端口、总线或设备的一组电子器件。串口控制器是简单的设备控制器，它是计算机上的一块芯片或部分芯片，用以控制串口线上的信号。而 SCSI 总线控制器就比较复杂，由于 SCSI 协议比较复杂，在实现 SCSI 总线控制器时，将它做成与计算机相连接的独立的线路板或主机适配器。该适配器通常包括处理器、微码及一定的私有主存以便能处理 SCSI 协议信息。

处理器向控制器发送命令和数据以完成 I/O 的传输，其原理如下。

① 控制器拥有一个或多个用于存放数据和控制信号的寄存器，处理器通过读或写这些寄存器的位组合与控制器通信。

② 通信方式之一是通过使用特殊 I/O 指令来传递向某 I/O 端口传输一个字节或字的控制意图，I/O 指令触发总线线路来选择合适的设备，并将信息传入到该设备控制寄存器（或从设备控制寄存器传出）。

③ 通信方式之二是主存映射 I/O，此时，设备控制寄存器映射到处理器的地址空间。

④ 处理器执行 I/O 请求，通过标准数据传输指令来完成对设备控制器的读写。

现代计算机系统使用的设备控制器通常有 4 种寄存器，它们分别是状态、控制、数据输入、数据输出寄存器，简介如下。

① 状态寄存器。状态寄存器包含一些主机可以读取的、指示各种状态的位信息，如当前任务是否完成，数据寄存器中是否有数据可以读取，是否出现设备故障等。

② 控制寄存器。主机通过控制寄存器向设备发送命令或改变设备状态。例如，串口控制器中的一位选择全工通信或单工通信，另一位控制是否进行奇偶校验，第三位设置字长为 7 位或 8 位，其他位选择串口通信所支持的速度。

③ 数据输入寄存器。数据输入寄存器用于存放数据以被主机读取。

④ 数据输出寄存器。主机向数据输出寄存器写入数据以便发送。

数据寄存器通常为 1~4 个字节。有的控制器有 FIFO 芯片，可以保留多个输入或输出数据以扩展控制器的能力，FIFO 芯片还可以保留少量的突发数据直到设备或主机来接收此数据。

8.4.2　输入/输出控制方式

外部设备在中央处理机的控制之下完成信息的传输。在信息传输中，中央处理机和外部设备各做多少工作，这取决于软、硬技术的基础，这个问题也决定了 CPU 和 I/O 设备的并行能力。

CPU 一般通过 I/O 控制器与物理设备打交道。按照 I/O 控制器智能化程度的高低，可将 I/O 设备的控制方式分为循环测试 I/O 方式、I/O 中断方式、DMA 方式和通道方式 4 类。

1. 循环测试 I/O 方式

循环测试 I/O 方式在早期计算机中使用。在该方式中 I/O 控制器是操作系统软件和硬件设备之间的接口，它接收 CPU 的命令，并控制 I/O 设备进行实际的操作。

在循环测试 I/O 方式中有数据缓冲寄存器和控制寄存器。数据缓冲寄存器是 CPU 与 I/O 设备之间进行数据传送的缓冲区。当输入设备要输入数据时，先将输入数据送入数据缓冲寄存器，然后由 CPU 从中取出数据；反之，当 CPU 要输出数据时，先把数据送入该寄存器，然后再由输出设备把其中的数据取走，进行实际的输出。

控制寄存器有几个重要的信息位，如启动位、完成位等。CPU 通过设置启动位控制设备进行物理操作。然后反复检测控制寄存器的完成位，判断物理操作是否完成，若完成则将数据缓冲区中的数据读入 CPU 或主存单元，否则要循环测试直至完成。

从上述步骤可看出，循环测试 I/O 方式的工作过程非常简单，但 CPU 的利用率相当低。因为 CPU 执行指令的速度高出 I/O 设备几个数量级，所以在循环测试中浪费了 CPU 大量的时间。

2. I/O 中断方式

为了提高 CPU 的利用率，应使 CPU 与 I/O 设备并行工作。为此，出现了 I/O 中断方式。这种方式要求在控制寄存器中有一位"中断允许位"。以输入数据为例说明在 I/O 中断方式下的操作步骤。

① 首先将一个启动位和中断允许位为"1"的控制字写入控制寄存器中，从而启动该设备进行物理操作。

② 请求输入数据的进程因等待输入操作的完成而进入等待状态，于是进程调度程序调另一进程运行。

③ 当输入完成时，输入设备通过中断方式向 CPU 发中断请求信号，通过中断进入，执行该设备的中断处理程序。

④ 中断处理程序首先保护被中断程序的现场，将输入缓冲寄存器中的数据转送到某一特定单元中，以便要求输入的进程使用之，然后唤醒等待输入完成的那个进程，最后恢复被中断程序的现场，并返回到被中断的进程继续执行。

⑤ 在以后某个时刻，进程调度程序将调度要求输入的进程，该进程从约定的特定单元中取出数据做进一步处理。

与循环测试方式相比，I/O 中断方式提高了 CPU 的利用率。但缺点是设备每输入/输出一个数据，都要求中断 CPU，当系统配置的设备较多时，进行中断处理的次数就很多，这会使 CPU 的有效计算时间大大减少。为减少 I/O 中断处理对 CPU 造成的负担，又出现了通道方式和 DMA 方式。

3. 通道方式

在大、中型和超级小型机中，一般采用 I/O 通道控制 I/O 设备的各种操作。I/O 通道是用来控制外部设备与主存之间进行成批数据传输的部件，又称为 I/O 处理机。每个通道可以连接多台外部设备并控制它们的 I/O 操作。通道有自己的一套简单的指令系统和通道程序，它接收 CPU 的命令，而又独立于 CPU 工作。

通道有 3 种不同的类型，即字节多路通道、选择通道和数组多路通道，如图 8.8 所示。字节多路通道以字节为单位传输信息，它可以分时地执行多个通道程序。当一个通道程序控制某台设备传送一个字节之后，通道硬件就转去执行另一个通道程序，控制另一台设备的数据传送。字节多路通道主要用来连接大量低速设备，如终端、串行打印机等。

选择通道一次从头到尾执行一个通道程序，只有执行完一个通道程序之后再执行另一个通道程序，所以它一次只能控制一台设备进行 I/O 操作。由于选择通道能控制外部设备高速连续地传送一批数据，因此常用它来连接高速外部设备，如磁盘机等。

数组多路通道以分时的方式执行几个通道程序，它每执行一个通道程序的一条通道指令就转向另一通道程序。因为每条通道指令可以控制传送一组数据，所以数组多路通道既具有选择通道传输速率高的优点，又具有字节多路通道分时操作、同时管理多台设备 I/O 操作的优点。数组多路通道一般用于连接中速设备，如磁带机等。

与前面两种 I/O 方式相比，通道方式有更强的 I/O 处理能力。CPU 将 I/O 传输工作交给通道去做，当通道完成了 I/O 任务后，向 CPU 发中断信号，由 CPU 做后续处理。这样就使 CPU 基本上摆脱了

I/O 控制工作，并大大提高了 CPU 与外部设备的并行工作程度。

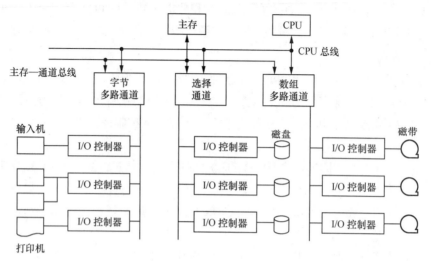

图 8.8　通道的类型

4. DMA 方式

在 DMA 方式中，I/O 控制器有更强的功能。它除了具有上述的中断功能外，还有一个 DMA 控制机构。在 DMA 方式下，允许 DMA 控制器"接管"地址线的控制权。DMA 控制器可以控制设备和主存之间的成批数据的交换，而不用 CPU 干预。这样既减轻了 CPU 的负担，又提高了 I/O 的传输速度。DMA 控制器与其他部件之间的关系如图 8.9 所示。

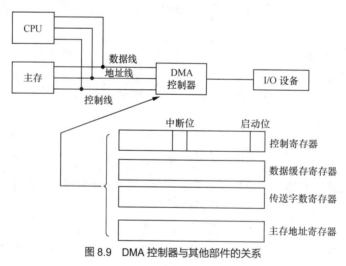

图 8.9　DMA 控制器与其他部件的关系

在 DMA 方式下进行数据输入的步骤如下。

① 当一个进程要求设备输入一批数据时，把要求传送的主存始址和要传送的字节数分别送入 DMA 控制器的主存地址寄存器和传送字数寄存器。

② 把允许中断位和启动位为"1"的一个控制字送入控制寄存器，从而启动设备进行成批的数据传送。

③ 该进程将自己挂起，等待一批数据输入的完成，于是进程调度程序调度其他进程运行。

④ 当一批数据输入完成时，输入设备的完成中断信号中断正在运行的进程，控制转向中断处理程序。

⑤ 中断处理程序首先保护被中断程序的现场，唤醒等待输入完成的进程，然后恢复现场，返回到被中断的进程。

⑥ 当进程调度程序调度到要求输入的进程时，该进程按照开始时指定的主存始址和实际传送字数对输入数据进行加工处理。

执行了上述步骤②之后，DMA 硬件马上控制 I/O 设备与主存之间的信息交换。每当 I/O 设备把一个数据读入到 DMA 控制器的数据缓冲寄存器之后，DMA 控制器立即取代 CPU，接管地址总线的控制权，并按照 DMA 控制器中的主存地址寄存器内容把输入的数据送入相应的主存单元。然后，DMA 硬件电路自动地把传送字数寄存器减 1，把主存地址寄存器加 1，并恢复 CPU 对主存的控制权，DMA 控制器对每一个输入的数据重复上述过程，直到传送字数寄存器中的值变为 0 时，向 CPU 发出完成中断信号。

8.4.3 输入/输出子系统

1. 输入/输出子系统概述

现代计算机系统包含大量的设备，每个具体设备的物理特征都是不同的，例如，每个设备在总线上的地址就各不相同。但有些设备在使用特性上是相同的，可以将这样一些设备归为一类，如打印机类、磁盘类。这样，计算机系统的设备可分为若干类，I/O 管理模块可对设备进行分类管理，对不同类的设备按统一的标准方式来处理。具体来说，每个通用类型都通过一组标准函数（及接口）来访问，每个设备的物理差别被 I/O 子系统中的内核模块（称为设备驱动程序）所封装，这些设备驱动程序一方面可以定制以适合各种设备，另一方面也提供了一组标准的接口。这样，I/O 子系统在应用层为用户提供 I/O 应用接口，对设备的控制和操作则由内核 I/O 子系统来实施。

I/O 子系统对不同的设备按统一的标准方式来处理，为用户建立了虚环境。I/O 子系统采用抽象、包装与软件分层的方法，图 8.10 说明了内核中与 I/O 相关部分的软件构造层次。I/O 子系统的构造和处理方法提高了设备的利用率并能方便用户的使用。

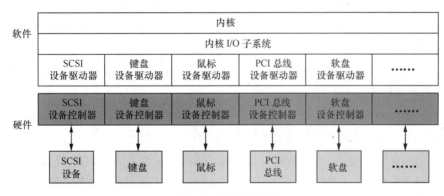

图 8.10 内核 I/O 结构

2. 各类设备的接口

（1）块设备接口

块设备接口规定了访问磁盘驱动器和其他基于块设备所需的各个方面。一般而言，设备应提供

read 和 write 命令，若是随机访问设备还应提供 seek 命令，以便说明下次传输哪个磁盘块。应用程序通过文件系统接口访问设备。read、write 和 seek 命令描述了块存储设备的基本特点，这样应用程序就不必关注这些设备的低层细节和差别。

对于系统本身和特殊应用程序（如数据库管理系统），一般进行的是原始 I/O，即将块设备当做一个简单的线性块数组来访问。

（2）主存映射接口

主存映射文件访问是建立在块设备驱动程序之上的。主存映射接口不提供 read 和 write 操作，而是通过主存中的字节数组来访问磁盘存储信息。将文件映射到主存的系统调用返回的是一个字符数组的虚拟主存地址，该字符数组包含了文件的一个拷贝。实际数据传输在需要时才执行，以满足主存映射的访问。由于采用了与虚拟主存访问相同的传输机制，所以主存映射 I/O 的效率高。主存映射为程序员提供了方便的手段，访问主存映射文件如同主存读写一样简单。

（3）字符流设备接口

键盘是一种可以通过字符流接口访问的设备。这类设备的基本系统调用使应用程序可以 get 或 put 字符。在此接口上，可以构造库以提供具有缓冲和编辑能力的按行访问（例如，当用户键入了一个退格键，之前的一个字符可以从字符流中删除）。这种访问方式对有些输入很方便，如键盘、鼠标、调制解调器，这些设备自发地提供输入数据，而应用程序无法预计这些输入。这种访问方式也适合于像打印机、声卡之类的输出设备。

（4）网络套接字接口

由于网络 I/O 与磁盘 I/O 的性能及其访问特点存在很大的差异，绝大多数操作系统提供的网络 I/O 接口也与磁盘的 read-write-seek 接口不同，许多操作系统（如 UNIX 和 Windows NT）提供的接口是网络套接字接口。

基于套接字接口的系统调用可以让应用程序创建一个套接字，连接本地套接字和远程地址（将本地应用程序与由远程应用程序创建的套接字相连），监听要与本地套接字相连的远程应用程序。通过连接后可发送和接收数据。为了支持服务器的实现，套接字接口还提供了 select()函数用来管理一组套接字。调用 select()函数可以知道哪个套接字已有接收数据需要处理、哪个套接字已有空间可以接收数据以便发送。使用 select 系统调用可以不再使用轮询和忙等待来处理网络 I/O。套接字接口提供的函数封装了基本的网络功能，大大方便了用户的使用和提高了网络设备和协议的使用效率。

3. 输入/输出子系统功能

I/O 子系统使进程能与外部设备（如终端、打印机等）及网络进行通信，即实施 I/O 控制功能。I/O 控制的功能主要包括以下 3 个方面。

① 解释用户的 I/O 系统调用；② 设备驱动；③ 中断处理。

如前所述，系统中的设备可以根据设备使用特性不同分为几大类，对于每一类设备可以包含有几个不同的单个的个体。例如，打印机是一类设备，系统可以有多个打印机，它们属于同类设备。设备驱动程序与设备类型是一一对应的，即在进行 I/O 时，应考虑设备处理的一致性，即对于某一类设备，操作系统具有相同的设备驱动程序。如系统可以只含有一个磁盘驱动程序以控制所有的磁盘，用一个终端驱动程序控制所有的终端。

一个设备驱动程序可以控制一种给定类别的许多物理设备。而在驱动程序中，通过访问每个具体设备的设备控制块来区分它所控制的不同的物理设备。也就是说，想送往某一终端的输出决不会送往另一个终端。设备进行物理操作后，当操作完成或出现错误时，会发生中断，这时，该类设备的中断处理程序被激活，进行中断处理。

I/O 控制功能中的设备驱动这一功能需稍加说明。对于具有高速度、大容量的存储设备（如磁盘）而言，在繁重的输入/输出负载下，会有大量的 I/O 请求在等待。操作系统采取了针对设备特性的调度（如移臂调度、旋转调度）以提高系统效率。这一部分详见第 5 章 5.2.2 节。

4．调用 I/O 核心模块的方式

控制设备 I/O 工作的核心模块通常称为设备驱动程序。调用 I/O 核心模块的方式有以下两种。

（1）设备处理进程方式

I/O 控制模块有一个接口程序，它负责解释进程的 I/O 系统调用，即将其转换成 I/O 控制模块认识的命令形式。而对每类设备的处理则设置一个设备处理进程，其相应的程序就是该类设备的驱动程序。当接口程序接收并解释了一个 I/O 系统调用后，就通知相应的设备处理进程有 I/O 工作要做，该设备处理进程就进行设备驱动工作。在该类设备驱动程序中依具体的物理设备号再去启动物理的 I/O 操作，物理设备工作完成后会引起相应的中断处理。如果无工作可做，设备处理进程处于等待状态，等有工作后被唤醒。这类处理方式将在后面进一步介绍。

（2）文件操作方式

UNIX 系统采用文件操作方式。它将设备和文件一样看待，使用文件系统的系统调用进行设备的读、写操作等。设备作为特殊文件也有相应的文件目录表项（在 UNIX 系统中称为索引节点），根据文件类型（设备是特殊文件）可以查找该文件的索引节点，从而进入该类设备的驱动程序。

8.4.4　输入/输出控制的例子

下面，以设备处理进程方式为例讨论 I/O 控制过程。

1．通用形式的系统调用

一个进程的 I/O 请求可通过下述通用形式的系统调用来实现。

```
doio (ldev, mode, amount, addr)
```

ldev：进行 I/O 处理的逻辑设备名；

mode：要求何种操作，例如，是数据传输还是磁带反绕等；

amount：传送数据的数目；

addr：对于数据输入而言，为传送的目的地；对数据输出而言，此项为传送的源地址。

输入/输出控制接口程序，又称为 I/O 过程（doio），它是可重入的，可被几个进程同时调用。它的功能是把逻辑设备映射为相应的物理设备，检查提供给它的参数的正确性，启动所需要的服务。

（1）实现使用设备的转换

根据进程在 I/O 系统调用中给出的设备逻辑名，确定实际使用的物理设备。

当逻辑设备打开时，在相应的逻辑设备描述器中记录了该逻辑设备与实际物理设备之间的联系，输入/输出控制接口程序通过进程控制块中 ldd_ptr 指针的指示，找到与系统调用中 ldev 相同的那个逻辑设备描述器，从而确定与该逻辑设备相连接的物理设备。

（2）合法性检查

物理设备确定后，检查 I/O 请求的参数与保存在设备控制块（dcb）中的信息是否一致。若不一致则出错，返回调用程序。错误可能有：该设备不能以所希望的方式进行操作；在给定的操作方式下数据传输的数量和目的地不正确等。

（3）形成 I/O 请求块，发消息给相应的设备处理进程

检查完成后，由 I/O 接口程序将请求的参数汇总形成 I/O 请求块（iorb），并将它挂到该设备的 I/O 请求队列中。I/O 进程的工作是不断地循环检测是否有 I/O 请求，只要有 I/O 请求块就处理传输工作，如果没有 I/O 请求它就等待（或称为睡眠），直到有新的 I/O 请求来到时将它唤醒。当 I/O 接口程序将形成的 I/O 请求块加入 I/O 队列中时，如果 I/O 进程因无 I/O 请求而等待，则将它唤醒。I/O 控制接口程序（即 I/O 过程 doio）的描述见 MODULE 8.1。

```
MODULE 8.1  I/O过程
算法  doio
输入：设备的逻辑名  ldev
      操作类型      mode
      传送数据数目  amount
      传送数据地址  addr
输出：如果传送出错，则带错误码返回，否则正确返回
{
    while（该进程的逻辑设备描述器队列不空）
    {
        if（与 ldev 相连接的物理设备找到）
            break;          /* 找到 */
    }
    if（该进程的逻辑设备描述器队列为空）
        return（错误码）；    /* 设备逻辑名错 */
    检查参数与该设备特性是否一致；
    if（不一致）
        return（错误码）；    /* 传送参数错 */
    构造 iorb；
    把 iorb 插入到该设备的请求队列中；
    唤醒因等待 I/O 请求块而睡眠的进程；
}
```

2. 设备处理进程

设备处理进程对应的程序称为设备处理程序，该程序是能直接控制设备进行运转的程序。设备处理进程执行一个连续不断的循环，其功能是从 I/O 请求队列中取出一个 iorb，启动相应的 I/O 操作，然后进入等待状态，等待 I/O 完成。当设备的 I/O 完成后进入中断处理程序，在那里会唤醒设备处理进程；它接着把数据传送到目的地；然后，删除此 I/O 请求块，唤醒请求输入/输出的进程。设备处理进程的描述见 MODULE 8.2。

请求 I/O 的进程、I/O 过程、相应设备的处理进程、中断处理程序之间的同步关系和控制流程汇总在图 8.11 中。这一过程也就是用户进程调用外部设备的过程。

```
MODULE 8.2  设备处理进程
process io
{
    l: while（设备请求队列不空）
    {
```

```
        取一个 iorb;
        提取请求的详细信息;
        启动 I/O 操作;
        sleep (事件: I/O 完成)    / * I/O 操作 * /
            / * 等 I/O 完成后, 进入中断处理程序, 并在那里唤醒设备处理进程 * /
        if (出错)   将错误信息写在该设备的 dcb 中;
        传送数据到目的地;
        唤醒请求此 I/O 操作的进程;
        删除 iorb;
    }
    sleep (事件: 因无 I/O 请求);
    goto l ;
}
```

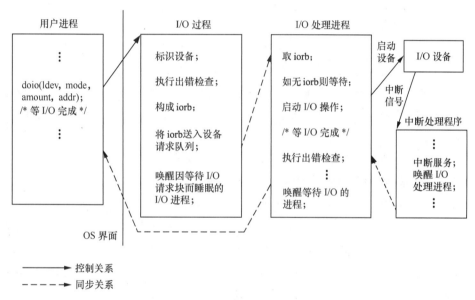

图 8.11　用户进程调用外部设备的过程

8.5　UNIX 系统的设备管理

8.5.1　UNIX 系统设备管理的特点

　　计算机系统中的设备可以分为输入/输出设备和存储设备这两类。输入输出设备主要用作人和机器之间的接口。例如: 终端设备、打印机等。这类设备又称为字符设备。而存储设备主要用于存储和组织信息, 这类设备又称为外存储器。它们主要与主存打交道, 不但运行速度要比输入/输出设备快得多, 而且往往以成组信息为传送单位。在 UNIX 系统中, 这类设备也称为块设备。

　　根据块设备的用法不同又可再分两类: 一类主要用于扩充主存, 例如 UNIX 中的对换设备, 通常对这种用途的硬磁盘的速度要求更高些; 另一类主要用于存储不常用的信息, 这些信息通常被组织成为文件, 这类设备往往又称为文件存储设备。

UNIX 系统设备管理的主要特点有如下几点。

1. 将外部设备看作文件，由文件系统统一处理

UNIX 将外部设备看作文件，这种文件称为特别文件。例如，打印机的文件名是 lp，控制台终端的文件名是 console，等等。这些特别文件均组织在目录/dev 下。如要访问打印机就可以使用路径名 /dev/lp。这既可在命令一级又可在程序语言一级使用。

在程序语言中，可以用以下语句打开特别文件/dev/lp。

```
fd=open("/dev/lp", O_WRONLY);
```

其中：fd 为打开文件号，"/dev/lp"为打开文件名，O_WRONLY 为打开方式。

UNIX 的这一特征使得任何外部设备在用户面前与普通文件完全一样，而不必涉及它的物理特性。这给用户带来了极大的方便。在文件系统内部，外部设备与普通文件一样受到保护和存取控制。仅仅在最终驱动设备时才转向各个设备的驱动程序。

2. 系统的设备配置灵活、方便

在计算机系统中，外部设备的配置往往应根据不同用户的需要而改变，这种改变会引起操作系统的修改。在 UNIX 系统中，由于核心与设备驱动程序的接口是由两张表（块设备开关表和字符设备开关表）描述的，所以比较方便地解决了设备重新配置的问题。开关表是一个二维矩阵，每一行存放一类设备（用主设备号区分）的各种驱动程序入口地址，每一列表示驱动程序的种类。进程使用外设时只要指出设备类型和操作类型，就能使用该类设备的某一驱动程序。当设备配置改变时只修改了开关表，而对系统其他部分影响很少。

3. 使用块设备缓冲技术，提高了文件系统的存取速度

块设备的文件存储部分是文件系统存在的介质，而文件系统与用户界面的联系最为密切，故文件系统存取文件的效率是十分重要的。文件系统通过高速缓冲机制存取文件数据，缓冲机制调节核心与文件存储设备之间的数据流。UNIX 提供由数据缓冲区组成的高速缓冲，每个缓冲区的大小为 512 字节。当用户程序要把信息写入文件时，先写入缓冲区里立即返回，由系统做延迟写处理。当用户程序要从磁盘读文件信息时，先要查看在缓冲区中有无含有此信息的块，如果有就不必启动磁盘 I/O，可立即从缓冲区内取出。这种做法大大加快了文件的访问速度。

8.5.2　UNIX 系统的设备驱动程序接口

UNIX 系统包含两类设备：块设备和字符设备。如前所述，块设备（如磁盘和光盘）是随机存取的存储设备；字符设备包括所有的其他设备，如终端和打印机等。

文件系统与设备的接口如图 8.12 所示。用户使用与文件系统一样的命令来使用设备。每个设备有一个像文件一样的名字，并对它像文件一样地存取。设备特殊文件有一个索引节点（相当于文件目录项），在文件目录树中占据一个节点。设备文件以存储在它的索引节点中的文件类型与其他文件（如正规文件、目录文件）相区别。例如，对字符设备的存取（从终端读信息，或输出信息到打印机）都以文件的读写命令来请求，即字符设备以文件系统的系统调用与文件系统接口。而块设备则通过高速缓冲为文件系统服务。因为文件是存储在文件存储器上的，为了加快文件的存取速度，文件系统使用高速缓冲机制存取文件数据。

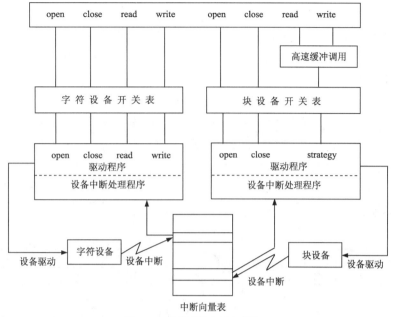

图 8.12　文件系统与设备的接口

1. 核心与驱动程序的接口

核心与驱动程序的接口分别是块设备开关表和字符设备开关表。每一种设备类型在表中占有一表目并包含若干个数据项。这些数据项在系统调用时引导核心转向适当的驱动程序接口。设备特殊文件的系统调用 open 和 close，根据文件类型区分到块设备开关表和字符设备开关表，进行打开（关闭）字符设备或块设备的操作。需要提及的是，块设备上正规文件和目录文件并不是设备特殊文件，但块设备本身仍可以作为块特殊文件来访问。

字符设备特殊文件的系统调用 read、write 使控制转向字符设备开关表中相应的过程。正规文件或目录文件的 read、write 系统调用，则通过高速缓冲模块而转向设备驱动模块中的策略（Strategy）过程。

文件系统的调用命令通过开关表转向设备驱动程序的情况如图 8.12 所示。

2. 设备开关表

（1）主设备号与次设备号

UNIX 系统将块设备和字符设备又细分成若干类。例如块设备可分为硬盘、软盘、磁带等类，字符设备又可分为终端设备、打印机等。每类设备给一个标号，从 0 开始顺序编号。这种编号称为主设备号。根据块设备或字符设备的主设备号就可以在相应的开关表中找到其表目。

属于同一类主设备号的设备可能有若干台或若干个驱动器。为了标识某一具体设备，还需要一个次设备号。次设备号将作为参数带入到主设备号确定的相应驱动程序中去，由该驱动程序解释以决定驱动哪台具体的设备。

由此可见，在标识一台具体的物理设备时，要指出块/字符设备、主设备号和次设备号。主、次设备号各用一个字节表示，其值均为 0~255。实际上这两个编号通常合并在一个字里，其中主设备号占用高字节，次设备号占用低字节。这个字也称为设备号，其结构如图 8.13 所示。

图 8.13　设备号结构

（2）块设备和字符设备开关表

开关表相当于一个二维矩阵，每一行含有同一主设备号的设备驱动程序入口地址，行号即与主设备号相对应。而每一列是不同类设备的同一种驱动程序的入口地址。块设备开关表和字符设备开关表分别如表 8.2 和表 8.3 所示。

表 8.2 块设备开关表

主 设 备 号	驱 动 程 序 分 类		
	Open	close	strategy
0	& gd open	& gd close	& gd strategy
1	& gt open	& gt close	& gt strategy
⋮	⋮	⋮	⋮

说明：gd 为 magnetic disk 缩写，表示为磁盘；gt 为 magnetic tape 缩写，表示为磁带。

表 8.3 字符设备开关表

主 设 备 号	驱 动 程 序 分 类			
	Open	close	close	write
0	& kl open	& kl close	& kl read	& kl write
1	& pc open	& pc close	& pc read	& pc write
2	& lp open	& lp close	& lp read	& lp write
⋮	⋮	⋮	⋮	⋮

说明：kl 为控制台终端；pc 为纸带机；lp 为行式打印机。

若某系统有两种块设备：RK 硬磁盘和 RH 软磁盘。则块设备开关表设置初值为：

```
int ( *bdevsw ( j ) ( )
{
    & nulldev, & nulldev, &rkstrategy,
    & nulldev, & nulldev, &rhstrategy,
    0
}
```

由此开关表可以看出，RK 磁盘的打开和关闭子程序都是空操作，启动子程序是 rkstrategy；RH 磁盘的打开、关闭子程序也是空操作，启动子程序是 rhstrategy。

若无某种驱动程序，则填入 nulldev 的入口地址& nulldev 即可，此为空操作。

8.5.3 UNIX 系统的缓冲区管理

UNIX 系统管理了大量的文件，这些文件存储在诸如磁盘这样的辅存上。对文件系统的一切存取操作，核心都能通过每次直接从磁盘上读或往磁盘上写来实现。但磁盘的传输速率比 CPU 的速度要慢。为了加快系统的响应时间和增加系统的吞吐量，UNIX 构造了一个由高速缓冲组成的数据缓冲池，以降低磁盘的存取频率。UNIX 系统的高速缓冲管理实现了数据的预先缓存和延迟发送的功能。

UNIX 系统缓冲区管理

UNIX 缓冲管理的目标是尽可能多地利用保存在高速缓冲中的数据。当需要从磁盘中读数据时，核心首先看数据是否已在高速缓冲中，若在，即从高速缓冲区中读，这样核心就不必启动磁盘 I/O。如果数据不在该高速缓冲中，则核心从磁盘上读数据，并将其缓冲起来。类似地，要往磁盘上写数据时，也先往高速缓冲中写，以便核心随后又试图读它时，它能在高速缓冲中。在高速缓冲中的数据一定是延迟发送的，即被写在高速缓冲中的数据要延迟到非往磁盘上写不可的时候才进行，对这一问题将在 UNIX 系统的高速缓冲管理算法中分析。

1. 缓冲首部

一个缓冲区由缓冲数组和缓冲首部两部分组成。缓冲数组含有磁盘上的数据。缓冲首部是描述缓冲区特性的数据结构。缓冲首部与缓冲数组之间是一对一的映射关系，下面的讨论将这两部分统称为"缓冲区"。一个缓冲区的数据与辅存上的一个磁盘块中的数据相对应，缓冲区是磁盘块在主存中的拷贝，磁盘块的内容映射到缓冲区中。该映射是临时的，且在同一时间内，绝不能将一个磁盘块映射到多个缓冲区中。

缓冲区首部的结构如表 8.4 所示。表 8.4 中各数据项的意义描述如下。

表 8.4	缓冲区首部
设备号	dev
块号	blkno
状态	flag
指向数据区域的指针	
传送字节数	
返回的 I/O 出错信息	
b_forw	设备缓冲队列前向指针
b_back	设备缓冲队列后向指针
av_forw	空闲缓冲区队列前向指针
av_back	空闲缓冲区队列后向指针

设备号 dev——缓冲区内所包含的信息所属设备的设备号。

块号 blkno——由设备号指出的设备上相对于第 0 块的物理块号。

状态 flag——描述了缓冲区当前的状态。一个缓冲区的状态是由如下内容组成的。

忙标志 busy——缓冲区当前正"忙"，或说是"上锁"状态。

有效位 ave——缓冲包含的数据有效。

延迟写 delwr——核心在某缓冲区重新分配出去之前必须把缓冲区内容写到磁盘上，这一条件叫延迟写。

写标志 write——核心当前正把缓冲区的内容写到磁盘上。

读标志 read——核心当前正从磁盘往缓冲区写信息。

等待位 wait——一个进程当前正在等候缓冲区变为空闲。

缓冲首部还包括两组指针，涉及设备缓冲队列和空闲缓冲区队列。与某类设备有关的所有缓冲区组成的队列称为设备缓冲区队列，简称为 b 链。可供重新分配使用的缓冲区组成的队列称为空闲缓冲区队列，简称为 av 链。

b 链指针：b_forw ——指向设备缓冲区队列上的下一个缓冲区的指针；

　　　　　 b_back ——指向设备缓冲区队列上的上一个缓冲区的指针。

av 链指针：av_forw ——指向空闲缓冲区队列上的下一个缓冲区的指针；

　　　　　　av_back —— 指向空闲缓冲区队列上的上一个缓冲区的指针。

缓冲区的分配、缓冲区管理算法均使用这两组指针来维护缓冲池的整体结构。

2. 队列结构

在 UNIX 缓冲区管理系统中设计了设备缓冲区队列（b 链）和空闲缓冲区队列（av 链），系统通过这两个数据结构对所有缓冲区进行管理。

（1）空闲缓冲区队列

空闲缓冲区是一个可被分配作为其他用途的缓冲区，它位于空闲缓冲区队列中。在此队列中的所有缓冲区的状态标志 BUSY=0。空闲缓冲区队列是双向链接的循环表，具有一个哑缓冲区作为队列头指针，以标识空闲缓冲区队列的开始和结束。其结构如图 8.14 所示。

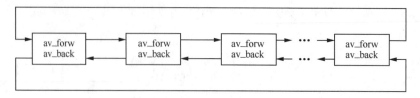

图 8.14　空闲缓冲区队列结构

当系统初启时，每个缓冲区都放到该队列中。该队列的排序原则是按最近被使用的次序，队尾是刚使用过的缓冲区。队列的使用方法是：一个刚使用过的缓冲区释放时置于队尾，当核心要一个空闲缓冲区时，从该队列头部取出一个缓冲区。

（2）设备缓冲区队列

每类设备都有一个设备缓冲区队列。它是与该类设备有关的所有缓冲区组成的队列。处于该队列的缓冲区的 flag 中 BUSY=1。该队列的结构也是双向链接循环表。它的队列指针是设备控制块中的设备缓冲区队列头指针 b_forw 和尾指针 b_back。设备缓冲区队列结构如图 8.15 所示。

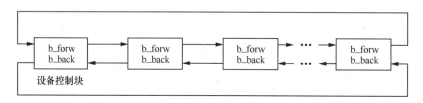

图 8.15　设备缓冲区队列结构

3. 缓冲管理算法

UNIX 系统提供的高速缓冲为大量的进程所共享。为了提高其使用效率，必须选择好的缓冲管理算法。UNIX 的缓冲管理算法是很有特色的，它以极简单的办法实现了极为精确的最久未使用（LRU）淘汰算法。

当进程要读取文件信息时，通过文件系统的工作会转化为对磁盘某一块的读要求。缓冲区的读操作将所需的磁盘块中的数据读入缓冲区，再从缓冲区读入用户指定的主存区。如果高速缓冲中已包含有所需磁盘块的数据，那么就不必再从磁盘中读，而直接取用即可。如果该信息不在缓冲区中，则先要将相应块设备上的磁盘块上的数据传送到某一缓冲区中，然后再从缓冲区传送到用户目标区。

缓冲区的写操作先将用户指定主存区的信息写到缓冲区，再由缓冲区写到指定设备的某一磁盘块上。UNIX 采用了延迟写策略，如果缓冲区没有写满，还可能再写下去，则先不急于立即进行写块设备的操作，而是设置 flag 中的 DELWR 的标志。延迟写标志可使具体的写操作推迟到非写不可的时候才进行。

缓冲区管理的总的思路分析如下。

（1）一个缓冲区被分配用于读/写某设备上的字符块时

一个缓冲区被分配用于读/写某设备上的字符块时，它进入该设备的缓冲区队列（b 链），其 flag 的 BUSY 位置 1。当缓冲区的信息读到用户主存区后，或用户信息写到缓冲区后，这样的缓冲区可以释放。此时，flag 中的 BUSY=0，且送入到空闲缓冲区队尾，即使置为延迟写的缓冲区也送入空闲缓冲区队列。注意，当一个缓冲区被送入空闲缓冲区队尾时，它仍留在该设备的缓冲区队列上，这时，该缓冲区在两个队列中同时存在。这样做是为了使缓冲区能充分得到利用，从以下两点来体现。

① 在空闲缓冲区队列中的缓存，只要还没有重新分配就保持其原有内容不变。因此，如果需要，只要简单地将相应缓冲区从空闲缓冲区队列中抽出，就可按原状继续使用它。这样，对读、写操作而言，都避免了重复而又十分耗费时间的设备 I/O 操作过程，大大提高了文件系统工作的效率，这正是 UNIX 使用缓存的一个主要目的。

② 如果要将一个缓冲区重新分配，移作它用，则只需将它从空闲缓冲区队列和原设备缓冲区队列中同时抽出，送入新的设备缓冲区队列中。这样就实现了多进程对有限缓存的共享。

（2）当需要一个缓冲区时

当需要一个缓冲区时取空闲缓冲区队列首元素，而一个被使用过的缓冲区释放时放在队尾。当核心从空闲缓冲区队列上不断地摘下缓冲区时，一个装有有效数据的缓冲区会向空闲缓冲区队列的头部移动，因此，空闲缓冲区队列的首元素是最久未使用的。这就保证了当需要淘汰一个缓冲区时，所选择的这个缓冲区，其最后一次使用时间离现在时刻最远。这就是在请求分页系统中提到的 LRU 算法。

（3）当一个标有延迟写的缓冲区移到空闲队列头时

当一个标有延迟写的缓冲区成为空闲缓冲区队首时，它就可能被使用。这时，不能立即对它重新分配，而是要提出 I/O 请求，以便将其内容写到相应设备的指定磁盘块上。为此，将它从空闲缓冲区队列中抽出，而留在原设备缓冲区队列中。写操作完成后，这个缓冲区又被释放进入空闲缓冲区队列，同时仍留在原设备缓冲区队列中。

4. 缓冲区的检索

当文件系统要检索一个块时，通过文件系统有关模块的工作，将用户的读/写请求中的参数转换为需存取的设备号和磁盘块号，并以此设备号和磁盘块号作为输入参数，向高速缓冲模块提出检索此块的请求。

（1）分配一个缓冲区

高速缓冲模块中负责缓冲区分配的是 getblk() 函数。当要从一个特定的磁盘块上读数据（或要把数据写到一个特定磁盘块上）时，此算法检查该块是否包含在高速缓冲中，如果不在，则分配给它一个空闲缓冲区。getblk() 的描述见 MODULE 8.3。

```
MODULE 8.3  分配缓冲区
算法  getblk
输入：设备号、块号
输出：现在能被磁盘块使用的上锁的缓冲区
{   while（没找到缓冲区）
  {   if（块在设备缓冲区队列上）
    {   if（块忙）                           /* 第二种情况 */
      {
          sleep（事件：等待"缓冲区变为空闲"）;
          continue;                        /* 回到 while 循环 */
      }
      缓冲区标记上"忙"标志；                   /* 第一种情况 */
      从空闲缓冲区队列上摘下此缓冲区；
      return（缓冲区）;
```

```
        }
        else                              /* 块不在设备缓冲区队列 */
     {   if（空闲缓冲区队列为空）           /* 第五种情况 */
        {
            sleep（事件：等待"缓冲区变为空闲"）；
            continue；                     /* 回到 while 循环 */
        从空闲缓冲区队列上摘下第一个缓冲区；
        if（缓冲区标志着"延迟写"）          /* 第四种情况 */
        {
            把缓冲区异步写到磁盘上；
            continue；                     /* 回到 while 循环 */
        }
        从原设备缓冲区队列中摘下该缓冲区；    /* 第三种情况 */
        把此缓冲区加入到新设备缓冲区队列；
        return（缓冲区）；
        }
     }
}
```

getblk()函数将一个缓冲区分配给磁盘块时，可能出现以下5种典型的情况。

① 核心在该设备的缓冲区队列中找到该块，并且它的缓冲区是空闲的。

② 核心在该设备的缓冲区队列中找到该块，但它的缓冲区当前为忙。

③ 核心在该设备的缓冲区队列中找不到该块，因此从空闲缓冲区队列中分配一个缓冲区。

④ 核心在该设备的缓冲区队列中找不到该块，它从空闲缓冲区队列中找到一个已标上"延迟写"标记的缓冲区。核心必须把"延迟写"缓冲区的内容写到磁盘上，并分配另一个缓冲区。

⑤ 核心在该设备的缓冲区队列中找不到该块，而空闲缓冲区队列已为空。

下面，更详细地讨论以上所述的每一种情况。

第一种情况：根据设备号、块号的组合在该设备的缓冲区队列中搜索块，当它找到了其设备号和块号与所要搜索的设备号、块号相匹配的缓冲区时，就是找到了该块。核心检查该缓冲区是否空闲。如果是，则将该缓冲区标记上"忙"标志，以使其他进程不能再存取它。然后核心从空闲缓冲区队列中摘下该块。因为处于空闲缓冲区队列中的缓冲区不能有"忙"标志。

第二种情况：如果该缓冲区 BUSY 标志已设置，说明它正被某进程使用，则在该缓冲区的 flag 中再设置 WAIT 标志，表示有进程正等待使用它。然后请求该块的进程进入睡眠状态，待该缓冲区使用完毕后被释放时再被唤醒。

第三种情况：核心在该设备的缓冲区队列中没找到所需的块，它必须从空闲缓冲区队列中找一个。如果空闲缓冲区队列不空，则摘下第一个缓冲区，并设置 BUSY 标志。因为该缓冲区曾分配给另一个磁盘块，并正在某设备的缓冲区队列中，所以要从原设备缓冲区队列中移出，并从队列头部插入到所请求的设备（设备号为调用参数 dev）的缓冲区队列中。最后将该缓冲区的 dev 和 blkno 分别设置为调用的 devblkno 值，以建立起这个缓冲区和它相应设备上的一个指定磁盘块的联结关系。

第四种情况：核心在该设备的缓冲区队列中没找到所需的块，必须从空闲缓冲区队列中分配一个缓冲区。当从空闲队列中摘下的缓冲区已被标记上"延迟写"标志时，应将该缓冲区的内容写到磁盘上。核心开始一个往磁盘的异步写，并且试图从空闲缓冲区队列中分配另一个缓冲区。当异步写完成时，核心把缓冲区标记为"旧"，并把该缓冲区释放，并将其置于空闲缓冲区队列的头部。

第五种情况：核心在设备缓冲区队列中找不到该块，并且空闲缓冲区队列已为空。这时，请求此 I/O 操作的进程进入睡眠，当释放缓冲区时再唤醒它。

（2）释放一个缓冲区

brelse()函数负责释放一个缓冲区，其算法描述见 MODULE 8.4。该算法唤醒那些因该缓冲区"忙"而睡眠的进程，也唤醒由于空闲缓冲区队列为"空"而睡眠的那些进程，这些进程被唤醒后又可去竞争缓冲区了。被释放的缓冲区放在空闲缓冲区队列尾。但是，如果发生了一个 I/O 错误或者核心明确地在该缓冲区上标记上"旧"，则核心把该缓冲区放在空闲缓冲区队列头部。

MODULE 8.4　释放缓冲区 brelse

算法　brelse

输入：上锁态的缓冲区

输出：无

```
{   唤醒正在等待"无论哪个缓冲区变为空闲"这一事件发生的所有进程；
    唤醒正在等待"这个缓冲区变为空闲"这一事件发生的所有进程；
    提高处理机执行的优先级以封锁中断；
    if（缓冲区内容有效且缓冲区非"旧"）
        将缓冲区加入空闲缓冲区队列尾部；
    else
        将缓冲区加入到空闲缓冲区队列头部；
        降低处理机执行的优先级以允许中断；
        给缓冲区解锁；
}
```

5. **读磁盘块与写磁盘块**

高速缓冲模块的上一层是文件子系统。当要读、写某一文件中的数据时，由文件系统将文件中的数据从逻辑地址转变为物理块号，然后以此为输入参数调用高速缓冲中的读磁盘块或写磁盘块算法。

（1）读磁盘块

读磁盘块的功能由函数 bread()完成，其算法描述见 MODULE 8.5。该函数首先调用 getblk()函数，在高速缓冲区中搜索这个磁盘块。如果它在高速缓冲区中，则核心不必从磁盘上读该块，而立即将该缓冲区返回。如果它不在高速缓冲区中，核心则调用磁盘驱动程序，以便执行一个读请求，而后去睡眠，等待 I/O 完成事件发生。当 I/O 完成时，由磁盘中断处理程序唤醒正在睡眠的进程。这时，磁盘块的内容已在缓冲区中，它将返回这个含有数据的缓冲区。

MODULE 8.5　读磁盘块

算法　bread

输入：磁盘块号

输出：含有数据的缓冲区

```
{
    搜索含有该块的缓冲区（算法 getblk）；
    if（在高速缓冲区中找到该块）
        return（缓冲区）；
    启动磁盘读；
    sleep（事件：等待"读盘完成"）；
```

```
            return（缓冲区）；
        }
```

（2）写磁盘块

将一个缓冲区的内容写到磁盘块上需要调用 bwrite()函数，其算法描述见 MODULE 8.6。该算法首先通知磁盘驱动模块，它已有一个缓冲区的内容应该写到磁盘上了，于是磁盘上相应的驱动程序会启动工作。

```
MODULE 8.6  写磁盘块
算法  bwrite
输入：缓冲区
输出：无
{
        启动磁盘写；
        if（I/O 同步）
        {   sleep（事件：等待"I/O 完成"）；
            释放缓冲区（算法 brelse）；
        }
        else
        if（缓冲区标记为"延迟写"）
            为缓冲区作标记"旧"，并放到空闲缓冲区头部；
}
```

I/O 同步指的是：当启动磁盘写时，调用进程进入睡眠状态，等待 I/O 完成后唤醒它，当它醒来时释放该缓冲区。如果写是异步的，则核心开始写磁盘，不等待 I/O 完成，当 I/O 完成时，核心来释放该缓冲区。

一个标有"延迟写"标记的缓冲区被移到队首并被重新分配时执行异步写操作。核心将这个缓冲区写到磁盘块后，给该缓冲区置上"旧"标记。它写完时，在磁盘中断处理程序中会调用 brelse() 函数释放该缓冲区。这时，因为缓冲区为旧，故被加入到空闲缓冲区队列首部。

6. 高速缓冲的优点和缺点

高速缓冲区的使用有不少优点，也存在某些缺点。

（1）优点

① 提供了统一的磁盘存取方法

不论是用户文件，还是操作系统管理文件的数据结构或程序，核心执行的都是往缓冲区或从缓冲区拷贝数据。因此核心的磁盘 I/O 提供同一个接口，使代码更加模块化，系统设计更为简单。

② 减少访盘次数

高速缓冲区的使用可减少访盘次数，减少了响应时间，从而提高了整个系统的吞吐量。欲从文件系统中读数据的进程可以在高速缓冲区中找到数据块，从而避免了对磁盘 I/O 的需要。核心经常使用延迟写可以避免不必要的磁盘写。

③ 确保文件系统的完整性

缓冲区算法维护了一个公共的、包含在高速缓冲区中的磁盘块的单一映像，这有助于确保文件系统的完整性。如果两个进程同时试图操纵一个磁盘块，缓冲区算法（如 getblk）便把它们的存取按顺序排列，以防止数据的讹误。

④ 简化用户程序

系统对用户进程进行的 I/O 操作，不要求做到数据对齐，因为核心在内部实现了数据对齐功能。

硬件实现常常需要对磁盘 I/O 进行数据对齐。例如，使主存的数据按两字节边界对齐或四字节边界对齐等。程序员必须完成这些工作，繁琐、易出错且不易移植。而缓冲机制消除了对程序特殊对齐的要求，从而使用户程序较为简单，且易于移植。

（2）缺点

由于高速缓冲策略中的延迟写，使得发出写系统调用的用户不能确定数据到底什么时候真正地写到磁盘上了。另一个问题是由于延迟写使得核心没有立即把数据写到磁盘上，当系统发生瘫痪使磁盘数据处于错误状态时，系统无能为力。延迟写的特点还不能适应实时系统的要求，因为实时系统要求实时、可预测的能力。

8.5.4　UNIX 系统的设备 I/O 控制

设备控制是操作系统与硬件的接口，它由各类设备的启动程序和中断处理程序组成。这些程序与硬件设备的物理特性直接相关。设备分为块设备和字符设备，下面以块设备为例说明用于 I/O 控制的有关数据结构。

1. **有关的数据结构**

（1）块设备表

每一类块设备有一个设备表，它记录了该类设备的使用情况，管理有关进程对该类设备提出的 I/O 请求及与该类设备相关的缓存队列。它的类型标志名字为 devtab。设备表的地址由核心记录，也可放在设备开关表的一个数据项中。块设备表的结构如图 8.16 所示。

devtcb

忙闲标志
出错次数
设备缓冲区队列头指针
设备缓冲区队列尾指针
I/O 队列头指针
I/O 队列尾指针

图 8.16　块设备表的结构

块设备表的 C 语言类型定义如下：

```
struct
{
      char  active;              /* 忙闲标志 */
      char  d_errcnt;            /* 出错计数 */
      struct  buf  *b_ forw ;    /* 设备链链头指针 */
      struct  buf  *b_ back;     /* 设备链链尾指针 */
      struct  buf  *d_ actf;     /* I/O 队列头指针 */
      struct  buf  d_ actl;      /* I/O 队列尾指针 */
}
```

忙/闲标志：标志设备是否空闲，0 表示空闲，非 0 表示忙。

出错次数：记录设备传送出错次数。每次传送出错时，中断处理程序会再启动一次，同时出错次数加 1。只有当出错次数超过规定的重复执行次数，才算真正的传送错。

还有两组指针，一组为设备缓冲区队列首、尾指针，另一组为请求该类设备 I/O 操作的请求块组成的队列（I/O 队列）的首、尾指针。

（2）I/O 请求队列

I/O 请求主要包括：

① 操作类型（读或写）；

② 信息地址（信息源或目的区起始地址）；

③ 数据传送的字节数。

所有这些信息都包含在缓冲区结构中，故可以不再独立设置 I/O 请求块。通过缓存进行的 I/O 操作，缓冲区身兼两职：一方面它是缓存控制块；另一方面它又是 I/O 请求块。

向主设备号相同的各设备提出的所有 I/O 请求块构成的一个队列，称为 I/O 队列。该队列的头指针分别是该类设备 I/O 队列首、尾指针，分别记为 actf 和 actl。I/O 队列是由 av_forw 勾链而成的单向先进先出队列（因此时的 av_forw 作为空闲缓冲区队列的勾链字已无意义），此时该缓冲区同处于该类设备的缓冲区队列上和 I/O 队列上，而绝不会在空闲缓冲区队列上。I/O 请求队列结构如图 8.17 所示。

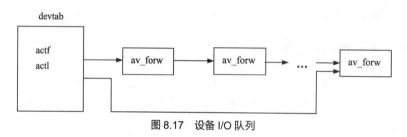

图 8.17　设备 I/O 队列

2. 块设备驱动

UNIX 系统中，启动块设备进行 I/O 操作以及与块设备中断处理有关的程序称为块设备驱动程序。

（1）块设备启动

块设备的启动主要包括以下步骤。

① 将 I/O 请求块送入相应设备的 I/O 请求队列。

② 按照 I/O 请求块提供的信息，设置与相应设备控制有关的寄存器，真正启动设备动作。

步骤①是由策略接口程序 strategy 完成的。它的上层是高速缓冲模块。在读磁盘块 bread 和写磁盘块 bwrite 函数中进行磁盘读和磁盘写操作时调用 strategy，其输入参数是一个缓冲区。该函数的任务是将该 I/O 请求块送入磁盘的 I/O 请求队列，然后调用启动磁盘的程序（start）。

在 start 程序中，取 I/O 请求队列中第一个 I/O 请求块，完成步骤②。如队列为空，说明无请求处理，则返回。

（2）块设备中断处理

一次 I/O 操作结束后，盘控制器提出中断请求，中央处理机对此作出响应后转入磁盘中断处理程序 rkintr。其算法描述见 MODULE 8.7。

```
MODULE 8.7  磁盘中断处理
算法  rkintr
输入：无
输出：无
{
    取 I/O 队列第一项；
    清块设备表中的忙/闲标志；
    if  (I/O 出错)
    {
        输出出错信息；
        出错计数加 1；
        if  (出错次数 > 10)    /* 10 为规定的出错次数 */
```

```
        置出错标志;
        重新执行该 I/O 请求;
    }
    else
    {
        清出错计数;
        清除第一个 I/O 请求块;
        进行 I/O 结束处理;
        启动下一个 I/O 请求;
    }
}
```

3. 字符设备的管理

字符设备作为人和计算机之间的接口部件，主要使用输入/输出字符序列。字符设备传输以字符为单位，速度比较慢。比较典型的字符输入/输出设备有行式打印机、各种终端机、输入机等。

因为字符设备工作速度慢，一次 I/O 要求传输的字符数也往往比较少而且不固定，所以在字符传输过程中，还需要做若干即时处理，例如编辑功能字符处理、制表符处理等。因此，在设备管理技术上与块设备有很大的不同。

字符设备和块设备类似，也有一个缓冲池。该缓冲池内含有 100 个缓冲区，但每个缓冲区很小，只可存储 6 个字符。每个缓冲区还有一个指针，它用于连接成各种队列。

每类字符设备也有一个设备表，由于字符设备在信息传输过程中要对传输的字符作若干即时处理，而这种处理的内容在很大程度上依赖于设备的类型。所以与块设备不同的是：各类字符设备的设备表比较复杂，且格式互不相同。

字符设备的传送也是用一组专用寄存器实现的。每一种输入/输出设备各有两个专用寄存器：一个是控制状态寄存器，它用来控制设备的启动和中断，反映设备状态；另一个是数据寄存器。在输出一个字符时，只要将该字符送入其对应的数据寄存器就行了；在输入字符时，当输入完成就发生中断，这时就可以从该数据缓冲寄存器中取出刚输入的字符。

字符设备是作为特别字符文件直接由文件系统访问的，因而没有块设备那样的接口程序。

由于各种字符设备的物理特性差异很大，因而其管理比较复杂，在这里也就不再做介绍了。有兴趣的读者可以查阅 UNIX 的有关资料。

8.6　Linux 系统的设备驱动

在 Linux 系统中，设备驱动程序是 I/O 子系统的核心模块，它一方面通过定制适合各类设备的驱动功能，提高设备的性能；另一方面又为用户提供一组标准的 I/O 接口，方便用户的使用。

8.6.1　Linux 系统设备的分类

Linux 系统将设备分为字符设备和块设备两个基本类型。

1. 字符设备

字符设备是能够以字符流的方式被有序访问的设备。这类设备以字节为单位进行数据处理，一般不采用缓冲技术。

2. 块设备

块设备是能随机访问固定大小数据（又称为块）的设备。常见的块设备有硬盘、软盘驱动器、CD-ROM 驱动器和闪存等。块设备以块为单位进行处理，大多数块设备采用缓冲技术。

现代计算机系统中还有网络设备，系统提供网络接口，由内核中的网络子系统驱动，负责数据的发送和接收。

内核管理块设备比字符设备要困难和细致。因为字符设备仅需要控制一个位置，即控制到当前位置；而块设备的访问位置常常在介质的不同区间前后移动，例如磁盘驱动器需要从某一个磁道上的某一扇区转向另一个磁道上的另一个扇区。而且，块设备对执行性能的要求高，对磁盘利用率的高低直接影响到整个系统的性能。所以内核对块设备提供了一个专门的服务子系统，称为块 I/O 层。

8.6.2 设备文件及其标识

1. 什么是设备文件

类 UNIX 操作系统将设备当作文件一样看待，Linux 系统也是如此，它将设备称为设备特殊文件，是文件类型的一种。因此，与磁盘上的普通文件进行交互的有关文件的系统调用都可直接用于 I/O 设备。如 write()系统调用既可以向普通文件中写入数据，也可向名为/dev/lp0 的设备文件中写入数据，实际上是将数据发送到打印机，实现了打印输出。

2. 主、次设备号

文件系统中描述文件的重要的数据结构称为文件目录，每个文件都有自己的文件目录项。它包含文件名、文件的逻辑结构、物理结构（指向磁盘上的数据块的指针）、文件的存取权限以及文件的管理信息等。在 Linux 系统中（UNIX 也如此）将文件目录项称为文件索引节点。

设备作为特殊文件也有索引节点，但它与普通文件的索引节点的内容不同。特殊文件的索引节点不包含指向磁盘上的数据块的指针，而是包含硬件设备的一个标识符，该标识符对应字符设备或块设备。

（1）主设备号

主设备号（Major Number）标识设备的类型。一般地，具有相同主设备号（即类型一样）的所有设备共享相同的文件操作集合，它们由一个设备驱动程序处理。

（2）次设备号

次设备号（Minor Number）标识主设备号相同的一组设备中的一个特定的设备。如由相同的磁盘控制器管理的一组磁盘具有相同的主设备号和不同的次设备号。

传统的 UNIX 系统或 Linux 系统的早期版本中，设备文件的主设备号和次设备号的编码都是 8 位，因此，最多只能有 65 536 个块设备文件和 65 536 个字符设备文件。随着计算机应用的快速发展，这个数字已远远不够用了。为了解决这一问题，Linux 2.6 版本已经增加了设备号编码大小，主设备号的编码为 12 位，次设备号的编码为 20 位。通常将主设备号和次设备号合并成一个 32 位的 dev_t 值。

MAJOR 宏和 MINOR 宏可以从 dev_t 中分别提取主设备号和次设备号，MKDEV 宏可以将主设备号和次设备号合并成为一个 dev_t 值。

3. 创建设备文件

mknod()系统调用用来创建一个设备文件，其参数为：设备文件名、设备类型、主设备号、次设备号。设备文件包含在/dev 目录中，表 8.5 所示为一些设备文件的属性。

值得注意的是，块设备和字符设备是独立编号的，所以，块设备（3,0）与字符设备（3,0）是不同的两个设备。

设备文件与硬件设备（如硬盘/dev/had）或硬件设备上某一物理或逻辑分区相对应。有时，设备文件也可能与一个空设备相对应，在这种情况下，所有写入这个文件的数据会被丢弃，因此，该文件看起来总是为空。

设备文件可以按需创建，Linux 内核一般采用动态方式创建设备文件。Linux 2.6 内核提供一个称为 udev 工具集的用户态程序用来创建设备文件。

表 8.5 设备文件的属性

设备名	类型	主设备号	次设备号	说 明
/dev/fd0	块设备	2	0	软盘
/dev/hda	块设备	3	0	第一个 IDE 磁盘
/dev/hda2	块设备	3	2	第一个 IDE 磁盘上的第二个分区
/dev/hdb	块设备	3	64	第二个 IDE 磁盘
/dev/hdb3	块设备	3	67	第二个 IDE 磁盘上的第三个分区
/dev/ttyp0	字符设备	3	0	终端
/dev/console	字符设备	5	1	控制台
/dev/lp1	字符设备	6	1	并口打印机
/dev/ttyS0	字符设备	4	64	第一个串口
/dev/rtc	字符设备	10	135	实时时钟
/dev/null	字符设备	1	3	空设备（黑洞）

系统启动时，/dev 目录是清空的，这时 udev 程序扫描/sys/class 子目录来寻找 dev 文件，dev 文件必须是用主设备号和次设备号的组合来表示一个内核所支持的逻辑设备文件。最后，在/dev 目录里只存放了系统内核所支持的所有设备的设备文件。

当系统初始化后，若有以下两种情况，udev 工具集也会自动地创建设备文件。

① 在加载设备驱动程序对应的模块时（系统此时尚未支持该设备）；

② 在一个热插拔的设备（如 USB 外部设备）加入系统时。

4. VFS 对设备文件的处理

虚拟文件系统 VFS（Virtual File System）负责处理与 UNIX 标准文件系统相关的所有系统调用，为各种文件系统提供一个通用的接口。

设备文件和普通文件一样处在文件系统目录树中，但设备文件与普通文件或目录文件又有根本的不同。当进程访问普通文件时，它将通过文件系统访问磁盘上的数据；而当进程访问设备文件时，它需要的是驱动硬件设备的工作。

为了屏蔽设备文件和普通文件的差别，VFS 在打开设备文件时做了一个关键的工作：改变缺省的文件操作。它将缺省的文件操作（f_op 字段）改变为块设备（或字符设备）的文件操作表地址和块设备的文件操作表 def_bik_fops。这样，对设备文件的每次系统调用都将转换成与设备相关的操作函数调用，而不是对普通文件的相应的函数调用。当与设备相关的操作函数被调用后，就可以对硬件设备进行操作，以完成进程所请求的 I/O 传输。

缺省的块设备文件操作表 def_bik_fops 如表 8.6 所示。

表 8.6　缺省的块设备文件操作表 def_bik_fops

方　　法	用于块设备文件的函数	方　　法	用于块设备文件的函数
Open	blkdev_open()	Read	generic_file_read()
Release	blkdev_close()	Write	blkdev_file_write()
Llseek	blkdev_llseek()	⋮	⋮

8.6.3　Linux 块设备的处理

1. 块设备处理

块设备驱动程序的工作涉及许多内核模块，或称内核组件。从用户进程发出一个存取磁盘文件的系统调用，到块设备驱动程序工作，要经过若干内核组件的工作，它们之间的调用关系如图 8.18 所示。

虚拟文件系统 VFS 负责处理与 UNIX 标准文件系统相关的所有系统调用，它能为各种文件系统提供一个通用的接口。VFS 支持的文件系统包含磁盘文件系统、网络文件系统等。

下面以进程对某个磁盘文件发出 read() 系统调用为例，分析内核组件的调用过程，图 8.18 给出的是磁盘文件映射层。

① 在读操作之前，相应的设备文件已打开。虚拟文件系统 VFS 通过块设备文件操作表调用适当的 VFS 函数，传递的参数是：文件描述符、文件的偏移量。

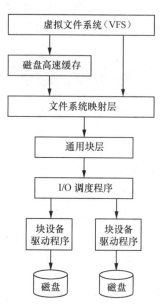

图 8.18　块设备驱动程序涉及的内核组件

② VFS 相应的函数首先访问磁盘高速缓存，看所需数据是否在高速缓存中。如果在就不必启动磁盘读操作；如果不在，则启动磁盘读操作。假定为后者。

③ 在磁盘文件系统映射层，计算请求数据的逻辑块号，根据该文件的索引节点中的索引结构确定该逻辑块号对应的磁盘物理块号。然后，对块设备发出读请求。

④ 通用块层接收到所需数据所在的磁盘块号、操作类型，给 I/O 调度程序发出启动磁盘读操作的命令。

⑤ I/O 调度程序根据预先定义好的 I/O 调度策略，将待处理的 I/O 数据传送请求进行归类。其目的是尽量将在磁盘上物理介质相邻的数据请求聚集在一起，以使 I/O 处理的效率最高。

⑥ 最后，块设备驱动程序向磁盘控制器的硬件接口发出设备启动命令，从而进行实际的数据传送。

2. 数据传输中的数据处理单元

一个块操作涉及了多个内核组件，每个组件所采用的数据处理单元都不同，它们是扇区、块、页和段。

（1）扇区

块设备中最小的可寻址单元是物理扇区，块设备控制器以扇区的固定长度来传输数据。扇区的大小一般是 2 的整数倍，在 Linux 系统中，扇区的大小按惯例都设为 512 个字节。

（2）块和页

扇区是硬件设备传输数据的基本单位，而块则是 VFS、文件系统、还有高速缓冲用来传送数据的基本单位。在 Linux 系统中块的大小是 2 的幂次，必须是扇区大小的整数倍，且不能超过一个页框的大小。在 80x86 体系结构中，允许块的大小为 512、1024、2048 和 4096 字节。

页框就是物理页，它是主存页式管理的基本单位，其大小为 4 KB，内核用 struct page 结构来描述系统中的每个物理页。

（3）段

在磁盘上进行的 I/O 操作，实际上是在磁盘和若干主存区之间相互传送一些相邻扇区上的内容。大多数情况下，磁盘控制器采用 DMA 方式进行数据传输。

老式的磁盘控制器仅支持"简单"的 DMA 方式。在这种方式下，磁盘与 RAM 中的连续主存单元相互传送数据。但是，现在新的磁盘控制器支持"分散—聚集"（Scatter-Gather）DMA 传送方式。在这种方式下，磁盘可以与非连续的主存区相互传送数据。

启动一次分散—聚集 DMA 传送，块设备驱动程序需要向磁盘控制器发送如下信息。

① 要传送的起始磁盘扇区号和总的扇区数。

② 主存区的描述符链表，链表中的每一项包含一个地址和一个长度。

磁盘控制器负责数据传送，如在读操作中控制器从相邻磁盘扇区中获得数据，然后将它们存放到不同的主存区中。

为了支持分散—聚集 DMA 传送方式，块设备驱动程序必须能够处理称为段的数据存储单元。段就是一个主存页或主存页的一部分，它们包含一些相邻磁盘扇区中的数据。图 8.19 描述了包含磁盘数据的页的典型构造。

图 8.19 说明上层内核软件看到的是页，它由 4 个 1024 字节的块缓冲区组成。图 8.19 中标出的段表示由块设备驱动程序正在传送的页中的 3 个块，这 3 个块的内容被传送到了包括 3×1024 字节的主存段中。而硬盘控制器看到的是 6 个 512 字节的连续扇区。

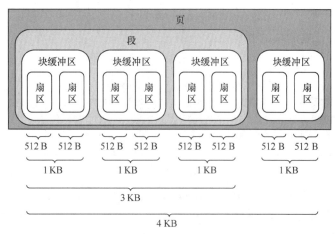

图 8.19　包含磁盘数据的页的典型构造

8.6.4　用于块设备处理的数据结构

设备驱动程序涉及的数据结构主要有设备请求队列和 bio 请求块。前者描述了对一个设备提出的所有 I/O 请求；后者描述的是每一个实际的 I/O 操作。

1. bio 结构

通用块层是一个内核组件，它处理来自文件系统映射层发出的对块设备的 I/O 请求。通用块层的一个重要的数据结构是 bio 结构。bio 是描述块设备 I/O 操作的描述符，包括一个磁盘存储区标识符（存储区中的起始扇区号和扇区总数）、一个或多个描述与 I/O 操作相关的主存区的段。bio 结构的字段描述如表 8.7 所示。

表 8.7　bio 结构的字段

字　　段	说　　明
bi_sector	块 I/O 操作的第一个磁盘扇区
bi_next	链接到请求队列中的下一个 bio
* bi_bdev	指向块设备描述符的指针状态标志
bi_rw	I/O 操作标志（读/写）
bi_vcnt	bio 的 bio_vec 数组中段的数目
bi_idx	bio 的 bio_vec 数组中段的当前索引值
bi_size	需传送的字节数
*bi_io_vec	指向 bio 的 bio_vec 数组中段的指针
⋮	⋮

使用 bio 结构体的主要目的是方便描述正在执行的 I/O 操作涉及的数据块。该结构体以片段为单位的链表形式来组织块 I/O 操作。一个片段是一小块连续的主存区，而不像以前的版本，一定要保证单个缓冲区的连续性。用片段来描述缓冲区，即使一个缓冲区分散在主存的多个位置上，bio 结构体也能对内核保证 I/O 操作的执行。

在 bio 结构体中有几个相关的域 bi_io_vec、bi_vcnt 和 bi_idx 说明如下。bi_io_vec 域指向一个 bio_vec 数组。该数组包含了提供特定 I/O 操作所需要使用到的所有片段。其中，每一个 bio_vec 结构都是一个形式为 <page,offset,len> 的向量，它以片段所在的物理页、块在物理页中的偏移量、从偏移量开始的块的长度这 3 个信息来描述一个特定的片段。bio_vec 结构中的字段如表 8.8 所示。

表 8.8　bio_vec 结构的字段

字　　段	说　　明
bv_page	指向段的页框中页描述符的指针
bv_len	段的字节长度
bv_offset	页框中段数据的偏移量

在每个给定的块 I/O 操作中，bi_vcnt 域用来描述 bi_io_vec 所指向的 bio_vec 数组中的向量数目。当块 I/O 操作执行完毕后，bi_idx 域指向数组的当前索引。bio 结构、bio_vec 结构数组和 page 结构之间的关系如图 8.20 所示。

bio 结构描述了一个 I/O 请求，每个请求涉及一个或多个块，这些块由 bio_vec 结构描述，它描述了每个片段在物理页中的实际位置。I/O 操作的第一个片段由 bio 结构中的 bio_io_vec 字段所指向，其他的片段在其后依次存放，共有 bi_vcnt 个片段。当 I/O 操作开始执行时，使用着各个片段，这时，bi_idx 域会不断地更新，它总是指向正在操作的当前片段。

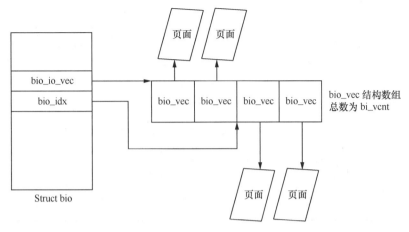

图 8.20　bio 结构、bio_vec 结构数组和 page 结构之间的关系

2.　设备请求队列和请求描述符

（1）设备请求队列

每个块设备驱动程序都维持一个设备请求队列。只要请求队列不为空该队列对应的块设备驱动程序就会从队列头上获取请求，然后将其送到对应的块设备上以完成所需的操作。设备请求队列是一个双向链表，包含待处理的请求，由 request_queue 结构描述，其字段如表 8.9 描述。

表 8.9　request_queue 结构的字段

字　　段	说　　明
queue_head	待处理请求的链表
request_fn	实现驱动程序的策略例程入口点的方法
back_marge_fn	检查是否可能将 bio 合并到请求队列的最后一个请求中的方法
front_marge_fn	检查是否可能将 bio 合并到请求队列的第一个请求中的方法
marge_requests_fn	合并请求队列中两个相邻请求的方法
make_request_fn	将一个新请求插入到请求队列时调用的方法
prep_rq_fn	将处理请求的命令发送给硬件设备的方法
queue_flags	描述请求队列状态的标志
⋮	⋮

设备请求队列中的元素排序方式是由 I/O 调度程序确定和处理的。为了使块设备处理的效率高，减少磁头的平均移动时间，I/O 调度程序总是试图将相邻的几个扇区合并在一起，作为一个整体来处理（见本书 8.6.5 节）。在 request_queue 结构中有几个字段正是为了这种合并操作而设置的。

（2）请求描述符

请求描述符 request 描述每个块设备待处理的请求，struct request 结构的字段如表 8.10 所示。

设备队列中的请求由 request 结构描述，因为一个请求可能要操作多个连续的磁盘块，所以每个请求可以由多个 bio 结构组成。

表 8.10　request 结构的字段

字　　段	说　　明
Queuelist	请求队列链表的指针
Flags	请求标志

字　　段	说　　明
nr_sectors	整个请求中要传送的扇区数
current_nr_sectors	当前 bio 的当前段中要传送的扇区数
hard_sector	要传送的下一个扇区号
hard_nr_sectors	整个请求中要传送的扇区数（由通用块层更新）
hard_cur_sectors	当前 bio 的当前段中要传送的扇区数（由通用块层更新）
Bio	请求中第一个没有完成传送操作的 bio
Biotail	请求链表中末尾的 bio
elevator_private	指向 I/O 调度程序私有数据的指针
⋮	⋮

8.6.5　输入/输出调度程序

系统中对磁盘的 I/O 请求是大量的，若按发出 I/O 请求的次序去启动磁盘的物理操作，将使系统的性能大大降低。因为磁盘寻址是整个计算机系统中费时且最慢的操作之一。不同的 I/O 请求涉及的数据可能处在磁盘的不同位置上，这将导致磁盘需要不断地定位磁头到新的位置上，这种性能的下降是无法接受的。所以，尽量缩短寻址时间是提高系统性能的关键。

Linux 内核在真正启动块设备物理操作前，还必须将大量的 I/O 请求进行合并与排序的预操作，这一工作由 I/O 调度程序来做，经过优化后的设备请求队列将请求按磁盘扇区的顺序排序，这样处理能极大地提高系统的整体性能。

1. I/O 调度程序的工作

I/O 调度程序的主要工作是管理块设备请求队列，延迟激活块设备驱动程序，对队列中的请求进行排序，以减少磁盘寻址时间。所谓延迟激活指的是：当一个 I/O 请求发出时，内核并没有立即启动这个请求，而是要通过 I/O 调度程序的调度，执行会被推迟。

2. 合并与排序

I/O 调度程序设计的目标是减少磁盘寻址时间，在 Linux 系统中的 I/O 调度称为电梯调度。I/O 调度的两个主要工作是将 I/O 请求进行合并处理和重新排序（不按请求产生的先后次序）。

（1）合并

将两个或多个 I/O 请求结合成一个新请求称为合并。例如，设备请求队列中已有一个请求，它访问的磁盘扇区和当前请求访问的磁盘扇区相邻，那么，这两个请求就可以合并成为一个新请求，这个新请求只对一个或多个相邻的磁盘扇区进行操作。

通过合并处理可以显著地减少系统开销和磁盘的寻址时间。其原因有二，其一是将多次请求的开销压缩成为一次请求的开销；其二是请求合并后，只需给磁盘控制器发送一次寻址命令就可以访问到请求合并前需要几次寻址才能访问完毕的磁盘区域。

（2）排序

将设备请求队列按磁盘扇区增长的方向排序，使磁头可以按其前进方向上移动，这样就缩短了系统对所有 I/O 请求处理的总时间。

当一个新的请求产生时，I/O 调度程序要考虑是否需要合并，还要确定新请求在队列中的位置，将其插入到队列中合适的地方，以保持队列的排序原则。I/O 调度程序的实质是保证设备请求队列中的所有请求按已确定的调度原则排序。块设备驱动程序从设备请求队列头获取请求进行处理，直到队列为空时睡眠。当设备请求队列为空时，只有产生了新的 I/O 请求才能唤醒块设备驱动程序。

3. Linux 系统的电梯调度

Linux 系统的电梯调度算法简单、易实现。电梯调度算法是从当前 I/O 请求的磁盘位置开始，沿着臂的移动方向将请求按磁盘扇区的顺序排序，总是选择离当前位置最近的那个 I/O 请求，如果在磁盘移动方向上无请求访问时，就改变移动方向再选择。

在电梯算法中，当一个新请求需要加入设备请求队列时，执行如下操作之一。

① 如果队列中已存在一个与新请求的磁盘扇区相邻的请求，那么，将新请求与这个已存在的请求合并成为一个请求。

② 如果没有相邻的请求，新请求插入到按扇区递增的合适的位置，以保证队列中的请求是以被访问的磁盘位置为序来排序的。

③ 如果队列中不存在该请求合适的插入位置，新请求被插入到队列的尾部。

电梯调度算法是一种使用简单且高效的调度算法。但在重负载下，可能会出现如下情况：如果设备驱动程序正在处理的是小扇区号部分的请求，此时拥有小扇区号的新请求不断地加入队列中，那么大扇区号的请求将要等待很长时间，甚至会发生饥饿现象。所谓饥饿现象是指当电梯算法在尽量减少磁盘寻址时间时，可能会出现一种极端现象：系统不断地满足对同一位置的 I/O 请求，而造成较远位置的其他请求永远得不到处理的机会，这是一种很不公平的饥饿现象。当然极端现象很少发生，但这种算法有可能使某些请求等待时间较长。

为了避免饥饿现象，Linux 系统对电梯调度算法做了适当的改进，在算法中，当一个新请求需要加入设备请求队列时，执行的操作增加了如下一项。

④ 如果队列中存在一个驻留时间过长的请求，那么新请求插入到队尾，以防止旧请求发生饥饿。

Linux 系统为了尽量提高全局吞吐量，又能使 I/O 请求得到公平处理，在电梯调度算法的基础上提出了几种改进算法，其中有最后期限 I/O 调度算法、预测 I/O 调度算法、完全公正的排队 I/O 调度算法、空操作的 I/O 调度算法，有兴趣的读者请查阅有关的资料。

8.6.6 策略例程

设备驱动程序包含一个函数或一组函数，这些函数称为策略例程，例程与设备控制器一起来处理设备请求队列的 I/O 请求。I/O 调度程序通过请求队列描述符中的 requst_fn 方法来调用策略例程，并将请求队列描述符的地址传递给该例程。

当设备队列为空时，设备驱动程序不工作，当有新请求插入到空的请求队列后，块设备驱动程序被激活，策略例程被启动。策略例程对于设备请求队列中的每一个请求，它与块设备控制器相互支持，共同为请求服务，一种简单的方式是策略例程等待直到数据传送完成，然后将已经处理过的 I/O 请求从队列中删除，继续处理下一个请求，直到队列为空才结束。

策略例程处理 I/O 请求有两种方法，上述的简单方法中策略例程在等待 I/O 操作完成的过程中自行挂起，所以实现效率不高；另一个问题是设备驱动程序也不能支持一次处理多个 I/O 数据传送的许多磁盘控制器。

另一个处理方式是中断方式，其处理效率高，为许多现代设备驱动程序所采用。通用块层、I/O 调度程序、设备驱动程序的策略例程和中断处理程序之间的关系简述如下。

① 通用块层将一个 I/O 操作请求发送给 I/O 调度程序。

② I/O 调度程序在相应的块设备请求队列上进行处理，产生一个新请求或扩展一个已有的请求，然后终止。

③ 块设备队列若为空，当加入一个新请求时块设备驱动程序被激活；否则，会一个接一个地处理请求队列上的每一个请求。设备驱动程序调用策略例程，选择一个待处理的请求，设置磁盘控制器，以便在数据传送完成时产生一个中断，然后策略例程终止。

④ 当磁盘控制器产生中断时，在该设备对应的中断处理程序会重新调用策略例程。这时，策略例程可能处理以下两种情况之一：

a. 当前请求的所有数据块已经传送完成，则将该请求从设备请求队列中删除，然后开始处理下一个请求；

b. 当前请求的所有数据块还没有传送完成，则为当前请求再启动一次数据传送，这通常称为中断驱动。

习题 8

8-1 什么是"设备独立性"？引入这一概念有什么好处？

8-2 进程的逻辑设备如何与一个物理设备建立对应关系？

8-3 什么是设备控制块？它主要应包括什么内容？简述其作用。

8-4 什么是缓冲？引入缓冲的原因是什么？

8-5 常用的缓冲技术有哪几种？

8-6 试说明采用双缓冲技术如何进行 I/O 操作。

8-7 对 I/O 设备分配的一般策略是什么？

8-8 什么是独占设备？对独占设备如何分配？

8-9 什么是共享设备？对共享设备应如何分配？

8-10 什么是虚拟设备技术？什么是虚拟设备？如何进行虚拟分配？

8-11 什么是 spool 系统？什么是预输入？什么是缓输出？

8-12 简述虚拟打印功能的实现方法。

8-13 I/O 控制的主要功能是什么？

8-14 使设备 I/O 的核心模块工作，有哪两种方式？

8-15 画图说明请求 I/O 的进程、I/O 过程、设备处理进程和中断例程之间的控制关系和同步关系。

8-16 UNIX 将外部设备分为哪两类？它们的物理特性有何不同？

8-17 UNIX 设备管理的主要特点是什么？

8-18 UNIX 核心与设备驱动程序的接口是什么？

8-19 在 UNIX 系统中，缓冲区首部的结构如何？它的作用是什么？

8-20 在 UNIX 缓冲区管理中，使用了哪两个主要队列？各自的特点是什么？

8-21　简要说明在缓冲管理算法中，极为精确的最近最少使用（LRU）算法是如何实现的。

8-22　当要读取设备号为 dev、块号为 blkno 的一个磁盘块的信息时，要通过哪几个步骤才能获得（请按时间先后次序说明各个步骤）？

8-23　一个"延迟写"的块经过哪些步骤才能真正写到磁盘上去？

8-24　Linux 系统的输入/输出调度程序的设计目标是什么？

8-25　试说明 Linux 系统的输入/输出调度程序中的合并和排序的主要工作。

8-26　Linux 系统的电梯调度算法的主要内容是什么？

8-27　某系统采用双缓冲技术来管理对设备 D 的输出，如图 8.21 所示。在运行过程中，某进程 P 将其计算结果输出到设备 D 的步骤是：先将结果输出到 buf_1，若 buf_1 满，则将结果输出到 buf_2。如果缓冲区全满，则等待。设备 D 输出的步骤是：首先判断 buf_1 是否有数据，若有，则将 buf_1 的内容输出；接下来判断 buf_2 中是否有数据，若有，则将 buf_2 中的数据输出。以上进程 P 和设备 D 的动作循环进行，直到进程 P 的计算结束。

（1）现假设 buf_1 和 buf_2 都只有 1 个记录数据的空间，试用信号量和 P、V 操作描述进程 P 和设备 D 的同步过程。

（2）假设进程 P 计算结果的速度是 x，设备 D 输出结果的速度是 y，试计算此双缓冲系统输出结果的速度，并将其与采用单缓冲（去掉图中的一个 buf，且图中的输出设备与进程无任何形式的本地缓存）的系统的输出结果速度进行对比。

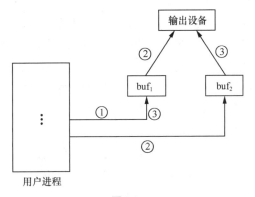

图 8.21

09 第9章 文件系统

9.1 文件系统概述

在现代多用户多进程环境中，操作系统要处理大量的信息。数据（信息）的处理必须解决信息的组织与存取的问题。现代操作系统提供了文件系统——存取和管理信息的机构，它利用大容量辅存设备（一般为磁盘）作为存放文件的存储器，又称为文件存储器。

文件系统概念
和文件结构

文件系统为用户提供了简单、方便、统一的存取和管理信息的方法。用户通过文件名字，使用直观的文件操作命令，按照用户熟悉的信息的逻辑关系去存取用户所需要的信息，从而使用户摆脱需要了解存储介质的特性和使用 I/O 指令的细节。

另外，操作系统作为一个系统软件本身也需要对信息管理的支持。为了有效地支持多用户的并发执行，应将有限的主存资源更多地留给用户程序使用，为此，操作系统的程序代码和核心数据并非在全部时间内都长驻主存，而是将一部分操作系统的程序模块和数据暂时存放在直接存取的文件存储器上，只有在用户需要用到某部分功能时，才将相应的一组操作系统的例程调入主存。由此可见，操作系统本身也需要信息管理的功能。

操作系统的信息管理，又称为文件系统不仅为用户程序所需要，同时也为操作系统自身所需要。文件系统为用户和操作系统提供存储、检索、共享和保护文件的手段，以达到方便用户、提高资源利用率的目的。

9.1.1 文件

1. 文件的定义及分类
（1）文件

文件系统对信息的管理是通过把它所管理的信息（程序和数据）组织成一个个文件的方式来实施的。文件是在逻辑上具有完整意义的信息集合，它有一个名字以供标识，文件名是以字母开头的字母数字串。文件是由文件系统存储和加工的逻辑部件。

每一个信息形成一个信息项，它是一个字节或一个字符。由于大多数计算机系统一般使用 8 位字节，因此在字符集中可以表示为 2^8（即 256）个可能的字符。数值字符是

0～9 中任何一个十进制数字；字母字符可以是字母表中任何一个，即 A～Z（大写字母）或 a～z（小写字母）中的任何一个；空格常常看做是字母字符。计算机字符集中的其他字符称作特殊字符。例如：美元符号（$）、冒号（：）、斜线（/）、星号（*）等。

一组相关的字符称作一个域。数字域只包含数字，字母域只包含字母与空格（空格是字符集中完全合法的字符）。字母数字域只包含数字、字母和空格。包含任意特殊字符的域简称字符域。例如，"789"是数字域，"BUSY"是字母域，"6030B"是字母数字域，"$578.34"是字符域。记录是一组相关的域。例如，一个学生记录可以包含学号、姓名、各主修课程的成绩、累计平均分数等独立的域。

构成文件的基本单位可以是信息项（单个字符或字节），也可以是记录。这样，又有以下两种关于文件的定义：

① 文件是具有符号名的信息（数据）项的集合；

② 文件是具有符号名的记录的集合。

一般来说，构成文件的基本单位之间无结构意义，只有顺序关系。一个文件可以代表范围很广的对象。系统和用户可以将具有一定独立功能的程序模块或数据集合命名成为一个文件。例如：用户的一个 C 源程序、一个目标代码、一批初始数据以及系统中的库程序和系统程序（编译程序、汇编程序、连接程序）都可命名为文件。另外，还可以建立一个学生记录文件，它由若干个记录组成，其中的每一个记录登记的是一个学生的情况。

在 UNIX 系统中，将设备当作文件来看待，每个设备有一个像文件名一样的名字，作为设备特殊文件来处理。引入文件后，用户就可以用统一的观点去看待和处理驻留在各种存储介质上的信息。例如：用户可以通过文件命令读键盘上的"下一个"字符；在打印机上打印"下一行"字符；在磁鼓、磁盘上存取某个文件的一个记录等。无需去考虑保存其文件的设备上之差异，这将给用户带来很大方便。

（2）文件的分类

文件按其性质和用途大致可以分为以下 3 类。

① 系统文件——有关操作系统及其他系统程序的信息所组成的文件。这类文件对用户不直接开放，只能通过系统调用为用户服务。

② 程序库文件——由标准子程序及常用的应用程序所组成的文件。这类文件允许用户调用，但不允许用户修改。

③ 用户文件——由用户委托给系统保存的文件。如源程序、目标程序、原始数据、计算结果等组成的文件。

为了安全可靠，可对每个文件规定保护级别。文件按保护级别一般可分如下几类。

① 执行文件。用户可将文件当作程序执行，但既不能阅读，也不能修改。

② 只读文件。允许文件所有者或授权者读出或执行，但不准写入。

③ 读写文件。限定文件所有者或授权者可以读写，但禁止未核准的用户读写。

根据文件的存取方法或文件的物理结构，还可以对它们进行多种分类。这些分类将在以下有关节段中介绍。

2. 文件名及文件属性

（1）文件名

每个文件有一个给定的名字，这个名字由串描述且由文件内容来表示。现在，许多系统（如

Windows 系统、Linux 系统）都采用长文件名。Linux 文件名的最大长度为 256 个字符，通常由字母、数字、"."（点号）、"_"（下划线）或 "-"（减号）组成，文件名中不能含有 "/" 符号。每个文件都有区别于其他文件的特征，最基本的区别是在同一文件目录下没有任何两个文件具有相同的符号名。文件还具有路径名，在多级文件目录结构中，文件路径名是唯一的，任何文件的路径名都不相同。

（2）文件扩展

文件名通常还附加 2~3 个字符作为文件扩展，用来表示文件的使用特征。文件扩展可以由用户自由地确定，然而，一般操作系统只识别一些标准设置。通用的文件扩展如表 9.1 所示。

文件扩展属于文件名的一部分。例如：fortran.lb 表示 fortran 库；system.sv 表示一个可执行的操作系统程序。

表 9.1　通用的文件扩展

扩　展	意　义	扩　展	意　义
Dr	目录或子目录文件	Sv	执行程序
Fr	fortran 源程序	Lb	用户程序库
Ol	覆盖库程序		

（3）文件属性

每个文件都有自己的文件属性，它描述文件的类型、保护和缓冲方案等内容。属性字母及其意义举例如表 9.2 所示。

表 9.2　属性字母及其意义举例

属　性	意　义	属　性	意　义
P	永久文件	W	写保护
D	目录文件	R	读保护
C	连续文件	O	标准缓冲输出
S	随机文件	I	标准缓冲输入
L	串联文件	X	只能执行
E	链接记录		

9.1.2　文件系统

文件系统是操作系统中负责管理和存取文件信息的软件机构，它由负责文件操作和管理的程序模块、所需的数据结构（如目录表、文件控制块、存储分配表）以及访问文件的一组操作所组成。

从系统角度看，文件系统的功能是负责文件的存储并对存入的文件进行保护、检索，负责对文件存储器存储空间的组织和分配等，具体包括以下几点。

- 构造文件结构
- 辅存空间管理
- 文件保护
- 提供存取文件的方法
- 提供文件共享功能
- 提供一组文件操作命令

从用户角度看，文件系统的功能是实现了"按名存取"的功能。当用户要求系统保存一个已命名的文件时，文件系统根据一定的格式把用户的文件存放到文件存储器中适当的地方；当用户要使用文件时，系统根据用户给出的文件名，能够从文件存储器中找到所要的文件，或文件中某一个记录。因此，文件系统的用户（包括操作系统本身及一般用户），只要给出文件名字就可以存取文件中的信息，而无需知道这些文件究竟存放在什么地方。

文件系统需要解决数据的组织方法。存储数据的文件存储器具有固定的物理特性，数据在辅存设备上的排列、分布构成了文件的物理结构。为了方便用户使用，必须屏蔽文件的物理结构，为用户提供文件的逻辑结构，文件系统负责实现逻辑特性到物理特性的转换。文件系统还应提供合适的存取方法以适应各种不同的应用。例如，用户可以顺序地对文件进行操作，也可以以任意的次序对文件中的记录进行操作，即系统应提供顺序存取和随机存取方法。

文件系统的功能以提供一组服务的方式来呈现，使用户能执行所需要的操作。这些操作包括创建文件、撤销文件、读文件、写文件、传输文件和控制文件的访问权限等。另外，文件系统还允许多个用户共享一个文件副本，这样在辅存设备上只保留一个单一的应用程序或数据的副本，以提高设备的利用率。实现文件共享有一个重要的问题需解决，这就是文件保护问题，系统必须提供对文件的保护措施。

文件系统的功能可以很简单，也可以很复杂。它们的特性依赖于各种不同的应用环境。对于一个通用系统而言，下述基本要求是必需的：

① 允许用符号名访问文件；

② 用户应能以最适合于各自的应用方式构造各自的文件；

③ 每个用户可以执行基本的文件操作命令，如创建、删除、读写文件等命令；

④ 实现辅助存储空间的自动管理，使文件在辅助存储器中的分配位置与它的用户无关；

⑤ 用户应能在慎密的控制状态下，互相合作共享彼此的文件。共享文件的机制应提供各种类型的、受到控制的访问，例如读、写、执行或者是它们的组合；

⑥ 必须提供后备与恢复能力以防止有意或无意地毁损信息；

⑦ 文件系统对在敏感环境中需要保密与私用的数据提供加密和解密的能力，如电子拨款系统、犯罪记录系统、医疗记录系统，这样信息只供授权的用户（即掌握解密键的人）使用。

9.1.3　文件的组织

1. 文件组织的两种结构

用户进程活动时，需要大量存取数据信息。为了使用户能够用统一的观点和方法去存取驻留在各种设备介质上的信息，操作系统引入文件的概念，并提供文件读写操作等命令。对于文件的组织形式，可以用两种不同的观点去进行研究，形成两种不同的结构，即逻辑文件（用户观点）和物理文件（实现观点）。

（1）逻辑文件

逻辑文件是从用户角度看到的文件面貌，即用户对信息进行逻辑组织形成的文件结构。

研究文件逻辑结构的目的是为用户提供一种逻辑结构清晰、使用简便的逻辑文件形式。用户按文件的逻辑结构形式去存储、检索和加工文件中的信息，总之是为了方便用户。

（2）物理文件

物理文件是信息在物理存储器上的存储方式，是数据的物理表示和组织。

研究文件物理结构的目的是选择工作性能良好、设备利用率高的物理文件形式。系统按照文件的物理结构形式和外部设备打交道，控制信息的传输，总之是为了提高外部设备利用率。

文件系统的重要功能之一就是在用户的逻辑文件和相应设备的物理文件之间建立映像关系，实现二者之间的相互转换。

2. 逻辑记录和块

文件的逻辑组织是从用户角度看到的文件面貌。如用户所编制的源文件或数据库文件，前者是由字符流组成的，后者是由记录组成的。

（1）逻辑记录

文件中按信息在逻辑上的独立含义来划分的信息单位。逻辑记录是对文件进行存取操作的基本单位。由记录组成的文件称为记录式文件，它在逻辑上总是被看成一组连续顺序的记录的集合。

（2）物理记录

在存储介质上，由连续信息所组成的一个区域称为块，也叫物理记录。它是主存和外部设备进行信息交换的物理单位，且每次总是交换一块或整数块的信息。

不同类型的设备，块的长度和结构各不相同；在同一类型的设备上，块的长度也可不同。有些设备由于启停机械动作的要求，两个块之间必须留有间隙。间隙是块之间不记录代码信息的区域。磁带机便是如此，它的块之间的间隙要留得足够大，以便于来得及完全静止和再次启动到正常速度。但是，像磁鼓、磁盘之类的自转设备，块之间可以不设置间隙。

卷是辅存上比物理记录（块）更大的物理单位。卷是针对每种辅助存储设备的记录介质而言的。磁盘机上所用的卷是一个磁盘组，磁带机上所用的卷是一盘磁带，磁鼓和卷之间没有明显的区别。但是，磁带机或可换盘片的磁盘机上的卷和设备之间的区别就十分明显。这一类卷在物理上可以从一台设备上卸下并安装在同类的另一台设备上，甚至安装到另一台计算机的同类设备上。

逻辑记录和物理记录是两个不同的概念，但两者又有联系。由于逻辑记录的大小和介质上的物理块的大小并不一定正好相等，因此一个逻辑记录可能占据一块或多块，也可能一个物理块存放多个逻辑记录。举一例说明。《操作系统原理》教材和其中的各章节相当于文件和逻辑记录，它们是逻辑概念；而册和页相当于卷和块，它们是物理概念。书可以是一册，也可分为上、下两册；书中的一个章节可占一页或多页，也允许一页中包含两个小节。

9.2 文件的逻辑结构和存取方法

9.2.1 文件的逻辑结构

文件的逻辑结构分为无结构的流式文件和有结构的记录式文件两种。

（1）流式文件

无结构的流式文件是相关的有序字符的集合。流式文件由一连串信息组成，文件长度即为所含字符数，它是按信息的个数或以特殊字符为界进行存取的。

操作系统所管理的程序和数据信息是一个无内部结构的简单的字符流形式。这种结构的好处有：一是在空间利用上比较节省，因为没有额外的说明（如记录长度）和控制信息等；二是对于慢速字符设备传输的信息，如由键盘输入的源程序或由装配程序产生的中间代码等，采用流式文件也是一种最便利的存储形式。

对于各种慢速字符设备（如键盘、行式打印机等）以及多路转换器上所连的终端设备而言，由于它们只能顺序存放，并且是按连续字符流形式传输信息的，所以系统只要把字符流中的字符依次映像为逻辑文件中的元素，就可以非常简单地建立逻辑文件和物理文件之间的联系，从而可以把这些设备看作为用户观点下的文件。

流式文件对操作系统而言，管理比较方便；对用户而言，适于进行字符流的正文处理。用户也可以灵活地组织其文件内部的逻辑结构，如 UNIX 系统中的文件采用流式文件结构，但为了使用方便，UNIX 将流式文件按 512 B 大小划分为若干个逻辑记录，从而将流式文件结构转换为记录式结构。

（2）记录式文件

记录式文件是一种有结构的文件。这种文件在逻辑上总是被看成一组连续顺序的记录的集合，每个记录由彼此相关的域构成。记录可以按顺序编号为记录 0、记录 1……记录 n。如果文件中所有记录的长度都相同，这种文件为定长记录文件。定长记录文件的长度可由记录个数决定。如果记录长度不等，则称为变长记录文件，其文件长度为各记录长度之和。定长记录文件和变长记录文件如图 9.1 所示，图 9.1 中，定长记录文件记录的大小为 L，第 i 个记录的逻辑位置为 $i \times L$。变长记录文件中记录的大小不等，需用一个字节来记录。在变长记录文件中要确定一个记录的逻辑位置比较麻烦，现在，这种结构用得较少。

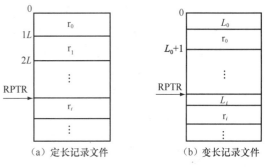

图 9.1 定长记录文件和变长记录文件

9.2.2 文件的存取方法

文件的存取方法是由文件的性质和用户使用文件的情况决定的，存取方法通常可以分为顺序存取和直接存取（又称为随机存取）两类。

顺序存取是指后一次存取总是在前一次存取的基础上进行，所以不必给出具体的存取位置。而随机存取则是用户以任意次序请求某个记录。在请求对某个文件进行存取时要指出起始存取位置（如记录号、字符序号）。对于磁带文件，一般采用顺序存取方法；而对于存储在磁盘、磁鼓上的文件，既可采用顺序存取，也可采用随机存取。

9.3 文件的物理结构

文件的物理结构涉及文件在文件存储器上的排布，它描述了一个文件在辅存上的安置、链接和编目的方法。文件的物理结构与文件的存取方法以及辅存设备的特性等都有密切的关系。因此，在确定一个文件的结构时，必须考虑到文件的大小、记录是否定长、访问的频繁程度和存取方法等。

文件的物理结构

文件系统中组织文件的方法有 3 种，这 3 种文件结构分别是连续文件、串联文件和随机文件结构。大多数在字符设备上传输的信息可作为连续文件看待。这种文件的信息是按线性为序存取的，这种方法在大多数磁带系统中常使用，是比较简单的文件结构。磁盘存储设备上具有较为复杂的文件组织。在磁盘表面按径向缩减的一组同心圆称为磁道（Track），每一个磁道又可进一步分为扇区（Sector）。在磁盘系统中被转换的最小信息单位通常是一个扇区（或称为块）。由于磁盘是旋转设备，便于随机存取，所以在磁盘上的文件结构可以有多种形式。

9.3.1 连续文件

1. 什么是连续文件

连续文件结构是由一组分配在磁盘连续区域的物理块组成的。连续文件存放到磁盘的连续的物理块上，若连续文件的逻辑记录大小正好与磁盘的物理块大小一样大（都为 512 字节），那么一个磁盘块存放一个逻辑记录，而且存放连续文件的磁盘块号是连续的。连续文件的第一个逻辑记录所在的磁盘块号记录在该文件的文件目录项中，该目录项还需记录共有多少磁盘块。连续文件结构如图 9.2 所示。

图 9.2 中表示一个连续文件 A，它由 3 个记录组成，这些记录被分配到物理块号为 108、109、110 的相邻物理块中，这里假定文件的逻辑记录和物理块的大小是相等的（当然也可以是一个物理块包括几个逻辑记录或一个逻辑记录占有几个物理块）。

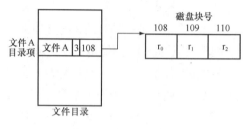

图 9.2　连续文件结构

2. 连续文件中存取记录的操作

在连续文件结构下，当要存取记录号为 r_i 的记录时，设记录长度为 L，物理块大小为 size，其操作步骤如下。

① 计算 r_i 记录的逻辑地址为 $=L \times i$。

② 计算 r_i 记录的相对块号：$b = \dfrac{L \times i}{\text{size}}$。

③ 查文件目录，得到第一个逻辑记录所在的磁盘块号为 B_0。

④ r_i 所在的磁盘块号：$B = B_0 + b$。

例：在图 9.2 中，当要存取 r_2 时，如何确定该记录所在的磁盘块号。

解：如上述操作步骤，得：

① 计算 r_i 记录的逻辑地址：$L \times i = 512 \times 2$。

② 计算 r_2 记录的相对块号：$b = \dfrac{L \times i}{\text{size}} = \dfrac{512 \times 2}{512} = 2$。

③ 查文件目录，得到第一个逻辑记录所在的磁盘块号为 108。

④ r_2 记录所在的磁盘块号为 $108 + 2 = 110$。

3. 连续文件的特点

连续文件的特点是：① 连续存取时速度较快；② 文件长度一经固定便不易改变；③ 文件的增生和扩充不易。

连续文件具有连续存取速度快的优点，因为当文件中第 n 个记录刚被存取过，读写指针正好指向下一个要存取的 $n+1$ 个记录，这个存取操作将会很快完成。当连续文件在顺序存取设备（如磁带）上时，这一优点非常明显。所以，存于磁带上的文件一般均采用连续结构。对于顺序处理的情况，顺序文件结构是一种最经济的结构方式。该结构对于变化少、可以作为一个整体处理的大量数据段来说也较为方便，而那些变化频繁的少量记录则不宜采用该结构。

由于连续文件不易增生与扩展，而且，当文件不断地创建与删除时，将会造成存储空间的空洞，这些都会造成对存储空间的利用率不高的问题。为了解决连续文件的这一缺点，文件结构应采用不连续分配的方式，这样构成的文件称为非连续文件结构。常用的非连续结构有串联文件结构和索引文件结构。

9.3.2　串联文件

1. 串联文件结构

串联文件结构是按顺序由串联的块组成的，即文件的信息按存储介质的物理特性存于若干块中，一块中可包含一个逻辑记录或多个逻辑记录，也可以是若干物理块包含一个逻辑记录。每个物理块的最末一个字（或第一个字）作为链接字，它指出后继块的物理地址。文件最后一块的链接字为结束标记"^"，它表示文件至本块结束。串联文件结构如图 9.3 所示，一个文件 A 有 3 个记录，分别分配到 108、160、97 号物理块中，它的第一个物理块号由该文件的文件目录项指出。

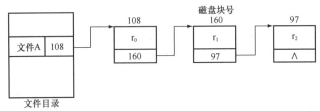

图 9.3　串联文件结构

串联文件采用的是一种非连续的存储结构，文件的逻辑记录可以存放到不连续的物理块中，能较好地利用辅存空间。另外，还易于对文件进行扩充，即只要修改链接字就可将记录插入到文件中间或从文件中删除若干记录。其缺点是需要存放链指针而要增加一定的存储空间。对这类文件的存取都必须通过缓冲区，待得到链接字后才能找到下一个物理块的地址。所以，串联文件比较适用于顺序存取方式，而不适用于随机存取方式。因为，在随机存取时为了找到一个记录，文件必须从文件头开始一块一块查找，直到所需的记录被找到。

2. 文件映照结构

在文件映照结构中，系统有一个文件映照图（以磁盘块号为序），图中每一个表项用来记录磁盘块号。每个文件的文件目录项中，用于描述文件物理结构的表项指向文件映照图中的某个位置，其内容为该文件的第一块，其后的各块在文件映照图中依次勾链，文件的最后一块用尾标记表示。文件映照结构如图 9.4 所示。其中，文件 A 占据了磁盘的第 12、15、13 和 17 块。

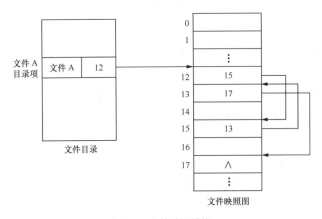

图 9.4　文件映照结构

文件映照结构如同串联文件（块链接法）一样，顺序存取时较快。文件映照图一般较大，不宜保存在主存中，而是作为一个文件保存在磁盘中，需要时再每次送一块到主存。在最坏的情况下，也可能要把文件映照图全部读入主存，才能找到一个文件在磁盘中的所有物理块。仅当表示文件的物理块的一些单元恰好在文件映照图的同一块中时，才能降低开销。由此可见，将每个文件所占的空间尽量靠近显然是有利的，而不应该将文件散布在整个磁盘上。

Windows 系统的文件分配表（即 FAT 表）是通过一个链接列表（即文件映照结构）来实现的。FAT 是一个包含 N 个整数的列表，N 是存储设备上最大的簇数。（磁盘上最小可寻址存储单元称为扇区，通常每个扇区为 512 字节（或字符）。由于多数文件比扇区大得多，因此如果对一个文件分配最小的存储空间，将使存储器能存储更多数据，这个最小存储空间即称为簇。）表中每个记录的位数称为 FAT 大小，是 12、16 或 32 其中之一。感兴趣的读者可查阅有关的资料。

9.3.3 索引文件

为了克服串联文件不适合随机访问的缺点，构造了不仅能充分利用辅存空间，又能随机地访问文件的任何一部分的索引文件。索引文件将逻辑文件顺序地划分成长度与物理存储块长度相同的逻辑块，然后为每个文件分别建立逻辑块号与物理块号的对照表。这张表称为该文件的索引表。用这种方法构造的文件称为索引文件。索引文件的索引项按文件逻辑块号顺序排列，而分配到的物理块号可以是不连续的。例如，某文件 A 有 4 个逻辑块，分别存放在物理块号为 15、89、36、56 的块中，其索引文件结构如图 9.5 所示。

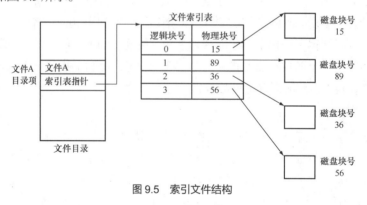

图 9.5　索引文件结构

索引文件在文件存储器中占两个区：索引区和数据区。索引区存放索引表，数据区存放数据文件本身。访问索引文件需要两步操作。第一步是查文件索引，由逻辑块号查得物理块号；第二步是由此物理块号而获得所要求的信息。这样做需两次访问文件存储器。如果文件索引表已经预先调入主存，则只要一次访问就行了。

索引文件的优点是可以直接读写任意记录，而且便于文件的增删。当增加或删除记录时，应对索引表及时加以修改。由于每次存取都涉及索引表的查找，因此，索引表的组织和所采用的查找策略对文件系统的效率有很大的影响。

如果索引文件比较大，索引表项的增多将使索引表加长，若按顺序表组织将导致查找速度变慢。所以，索引表的组织极其重要，下面讨论 3 种索引表的组织结构。

（1）直接索引

① 直接索引结构。在文件目录项中有一组表项用于索引，每一个表项登记的是逻辑记录所在的

磁盘块号，逻辑记录与磁盘块大小相等，都为 512 B。直接索引文件的结构如图 9.6 所示。

② 直接索引结构文件大小的计算。在直接索引结构中，文件目录项中用于索引的表项数目决定了文件最大的逻辑记录数，设表项数目为 n，逻辑记录大小为 512 B，则所允许的文件最大的字节数是 $n \times 512$ B。在图 9.6 所示的直接索引结构中，$n=4$，逻辑记录大小为 512 B，则所允许的文件最大的字节数是 4×512 B。

为了突破这一限制，提出了一级间接索引结构。

（2）一级间接索引

在一级间接索引结构中，利用磁盘块作为一级间接索引表块。若磁盘块的大小为 512 B，用于登记磁盘块号的表项占用 2 B，这样，一个磁盘块可以登记 256 个表项。

① 一级间接索引。文件目录项中有一组表项，其内容登记的是第一级索引表块的块号。第一级索引表块中的索引表项登记的是文件逻辑记录所在的磁盘块号。一级间接索引文件的结构如图 9.7 所示。

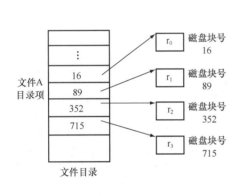

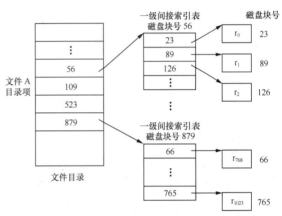

图 9.6 直接索引文件结构　　　图 9.7 一级间接索引文件结构

② 一级间接索引结构文件大小的计算。在一级间接索引结构中，若文件目录项中用于索引的表项数目为 n，逻辑记录大小为 512 B，则所允许的文件最大的字节数是 $n \times 256 \times 512$ B。如图 9.7 所示的一级间接索引结构中，$n=4$，逻辑记录大小为 512 B，则所允许的文件最大的字节数是 $4 \times 256 \times 512$ B。

为了进一步扩大文件的大小，增强文件系统的能力，又提出了二级间接索引结构。

（3）二级间接索引

① 二级间接索引。文件目录项中有一组表项，其内容登记的是第二级索引表块的块号。第二级索引表块中的索引表项登记的第一级索引表块的块号，第一级索引表项中登记的是文件逻辑记录所在的磁盘块号。二级间接索引文件的结构如图 9.8 所示（图中省略了索引表以及存放记录的磁盘块的块号，部分省略了逻辑记录号）。

② 二级间接索引结构文件大小的计算。在二级间接索引结构中，利用磁盘块作为一级间接和二级间接索引表块。每个磁盘块可以登记 256 个表项。

在二级间接索引结构中，若文件目录项中用于索引的表项数目为 n，逻辑记录大小为 512 B，则所允许的文件最大的字节数是 $n \times 256^2 \times 512$ B。在图 9.8 所示的二级索引结构中，所允许的文件最大的字节数是 $4 \times 256^2 \times 512$ B。

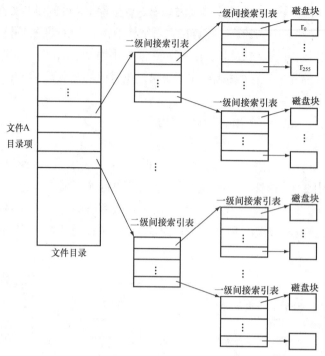

图 9.8　二级间接索引文件结构

为了进一步增强文件系统的能力，还提出了三级间接索引结构。但必须注意，随着索引级数的增加，虽然能表示的文件逻辑记录数目增加了，但要检索到一个记录所需时间也增加了。在 UNIX 系统中，采用的是一种改进的索引表，使 UNIX 文件系统使用方便且十分有效。

9.3.4　文件物理结构比较

文件的物理结构和存取方法与系统的用途和物理设备特性密切相关。例如，慢速字符设备和磁带上的文件应组织为连续文件，故适合采用顺序存取方法。对于磁盘（磁鼓）那样的设备，可以有多种结构和存取方法。

（1）连续文件的特点

连续文件的优点是不需要额外的空间开销，只要指出起始块号和文件长度，就可以对文件进行访问，且一次可以读出整个文件。对于固定不变且要长期使用的文件（如系统文件），这是一种较为节省的方法。

连续文件的缺点有：① 不便于动态增长；② 一次可能要求比较大的连续的存储空间，不能充分利用辅存中许多小的自由空间；③ 要求用户提出文件较精确的长度（这对用户而言不是太容易）。

（2）串联文件的特点

串联文件的优点是可以较好地利用辅存空间，易于文件的扩充，顺序存取较为方便。但存在的缺点是在处理文件时若要进行随机访问，需要花费较大的开销，在时间上比较浪费；对块链接而言，每个块中都要有链接字，所以要占用一定的存储空间。

（3）索引文件的特点

随机文件是一种比较好的结构，综合了上述两种方法的优点，既能有效地利用存储空间，又能方便地直接存取。其中索引文件结构应用比较广泛。在实现索引结构时，应考虑如何有效地存储和访问索引表，使文件系统既能支持大文件，又能保证系统的响应时间。

9.4　文件存储空间的管理

文件存储空间的有效分配是所有文件系统要解决的一个重要问题。要进行文件存储空间的分配，必须了解文件存储空间的使用情况。例如，对于一盘磁带、一个磁盘组或一台磁鼓，了解它们的使用情况如何，哪些物理块是空闲的，哪些已分配出去，已分配的区域为哪些文件所占有等。后面两个问题由文件目录来解决。因为文件目录登记了系统中建立的所有文件的有关信息，包括文件所占用的辅存地址。而对于辅存空间则可通过"磁盘空间资源信息块"来描述。"磁盘空间资源信息块"这一数据结构由空闲块队列头指针与磁盘空间分配程序入口地址这两个数据项组成。

磁盘的空闲块可以按空闲文件目录、空闲块链、位示图的方法来组织。

9.4.1　空闲文件目录

文件存储器上（如磁盘）一片连续的空闲区可以看成是被一个空闲文件所占用，这种空闲文件又称作自由文件。系统为所有空闲文件单独建立一个目录，而每个空闲文件在这个目录中均有一个表目。表目内容包括第一个空闲块的地址（物理块号）和空闲块的个数，如表 9.3 所示。

表 9.3　空闲文件目录

序　号	第一个空闲块号	空闲块个数	物理块号
1	2	4	2, 3, 4, 5
2	9	3	9, 10, 11
3	15	5	15, 16, 17, 18, 19
4	…	…	…

当请求分配磁盘空间时，系统依次扫描空闲文件目录表目，直到找到一个合适的空闲文件为止。当用户撤销一个文件时，系统回收文件空间。这时，也需顺序扫描文件目录，寻找一个空表目并将释放空间的第一个物理块号及它占的块数填到这个表目中。这种方法仅当有少量的空闲区时才有较好的效果。因为，如果存储空间中有着大量的小的空闲区，则其目录变得很大，因而效率大为降低。这种分配技术适用于建立连续文件。

9.4.2　空闲块链

记住存储空间分配情况的另一种办法是把所有"空闲块"链在一起。当创建文件需要一块或几块时，就从链头上依次取下一块或几块；反之，当回收空间时，把这些空闲块依次接到链头上。这种技术只要在主存中保存一个指针，令它指向第一个空闲块。这种方法简单，但工作效率低，因为每当在链上增加或移动空闲块时需要做很多 I/O 操作。

9.4.3　位示图

另一种通用的办法是建立一张位示图，以反映整个存储空间的分配情况。其中，每一个字的每一位都对应一个物理块。图 9.9 给出了这种位示图，图中的"1"表示对应的块已分配，"0"表示对应的块为空白（未分配）。为了找到 N 个自由块，需要搜索位示图，找到 N 个"0"位，再经过一次简单的换算就可得到对应的块地址。

位 字	0	1	2	3	4	5	6	7	8	9	10	11	12	13	14	15
0	1	1	0	0	0	0	1	1	1	0	0	0	1	1	0	0
1	0	0	0	1	1	1	0	0	0	0	1	1	1	1	0	0
2	0	0	0	0	1	1	1	1	1	0	0	0	1	1	1	1
	...							...								

图 9.9　位示图

位示图的尺寸是固定的，通常比较小，可以保存在主存中。辅存分配时，在该图中寻找与 0 相应的块，然后把位示图中相应位置"1"。释放时，只要把位示图中相应位清零。因此，存储空间的分配和回收工作都较为方便。但某些情况下位示图可能很大，不宜保存在主存中。此时，可把该图存放在辅存上，只把其中的一段装入主存，并先用该段进行分配，待它填满后（即所有的位均变成"1"），再与辅存中的另一段交换。但是，自由空间的回收需要在位示图中找到对应于那些回收块的有关段，并对它们进行检索，置相应位为"0"，这样就会引起磁盘的频繁存取。为此，可设想保存一个所有回收块的表格，仅当一个新的段进入主存时，才按该表对段进行更新，这样就可减少磁盘的存取次数。

综上所述，空白文件目录、空白块链、位示图 3 种方法都可以用来管理文件存储器的自由空间。然而，它们又各有不足之处。例如，为了使分配迅速实现并且减轻盘通道的压力，常常需要从辅存上把反映自由空间的映像图复制到主存。对于这一点，位示图效果最好，因占用空间少，映像图几乎可以全部进入主存。然而，分配时需要顺序扫描空闲区（标志为"0"），速度慢，而且物理块号并未在图中直接反映出来，需要进一步计算。空白文件目录是一张连续表，它要占用较大的辅存空间。空白块链的缺点是：每次释放物理块时要完成拉链工作，虽然只是在一块中写一个字节，但其工作量与写一块相差无几。

9.4.4　分配策略

辅存通常为多用户共享，其存储区域的分配是操作系统的功能。操作系统把辅存分成若干部分分配给用户，作为用户创建文件之用。用户在运行过程中，这些区域是属于用户自己的。当一个用户释放文件时，这一区域重新返回给操作系统。

对辅存的分配有静态策略和动态策略两种。在静态分配策略中，用户在创建文件命令中宣布文件的大小，操作系统一次分配所需要的区域。这一策略一般用于对连续文件的分配。通常用于早期操作系统、实时系统或一个不太复杂的基于磁盘操作系统的微型计算机系统。静态策略存在着和主存管理中相似的问题，即首先是辅存碎片，其次是用户常常不知道需要多大的文件，也不知道该要求多大的区域。

在动态分配策略中，建立一个文件时不分配空间，而在以后每次写文件体的信息时，才按照所写信息的数量进行分配。这种随用随分配的动态分配方法显然很适合串联结构和索引结构的组织方式。

辅存空间以物理块为单位进行分配。辅存上的物理块的划分和设备特性有关。例如，磁盘一般按柱面号、盘面号、扇区号这样的形式组织。显然，磁盘的格式不同，柱面、盘面的多少不同，因而扇区的大小也可不同。但一般来说，大同小异，一个磁道可分为 6、8 或 12 个扇区，每个扇区可分为一个或若干个连续的区域，这样的区域就是块（每块大小定长，如 512 字节）。这些块可依次编号为 0、1……直到盘的最大容量。这些序号就称为物理块号，或简称块号。显然，这些块号与块在设备上的物理地址（柱面号、盘面号、扇区号）是一一对应的，只要知道了块号，经过简单的换算就可以得到物理地址。

9.5　文件目录

9.5.1　文件目录及其内容

1. 什么是文件目录

文件系统是用户使用外部设备的接口和界面，用户可通过文件系统去管理和使用各种设备介质上的信息。用户希望看到简单、清晰的信息结构，简捷、方便的操作命令（如只需用文件名和读写操作命令）。另一方面，外部设备有自己的物理特性和使用方法，计算机只能使用各种 I/O 指令去存取相应介质上的信息，其信息结构又是按照设备介质的各自特点组织的。所以，用户与外部设备之间存在着多种差异，为了方便用户同时又要提高外部设备的

文件目录概念及
树形文件目录

利用率，文件系统就必须要解决"用户所需的信息结构及其操作"与"设备介质的实际结构和 I/O 指令"之间的差异。

文件系统所要解决的核心问题，就是要把信息的逻辑结构映像成设备介质上的物理结构，把用户的文件操作转换成相应的 I/O 指令。转换过程所使用的主要数据结构是文件目录，文件目录将每个文件的符号名和它们在辅存空间的物理地址与有关文件情况的说明信息联系起来了。因此，用户只需向系统提供一个文件符号名，系统就能准确地找出所要的文件来，这就是文件系统的基本功能。所以，目录的编排应以如何能准确地找到所需的文件为原则，而选择查目录的方法应以查找速度快为准则。

文件目录是记录系统中所有文件的名字及其存放地址的目录表，表中还包括关于文件的说明信息和控制信息。

2. 文件目录的内容

每个文件目录记录项中的信息一般包括以下内容。

① 文件名。文件名分为文件的符号名和内部标识符（id 号）。

② 文件的逻辑结构。说明该文件的记录是否定长、记录长度及记录个数等。

③ 文件的物理结构，即文件信息在辅存中的物理位置及排布。文件的物理结构可能是连续文件、串联文件或索引文件结构形式。若为连续文件，此项应为文件第一块的物理地址、文件所占块数；若为串联文件，此项应指出该文件第一块的物理地址，以后各块则由块中的链接指针指示；若为索引文件，此项指出索引表地址或本身就是文件索引表。

④ 存取控制信息。此项登记文件主本人具有的存取权限、核准的其他用户及其相应的存取权限。

⑤ 管理信息。如文件建立日期、时间（上一次存取时间、要求文件保留的时间）。

⑥ 文件类型。指明文件的类型，例如可分为数据文件、目录文件、块存储设备文件、字符设备文件。

9.5.2　一级文件目录及缺点

操作系统发展的早期阶段，文件系统只提供一级文件目录结构，能实现"按名存取"的功能。之所以要提及一级文件目录，是因为需要了解它的特点及缺点，从而体会现代多级文件目录的优点。

系统为所有存入系统的文件建立一张表，用以标识和描述用户与系统进程可以存取的全部文件。其中，每个文件占一表目，由文件名和文件说明信息组成，这样的表称为一级文件目录，如表 9.4 所示。

表 9.4　一级文件目录

文件名	物理地址	其他信息
pa		
test		
compiler		
assembler		
abc		
wang		

一级文件目录的特点是简单，且文件名和文件之间有一一对应的关系。但一级文件目录不允许两个文件有相同的名字，即"重名"问题。所谓"重名"，是指不同用户对不同文件起了相同的名字，即两个或多个文件只有一个相同的符号名。

多用户系统中的"重名"问题是难以避免的。例如，两个程序员为各自的测试程序命名为"test"。显然，如果由人工管理文件名字注册以避免命名冲突，将是一种既费时而又麻烦的事情。一个灵活的文件系统应该允许文件重名而又能正确地区分它们。

为了解决命名冲突以获得更灵活的命名能力，文件系统必须采用二级目录、多级目录结构。在操作系统发展过程中，由于多级目录（又称为树型文件目录）能解决"重名"问题，而且查找效率高，这种结构能反映真实世界复杂的文件结构形式，符合各种实际应用的需要，因此得到了快速的发展。

另外，文件系统还应允许"别名"的存在，即允许用户用不同的文件名来访问同一个文件。这一般在允许文件共享时发生。例如，多用户共享一个文件时，每个用户都可以用自己习惯的助记符来调用该共享文件。另一种情况是，一个用户也可能给同一文件根据其所在的不同环境取不同的名字，这样在用户的几个程序中可以用不同的文件名（别名）访问同一个文件。

9.5.3　多级文件目录

为了使用灵活和管理方便提出了多级文件目录结构，UNIX 和 Linux 操作系统的文件目录都采用树型目录结构。

在多级目录系统中（除最末一级外），任何一级目录的登记项可以对应一个目录文件，也可以对应一个非目录文件，而信息文件一定在树叶上，这样，就构成了一个树型层次结构。图 9.10 给出了一个树型文件目录结构的示例，其中，矩形框表示目录文件，圆形框表示非目录文件（信息文件）。在目录文件中，各目录表目登记了相应文件的符号名及物理位置和说明信息（为简单起见，图 9.10

中未列出说明信息）。

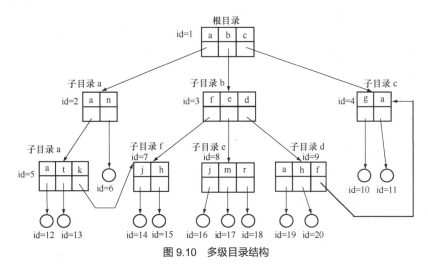

图 9.10　多级目录结构

在图 9.10 中，文件旁注的 id 号码为系统赋予每个文件的的唯一的标识符，目录中的字母表示文件（目录文件或信息文件）的符号名字。例如，根目录下有名为 a、b、c 的 3 个子目录，其内部标识符 id 分别为 2、3、4。

在多级目录中，一个文件的路径名是由主目录到该文件的通路上所有目录文件名和该文件的符号名组成的，符号名之间用分隔符分隔。例如，图 9.10 中 id 为 15 的文件，其文件路径名为 "/b/f/h"。当用户进程使用文件路径名来存取文件时，文件系统将根据这个路径名描述的顺序来查访各级目录，从而确定所要文件的位置。

采用多级目录组织后，不同用户可以给不同的文件起相同的名字，非常方便地解决 "重名" 问题。例如，id 分别为 12 和 19 的文件，虽然它们的符号名都为 a，但它们分别属于两个不同的子目录，其路径名分别为 "/a/a/a" 和 "/b/d/a"，故能解决这一命名冲突问题。而且，多级目录结构能使命名更灵活一些，它允许一个用户给其不同的文件取相同的名字，只要它们不在同一分目录中即可，如 id 分别为 14 和 16 的文件，它们的符号名字都为 J。但由于它们的路径名分别为 "/b/f/J" 和 "/b/e/J"，故不会造成混乱。

9.6　共享与安全

9.6.1　文件共享与安全性的关系

任何操作系统都需要管理大量的文件，要为用户进程提供快速、准确的服务。现代操作系统需要提供文件共享的能力，因为，有一些用户有共享信息的需求，若每个用户都保留一个文件的拷贝，则所要求的文件存储量将会大大增加；同时，为了减少用户的重复性劳动，免除系统复制文件的工作，系统提供文件共享的能力是十分必要的。

所谓文件共享，是指某一个或某一部分文件可以让事先规定的某些用户共同使用。为实现文件共享，系统还必须提供文件保护的能力，即提供保证文件安全性的措施。

文件的安全问题是由于文件共享而引发的。在非共享环境中，唯一允许存取文件的用户是文件主本人。因此，只要对该用户所拥有的目录做一次身份检查就可确保其安全性。对于共享文件涉及多个用户的情况，文件主需要指定哪些用户可以存取他的文件、哪些用户不能存取。一旦某文件确定为可被其他用户共享时，还必须确定他们存取该文件的权限。例如，可允许他的一些伙伴更新他的文件，而另一些伙伴可以读出这些文件，其他的就只能装入和执行该文件。这就涉及文件安全性（即保护）的问题。

文件的保护是指文件本身不得被未经文件主授权的任何用户存取，而对于授权用户也只能在允许的存取权限内使用文件。它涉及用户对文件的使用权限和对用户权限的验证。所谓存取权限的验证是指用户存取文件之前，需要检查用户的存取权限是否符合规定，符合者允许使用，否则拒绝。

9.6.2 存取权限的类型及其验证

文件系统可以定义不同的存取类型，在技术文献中通常引用的存取特权包含如下内容。

execute access：允许用户执行文件，但不能读文件。

read access：允许用户读所有文件或部分文件。

update access：允许用户修改所有或部分文件内容。

write access：允许用户不仅可以修改文件内容，而且还能将新的记录加到文件中去。

delete access：允许用户删除他自己的文件。

change access：允许用户修改文件属性，这一特权为文件拥有者保存。

文件拥有者通常具有以上各种特权，不具备这些特权的用户不能以相应方式存取该文件。若文件拥有者允许某用户共享此文件，则应指出该用户对此文件具有的权限。例如，若文件主只允许某用户具有 execute access 和 read access 特权，那么该用户就只能执行和读该文件。

在一个文件系统中，可采用多种方法来验证用户的存取权限，以便保证文件的安全。下面讨论几种验证用户存取权限的方法。

1. 访问控制矩阵

访问控制矩阵可以控制对文件的访问。该矩阵是一个二维的访问控制矩阵，其中，一维列出系统的用户，以 i（$i=1，2，\cdots，n$）表示，另一维列出计算机系统的全部文件，以 j（$j=1，2，\cdots，m$）表示。元素 A_{ij} 表示用户 i 能否访问文件 j，当 $A_{ij}=1$ 允许访问，否则不能访问。访问控制矩阵如图 9.11 所示。若系统中用户和文件量很大时，这一矩阵会非常庞大，同时也会十分稀疏。

用户\文件	1	2	3	4	5	6	7	8	9	10
1	0	0	1	1	0	0	0	0	1	0
2	0	0	1	0	1	0	0	0	0	0
3	0	1	0	1	0	1	0	0	0	0
4	1	0	0	0	0	0	0	0	0	0
5	1	1	1	1	1	1	1	1	1	1
6	0	0	0	0	0	0	1	1	0	0
7	1	0	0	0	0	0	0	0	0	1
8	1	0	0	0	0	0	0	0	0	0

图 9.11 访问控制矩阵

当一个用户向文件系统提出存取请求时，由文件系统中的存取控制验证模块查询访问控制矩阵，将本次访问请求和该用户对这个文件的存取权限进行比较，如果不匹配，就拒绝执行。

这种方法的优点是简单、便于实现，缺点是这个矩阵往往过于庞大。若为了快速存取而将其放到主存中，要占用大量的主存空间。另外，若要对访问权限进一步细化，还可以分可读（R）、可写（W）、可执行（E）等权限，那么这个矩阵会变得更复杂。

2. 存取控制表

访问控制矩阵的主要缺点是占用空间大。经过分析发现，某一文件往往只与特定的几个用户有关，而与大多数用户无关。因此，可以简化访问控制矩阵，减少不必要的登记项。为此可以根据不同用户类别控制访问。通常可以将用户分为以下几类。

① 文件主。正常情况下，这是建立文件的用户。

② 指定的用户。文件主所指定的允许使用这一文件的另外用户。

③ 用户组（或项目组）。用户通常是工作在某一特定项目的小组中。在这一情况下，可设立用户组，组内的各个成员可以全被赋予对与项目有关的所有文件的互相访问权。

④ 公用。大多数系统允许一个文件被指定为公用的，这样该文件可以被该系统的任何成员所访问，公用访问一般只允许用户读或执行一个文件，而写则是被禁止的。

在存取控制表中，将所有对某一文件有存取要求的用户按某种关系或工程项目的类别分成若干组，而将一般的用户统统归入"其他"用户组，同时还规定每一组用户的存取权限。所有用户组的存取权限的集合就是该文件的存取控制表，如表 9.5 所示。

表 9.5　存取控制表

用　　户　＼　文　件	test
文件主	RWE
A　组	RE
B　组	E
其　他	NONE

一般将这些信息存放在文件目录项中。用户可以按下述方式分类：① 文件主；② 伙伴；③ 其他用户。

典型的存取权限是：① 只能执行（E）；② 只能读（R）；③ 只能在文件尾添加（A）；④ 可更新（U）；⑤ 可改变保护级别（P）；⑥ 可删除（D）。

在存取控制表的实现中，有的系统设计了用于存取控制的保护关键字（如 UNIX 系统），该关键字包含 3 个字母，分别表示文件主、伙伴和其他用户对该文件的存取权限。当存取权限确定为上述①～⑥中的某一个字母时，其含义是具有该字母及其之前的各种存取权限。例如，存取级别 A 表示具有在文件尾添加、对文件进行读和执行 3 种权限。

如果在建立文件时，由文件主指定的一个标准文件的保护关键字是 DRE，则表示文件主可以做任何一个操作，伙伴能够执行和读，而其他用户只能执行该文件。有时，为了防止自身出错，应让文件主本身具有一个稍低的存取权。但是，文件系统总要允许文件主能改变他的存取权，否则文件主就无法改变或删除他自己的文件。

要实现上面这种方法，文件主必须明确地记录并登记具有伙伴关系的用户，以便进行存取验证。除了文件主进行的存取外，其他用户每次存取该文件时，系统都需要比较其标识符与文件主登记的伙伴名是否一样，以确定他是否为同组用户。若系统能隐式地定义伙伴关系，则可避免上述的表格检查。这种方法实现比较简单，但是不能对文件主的不同文件分别规定同组用户。

3. 用户权限表

将一个用户（或用户组）所要存取的文件名集中存放在一张表中，其中每个表目指明对相应文件的存取权限，如表9.6所示。这种表称为用户权限表。

系统采用用户权限表进行存取保护时，要为每个用户建立一张用户权限表，并放在一个特定的区域内。只有负责存取合法性检查的程序才能存取这个权限表，以达到有效保护的目的。当用户对一个文件提出存取要求时，系统查找相应的权限表，以判断他的存取要求是否合法。

表 9.6　用户权限表

用　　户 ＼ 文　件	A 组
sqrt	RW
test	R
alpha	RE
⋮	⋮
abc	RW

4. 口令

口令和密码技术可应用在复杂的文件系统特别是数据库管理系统中。使用口令的办法是：用户为自己的每个文件规定一个口令，并附在用户文件目录中。存取文件时必须提供口令，只有当提供的口令与目录中的口令一致时才允许存取。当某一用户允许几个用户使用他的某个文件时，他必须把有关的口令告诉那几个用户。这些用户可以通过适当的命令通知文件系统在他的文件目录中建立相应的表目，并附上规定的口令。以后这些用户就可以通过约定好的口令来使用这些文件了。

使用口令的优点是简便，并且只需少量空间存放口令，其缺点如下。

① 保护级别少。实际上只有"允许使用"和"不允许使用"两种，而没有区分读、写、执行等不同的权限。一旦获得口令就可以和文件主一样地使用文件。

② 保密性能差。由于保护信息存在系统中，可能被黑客或不诚实的系统程序员窃取全部的口令（前述几种方法均有类似缺点）。

③ 不易改变存取控制权限。当文件主想要改变口令以拒绝某一曾经使用过他的文件的用户继续使用其文件时，他必须把新口令通知其他允许使用他的文件的用户。

5. 密码

为了防止破坏和泄密而采取的保护信息的另一种办法是对文件进行编码。

文件写入时进行编码、读出时进行译码。这些工作都由系统存取控制验证模块来承担。由发请求的用户提供一个变元——代码键。一种简单的编码方法是，利用这个键作为生成一串相继随机数的起始码。编码程序把这些相继的随机数加到被编码的文件的字节串上去。译码时，用编码时相同的代码键去启动随机数发生器，并从存入的文件中依次减去所得到的随机数，这样就能得到原来的数据。由于只有核准的用户才知道这个代码键，因而他可以正确地引用文件。

在这个方案中，代码键不存入系统。只有当用户要存取文件时，才需将代码键送进系统。由于系统中没有那种可被不诚实的系统程序员能读出的表和信息，他们也就找不到各种文件的代码键，因而也无法偷看或篡改别人的文件。

密码技术具有保密性强、存储空间节省的特点，但必须花费大量编码和译码时间，增加了系统的开销。

9.6.3　用文件路径名加快文件的查找

为了方便地实现文件共享，当用户通过了存取控制验证后，可通过文件路径名快速地查找到所需的文件。其方法有两种，即建立"当前目录"和采用链接技术。

当前目录和
链接技术

1. 建立当前目录

当前目录又可称为值班目录。按常规存取文件时给出的文件路径名是从根目录开始的字符串，查找文件时也是从根目录开始查找。为了实现文件共享，系统令正在运行的进程获得一个当前目录（例如，某进程可指定当前值班目录的 id 号为 8），该进程对文件的所有访问都是相对于当前目录进行的。这时，用户文件的路径名由当前目录到信息文件的通路上所有各级目录的符号名加上该信息文件的符号名组成，符号名之间用分隔符分隔。系统规定标识文件的通路可以往上"走"，并用"*"表示一个给定目录文件的父结点。这样，访问一个文件时可以向上进入另一个用户的子目录，从而达到实现文件共享的目的。

在图 9.10 所示的多级目录结构中，假定当前值班目录的 id 号为 7，那么，id 号为 14 的文件的路径名为 J。若要共享另一目录下的文件，且具有访问权限的情况下，该进程可用路径名"*/e/J"访问 id 号为 16 的文件，用路径名"*/*/c/a"访问 id 号为 11 的文件。这样便方便地实现了文件共享。

2. 链接技术

指定当前目录的办法可以加快文件的查询，但这是一种"绕弯子"办法，查找文件时需要访问多级目录。为了提高访问其他目录中文件的速度，可采用链接技术。

所谓链接，就是在相应目录表目之间进行链接，即在一个目录中表目的文件物理位置这一数据项直接指向需要共享文件所在的目录的表目。注意，这种链接不是直接指向文件，而是指向相应的目录表目。这种办法也称为连访，被共享的文件称为连访文件。在图 9.10 中有两个链接，一个是为了实现子目录 a（id=5）共享子目录 f（id=7）中 id=14 的文件 j；另一个链接是实现子目录 d（id=9）共享子目录 c 中 id=11 的文件 a。现在假定当前值班目录为 id=5，则当前进程可用路径名"k"直接存取 id=14 的文件 j；若假定当前值班目录为 id=3，可用路径名"d/f"存取子目录 c 中 id=11 的文件 a；若假定当前值班目录为 9，则可用"f"直接存取 id=11 的文件 a。

采用这种链接方法时，在文件说明中必须增加"连访属性"和"用户计数"两项。连访属性说明表目中的地址是指向文件还是指向共享文件的目录表目，用户计数说明共享文件的当前用户数目。若要删除一个共享文件，必须判别是否还有共享的用户使用，若有，只作减 1 操作；若无，才能真正删除此共享文件。

UNIX/Linux 下的链接文件有两种，一种为硬连接（Hard Link），另一种是符号链接（Symbolic Link）。

符号链接又称为软链接，和 Windows 的快捷方式相似，符号链接文件中并不包括实际的文件数据，而只是包括了它指向文件的路径。它可以链接到任意的文件和目录，包括处于不同文件系统的文件以及目录。当用户对链接文件操作时，系统会自动地转到对源文件的操作，但是删除链接文件时，并不会删除源文件。图 9.12 是文件的软链接示意图。

硬链接是指通过索引节点对文件的链接。保存在系统的每一个文件，系统会对该文件创建一个索引节点。在 Linux 中，多个文件指向同一个索引节点是允许的，像这样的链接就是硬链接。对于硬链接的读写和修改等操作和软链接是一样的。在硬链接中如果删除源文件（删除文件/usr/joc/foo），会引起"引用计数"减 1 的变化，只要"引用计数"不为零，则硬链接文件仍然存在，而且保留了原有的内容，这样可以防止误操作删除源文件。但是硬链接只能在同一个文件系统中，而且不能是目录。文件硬链接如图 9.13 所示。

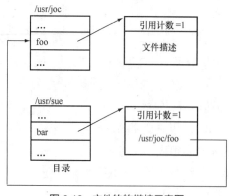

图 9.12　文件的软链接示意图

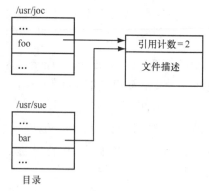

图 9.13　文件的硬链接示意图

9.7　文件操作与文件备份

9.7.1　文件操作

文件系统提供有关文件操作的系统调用，以便用户能方便、灵活地使用文件。这些系统调用描述了文件系统呈现在用户面前的面貌。

1. 常用的文件操作命令

用于文件操作的系统调用的数目及其功能取决于操作系统功能的强弱。一组最小的功能集如表9.7 所示。

表 9.7　文件系统调用

名　　字	功　　能
create	创建一个新文件到系统目录
delete	从系统目录中撤销一个文件
rename	在系统目录中改变文件的名字
file attributes	设置文件属性
open	在用户和文件（或设备）之间建立一个逻辑通路
close	在用户和文件（或设备）之间撤销一个逻辑通路
write	写到一个文件（或设备）上
read	从一个文件（或设备）读入数据信息
directory read	读目录信息
disk space	确定在一个给定设备上可利用的磁盘区域的大小
link	从一个文件到其他文件之间创建一个逻辑通道
unlink	撤销到文件的逻辑通道
file date	改变文件的 date_time 域

2. 打开文件和关闭文件操作

操作系统提供的文件系统调用可以在各种系统的使用说明书中查到，这里仅对"打开文件"和"关闭文件"命令做一简单介绍。

操作系统需要处理大量的用户文件，而要访问一个信息文件需要多次查寻各种目录。通常的做法是将大量的文件目录组织成文件，称为目录文件，它与文件一起存放在文件存储器上。目录文件是用户和文件管理的接口，是系统查找用户文件的有效工具，它的结构和管理直接影响到文件系统的实现和效率。由于文件目录存放在辅存上，要存取文件时需要到辅存去查寻，这是颇为费时的。如果系统将整个目录，在所有时间内都放在主存，则要占用大量的存储空间，显然这也是不可取的，因为目录数可能很多，表目总数可成千上万。实际上，在一段时间内使用的文件数总是有限的，因而也仅涉及少量的目录表目，所以只需将目录文件中当前需要使用的那些文件的目录表目复制到主存中。这样既不占用太多的主存空间，又可显著地减少查寻目录的时间。为此，大多数操作系统把目录文件和用户的信息文件一样看待，对它进行读、写操作。相应地，系统为用户提供了"打开文件"和"关闭文件"两种特殊的文件操作。

所谓打开文件就是把该文件的有关目录表目复制到主存中约定的区域，建立文件控制块，即建立用户和这个文件的联系。所谓关闭文件就是用户宣布这个文件当前不再使用，系统将其在主存中的文件控制块的内容复制到磁盘上的文件目录项中，并释放文件控制块，因而也就切断了用户同这个文件的联系。

若一个文件有关的目录表目已被复制到主存，则称它为已打开的（或活动的）文件。在主存中存放这些目录表目的区域可形成一张活动文件表。当用户访问一个已打开的文件时，系统不用到辅存上去查目录，而只要查找活动文件表就可得到该文件的文件说明。文件一次被打开后，可多次使用，直到关闭或撤销该文件为止。

9.7.2 文件备份

在计算机运行过程中，可能会出现各种意想不到的事故，例如发生电击、火灾，也可能发生电源波动及一些破坏行为，这些都会对信息产生有意或无意的破坏。所以操作系统的文件系统必须考虑解决文件完整性问题。

对于一些意外事故可采用物理的防护措施，例如，可使用电源滤波和准备一些消防器材。但还有一些事故，例如一次磁盘头事故可能毁坏一个磁盘组的可用性，因为读写头与磁盘面相碰可能会划伤磁盘面。为了能在软、硬件失效的意外情况下恢复文件，保证文件的完整性、数据的连续可利用性，文件系统应当提供适当的机构，以便复制备份。也就是说，系统必须保存所有文件的双份拷贝，以便在任何不幸的偶然事件后，能够重新恢复所有文件。

建立文件拷贝的基本方法有两种。第一种比较简单的方法称为周期性转储（或称为全量转储、定期后备）。这种方法是按固定的时间周期把存储器中所有文件的内容转存到某种介质上，通常是磁带或磁盘。在系统失效时，使用这些转存磁盘或磁带，将所有文件重新建立并恢复到最后一次转存时的状态。周期性转储的缺点是：

① 在整个转存期间文件系统可能被迫停止工作；

② 转存一般需耗费较长的时间（20 分钟到 2 小时），它取决于系统的大小和磁带驱动器的速度。

因此，转存不能频繁执行，一般每周进行一次。于是，从转存介质上恢复的文件系统可能与被破坏的文件系统有较大的差别。

周期性转储的一个好处是文件系统可以把文件进行重新组合，即把用户文件散布在磁盘各处的所有块连续地放置在一起。这样，当再次启动系统后对用户文件的访问就快得多。

对要求快速复原和恢复到故障当时状态的系统，定期将整个文件系统转储是不够的。另一种更为适用的技术称作增量转储，这种技术转储的只是从上次转储以后已经改变过的信息，即只有那些后来建立的或改变过的文件才会被转储。增量转储的信息量较小，故转储可在更短的时间周期内进行，如每隔两小时进行一次。增量转储是将二次增量转储期间内创建和修改过的但尚未转存的文件送到转存介质上去。为了确定哪些文件要转储，必须对更新的文件做标记，并在转储后将该标记消除。增量转储使得系统一旦受到破坏后，至少能够恢复到数小时前文件系统的状态，所以造成的损失最多只是最近数小时内对系统中某些文件所做的处理。上述的周期性转储的优点它也具备。

在实际工作中，可将两种转储方式配合使用。一旦系统发生故障，文件系统的恢复过程大致如下。

① 从最近一次全量转储盘中装入全部系统文件，使系统得以重新启动，并在其控制下进行后续恢复操作。

② 由近及远从增量转储盘上恢复文件。可能同一文件曾被转存过若干次，但只恢复最后一次转存的副本，其他则被略去。

③ 从最近一次全量转储盘中，恢复没有恢复过的文件。

全量转储和增量转储技术在 MULTICS 中得到了比较充分的利用，UNIX 也继承了这一点。这两种技术都存在着这样一个问题：在最后一次转储时间到故障出现之间可能有显著活动。对于那些不允许丢失任何一个细微活动的系统而言，采用"事务登录方法"是适用的。在这种方法中，每一事务处理在它发生的同时立即复制备份。这种紧张的后备工作在交互系统中比较容易实现，因为这种系统的活动受到相对慢速的响应时间的限制。

为了满足分布、动态、实时性的需要，有的操作系统还提供动态备份和远程备份技术。这样的系统提供故障检测、故障处理、故障恢复机制；具有动态备份文件、甚至将文件备份到远程结点上的能力。系统动态地检测文件是否遭到破坏，若发现文件出现了不一致的问题，立即进行文件恢复工作，以保证文件的完整性。

9.8 UNIX 文件系统的主要结构及实现

9.8.1 UNIX 文件系统的特点

UNIX 文件系统是 UNIX 成功的关键之一。UNIX 的设计者对文件系统的功能做了精心的设计，使得它以少量的代码实现了非常强的功能。UNIX 文件系统的特点主要表现为以下几点。

UNIX 文件系统及文件索引结构

1. 树型层次结构

UNIX 系统的文件目录结构采用树型层次结构。在该结构中，若干文件组织在一个目录之下，若干目录又可以组织在另一个目录之下，并可以形成任意层次的目录结构。用户可以把自己的文件组织在不同的目录中，从而方便了对文件的使用和有控制的共享。

2. 可安装拆卸的文件系统

用户可以把自己的文件组织成一个文件系统（文件卷），需要时安装到原有的文件系统上，不需要时可以卸下来。这既扩大了用户的文件空间，也有利于用户文件的安全。

UNIX 的文件系统分成基本文件系统和可装卸的文件系统（又称为文件卷）两部分，如图 9.14 所示。

基本文件系统是整个文件系统的基础，固定于根存储设备上（一般为磁盘，如 RK 盘）。各个子文件系统存储于可装卸的文件存储介质上，例如软盘、可装卸的盘组等。系统一旦启动运行后，基本文件系统不能脱卸，而子文件系统则可以随时更换。

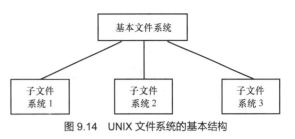

图 9.14　UNIX 文件系统的基本结构

3. 文件是无结构的字符流式文件

UNIX 文件主要是正文文件，不需要复杂的文件结构。如果需要，用户可以为文件增加结构。这种简单的文件概念有利于用户的使用，便于不同文件之间的通信，也简化了系统设计。

4. UNIX 文件系统把外部设备和文件目录作为文件处理

UNIX 文件系统把外部设备和文件目录作为文件处理，这样方便了目录访问和对外部设备的使用。特别地，使用户摆脱了外部设备的具体物理特性，也有利于对外设和目录的存取控制。

9.8.2　UNIX 系统的索引文件结构

1. 文件索引节点

（1）目录项

文件目录是文件系统中重要的数据结构，由许多目录项组成，而每个目录项描述了文件的有关信息。存取文件信息时需要检索文件目录，所以文件目录项的结构与组织对文件系统的效率有很大的影响。如果把有关文件的全部信息都存放在相应目录项中，势必使每个目录的规模变得庞大，而在进行检索时，又要把目录的全部内容都读入主存查找，这显然浪费了大量 I/O 传送时间。

UNIX 系统采用的办法是将目录项中除了名字以外的信息全部移到另一个数据块上，而系统中所有这类数据块都放入磁盘中约定的位置，在物理上连续存放，并顺序编号，这种数据块就是索引节点（Index Node），简称 i 节点；而在目录项中只有文件的名字和对应 i 节点的编号。这样，大大减小了系统各级目录的规模。UNIX 系统（在 UNIX 版本 7 中）每个目录项占 16 个字节，其中 14 个字节存放文件名（分量名），另 2 个字节存放 i 节点号。

（2）索引节点结构

索引节点是描述文件信息的一个数据结构。这个数据结构存储在辅存上，所以又称为磁盘索引节点。辅存存放 i 节点的区域称为磁盘 inode 区。磁盘索引节点的结构如表 9.8 所示。

表 9.8　磁盘索引节点的结构

文件所有者标识	i_uid, i_gid	文件存取时间	i_time
文件类型	i_type	文件长度	i_size
文件存取许可权	i_mode	地址索引表	i_addr[8]
文件联结计数	i_ilink		

① 文件所有者标识。文件所有权定义了对一个文件具有存取权的用户集合，分为文件所有者、用户组所有者。

② 文件类型。文件类型分为正规文件、目录文件、字符特殊文件或块特殊文件。

③ 文件存取许可权。系统按文件所有者、文件的用户组所有者及其他用户 3 个类别对文件施行保护。每类都具有读、写、执行该文件的存取权，并且能分别设置。

④ 文件联结计数。表示在本目录树中有多少个文件名指向该文件。每当增加一个名字时，i_ilink 值加 1，减少一个名字时其值减 1；当其值减为 0 时，才能真正删除该文件。

⑤ 文件存取时间。它给出了文件最后一次被修改的时间，最后一次被存取的时间，最后一次被修改索引节点的时间。

⑥ 文件长度。一个文件中的数据可以用它偏移文件起始点的字节数来编址。假设起始点的字节偏移量为 0，则整个文件长度比该文件中数据的最大字节偏移量大 1。

⑦ 地址索引表。它是文件数据的磁盘地址明细表，描述了文件的物理结构。在用户面前，文件中的数据在逻辑上可看作字节流，而文件系统可以将这些数据保持在不连续的磁盘块上。索引节点中地址索引表标识出含有文件数据的磁盘块的分布情况。在 UNIX 版本 7 中地址索引表用 i_addr[8] 来描述，在 UNIX system V 的索引节点中的地址表用 i_addr[13] 来表示。

表 9.9 给出了一个文件的磁盘索引节点示例。该索引节点是一个正规文件的索引节点，其所有者是 "pa"，含有 8000 B。系统允许 "pa" 读、写或执行该文件，"test" 用户组的成员可以读或执行该文件，而其他用户只能执行。表 9.9 中也列出了最后一次读、写文件的时间以及最后一次改变索引节点的时间。

表 9.9 磁盘索引节点示例

所有者	Pa	最后一次写文件	2013.10.22 上午 10：30
用户组	Test	最后一次改变索引节点	2013.10.23 下午 3：30
类型	正规文件	文件长度	8000 B
文件存取许可权	rwx_rx__x	磁盘地址	i_addr[8]
最后一次读文件	2013.10.23 下午 3：45		

值得注意的是，将索引节点的内容往磁盘上写与将文件的内容往磁盘上写的区别是：仅当写文件时才改变文件内容，而当改变文件内容、所有者、文件存取许可权或连接状态时，都要改变索引节点的内容。改变一个文件的内容自动地暗示着其索引节点的改变，但改变索引节点并不意味着文件内容的改变。

2. UNIX 7 版本文件索引结构

在 UNIX 文件索引节点中有一个文件数据磁盘地址明细表。磁盘在格式化时其空间被划分为磁盘块（一般与磁盘扇区大小相等），从 0 开始编号，直到最大编号，此为磁盘块号。所以，地址索引表是由磁盘块号的集合组成的。当文件采用不连续分配时，文件所在的物理块号是不连续的。为了使索引节点保持较小的结构，又能很方便地组织大文件，UNIX 系统采用了文件索引结构。

UNIX 7 版本在文件 i 节点中使用 8 个单元的数组 i_addr[ ] 来描述文件物理结构，每个表项占 2 个字节。UNIX 系统文件逻辑记录的大小为 512 B，磁盘块的大小与之相等，所以一个逻辑记录正好放在一个磁盘块上。在 UNIX 7 版本中使用数组 i_addr[8] 可以分别构造小型文件、大型文件和巨型文件 3 种结构，而且，可以根据文件的大小自动地转化。

（1）小型文件

UNIX 7 版本对于小文件采用直接索引结构，使用数组 i_addr[ ] 作为直接索引表来构造小型文件。UNIX 7 版本的小型文件结构如图 9.15 所示。

在小型文件结构下，系统能支持的文件最大可以有 8 个记录，文件最大为 8×512 B。

（2）大型文件

若文件的大小超过 8 个记录，则要构造大型文件结构。这时数组 i_addr[ ]用作一级间接索引，仅使用 i_addr[0]~i_addr[6]七个表项。用磁盘块作为一级间接索引表块，用两个字节登记磁盘块号，这样一个磁盘块可以有 256 个表项。UNIX 7 版本的大型文件结构如图 9.16 所示。

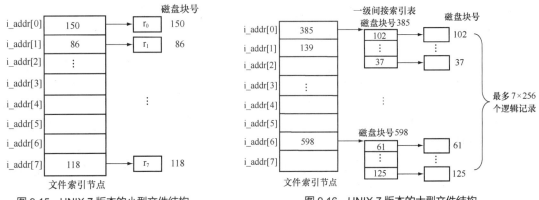

图 9.15　UNIX 7 版本的小型文件结构　　图 9.16　UNIX 7 版本的大型文件结构

在大型文件结构下，系统能支持的文件最大可以有 7×256 个记录，文件最大为 7×256×512 B。若文件的记录大于 8 时，如何从小型文件结构自动地转化为大型文件结构？请读者思考，并提出解决方案。

（3）巨型文件

若文件的大小超过 7×256 个记录，则要构造巨型文件结构。这时数组 i_addr[ ]中的 i_addr[0]~i_addr[6] 7 个表项用作一级间接索引，而 i_addr[7]用作二级间接索引。UNIX 7 版本的巨型文件结构如图 9.17 所示。

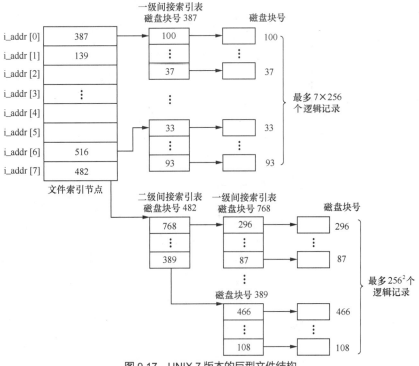

图 9.17　UNIX 7 版本的巨型文件结构

在巨型文件结构下，系统能支持的文件最大可以有 $7×256+256^2$ 个记录，文件最大为（ $7×256+256^2$ ）×512 B。

若文件的记录大于 $7×256$ 个记录时，就启用 i_addr[7]单元，将该单元用作二级间接索引。

文件索引结构中地址索引表的表项数目，采用的索引级数都与文件系统设计的目标紧密相关，因为，这些设计参数与实现方法直接影响系统能描述的文件大小、文件存取的速度等性能。UNIX 系统由于采用了索引结构，其文件长度几乎不受限制。

3. UNIX system V 的索引结构

UNIX system V 采用数组 i_addr[13]作为地址索引表。图 9.18 说明了 UNIX system V 文件索引的结构。在图 9.18 中，i_addr[0]～i_addr[9]为直接索引。这 10 个表目包含的是实际数据块所在的磁盘块号。i_addr[10]为一级间接索引，它指向一个一级间接索引表块，该索引表块内含有实际数据块所在的磁盘块号。i_addr[11]为二级间接索引，它指向一个二级间接索引表块，该索引表块内含有一级间接索引表块的块号集合。i_addr[12]为三级间接索引，它指向一个三级间接索引表块，该索引表块内含有二级间接索引表块的块号集合。当然，还可以有四级间接索引或五级间接索引。要注意的是，间接索引的级数越多，检索的速度越慢。在实际应用中，采用三级间接索引已经够用了，且开销适中。

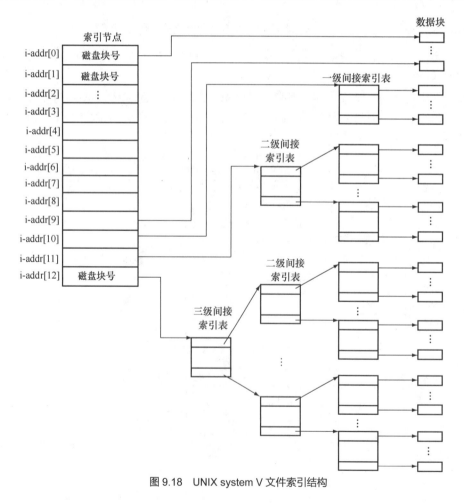

图 9.18　UNIX system V 文件索引结构

以上讨论了 UNIX 7 版本和 UNIX system V 的文件索引结构，给出了系统可以支持的文件最大构造。对于每个具体文件而言，应根据文件自身的大小确定其文件索引结构。

假设文件系统中的逻辑块的大小（与磁盘块大小相等）为 1024 B，并且假设一个块号用 32 位（4 个字节）的整数编址，这样，每个索引表块可容纳 256 个表项。一个文件可容纳的字节数的最大值可以计算出来，如图 9.19 所示。若索引节点中"文件长度"字段为 32 位，则一个文件的长度不能超过 4 GB（4 千兆）。

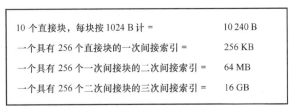

10 个直接块，每块按 1024 B 计 =	10 240 B
一个具有 256 个直接块的一次间接索引 =	256 KB
一个具有 256 个一次间接块的二次间接索引 =	64 MB
一个具有 256 个二次间接块的三次间接索引 =	16 GB

图 9.19　一个文件字节容量的计算

9.8.3 UNIX 系统文件目录结构

1. 文件目录结构

UNIX 采用树型目录结构，而且目录中带有交叉勾链。每个目录表称为一个目录文件。一个目录文件是由目录项组成的。每个目录项包含 16 个字节，一个辅存磁盘块（512 B）包含 32 个目录项。UNIX 树型目录结构如图 9.20 所示。

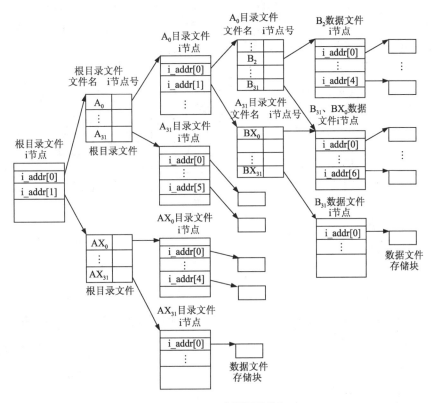

图 9.20　UNIX 树型目录结构

在目录项中，第 1、2 字节为相应文件的辅存 i 节点号，是该文件的内部标识；后 14 个字节为文件名，是该文件的外部标识。所以，文件目录项记录了文件内、外部标识的对照关系。根据文件名可以找到辅存 i 节点号，由此便得到该文件的所有者、存取许可权、文件数据的地址分布等信息。核心就像为普通文件存储数据那样来为目录存储数据，也使用索引节点结构和地址索引结构。进程可以按它们读正规文件的方式读文件，但核心保留写目录的权利，因此能保证它的结构的正确性。

每个文件系统（基本或子文件系统）都有一个根目录文件，它的辅存 i 节点是相应文件存储设备上辅存索引区中的第一个，其位置固定，很容易找到。当要打开某个文件时，从根目录的 i 节点可以找到根目录文件的索引结构，得到根目录文件的每个数据块，将待打开文件的路径信息与目录文件中的目录项逐一比较，可以得到下级目录的 i 节点号，并最终得到目标文件的 i 节点号，从而得到目标文件的索引表，实现对目标文件的随机存取。

2. 文件目录结构中的勾链

UNIX 文件系统的目录结构中带有交叉勾链。用户可以用不同的文件路径名共享一个文件，即文件的勾链在用户看来是为一个已存在的文件另起一个路径名。在 UNIX 的多级目录结构中，勾链的结果表现为一个文件由多个目录项所指向。UNIX 只允许对非目录文件实行勾链。

例如，一个文件有两个名字：

/a/b/file$_1$
/c/d/file$_2$

数据文件的原有路径名为/a/b/file$_1$，目录结构如图 9.21 上半部分所示。如果再取一个路径名为/c/d/file$_2$，且目录文件/c/d 原来已有，则在此目录文件中加一新目录项，其文件名填入 file$_2$，而辅存 i 节点号则为/a/b 目录文件中 file$_1$ 目录项中已有的 i 节点号。同时，在此 i 节点中联结计数加 1。这样，两个目录项同时指向一个辅存 i 节点，因而可以共享同一数据文件。

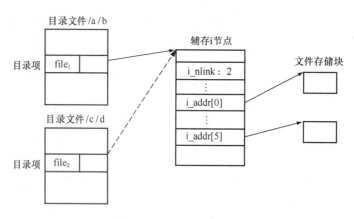

图 9.21　目录结构中的勾链

取消文件路径名/a/b/file$_1$ 或/c/d/file$_2$ 都算为解勾。解勾时，要清除相应目录项，并对辅存 i 节点的 i_nlink 做减 1 处理。单独取消/a/b/file$_1$ 或/c/d / file$_2$ 都不能取消辅存 i 节点及其代表的文件实体。只有当没有一个进程正在使用相应文件时才能释放此 i 节点和相应文件实体所占用的所有存储资源。

9.8.4　UNIX 系统的打开文件机构

当用户需要查询、读写文件信息时，文件系统必须涉及文件目录结构、文件辅存索引节点、文件地址索引表这样一些数据结构。这些表格都放在辅存上。为了提高系统效率，减少主存空间的占用，系统设置了打开文件和关闭文件操作。当打开一个文件时，建立用户与该文件的联系，其实质是将该文件在辅存中的有关目录信息、辅存 i 节点及相应的文件地址索引表拷贝到主存中。文件系统中管理这一方面工作的机构称为打开文件管理机构，简称打开文件机构。

打开文件机构由 3 部分组成。它们是活动 i 节点表、打开文件表和用户文件描述符表。

1. 活动 i 节点表

当执行打开文件操作时，将文件辅存 i 节点的有关信息拷贝到主存某一固定区域中，此时的文件称为活动文件，读进主存的这个索引节点称为主存索引节点或活动 i 节点。主存这一区域称为活动 i 节点表，它由若干个活动节点组成。

活动 i 节点的内容与辅存 i 节点的内容略有不同。为了反映文件当前活动情况，添加了如下各项：主存索引节点状态；设备号、索引节点号；主存索引节点的访问计数。活动 i 节点的结构如表 9.10 所示。

表 9.10 中有关项目解释如下。

（1）主存索引节点状态——反映主存索引节点的使用情况。它指示出：

① 索引节点是否被上锁了；

② 是否有进程正在等待索引节点变为开锁状态；

③ 作为对索引节点中的数据进行更改的结果，索引节点的主存表示是否与它的磁盘中的内容不同；

④ 作为对文件数据更改的结果，文件的主存表示是否与它的磁盘中的内容不同；

⑤ 该文件是否是安装点。

表 9.10 活动 i 节点的结构

主存索引节点状态	i_flag	文件类型	i_type
设备号	i_dev	文件存取许可权	i_mide
索引节点号	i_number	文件联结数目	i_nlink
引用计数	i_count	文件长度	i_size
文件所有者标识号	i_uid, i_gid	文件地址索引表	i_addr[13]

（2）设备号、索引节点号。对应辅存索引节点的位置信息。设备号是索引节点，也是该文件所在设备的设备号；索引节点是该索引节点在辅存索引节点区中的编号。打开某一文件时，若在主存索引节点表中找不到相应的索引节点，则在此表中分配一个空闲项，并将该文件辅存磁盘索引节点中的主要部分复制过来，然后填入相应的辅存索引节点的地址。当需要查询、修改该文件的所有者，存取许可权或改变联结状态时，就在主存索引节点进行。当文件关闭时，如果该主存索引节点已经没有其他用处了，则将弃之以移作他用。在释放前，如果发现它已被修改过，则按此更新相应辅存磁盘索引节点的内容。

（3）引用计数。指出该文件活跃引用的计数。例如，当进程打开一个文件时，引用计数加 1；关闭文件时，引用计数减 1。只有当引用计数为 0 时，核心才能把它作为空闲的索引节点重新分配给另一个磁盘索引节点。

文件所有者标识号、文件类型等其他几项则与辅存 i 节点的内容相同。

2. 系统打开文件表

一个文件可以被同一进程或不同进程用同一或不同路径名、相同的或互异的操作要求读和写同时打开。这些是动态信息，而 i 节点只是包含文件的物理结构、在目录结构中的勾链情况、对各类用户规定的存取权等静态信息。为此，文件系统设置了一个全程核心结构——系统打开文件表，以便记录打开文件所需要的一些附加信息，该表通常为 100 项。其中，每一个表项的结构如表 9.11 所示。

其中 f_flag 标志是对打开文件的读、写操作要求；f_inode 指向打开文件的主存索引节点；f_offset 是对相应打开文件进行读、写的位置指针。文件刚打开时读、写位置指针值为 0，每次读、写后，都将其移到已读、已写部分的下一个字节，引用计数 f_count 在讨论用户文件描述符表时再进行说明。

表 9.11　系统打开文件表结构

读写标志	f_flag	指向主存索引节点的指针	f_inode
引用计数	f_count	读/写位置指针	f_offset

进程打开一个文件时，需要找到或分配一个主存索引节点，还要分配一个系统打开文件表项，以便建立二者的勾链关系，即将主存索引节点的地址填入打开文件表项 f_inode 中。

3. 用户文件描述符表

每个用户可以打开一定数目的文件，这一情况记录在用户进程扩充控制块 user 的一个数组 u_ofile[NOFILE] 中。该数组称为用户文件描述符表，其中的每一项是一个指针，并指向系统打开文件表的一个表项。一个打开文件在用户文件描述表中所占的位置就是它的文件描述符（或称打开文件号）。对打开文件进行读、写时，直接使用其文件描述符，而不再使用文件路径名。由于 u_ofile[NOFILE] 数组中 NOFILE 一般为 15，所以每个进程最多可同时打开 15 个文件。

进程可以打开不同的文件，也可以对同一文件以不同的操作方式打开。

系统调用 open 的语法格式是：fd=open(pathname,modes);

这里，pathname 是文件路径名；modes 是打开的类型，读、写，或读写。

系统调用 open 返回一个称为文件描述符的整数，该整数实际上即为 u_ofile 数组中的下标，其中的 0 和 1 分别对应标准输入和输出。其他系统调用，如读、写、定位文件和确定文件状态及关闭文件等，都要使用系统调用 open 返回的文件描述符。

假定一个进程执行下列代码：

```
fd₁=open ("/etc/passwd",O_RDONLY);
fd₂=open ("loca",OWR_ONLY);
fd₃=open ("/etc/passwd",O_RDWR);
```

该进程打开文件 "/etc/passwd" 两次，一次只读，一次读写；它还以写方式打开文件 "loca" 一次。

图 9.22 给出了系统打开文件后的数据结构。打开文件操作的主要任务是将打开文件的磁盘 i 节点内容复制到主存 i 节点中，进行存取权限的检查，申请用户文件描述符表项和系统打开文件表项，建立二者的联系。最后将用户文件描述符的索引号作为文件描述符返回给进程。即使同文件（如 "/etc/passwd"）被打开两次，但因为它们对该文件操作的方式不同，所以占用了文件表的两个表项。对一个文件而言，主存索引节点只有一个，它被打开的所有引用所对应的那些文件表项都指向主存索引节点表中的同一表项。

图 9.22 中，不同的进程可以打开同一个文件。每一次打开文件的操作都会在系统打开文件表中增加一个登记项，其中包含读写指针指向文件当前操作位置。请读者考虑，两个以上的进程对同一个文件进行读写时会发生怎样的情况？此外，进程创建时，子进程继承了父进程的资源，其中包含 u_ofile 中登记的已打开文件，这就意味着子进程可以通过文件描述符使用父进程打开的文件，它们

指向系统打开文件表中同一个登记项，具有相同的读写指针。请读者考虑，当父子进程对同一个文件进行读写时又会发生怎样的情况？

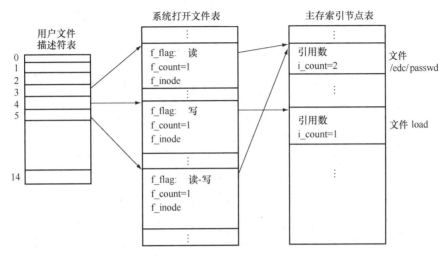

图 9.22　打开文件后的数据结构

4. 用户文件描述符表、系统打开文件表与主存索引节点表的关系

在讨论用户文件描述符表、打开文件表与主存索引节点表之间的关系之前，先要说明一下为什么打开文件表是需要的。为了实现文件共享，一种方便的方法是让对应的用户文件描述符表项指向共享文件的主存索引节点。然而这里有一个问题：UNIX 文件的每次读写都要由一个读写指针指出读写的位置，有时为了随机存取，必须预先把读写指针移到所需位置。

对于共享一个文件的各个进程来说，使用文件不必也不可能要求使用同一读写指针，所以该指针不能放在主存索引节点中，可以考虑放在各自的用户文件描述符中。但是，UNIX 中进程可以动态创建，父进程生成的子进程（一个或多个）完全继承了父进程的一切资源，包括打开了的文件。而父子进程读写文件时，有时又希望公用一个读写指针，完全同步。这样，读写指针放在各自进程的用户文件描述符表中就不合适了。所以由于进程间的同步是复杂的，为了适应这一动态的要求，就必须建立系统的打开文件表。

在系统打开文件表项中有一引用计数 f_count，它相当于指向该表项的用户文件描述符表的表项数目。系统调用 open（creat）为 f_count 置初值为 "1"。在创建子进程系统调用 fork 中，因父子进程共享该项，因而使 f_count 加 1。另有一个系统调用 dup，它的功能是为一个打开文件再取得一个文件描述符。这样，在同一进程的用户文件描述符表中再增一项，它指向系统打开文件表同一项，这时也使 f_count 加 1。系统调用 close 减少一个用户打开文件描述符表项，于是 f_count 减 1。主存索引节点表项中的 i_count 通常等于指向它的系统打开文件表项的数目，也就是使用该主存索引节点的数目。当分配一个主存索引节点时，i_count 加 1；执行释放主存索引节点时，i_count 减 1。f_count 和 i_count 反映了该文件的主存索引节点和读写指针的使用情况。

图 9.23 说明了用户文件描述符表、系统打开文件表、主存索引节点表之间的关系。图 9.23 中有 3 个进程，进程 A_1 是进程 A 的子进程，它继承了父进程的一个文件，自己又打开了另外两个文件；进程 B 独自打开了两个文件，其中有一个正好已被进程 A_1 打开。

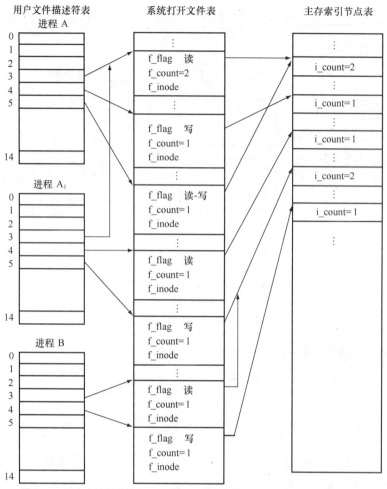

图 9.23　用户文件描述符表、系统打开文件表、主存索引节点表之间的关系

　　一个进程的用户文件描述符表中的前 3 项一般作为固定使用。其中，0#打开文件称为标准输入文件，1#打开文件称为标准输出文件，2#打开文件为标准错误文件。UNIX 系统中的进程习惯上用标准输入描述符输入数据，用标准输出描述符输出数据，用标准错误描述符写出错数据（信息）。

9.8.5　文件存储器空闲块的管理

1. 文件卷和卷管理块

文件卷是指可以有组织地存放信息、并且常常可以装卸的存储介质。

UNIX 的存储介质以 512 字节为单位划分为块，从 0 开始直到最大容量并顺序加以编号就成了一个文件卷。这种文件卷在 UNIX 中也叫文件系统。

在 UNIX 系统中，文件卷的结构如图 9.24 所示。

其中：0#块作为系统引导之用，不属文件系统管辖；1#块为文件卷的管理块；2#～(k+1)# 块（共 k 块）作为 i 节点区；(k+2)#～n# 块为文件（包括目录）存储区。

UNIX 文件存储器空闲块的管理

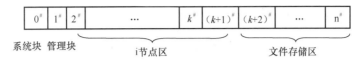

图 9.24　文件系统磁盘存储区分配图

i 节点区的大小在文件卷开始启用前由系统根据使用环境和文件卷长度确定。管理块记载着文件卷总的使用情况，其结构用 C 语言描述如下：

```
struct filsys
{
    int   s_isize;              /* i 节点区总块数 */
    int   s_fsize;              /* 文件卷总块数 */
    int   s_nfree;              /* 直接管理的空闲块数 */
    int   s_free[100];          /* 空闲块号栈 */
    int   s_ninode;             /* 直接管理的空闲 i 节点数 */
    int   s_inode[100];         /* 空闲 i 节点号栈 */
    char  s_flock;              /* 空闲块操作封锁标记 */
    char  s_ilock;              /* 空闲 i 节点分配封锁标记 */
    char  s_fmod;               /* 文件卷修改标记 */
    char  s_ronly;              /* 文件卷只读标记 */
    int   s_time;               /* 文件卷最近修改时间 */
}
```

其中，s_free[100]、s_nfree 是 filsys 直接管理的空闲盘块索引表和空闲盘块数；s_inode[100]、s_ninode 是 filsys 直接管理的空闲 i 节点索引表和 i 节点数。

2. 空闲磁盘块的管理

空闲磁盘块的管理采用成组链接法，即将空闲表和空闲链两种方法相结合。假设一开始文件存储区是空闲的，将空闲块从尾倒向前，每 100 块分为一组（注：最后一组为 99 块），每一组的最后一块作为索引表，用来登记下一组 100 块的物理块号和块数。那么，最前面的一组可能不足 100 块，这一组的物理块号和块数存放在管理块的 s_free[100] 和 s_nfree 中。这种构造方法就是空闲表和空闲链两种方法的结合。

例如，空闲块为 376，则第一组包含 99 块，而第二组、第三组皆为 100 块，第四组是剩下的 77 块。所以，管理块中的 s_nfree 为 77，s_free[100] 中共用了 0～76 各项。而第一组的索引表放在第二组的第一块中，其位置和格式与 s_nfree 和 s_free 相同。在这一张索引表中，s_free[0] 的值为 0，它是空闲盘块链的链尾标志，表示下面没有索引表用于登记空闲块了。其余各组的情况类似，如图 9.25 所示。空闲盘块的管理包括分配和释放两部分。

（1）空闲盘块的分配

分配空闲盘块时，总是从索引表中取其最后一项的值，即 s_free[－－s_nfree]，相当于出栈。当发现这是直接管理的最后一个盘块时（s_nfree 减 1 后为 0），就将该盘块的空闲盘块索引表和空闲块数读入 filsys 的 s_nfree 和 s_free[100] 中，使得用间接方式管理的下一组变为直接管理。如此类推直至最后一组。当最后一个空闲块被分配使用后，nfree 的值为 1。当再次企图分配盘块时，发现 s_free[－－s_nfree]（即 s_free[0]）的值为 0，说明已到空闲盘块链尾，再没有盘块可供分配了。这时，空闲块分配程序将打印出错信息，并返回一个 NULL 给调用者。

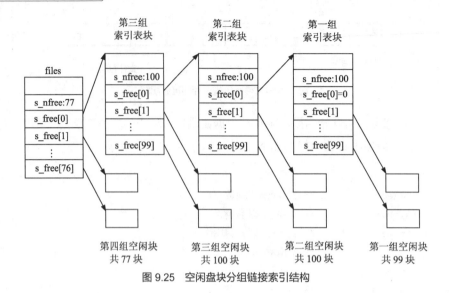

图 9.25　空闲盘块分组链接索引结构

（2）空闲盘块的释放

释放存储块时，将其块号填入 s_free 表中第一个未被占用的项，这相当于压栈。例如，若 s_nfree 的原先值为 66，则将释放块号填入 s_gfree[66] 中，然后 s_nfree 加 1 成为 67。但是在填入前，如果发现 s_free 表已满，则应将 s_nfree 和 s_free 表的内容复制到释放盘块的相应项中。这样，原先由 filsys 直接管理的 100 个空闲块就变为由释放块间接管理。然后将此释放块块号填入 s_free[0]，s_nfree 置为 1。

由此可见，对空闲盘块的分配和释放类似于栈，使用的是后进先出算法。但其管理机构分为两级，一级常驻主存（filsys 的 s_nfree 和 s_free），另一级则驻在各组的第一个盘块上。

9.8.6　UNIX 文件系统调用

1. 文件系统调用与底层算法的关系

前一节讨论了 UNIX 文件系统的主要数据结构，本节将简单介绍 UNIX 文件系统的使用。

文件操作主要包括文件创建、联结、删除、打开、关闭、读和写等。文件的使用是通过文件系统的系统调用进行的，这些系统调用的具体处理过程就是文件系统的工作过程。

文件系统调用是由各种算法的调用而实现的。这些算法有层次关系，文件系统最终调用高速缓冲中的算法。文件系统调用以及与其他算法的关系可用图 9.26 来描述。这些算法主要包括缓冲区分配算法、底层文件系统算法。

（1）缓冲区分配算法

① getblk

功能：对高速缓冲中的缓冲区进行分配

输入：设备号、块号

输出：现在能被磁盘块使用的、上了锁的缓冲区

② brelse

图 9.26　文件系统调用以及与其他算法的关系

功能：释放缓冲区

输入：上锁态的缓冲区

输出：无

③ bread

功能：读磁盘块

输入：磁盘块号

输出：含有数据的缓冲区

④ bwrite

功能：写磁盘块

输入：指向缓冲区的指针

输出：无

（2）底层文件系统算法

① iget

功能：分配主存索引节点

输入：辅存索引节点号

输出：上锁状态的主存索引节点

② iput

功能：释放索引节点

输入：指向主存索引节点的指针

输出：无

③ namei

功能：将文件路径名转换为索引节点

输入：文件路径名

输出：上了锁的主存索引节点

核心通过把一个路径名分量与目录中的一个名字匹配来决定辅存索引节点，进而分配一个主存索引节点。该算法既要调用 iget 将路径名分量转换为对应的辅存索引节点，进而分配一个主存索引节点，同时也要调用 iput 算法，释放已处理过的上一个路径名分量所对应的索引节点。

④ ialloc

功能：把一个磁盘索引节点分配给一个新建立的文件，以得到一个辅存索引节点，进而分配一个主存索引节点（算法 iget）

输入：文件所在设备号

输出：上了锁的主存索引节点

⑤ ifree

功能：释放索引节点

输入：磁盘索引节点号

输出：无

⑥ alloc

功能：分配磁盘块（该算法分配一个空闲磁盘块，并为该块分配一个缓冲区，清除该缓冲区的数据。）

    输入：设备号

    输出：用于新磁盘块的缓冲区

⑦ free

    功能：释放磁盘块

    输入：要释放的磁盘块号

    输出：无

⑧ bmap

    功能：实现从逻辑文件字节偏移量到磁盘块的映射（即按主存索引节点中包含的地址索引表，将文件的逻辑块号变为物理块号。）

    输入：主存索引节点，文件中的字节偏移量

    输出：物理块的块号、块中的字节偏移量、块中的 I/O 字节数

    上述算法中，ialloc 和 ifree 算法用于磁盘索引节点的分配与释放，alloc 和 free 算法则用于磁盘块的分配与释放。

2. 系统调用 open

    系统调用 open 是进程要存取一个文件中的数据的第一步。对于一个已经存在的文件，必须先用系统调用 open 将它打开。其形式为：

```
fd=open(pathname,modes)
```

    open 算法描述见 MODULE 9.1。该算法用 namei 在文件系统中查找文件名参数。在核心找到主存中的索引节点后，它检查打开文件的许可权，然后为该文件在系统打开文件表中分配一个表项。文件表表项中有一个指针，指向被打开文件的主存索引节点；还有一个域为文件读/写的位置指针，它是下一次读/写操作开始的位置。在 open 调用时，该偏移量值为 0，这意味着最初的读、写操作是从文件头开始的。该算法还要在用户文件描述符表（该表是进程 user 区的 u_ofile［NOFILE］项）中分配一个表项，并记下该表项的索引。这个索引就是返回给用户的文件描述符。用户文件描述符表中的表项指向所对应的系统打开文件表中的表项。如果文件不存在或不允许存取，则带错误码返回。

```
MODULE 9.1  打开文件
算法  open
输入：文件路径名，操作类型
输出：文件描述符
{
    将文件路径名转换为索引节点（算法 namei）；
    if（文件不存在或不允许存取）
        return（错误码）；
    为索引节点分配打开文件表项,置引用计数和偏移量；
    分配用户文件描述符表项,将指针指向打开文件表项；
    if（打开的类型规定是清文件）
        释放所有文件块（算法 free）；
    解锁（索引节点）；        /* 在上面 namei 算法中上锁 */
    return（用户文件描述符）；
}
```

3．系统调用 creat

系统调用 open 给出了存取一个已存在文件的过程，而系统调用 creat 则在系统中创建一个新文件。系统调用 creat 的语法格式为：

```
fd=creat(pathname,modes);
```

其中，pathname 为用户给予的新文件的路径名；modes 为文件的许可权。

如果将 mode 表示为二进制形式，那么最低的 9 位以 3 位为一组分别用来表示文件主、用户组和其他用户对该新文件的使用权。使用权有读、写、执行之分。

系统按用户进程要求创建了一个文件后返回文件描述符。如果以前不存在这个文件，则核心就以指定的文件名和许可权方式创建一个新文件；如果该文件已经存在，核心就清除该文件（释放所有已存在的数据块并将文件大小置 0）。

creat 算法的描述见 MODULE 9.2。该算法首先用 namei 分析文件路径名。当 namei 分析路径名达到最后一个分量，即系统将要创建的新文件名时，namei 记下其目录中的第一个空目录项的字节偏移量，并将该偏移量保存在 u 区中。假如以前不存在给定名字的那个文件，系统则用算法 ialloc 给新文件分配一个索引节点；然后，核心按保存在 u 区中的字节偏移量，把新文件名和新分配的索引节点写到文件目录中；接着，将新分配的索引节点和含有新名字的目录写到磁盘上（算法 bwrite）。

如果给定的文件在系统调用 creat 之前就已存在，那么核心在查找该文件名过程中会找到它的索引节点。系统清除该文件，并用算法 free 释放其所有数据块。这样，该文件看上去就像新建的文件一样。

接着，系统调用 creat，并按与系统调用 open 同样的方法进行操作。核心为创建的文件在文件表中分配一个表项，还要在用户文件描述符表中分配一个表项，最后返回这一表项的索引作为用户文件描述符。

```
MODULE 9.2  建立新文件
算法  creat
输入：文件路径名；许可权方式
输出：文件描述符
{
    取对应文件的索引节点（算法 namei）;
    if（文件已存在）
    {
        if（不允许访问）
        {
            释放索引节点（算法 iput）;
            return（错误码）;
        }
    }
    else    /* 文件还不存在 */
    {
        从文件系统中分配一个空闲索引节点（算法 ialloc）;
        在文件目录中建立新目录表项，包括新文件名和新分配的辅存索引节点号;
    }
    为主存索引节点分配文件表表项，初始化引用计数;
    在用户文件描述符表中分配一空表项,使其指向刚分配的打开文件表表项;
```

```
if（文件在创建时已存在）
    释放所有文件块（算法 free）；
解锁（索引节点）；     /* 在 namei 中上锁 */
return（用户文件描述符）；
}
```

4. 系统调用 close

当系统不再使用一个打开的文件时，就关闭该文件，系统调用 close 的语法格式为：

```
close(fd);
```

其中，fd 为一个已打开文件的文件描述符。

close 算法对文件描述符、对应的文件表表项和主存索引节点表项进行相应的处理，以完成关闭文件的操作。如果文件表项的引用计数 count 由于系统调用 fork 或 dup 而值大于 1，就意味着还有其他用户文件描述符调用这个文件表项 0。这时，核心将 f_count 减 1，关闭操作就完成了。

如果 f_count 为 1，核心则释放该文件表表项，使它重新可用。然后再考查能否释放主存索引节点，如果其他进程还引用该主存索引节点，则将 i_count 减 1，并仍保持它和其他进程的联系。如果 i_count 为 0 了，核心则归还该主存索引节点以便再次分配。当系统调用 close 结束时，对应的用户文件描述符表项为空。当一个进程退出时，核心检查它的活动用户文件描述符，并在内部关闭它们。因此，没有任何进程在终止运行之后还能保持一个打开着的文件。

5. 系统调用 read

系统调用 read 的语法格式是：

```
number=read(fd,buffer,count);
```

其中，fd 是由 open 返回的文件描述符；buffer 是用户进程中的一个数据结构的地址，在 read 调用成功时，该地址中将存放所读的数据；count 为用户要读的字节数；number 为实际读的字节数。

read 算法描述见 MODULE 9.3。

该算法首先以 fd 为索引，在用户文件描述符表中得到对应系统打开文件表的表项。然后设置 u 区中的几个 I/O 参数，这些参数是：

u_base：主存地址；

u_count：要读的字节数；

u_offset[2]：文件读、写位移，指示 I/O 操作在文件中开始的字节偏移量；

u_segflg：用户/核心空间标志。

该算法设置了 u 区中的 I/O 参数后，由文件表项的指针找到主存索引节点，并将该索引节点上锁。这时，算法进入了一个循环，直到 read 被满足。它先使用算法 bmap 将文件的字节偏移量变为磁盘块号，并记下在该块中 I/O 开始的字节偏移量，以及它在该块中应该读多少字节。然后，调用 bread 将该块读入缓冲区中，再将数据从该缓冲区复制到用户地址空间。接着，该算法根据刚读的字节数，修改 u 区中的 I/O 参数，增大文件字节偏移量和用户进程中的地址，使之成为下一次数据将要存放的地址。同时，还要减少它尚需读的字节数，以便满足用户的读请求。如果该用户的读请求还没满足，则核心将重复整个循环——将文件的字节偏移量变为磁盘块号；从磁盘将该块读入系统缓冲区；将数据从该缓冲区复制到用户进程；释放缓冲区，最后更新 u 区的 I/O 参数。当满足以下条件时循环终止：read 要求被满足；文件中不再含有数据；核心在从磁盘上读数据或将数据复制到用户空间时出错。循环结束后，核心根据它实际读的字节数更新文件表中的读/写偏移量。这样，对文件的下次读操作将按顺序给出该文件的数据。

系统调用 lseek 能够修改文件表中的偏移量值，从而可改变一个进程读或写文件中数据的次序。

MODULE 9.3　读文件

算法　read

输入：用户文件描述符；用户进程中的缓冲区地址；要读的字节数

输出：拷贝到用户区的字节数

```
{
    由用户文件描述符得到文件表项；
    检查文件的可存取性；
    在 u 区中设置用户主存地址、字节计数、标志；
    从文件表中得主存索引节点；
    索引节点上锁；
    用文件表中的偏移量设置 u 区中的字节偏移量；
    while（字节数不满足）
    {
        将文件偏移量转换为磁盘块号（算法 bmap）；
        计算块中的偏移量和要读的字节数；
        if（要读的字节数为 0）      /* 企图读文件尾 */
            bread；               /* 出循环 */
        读块（算法 bread）；
        将数据从系统缓冲区拷贝到用户地址；
        修改 u 区中的文件字节偏移量域,读计数域,再写到用户空间地址域；
        释放缓冲区；               /* 在 bread 中上锁 */
    }
    解锁索引节点；
    修改文件表中的偏移量,用作下次读；
    return（已读的总字节数）；
}
```

6. 系统调用 write

系统调用 write 的语法格式为：

```
number=write(fd,buffer,count);
```

这里，变量 fd、buffer、count 和 number 与系统调用 read 中的含义一样。写一个正规文件的算法和读一个正规文件的算法类似。然而，如果文件中还没有要写的字节偏移量所对应的块，则该算法就要调用 alloc 分配一个新块，并将该块放到该文件地址索引表的正确位置上。

和 read 类似，write 也通过一个循环不断地将数据一块一块地写往磁盘。在每次循环期间，核心要决定是写整个块还是只写块中的一部分。如果是后一种情况，则核心必须先从磁盘上把该块读进来，以防止改写仍需保持不变的那些部分。如果是写整块，核心则不必读该块，因为它总是要覆盖掉该块先前的内容。写过程一块一块地进行，核心采用延迟写的方法将数据写到磁盘上。也就是说，先把数据放到高速缓冲区中，有另一进程要读或写这一块时，就可以避免额外的磁盘操作。

9.9　Linux 文件系统

Linux 是一个成功的操作系统，它能与其他操作系统（如 Windows、其他版本的 UNIX）操作系统共存于一个计算机系统中，其他操作系统的文件格式能被透明地安装在磁盘或分区中。Linux 之所以具有这种能力，是因为它提供了一个虚拟文件系统的概念，它使用与其他 UNIX 变体相同的方法支持多种文件系统类型。

9.9.1 虚拟文件系统 VFS（Virtual File System）概述

虚拟文件系统的基本思想是在主存中存放不同类型文件系统的共同信息，这些信息中有一项（它是一个字段）是十分重要的，它指向实际文件系统所提供的操作。对用户程序所调用的每个读、写或其他操作函数，内核都能将它们替换成为支持本地的文件系统，如 Linux 文件系统（Ext）、NFS 文件系统或者文件所在的任何其他文件系统的实际操作函数。

1. 什么是虚拟文件系统

虚拟文件系统也成称为虚拟文件系统转换（Virtual File System Switch），它是一个内核软件层，用来处理与 UNIX 标准文件系统相关的所有系统调用。VFS 是应用程序与具体文件系统之间的一个抽象层，它被看作为一个"通用"的文件系统。用户程序可以利用标准 UNIX 文件系统调用对不同介质上的不同文件系统进行读、写等操作。

2. VFS 支持的文件系统类型

VFS 支持的文件系统类型有如下 3 种。

（1）磁盘文件系统

磁盘文件系统管理本地磁盘分区中可用的存储空间或者其他可以起到磁盘作用的设备（如 USB 闪存）。VFS 支持的基于磁盘的文件系统有如下几种。

① Linux 使用的文件系统，如第二扩展文件系统 Ext2、第三扩展文件系统 Ext3 和 Reiser 文件系统。
② UNIX 家族的文件系统，如 System V 文件系统、USF、MINIX 文件系统以及 ScoUnix Ware。
③ 微软公司的文件系统，如 MS-DOS、VFAT 及 NTFS。

（2）网络文件系统

网络文件系统支持对其他网络计算机上文件系统所包含文件的访问。虚拟文件系统支持的网络文件系统有 NFS、AFS、CIFS 等。

（3）特殊文件系统

特殊文件系统不管本地或远程磁盘空间，其例子是/proc 文件系统。特殊文件系统包含操作系统内核的数据结构，它提供一种便利的方式让系统程序员可以访问这些数据结构。/proc 文件系统提供对内核数据结构的常规访问点，比如，能看到系统中 CPU 的使用情况、磁盘空间占用情况、当前进程的状态等信息。

9.9.2 VFS 通用文件系统模型与 VFS 对象

1. VFS 通用文件系统模型

为了能支持不同类型的文件系统，为用户提供通用的接口，VFS 提供了一个通用的文件系统模型。该模型包括了所有不同类型的文件系统常用的功能和操作，它定义了所有文件系统都支持的基本的、概念上的接口和数据结构；另外，具体文件系统也将自身的一些操作和概念（如打开文件操作、目录概念等）在形式上与 VFS 保持一致。这样，虚拟文件系统抽象层提供的统一接口隐藏了实际文件系统的具体的实现细节。

一个用户程序中的写操作请求通过 VFS 的映射、实际文件系统的具体实施，最终将信息写到物理介质上。具体过程如图 9.27 所示。

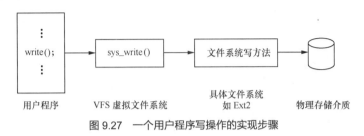

图 9.27　一个用户程序写操作的实现步骤

2. VFS 对象类型及操作

VFS 中有如下 4 种主要的对象类型。

① 超级块对象（superblock object）：它代表已安装的文件系统，存放已安装文件系统的所有信息。

② 索引节点对象（inode object）：它代表一个文件，描述一个具体文件的所有信息。

③ 目录项对象（dentry object）：它代表一个目录项，是路径名的一个组成部分。

④ 文件对象（file object）：它代表由进程打开的文件。

VFS 将目录看作文件，为了方便路径名查找而引入了目录项对象的概念。如某一个文件的路径名是/user/tmp/test，user、tmp 和 test 都属于文件，但 user、tmp 是特殊的目录文件，而 test 是一个普通文件。在文件路径名中，包括文件名在内，每一个部分都是目录项对象。在此例中，/、user、tmp和 test 都属于目录项对象。

每个主要对象都包含一个操作对象，它描述内核针对主要对象可以使用的方法。有以下 4 个操作对象。

① super_operations 对象：内核针对特定的文件系统所能调用的方法，如 read_inode()方法。

② inode_operations 对象：内核针对特定的文件所能调用的方法，如 create()方法。

③ dentry_operations 对象：内核针对特定的目录所能调用的方法，如 d_delete()方法。

④ file 对象：进程针对已打开文件所能调用的方法，如 read()和 write()方法。

3. 超级块对象

超级块对象存放已安装文件系统的有关信息。通常对应于存放在磁盘特定扇区中的文件超级块或文件控制块。超级块对象由 super_block 结构描述，超级块对象的字段如表 9.12 所示。

表 9.12　超级块对象的主要字段

字　段	说　明	字　段	说　明
s_list	指向超级块链表的指针	s_inodes	所有索引节点的链表
s_dev	设备标识符	s_files	文件对象的链表
s_maxbytes	文件的最长的长度	s_bdev	指向块设备驱动程序描述符的指针
*s_op	超级块方法	s_fs_info	指向特定文件系统的超级块信息的指针
s_count	引用计数器	⋮	⋮

所有超级块对象都以双向循环链表的形式链接在一起，链表中的第一个元素由 super_block 变量来表示，超级块对象中的 s_list 字段存放指向相邻元素的指针。s_fs_info 字段属于具体文件系统的超

级块信息，例如，安装的具体文件系统是 Ext2 文件系统，该字段就指向 ext2_sb_info 数据结构。超级块对象中最重要的一个字段是 s_op，它指向超级块的函数表，超级块函数表由 super_operation 结构体描述。该结构体的每一项都是指向超级块操作函数的指针，超级块操作函数执行文件系统和索引节点的低级操作。

4. 索引节点对象

索引节点对象包含了操作文件或目录时所需的全部信息。索引节点对文件而言是唯一的，并随文件的存在而存在。索引节点对象由 inode 结构体表示，其主要字段如表 9.13 所示。

每个文件系统都有自己的文件操作集合，如读、写文件等操作。当内核将一个索引节点从磁盘读入主存时，将指向一组文件操作的指针存放到 file_opration 结构中，该结构的地址则存放在其对应索引节点对象的 i_fop 字段中。

索引节点对象的操作函数表由 inode_operations 结构描述，该结构非常重要，因为它描述了 VFS 用以操作索引节点对象的所有方法，其地址存放在 i_op 字段中。

表 9.13　索引节点对象的主要字段

字　　段	说　　明	字　　段	说　　明
i_list	索引节点链表	i_atime	上次访问文件的时间
i_ino	索引节点号	i_ctime	上次修改索引节点的时间
i_count	引用计数器	i_blksize	块的字节数
i_mode	文件类型与访问权限	i_bloks	文件的块数
i_nlink	硬链接数（注）	*i_op	索引节点的操作
i_uid	所有者标识符	*i_fop	缺省的文件操作
i_size	文件的字节数	⋮	⋮

注：硬链接——包含在目录中的文件名就是一个文件的硬链接，或称为链接，在同一目录或不同的目录中，同一个文件可以有几个不同的文件名，即有几个链接。

5. 目录项对象

VFS 将目录看作是由若干子目录和文件组成的一个文件，一旦目录项被读入主存，VFS 就将它转换成为基于 dentry 结构的一个目录项对象。目录项对象存放目录项与对应文件进行链接的有关信息，它存放在名为 denty_cache 的 slab 分配器高速缓存中。目录项对象的主要字段如表 9.14 所示。

表 9.14　目录项对象的主要字段

字　　段	说　　明	字　　段	说　　明
d_count	引用计数器	d_name	目录项的名字
*d_inode	与文件关联的索引节点	*d_op	目录项操作表
*d_parent	父目录的目录项对象	⋮	⋮

目录项对象与超级块对象和索引节点对象不同，它没有对应的磁盘数据结构，VFS 根据字符串的路径名现场创建。d_operation 结构体描述了 VFS 目录项的所有操作。

目录项对象有如下 4 种状态。

① 空闲状态：处于该状态的目录项对象不包括有效信息，且还没有被 VFS 使用。

② 被使用状态：一个被使用的目录项对应一个有效的索引节点，这时，d_inode 指向相应的索引节点，并且该对象有一个或多个使用者，即 d_count 为正值。

③ 未被使用状态：一个未被使用的目录项对象对应一个有效的索引节点，这时，d_inode 指向

相应的索引节点，但 VFS 当前未使用它，即 d_count=0。该目录项对象指向一个有效对象，而且被保留在缓存中以便需要时再使用它。

④ 无效状态（又称为负状态）：一个无效目录项对象没有对应的有效索引节点，d_inode 为 NULL。因为索引节点已被删除或路径不再正确，但目录项仍然保留着，以便快速解析以后的路径查找。

6. 文件对象

文件对象是已打开文件在主存中的表示。在 Linux 系统中，文件对象描述了进程与已打开文件的交互，它由 open() 系统调用创建，由 close() 系统调用销毁。由于多进程可以同时打开同一个文件（文件共享时），同一个进程也可以不同的方式打开同一个文件，所以，一个文件可能对应多个文件对象。文件对象由 file 结构描述，其主要字段如表 9.15 所示。

文件指针是文件当前的位置，下一个操作将在该位置上发生。由于可能有几个进程同时访问同一个文件，因此，文件指针必须存放在文件对象中，而不是存放在索引节点对象中。f_count 引用计数器记录了使用该文件对象的进程数。文件对象操作由 file_operation 结构体描述。

表 9.15　文件对象的主要字段

字　　段	说　　明	字　　段	说　　明
f_list	用于通用文件对象链表的指针	f_mode	进程的访问方式
*f_dentry	与文件相关的目录项对象	f_pos	当前的文件位移量（文件指针）
*f_op	指向文件操作表的指针	f_uid	用户的 UID
f_count	文件对象的引用计数器	f_gids	用户的 GID
f_flags	打开文件时所指定的标志	⋮	⋮

9.9.3　与进程相关的数据结构

每个进程都有当前目录（或根目录），进程活动期间都要打开各种文件，内核需要有描述进程与文件系统相互作用的信息，也需要描述进程当前已打开的文件情况。Linux 系统有两个主要的数据结构用来描述以上信息，它们是 fs_struct 结构体和 file_struct 结构体。

1. fs_struct 结构

fs_struct 结构描述进程的当前目录（或根目录）的信息，其主要字段如表 9.16 所示。每个进程的描述符的 fs 字段就指向该进程的 fs_struct 结构体。

表 9.16　fs_struct 结构的主要字段

字　　段	说　　明	字　　段	说　　明
Count	共享此结构的进程个数	*rootmut	根目录所安装的文件系统对象
*root	根目录的目录项对象	*pwdmut	当前工作目录所安装的文件系统对象
*pwd	当前工作目录的目录项对象	⋮	⋮

2. file_struct 结构

file_struct 结构描述与每个进程相关的所有信息，如打开的文件及文件描述符等，其主要字段如表 9.17 所示。该结构的地址存放在进程描述符的 file 字段中。

表 9.17 fs_struct 结构的主要字段

字　段	说　明	字　段	说　明
Count	共享此结构的进程个数	*open_fds	指向打开文件描述符的指针
max_fds	文件对象当前的最大数目	*fd_array	文件对象指针的初始化数组
**fd	指向文件对象指针数组的指针	⋮	⋮
*close_on_exec	指向执行 exec()时需要关闭的文件描述符的指针		

fd 字段指向文件对象的指针数组，默认情况下，指向 fd_arrary 数组。fd_arrary 字段包含 32 个文件对象指针，该数组的长度存放在 max_fds 字段中。若进程打开的文件数目多于 32，内核就分配一个更大的文件指针数组，并将它的地址存入 fd 字段中，同时更新 max_fd 字段的值。

对于在 fd 数组中有元素的文件而言，数组的索引就是文件描述符。通常，数组的第一个元素（索引为 0）是进程的标准输入文件；数组的第二个元素（索引为 1）是进程的标准输出文件；数组的第三个元素（索引为 2）是进程的标准错误文件，图 9.28 所示为 fd 数组的结构。

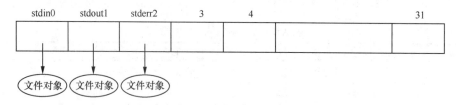

图 9.28　fd 数组的结构

9.9.4　VFS 系统调用的实现

1. 路径名的查找

在 VFS 中，有些系统调用（如 open()、mkdir()、rename()）需要给出文件的路径名以识别一个文件。这个工作的实质是从文件路径名查找相应的索引节点。

执行这一任务的标准过程就是分析路径名并将它拆分成一个文件名序列，除了最后一个文件符号名外，所有的文件名都必定是目录。

如果路径名的第一个字符是 "/"，那么这个路径名是绝对路径，因此从 current→fs→root（进程的根目录）所标识的目录开始搜寻。否则路径名是相对路径，因此应从 current→fs→pwd（进程的当前目录）所标识的目录开始搜寻。

为了获得文件对应的索引节点，内核要检查与第一个名字匹配的目录项，以获得相应的索引节点。然后从磁盘中读出索引节点的目录文件，并检查与第二个名字匹配的目录项，以获得相应的索引节点。对于包含在路径名中的每一个名字，这个过程反复执行。

为了加快这一处理过程，Linux 系统引用了目录项高速缓存。该缓存将最近最常用的目录项对象保留在主存中。这样路径名的分析在很多情况下不必再从磁盘读取中间目录。

2. 文件拷贝的例子

VFS 的系统调用是非常丰富的，这里只简略地讨论几个常用的系统调用（open()、read()、write()和 close()）的实现方法。在具体讨论前给出一个简单的文件拷贝的片段。

```
in=open(/uer/source, O_RDONLY, 0);        /* 以只读方式打开源文件*/
```

```
out=open(/uer/dest, O_WRONLY |O_CREAD |,0600);
                /* 为写而打开目标文件，若文件不存在则创建，文件主具有读写访问权限*/
while((n=read(in,buffer,32))>0)        /* 当从源文件读出的字节数大于 0 时，执行此循环*/
{    write(out,buffer,n);}             /* 将读出的内容写到目标文件中*/
```

在此例中，两次调用了 open()，第一次为读打开了源文件/user/sousce，第二次为写打开了目标文件/user/dest，若该文件不存在，则/user/dest 被创建。表 9.18 所示为 open 系统调用的标志。

表 9.18　open 系统调用的标志（部分）

标志名	说　明	标志名	说　明
O_RDONLY	为读而打开	O_EXEC	对于 O_CREAT 标志，如果文件已经存在，则失败
O_WRONLY	为写而打开	O_TRUNT	截断文件（删除所有现有的内容）
O_RDWR	为读和写而打开	O_APPEND	在文件末尾写
O_CREAT	如果文件不存在，则创建它	⋮	⋮

3. open()系统调用的实现

open()系统调用的服务例程为 sys_open()函数，该函数接收的参数为：

filename：要打开的文件路径名

fiags：访问模式的标志

mode：该文件被创建时所需要的许可权

若该系统调用成功，返回文件描述符（即为 fd 表中的索引号），否则返回-1。

sys_open()函数的主要工作如下：

① 调用 getname()函数，从进程地址空间中读取文件路径名；

② 在 current→file→fd 中查找一个空位置，获得在 fd 表中的索引号，即为该打开文件的描述符；

③ 调用 file_open()函数，传递参数，包括路径名、访问模式标志、许可权位掩码，检查操作的合法性，并设置相应的标志；

分配一个新的文件对象，设置相应的 f_flags 和 f_mode 字段；

将 f_op 字段设置为相应索引节点对象 i_fop 字段的内容，为进一步的文件操作建立所有的方法；

返回文件对象地址；

④ 将 current→file→fd[fd]置为返回的文件对象的地址；

⑤ 返回 fd（文件描述符）。

4. read()和 write()系统调用的实现

read()和 write()系统调用非常相似，所需参数如下：

fd：文件描述符；

buf：主存区地址，该缓存区包含要传送的数据；

count：指定的应传送的字节数。

返回：成功传送的字节数，或发送一个错误条件的信号并返回-1。

读或写操作总是发生在由当前文件指针所指定的文件偏移处（文件对象 f_pos 字段）。read()和write()两个系统调用都通过把所传送的字节数加到文件指针上而更新文件指针。

read()系统调用的访问例程称为 sys_read()，write()系统调用的访问例程称为 sys_write()，这两个系统调用几乎执行相同的步骤。

sys_read()和 sys_write()服务例程的主要操作如下：

① 从 fd 获取相应文件对象的地址 file；

② 若 file→f_mode 中的标志不允许读（或写）则返回一个错误码（−EBADF）；

③ 若文件对象没有 read() (或 write())文件操作，则返回一个错误码（−EINVAL）；

④ 检查 buf 和 count 参数，进行验证；

⑤ 调用 file→f_op→read()（或 file→f_op→write()）方法传送数据。执行完成返回实际传送的字节数，同时文件指针被更新；

⑥ 释放文件对象；

⑦ 返回调用者，实际传送的字节数。

5. close()系统调用的实现

close()系统调用接收的参数为要关闭文件的文件描述符 fd，其服务例程为 sys_close()。sys_close()的主要操作如下：

① 获取存放在 current→file→fd[fd]中的文件对象地址；

② 将 current→file→fd[fd]置为 NULL，释放文件描述符 fd；

③ 调用 filp_close()，释放文件上的所有锁，释放文件对象；

④ 返回 0 或一个出错码（出错码可能由文件中的前一个写操作产生）。

9.9.5　Ext2 文件系统概述

Linux 系统支持许多不同的文件系统，但第二扩展文件系统 Ext2 是 Linux 系统所固有的，它运行稳定且高效。Ext2 和它的下一代文件系统 Ext3 已成为广泛使用的 Linux 文件系统。

1. Ext2 文件系统的特征

Ext2 文件系统运行稳定、效率高，是因为它具有如下特性。

（1）可选择最佳块大小，提高系统性能

创建 Ext2 文件系统时，系统管理员可以根据预测的文件平均长度来选择最佳块大小，块大小可以从 1024 B 到 4096 B 之间选择。当文件的平均长度小于几千字节时，为减少磁盘空间的碎片，块的对象选 1024 B 为最佳。当文件的平均长度大于几千字节时，为减少磁盘空间的碎片，块的对象最好选 4096 B，因为这样可以减少磁盘传送次数，从而减轻系统开销。

（2）可选择分区上的索引节点数，有效地利用磁盘空间

创建 Ext2 文件系统时，系统管理员可以根据给定的分区大小来预测可存放的文件数，以此来确定该分区上可分配的索引节点数，这样可以有效地利用磁盘空间。

（3）以块组结构减少磁盘的平均寻道时间

Ext2 文件系统将磁盘块分组，每组包含存放在相邻磁道上的数据块和索引节点。这种块组结构使得对存放在一个单独块组中的文件进行访问时，减少了磁盘的平均寻道时间。

2. Ext2 文件类型

Ext2 文件类型如表 9.19 所示。

（1）普通文件

普通文件是最常见的，它在刚创建时是空白的，并不需要磁盘数据块，只有在开始有数据时才

分配数据块。

表 9.19　Ext2 文件类型

文件类型	说　　明	文件类型	说　　明
0	未知	4	块设备文件
1	普通文件	5	命名管道
2	目录	6	套接字
3	字符设备文件	7	符号链接

（2）目录文件

目录文件是一种特殊文件，它由 Ext2 目录项组成。Ext2 目录项是一个类型为 $ext_2\_dir\_extry\_2$ 的结构，它将文件名和索引节点号存放在一起。该结构的主要字段和说明如表 9.20 所示。

表 9.20　$ext_2\_dir\_extry\_2$ 的结构

文件类型	说　　明	文件类型	说　　明
Inode	索引节点号	file_type	文件类型
rec_len	目录项长度	Name	文件名
name_len	文件名长度		

该结构的 name 字段是一个字符型变长数组，最大为 EXT2_NAME_LEN（通常为 255 个字符），因此，这个结构的长度是可变的。另外，Linux 系统在实现时，考虑效率因素，目录项的长度总是 4 的倍数，并在必要时用 null 字符(\0)填充文件名的末尾。name_len 字段存放实际的文件名长度；file_type 字段存放文件类型的值；rec_len 为一偏移量，将它与目录项的起始地址相加可得到下一个有效目录项的起始地址。图 9.29 所示为一个目录文件的实例。

	4 字节	2 字节	1 字节	1 字节	可变长度							
	inode	rec_len	name_len	file_type	name							
0	18	12	1	2	•	\0	\0	\0				
12	20	12	2	2	•	•	\0	\0				
24	46	16	5	2	u	s	e	r	1	\0	\0	\0
40	58	12	3	2	t	m	p	\0				
52	31	16	6	1	m	y	f	i	l	e	\0	\0
68	89	12	4	1	t	e	s	t				

图 9.29　一个目录文件的实例

删除一个目录项的操作如下：

① 将 inode 字段置为 0；

② 增加前一个有效目录项 ren_len 字段的值，即加上本目录项长度。

例如，删除文件 myfile 后，它的前一个目录项（tmp）的 ren_len 字段的内容改为 28（12+16），它自身的 inode 字段置为 0。

（3）设备文件、命名管道文件和套接字

这类文件不需要数据块，所有必要的信息都存放在索引节点中。

（4）符号链接

当符号链接的路径名小于 60 个字符时，它就存放在索引节点上的 i_blocks 字段中，这样就不需要数据块。若大于 60 个字符，内核就会为它分配一个数据块。

9.9.6 Ext2 磁盘数据结构

1. Ext2 文件系统在磁盘上的分布

Ext2 磁盘数据结构就是 Ext2 存放在磁盘上的结构形式。整个磁盘的第一块为引导扇区，包括一个分区表和初始引导程序，用来引导操作系统，其余部分分成为块组，从块组 0 到块组 n，所有块组大小相同并顺序存放。这样，内核可以方便地从块组的整数序列确定磁盘一个块组的位置。Ext2 文件系统在磁盘上的分布如图 9.30 所示。

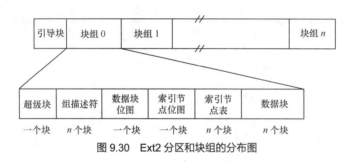

图 9.30 Ext2 分区和块组的分布图

每一个块组中的一个块或 n 个块分别用作超级块、组描述符、数据块位图、索引节点位图、索引节点表和数据块。内核使用块组 0 中所包含的超级块和组描述符，其余块中的超级块和组描述符并不使用，但它保持不变，用于文件系统状态一致性的检查。若出现数据被损坏，而且块组 0 中的超级块和组描述符变为无效时，系统管理员可以使用 e2fsck 命令将其他组块中的超级块和组描述符拷贝过来，以达到修复的目的。

Linux 文件系统采用块组结构的好处是可以减少文件的碎片，因为内核进行文件分配时，可以将属于同一文件的数据块存放在同一块组中。

一个磁盘上可建立多少个块组决定于分区的大小和块的大小，主要限制在于数据块位图。块位图用来标识一个组中块的占用/空闲状况，并存放在一个单独的块中。具体的计算方法是：设 b 是以字节为单位块的大小，每个字节为 8 位，所以 $8 \times b$ 为一个块所能表达的块数。若 s 为分区所包含的总块数，则 $s/(8 \times b)$ 就是一个分区所包含的块组的数目。

下面，举一例说明。假设一个 Ext2 的分区大小为 32 GB，块的大小为 4 KB，则

一个组块中位图所能表达的块数 $B = 8 \times b = 8 \times 4\ KB = 32\ KB$

分区总块数 $s = 32\ GB/4\ KB = (8 \times 1024 \times 1024)\ KB$

一个分区总块组数目 $= s/(8 \times b) = 8 \times 1024 \times 1024/(32 \times 1024) = 256$ 个

2. Ext2 磁盘块组结构

Ext2 磁盘块组包括超级块、组描述符、数据块位图、索引节点位图、索引节点表和数据块。下面分别做一简单描述。

（1）超级块

Ext2 在磁盘上的每个块组中的超级块存放在一个称为 ext2_super_block 的结构中，其主要字段如

表 9.21 所示。

表 9.21　ext2_super_block 结构的主要字段

文件类型	说　明	文件类型	说　明
s_inodes_count	索引节点号的总数	s_blicks_per_group	每组中的块数
s_blocks_count	以块为单位的文件系统的大小	s_inode_per_group	每组中的索引节点数
s_free_blocks_count	空闲块计数器	s_state	状态标志
s_free_inodes_count	空闲块索引节点计数器	⋮	⋮
s_log_blocks_size	块的大小		

（2）组描述符

每个块组都包含一个组描述符，它是一个 ext2_group_desc 结构，其字段说明见表 9.22。

表 9.22　ext2_group_desc 结构的主要字段

文件类型	说　明	文件类型	说　明
bg_block_bitmap	块位图的块号	bg_free_inodes_count	组中空闲索引节点的个数
bg_inode_bitmap	索引节点位图的块号	bg_user_dirs_count	组中目录的个数
bg_inode_table	第一个索引节点表块的块号	⋮	⋮
bg_free_blocks_count	组中空闲块的个数		

当分配新的索引节点和数据块时，要用到索引节点位图和数据块位图，内核将在位图中选择最合适的块进行分配。

位图是位的序列，其中值 0 表示对应的索引节点或数据块是空闲的，1 表示已占用。在 Linux 系统中，每个位图只能存放在一个单独的块中。如果块的大小是 1 KB（1024 B）、2 KB（2048 B）或 4 KB（4096 B），那么，一个单独的位图可以描述的块的数目分别为 8 K（8192）、16 K（16 384）或 32 K（32 768）个。

（3）索引节点表

索引节点表由若干个连续的块组成，索引节点表的第一块的块号存放在组描述符的 bg_inode_table 字段中。

每个索引节点的大小为 128 B，一个 1 KB（1024 B）的块可以包含 8 个索引节点，一个 4 KB（4096 B）的块包含 32 个索引节点。一个块组中的索引节点占用的块数可用以下方法计算：

块组中索引节点占用块数=组中的索引节点总数/每块中的索引节点数目

组中的索引节点总数存放在 s_inode_per_group 字段中。每个索引节点为 ext2_inode 结构，其主要字段如表 9.23 所示。

表 9.23　ext2_inode 结构的主要字段

文件类型	说　明	文件类型	说　明
i_mode	文件类型和访问权限	i_gid	用户组标识
i_uid	拥有者标识符	i_links_count	硬链接计数器
i_size	以字节为单位的文件长度	i_blocks	文件的数据块数
i_atime	最后一次访问文件的时间	i_flags	文件标志
i_ctime	索引节点最后一次改变的时间	i_block	指向数据块的指针，即为索引地址表
i_mtime	文件内容最后一次改变的时间	i_file_acl	文件访问控制表
i_dtime	文件删除的时间	⋮	⋮

　　i_blocks 字段是具有 EXTE_N_BLOCKS（通常为 15）个指针元素的数组，每个元素指向分配给文件的数据块。这 15 个元素中的一个或多个元素分别用作直接索引、一级间接索引、二级间接索引、三级间接索引，具体的使用见本书 9.7.7 节。i_size 字段长为 32 位，Linux 系统中文件的大小被限制为 4 GB，但由于 i_size 字段的最高位没有使用，所以，当前文件的最大长度限制为 2 GB。

9.9.7　Ext2 磁盘空间的管理

1. Ext2 磁盘空间管理的设计目标

　　Ext2 磁盘空间的管理涉及索引节点和数据块的分配和释放，其设计目标如下。

Linux 系统的索引结构

　　① 尽量避免造成文件碎片。在分配数据块时要尽量避免将文件物理地存放在几个小的、不相邻的磁盘块上，这样可减少文件碎片的产生。文件碎片会增加对文件的连续操作的平均时间，因为在读操作时，磁头必须频繁地重新定位。

　　② 提高效率。在文件操作时，需要将文件的逻辑偏移量快速地映射为 Ext2 分区上的相应的磁盘块号，所以在进行索引节点和数据块分配时应考虑以下几个因素：映射关系简单；实现高效；能减少内核对磁盘寻址表的访问次数，从而减少文件的平均访问时间。

　　下面主要讨论数据块的寻址问题，即 Ext2 文件索引结构。

2. Ext2 文件索引结构

　　一个普通文件创建后，只要它不为空，内核一定给它分配一组数据块。当文件需要进行读、写操作时，需要定位到信息在磁盘上的物理位置，这就是数据块的寻址问题。在 Ext2 文件系统中，从文件的偏移量 f 确定相应数据块在磁盘上的块号需要如下两个步骤：

　　① 从偏移量 f 导出文件的逻辑块号（逻辑记录号）：f/文件系统的逻辑块大小（结果取整）；

　　② 将文件的逻辑块号（逻辑记录号）转化为相应的磁盘块号。

　　磁盘索引节点上的 i_block 字段包含 Ext2_n_blocks（通常为 15）个指针元素，这些元素中包含已分配给文件的磁盘块号。在 Linux 系统中，这 15 个元素组成的数组按如下方式使用：0～11 用作直接索引；12 用作一级间接索引；13 用作二级间接索引；14 用作三级间接索引。Ext2 文件系统的索引结构如图 9.31 所示。

　　（1）直接索引

　　在 0～11 个数组单元主存放的是文件的逻辑记录所在的磁盘块号。直接索引可登记逻辑记录号从 0 到 11 范围内的映射关系。

　　（2）一级间接索引

　　在第 12 个数组单元主存放的是一级间接索引表所占用的磁盘块号。在一级间接索引表中的每一个表项的内容是文件的逻辑记录所在的磁盘块号。

　　设 b=4 KB（磁盘块的大小），每个逻辑记录号占 4 B 字节，这样一个磁盘块用作索引表时，可有 n 个表项：$n=b/4=1$ K 个。

　　所以一级间接索引可登记逻辑记录号从 12 到（$b/4+11$）范围内的映射关系。

　　（3）二级间接索引

　　在第 13 个数组单元主存放的是二级间接索引表所占用的磁盘块号。二级间接索引表共有 n 个表项，每一个表项都分别指向一个一级间接索引表，即每一个表项的内容分别是各一级间接索引表所在的磁盘块号。在每个一级间接索引表中的每一个表项中存放的是逻辑记录所在的磁盘块号。

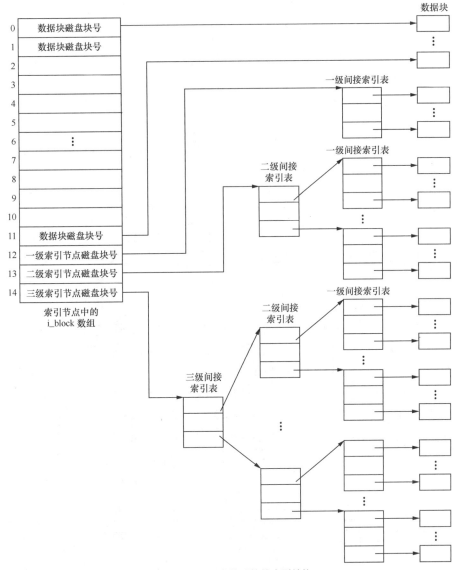

图 9.31　Ext2 文件系统的索引结构

二级间接索引表可有（$b/4$）^{2} 个表项，

它可登记逻辑记录号从（12+1024）到（12+1024）+（1024^2-1）范围内的映射关系。

（4）三级间接索引

在第 13 个数组单元主存放的是三级间接索引表所占用的磁盘块号。按上述类似的分析可知，三级间接索引表可有（$b/4$）^{3} 个表项，

它可登记逻辑记录号从（12+1024+1024^2）到（12+1024+1024^2）+（1024^3-1）范围内的映射关系。

以上的设计说明在 Ext2 文件系统中，假定磁盘块大小为 4 KB，每个逻辑记录号占 4 B 字节，那么系统可支持的文件大小最大为：

文件最大块数=（12+1024+1024^2+1024^3）个（磁盘块）

文件最大字节数=（12+1024+1024^2+1024^3）× 4 KB

以上给出的是 Linux 系统的文件索引结构，它描述了给定磁盘块大小、逻辑记录号占用的字节数

后，系统可以支持的文件最大构造。而对于每个具体文件而言，都有自己的文件索引结构，要根据每个不同的文件自身的大小确定其索引级别。小文件可能只用到直接索引，所以它的查找速度是最快的。稍大些的文件可能要用到一级间接索引或二级间接索引，而对大文件而言可能涉及三级间接索引，但它的查找速度比小文件慢。

3. Ext2 文件索引结构的特点

（1）支持文件快速查找

Ext2 文件系统支持小文件的快速查找，若文件所需占用的磁盘数据块数小于 12，则可直接索引，只需两次磁盘访问就可检索到所需数据，一次是访问磁盘索引节点 i_block 数组中的一个元素，另一次是读所需的磁盘块。若文件小于 $12+b/4$，可通过直接索引和一级间接索引较快地查找到所需信息。

对于大文件而言，需要二级间接、甚至三级间接索引，若查找信息的速度很慢，可能需要三四次访问磁盘才能找到所需的磁盘块。但现代操作系统一般都采用高速缓存来减少实际访问磁盘的次数。

（2）磁盘块大小可选择

大的磁盘块可允许 Ext2 将更多的逻辑记录号放在一个单独的磁盘块内，因为间接索引表块是用磁盘块来做的。表 9.24 所示为磁盘块大小与文件最大可能的大小之间的关系。

下面给出当磁盘块大小为 1024（1 KB），逻辑记录号占 4 B 时，具体的计算方法。

采用直接索引时文件大小=12×1 K=12 KB

采用一级间接索引时文件最大=（12+1024/4）×1 K=（12+256）×1 K=268 KB

采用二级间接索引时文件最大=（（12+（1024/4）+（1024/4）^{2}）×1 K

$$=（12+256+256^2）×1K=64.26 MB$$

采用三级间接索引时文件最大=（（12+（1024/4）+（1024/4）^{2}+（1024/4）^{3}）×1K

$$=（12+256+256^2+256^3）×1 K=16.06 GB$$

表 9.24　磁盘块大小与文件最大可能的大小之间的关系

磁盘块大小	直接索引	一级间接	二级间接	三级间接
1024（1 KB）	12 KB	268 KB	64.26 MB	16.06 GB
2048（2 KB）	24 KB	1.02 MB	513.02 MB	256.5 GB
4096（4 KB）	48 KB	4.04 MB	4 GB	4 TB

9.9.8　Ext2 主存数据结构

为了提高效率，在安装 Ext2 文件系统时，存放在磁盘上的 Ext2 分区的数据结构中的大部分信息被拷贝到 RAM 中，从而使主存避免了所需进行的大量读磁盘操作。但在使用过程中，文件或文件目录、文件索引结构的内容会发生改变，所以，还要保持主存中的信息与磁盘中信息的一致性。

例如，创建文件时，会建立若干索引节点，因此 Ext2 超级块中的 s_free_count 字段的值和相应描述符中的 bg_free_inode_count 字段的值会减少。

又如，某文件追加了一些数据，这时分配给它的数据块会增加，必须修改 Ext2 超级块中的 s_free_block_count 字段的值和相应描述符中的 bg_free_block_count 字段的值。

Ext2 在磁盘上的数据结构与主存中使用的数据结构之间有着密切的关联，有些信息在高速缓存中存放。一般而言，频繁更新的数据总是存放在高速缓存中，直到相应的 Ext2 分区被卸载。Ext2 磁盘数据结构与主存数据结构的关联如表 9.25 所示。

表 9.25 Ext2 磁盘数据结构与主存数据结构的关联

类 型	磁盘数据结构	主存数据结构	缓存方式
超级块	ext2_super_block	ext2_sb_info	总是缓存
组描述符	ext2_group_desc	ext2_group_desc	总是缓存
块位图	块中的位数组	缓存区中的位数组	动态
索引节点位图	块中的位数组	缓存区中的位数组	动态
索引节点	ext2_inode	ext2_inode_info	动态
数据块	字节数组	VFS 缓冲区	动态
空闲索引节点	ext2_inode	无	从不缓存
空闲块	字节数组	无	从不缓存

缓存的数据总在 RAM 中，不必再从磁盘读数据，但必须周期性地将主存数据写回磁盘。动态模式说明的是，只要相应的索引节点、位图、数据块还在使用，其信息就保存在高速缓存中，只有当文件关闭或数据块删除后，页框回收算法才会从高速缓存中删除有关数据。

习题 9

9-1 叙述下列术语的定义并说明它们之间的关系：卷、块、文件、记录。

9-2 什么是文件系统？其主要功能是什么？

9-3 文件的逻辑结构有哪两种形式？

9-4 对文件的存取有哪两种基本方式？各有什么特点？

9-5 设文件 A 按连续文件构造，并由四个逻辑记录组成（每个逻辑记录的大小与磁盘块大小相等，均为 512 B）。若第一个逻辑记录存放在第 100 号磁盘块上，试画出此连续文件的结构。

9-6 设文件 B 按串联文件构造，并由 4 个逻辑记录组成（其大小与磁盘块大小相等，均为 512 B）。这四个逻辑记录分别存放在第 100、157、66、67 号磁盘块上，回答如下问题：

（1）画出此串联文件的结构；

（2）若要读文件 B 第 1560 字节处的信息，问要访问哪一个磁盘块？为什么？

（3）读文件 B 第 1560 字节处的信息需要进行多少次 I/O 操作？为什么？

9-7 什么是索引文件？要随机存取某一个记录时需经过几步操作？

9-8 某索引文件 A 由四个逻辑记录组成（其大小与磁盘块大小相等，均为 512 B）并分别存放在第 280、472、96、169 号磁盘块上，试画出此索引文件的结构。

9-9 某系统磁盘块大小为 512 B，文件 A 共有 10 个逻辑记录（$r_0 \sim r_9$），逻辑记录大小与磁盘块大小相等。

（1）用图画出文件 A 的索引文件结构（磁盘块号由读者确定）。

（2）当要读文件 A 的记录 r_5 时，试问需进行多少次 I/O 操作，要求做必要的说明。

9-10 试分别说明一级文件索引结构、二级文件索引结构是如何构造的？

9-11 什么是文件目录？文件目录项的主要内容是什么？

9-12 什么是一级文件目录？它的主要功能是什么？存在什么缺点？

9-13 什么是树型目录结构？它是如何构成的？

9-14 什么是文件路径名？

9-15 什么是当前目录？什么是相对路径名？

9-16 什么是"重名"问题？树型目录结构如何解决这一问题？

9-17 什么是文件共享？试简述用文件路径名加快文件查找的两种方法。

9-18 假设两个用户共享一个文件系统，用户甲要用到文件 a、b、c、e，用户乙要用到文件 a、d、e、f。已知：用户甲的文件 a 与用户乙的文件 a 实际上不是同一文件，用户甲的文件 c 与用户乙的文件 f 实际上是同一文件，甲、乙两用户的文件 e 是同一文件。试拟定一个文件组织方案，使得甲、乙两用户能共享该文件系统而不致造成混乱。

9-19 什么是软链接？什么是硬链接？

9-20 为什么硬链接只能在同一个文件系统中进行？

9-21 什么是全量转储？什么是增量转储？各有什么优、缺点？

9-22 什么是文件的安全性问题？如何实现对文件的保护？试列举一种实现方案并加以说明。

9-23 常用的文件操作命令有哪些？

9-24 什么是"打开文件"操作？什么是"关闭文件"操作？引入这两个操作的目的是什么？

9-25 UNIX 文件系统的主要特点是什么？

9-26 UNIX 系统（版本 7）针对小型文件、大型文件、巨型文件的索引结构是如何构造的？

9-27 设某文件 A 有 10 个逻辑块，另一文件 B 有 500 个逻辑块，试分别用 UNIX 7 版本的索引结构画出这两个文件的索引结构图。

9-28 设某文件 A 有 20 个逻辑块，另一文件 B 有 300 个逻辑块，试分别用 UNIX system V 的索引结构画出这两个文件的索引结构图。

9-29 UNIX 系统的文件目录项的内容是什么？这样处理的好处是什么？

9-30 在 UNIX 系统中，主存索引节点和辅存索引节点从内容上比较有什么不同？为什么要设置主存索引节点？

9-31 为什么 UNIX 只允许对非目录文件实行勾链？

9-32 试说明 UNIX 系统打开文件算法的基本功能。

9-33 Ext2 文件系统采用块组结构有什么好处？一个磁盘上可建立多少个块组由什么决定？

9-34 在 Ext2 文件系统中，根据文件偏移量 f 确定其相应数据块在磁盘上的块号需要经过哪几个步骤？

9-35 设文件 file1 有 1050 个逻辑块，试画出该文件在 Ext2 文件系统下的索引结构。

9-36 某文件系统支持连续文件、串联文件和索引文件等物理结构，磁盘块的大小为 1024 字节，磁盘块号的长度为 4 个字节，文件的大小 102 400 字节，现要读该文件的最后 1024 字节。假定文件已经打开。

（1）按连续文件结构，读出最后 1024 字节需要几次读磁盘块的操作？简要说明理由。

（2）按串联文件结构，读出最后 1024 字节需要几次读磁盘块的操作？简要说明理由。

（3）若采用多级索引文件结构，设文件索引节点中有 6 个地址项，其中前 4 个为直接地址索引，后面 2 个依次为一级、二级间接地址索引，画出这个文件的索引结构图（要求给出完整的结构，磁盘块号自定）。读出最后 1024 字节将要读哪些磁盘块？简要说明理由。

9-37　某文件系统使用多级目录结构，目录文件采用串联文件形式存放，普通文件采用二级索引结构。假设磁盘块大小为 1 KB，磁盘块号需要 4 个字节，每个目录文件最多占用 4 个磁盘块，每个文件目录项占 102 个字节。对于目录文件，上级目录存放目录文件的第一个磁盘块号，普通文件则存放索引表信息，索引表长度是 10 项，第 0～6 项为直接索引，第 7～8 项为一级间接索引，第 9 项为二级间接索引，文件读写以磁盘块为单位。回答以下问题并简要给出计算过程。

（1）一个目录下最多有多少个文件？一个普通文件到多少 K 大小时，系统需要为其建立二级索引表？

（2）打开文件/home/user/os/os1/os1.c 最少需要读多少个磁盘块？最多需要读多少个磁盘块？

（3）普通文件最大可达多少 K 字节？达到最大时，如果文件目录已打开，读取文件的某个字节最多需要读多少个磁盘块？

9-38　某文件系统中，辅存为硬盘，物理块大小为 512 B。有文件 A，包含 590 个逻辑记录，每个记录占 255 B，每个物理块存放 2 个逻辑记录。文件 A 所在的目录如图 9.32 所示，此树型目录结构由根目录节点、作为目录文件的中间节点和作为信息文件的叶节点组成。每个目录项占 127 B，每个物理块放 4 个目录项，根目录的第一块常驻主存。回答如下问题：

（1）若文件采用串连结构，链接字占 2 B，那么，要将 A 读入主存，至少要存取几次硬盘？为什么？

（2）若文件采用连续结构，那么，要将 A 的第 480 号记录读入主存，至少要存取几次硬盘？为什么？

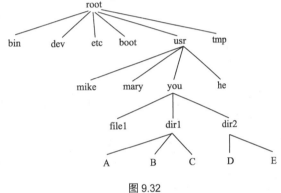

图 9.32

9-39　某系统采用成组链接法来管理系统盘的空闲存储空间，目前，磁盘的状态如图 9.33 所示。回答如下问题：

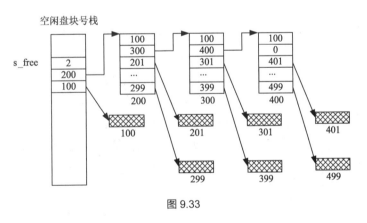

图 9.33

（1）该磁盘中目前还有多少个空闲盘块？

（2）系统需要给文件 F 分配 3 个磁盘块，试给出将被分配出去的磁盘块号。

（3）接着（在创建文件 F 之后），系统要删除另一个文件，并回收它所占的 5 个盘块，它们的盘块号依次为 700、711、703、788、701，试给出回收后的盘块链接情况。

模拟试题1

一、填空题

1. 操作系统具备处理并发活动的能力,其最重要的硬件支持是_____。
2. 所谓操作系统虚拟机的概念,是指_____。
3. 常用的资源分配策略有优先调度和_____两种。
4. P操作可能使进程由运行状态变为_____状态。
5. 当采用资源有序分配方法时,它破坏了产生死锁的四个必要条件中的_____条件。
6. 文件目录采用树型结构而不采用简单表结构的最主要原因是_____。
7. 在请求分页系统中,为实现淘汰页面的功能,在页表中应增加_____和_____两个数据项。
8. 常用的设备分配技术有独占分配、共享分配和_____分配3种。
9. 文件系统中的链接技术,指的是在_____之间进行链接。

二、选择填空题(每小题列出的四个选项中只有一个选项是符合题目要求的,请将正确选项的字母填在题干前的括号内。)

( )1. _____不是实时系统的基本特征。

    A. 安全性   B. 公平响应   C. 实时性   D. 高可靠

( )2. 在用户程序中要将一个字符送到显示器上显示,应使用操作系统提供的_____接口。

    A. 系统调用   B. 键盘命令   C. 原语   D. 子程序调用

( )3. 并发进程失去封闭性特征,是指_____。

    A. 多个相互独立的进程以各自的速度向前推进

    B. 并发进程的执行结果与速度无关

    C. 并发进程执行时,在不同时刻发生的错误

    D. 并发进程共享公共变量,其执行结果与速度有关

( )4. 当一个进程处于这样的状态_____时,称为就绪状态。

    A. 它正等着读磁盘   B. 它正等着进入主存

    C. 它正等着输入一批数据   D. 它正等着CPU的控制权

( )5. 用户程序在用户态下使用特权指令所引起的中断属于_____。

    A. 程序中断   B. 硬件故障中断   C. 外部中断   D. 访管中断

( )6. 在磁盘上可以建立的物理文件有_____。

    A. 用户文件   B. 记录式文件   C. 索引文件   D. 目录文件

（   ）7. 设备独立性是指_____。

    A. I/O 设备具有独立执行 I/O 功能的特性

    B. 用户程序中使用的设备独立于具体的物理设备

    C. 能独立实现设备共享的特性

    D. 设备驱动程序独立于具体的物理设备的特性

（   ）8. 3 个进程共享 4 台绘图仪，每个使用绘图仪的进程最多使用两台，规定每个进程一次仅允许申请一台，则该系统_____。

    A. 某进程可能永远得不到绘图仪   B. 可能发生死锁

    C. 进程请求绘图仪立刻能得到   D. 不会发生死锁

三、简答题

1. 输入/输出控制的主要功能是什么？

2. 某系统采用分页存储管理方法，页面大小为 4 KB，允许用户虚地址空间最大为 16 页，允许物理主存最多为 512 个主存块。试问该系统虚地址寄存器和物理地址寄存器的长度各是多少位？作必要的说明。

四、设某系统主存容量为 512 KB，采用动态分区存储管理技术。某时刻 t 主存中有三个空闲区，它们的首地址和大小分别是：空闲区 1（30 KB，100 KB）、空闲区 2（180 KB，36 KB）、空闲区 3（260 KB，60 KB）。

1. 画出该系统在时刻 t 的主存分布图；

2. 用首次适应算法和最佳适应算法画出时刻 t 的空闲区队列结构；

3. 有程序 1 请求 38 KB 主存，用上述两种算法对程序 1 进行分配（在分配时，以空闲区高址处分割作为已分配区），要求分别画出程序 1 分配后的空闲区队列结构。

五、试给一个请求分页系统设计进程调度的方案，使系统同时满足以下条件。

1. 有合理的响应时间；

2. 有较好的外部设备利用率；

3. 缺页对程序执行速度的影响降到最低程度。

画出调度用的进程状态变迁图，并说明这样设计的理由。

六、在一个数据采集系统中，利用两个缓冲区 buf_1 和 buf_2（缓冲区大小为每次存放一个数据）来缓和读和写速度不匹配的矛盾。方法是对这两个缓冲区交替进行读、写，并规定只能对已空的缓冲区进行写操作，又只能对已满的缓冲区进行读操作。试用信号灯的 P、V 操作实现读进程与写进程的同步问题，要求用一种结构化的程序设计语言写出程序描述。

七、设一个已被打开的文件 A 有 100 个逻辑记录（逻辑记录大小与物理块大小相等，都为 512 KB），现分别用连续文件、串联文件、索引文件来构造。回答以下问题。

1. 分别画出这 3 种文件的物理结构。

2. 若要随机读 r_7 记录，问在 3 种结构下，分别要多少次磁盘读操作？要求做必要的说明。

模拟试题2

一、填空题

1. 多道运行的特征之一是微观上串行，它的含义是＿＿＿＿＿＿。

2. 操作系统是由一组资源管理程序组成的，其中＿＿＿＿＿＿是对于软件资源的管理。

3. UNIX 系统是一个＿＿＿＿＿＿类型的操作系统。

4. 某系统采用基址、限长寄存器方法实现存储保护，在这种方法中，判断是否越界的判别式为＿＿＿＿＿＿。

5. UNIX 系统缓冲管理中，使用的队列结构有＿＿＿＿＿＿和＿＿＿＿＿＿两类。

6. 在整个向量中断处理过程中，硬件负责＿＿＿＿＿＿过程。

7. 进程从结构上讲，包括＿＿＿＿＿＿几个部分。

8. 为了实现进程从有到无的变化，操作系统应提供＿＿＿＿＿＿原语。

二、判断改错题（判断下列说法是否正确，如果正确，在题干前的括号内打"√"，否则打"×"，并将该语句修改为正确的陈述，画线部分不得修改，不能改为否定句。）

（　　）1. 系统调用功能是由硬件实现的。

（　　）2. 动态地址映射是指在程序装入主存时，将逻辑地址转换成物理地址。

（　　）3. 设备虚拟技术是将独占设备改造为共享设备的技术。

（　　）4. 当采用有序资源分配方法预防死锁时，它破坏了产生死锁的四个必要条件中的部分分配条件。

（　　）5. 一组进程间发生了死锁，这时这些进程都占有资源。

（　　）6. 驱动程序与 I/O 设备的特性紧密相关，因此应为每一个 I/O 设备配备一个驱动程序。

（　　）7. 文件中的逻辑记录是用来进行 I/O 操作的基本单位。

（　　）8. 操作系统提供文件系统服务后，用户可按名存取文件，故用户使用的文件必须有不同的名字。

三、选择填空题（每小题列出的四个选项中只有一个选项是符合题目要求的。）

（　　）1. 在用户程序中将一批数据送到显示器上显示，要使用操作系统提供的＿＿＿＿＿＿接口。

　　A. 函数　　　　　B. 键盘命令　　　C. 系统调用　　　D. 图形

（　　）2. 在操作系统中，临界区是＿＿＿＿＿＿。

　　A. 进程的共享正文段　　　　　　　B. 进程中访问临界资源的程序段

　　C. 进程访问系统资源的程序段　　　D. 进程访问外部设备的程序段

（　　）3. 在请求调页的存储管理中，页表增加修改位是为了确定相应的页_____。

      A. 是否在主存　　　　　　　　　　B. 调入主存的时间

      C. 在辅存的时间　　　　　　　　　　D. 淘汰时是否写到辅存

（　　）4. 在操作系统中，处于就绪状态和等待状态的进程都没有占用处理机，当处理机空闲时_____。

      A. 就绪状态的进程和等待状态的进程都可以转换成运行状态

      B. 只有就绪状态的进程可以转换成运行状态

      C. 只有等待状态的进程可以转换成运行状态

      D. 就绪状态的进程和等待状态的进程都不能转换成运行状态

四、简答题

1. 某操作系统的设计目标是充分发挥磁盘设备的利用率。试设计该系统的进程状态，画出进程状态变迁图，并标明状态变迁可能的原因。

2. 用户在使用文件之前必须要做打开文件的操作，为什么？

五、设有如下计算程序： $x = (A^2+B^2) \times C^2/(B+C)$　其中，每一个操作看作一个进程。要求：

1. 画出此计算程序的进程流图，并注明各进程对应的操作；

2. 用信号灯的 P、V 操作实现这些进程的同步，用一种结构化的程序设计语言写出程序描述。

六、在一请求分页系统中，某程序在一个时间段内有如下的存储器引用：12、351、190、90、430、30、550（以上数字为虚存的逻辑地址）。假定主存中每块的大小为 100 B，系统分配给该程序的主存块数为 3 块。回答如下问题：（题中数字为十进制数）

1. 对于以上的存储器引用序列，给出其页面走向。

2. 设程序开始运行时，已装入第 0 页。在先进先出页面置换算法和最久未使用页面置换算法（LRU 算法）下，分别画出每次访问时该程序的主存页面情况；并给出缺页中断次数。

七、设某文件系统的文件目录项中有 6 个表目的数组用作描述文件的物理结构。磁盘块的大小为 512 字节，登记磁盘块号的表目需占 2 个字节。若此数组的前 4 个表目用作直接索引表，第五个表目用作一级间接索引，第六个表目用作二级间接索引。回答如下问题：

1. 该文件系统能构造的最大的文件有多少字节？

2. 文件 file 有 268 个记录（每个记录的大小为 512 字节），试用图画出该文件的索引结构。

八、某处有一东、西向单行道，其上交通并不繁忙。试用 P、V 操作正确实现该东、西向单行道的管理：当有车由东向西（或由西向东）行驶时，另一方向的车需要等待；同一方向的车可连续通过；当某一方向已无车辆在单行道行驶时，则另一方向的车可以驶入单行道。要求用一种结构化的程序设计语言写出程序描述。

模拟试题1答案

一、填空题

1. 中断　　2. 在裸机上配置操作系统　　3. 先来先服务　　4. 等待状态
5. 环路条件　　6. 解决重名问题　　7. 引用位　改变位　8. 虚拟分配
9. 目录表目

二、选择填空题

1. B　　2. A　　3. D　　4. D　　5. A　　6. C　　7. B　　8. D

三、简答题

1. 输入输出控制的主要功能是什么?

答:① 解释用户的 I/O 系统调用命令;② 设备驱动;③ 中断处理

2. 解答:

页面大小为 4 KB　　4 KB=2^{12}　　12 位

允许用户虚地址空间最大为 16 页　　16=2^4　　4 位

允许系统物理主存最多为 512 个主存块　　512=2^9　　9 位

虚地址寄存器位数:12+4 = 16;物理地址寄存器位数:12+9 = 21

四、解答:1. 该系统在时刻 t 的主存分布图

2. 用首次适应算法和最佳适应算法画出时刻 t 的空闲区队列结构

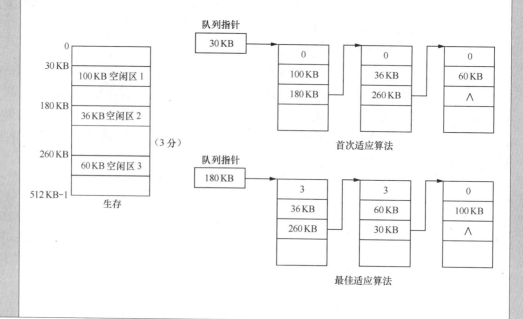

3.（1）首次适应算法：

程序 1（38 KB）第 1 块 100−38=62

（2）最佳适应算法：

程序 1（38 KB），队列中的第一个元素（大小为 36 KB），不能分配；

队列中的第二个元素（大小为 60 KB）60−38=22，队列重新排序。

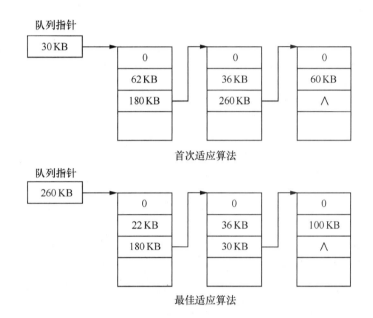

首次适应算法

最佳适应算法

五、解答：调度用的进程状态变迁图如下。

1. 有合理的响应时间：采用时间片调度；

2. 有较好的外部设备利用率：请求 I/O 的进程，I/O 完成后进入中优先就绪状态；

3. 缺页对程序执行速度的影响降到最低程度：请求页面的进程，页面调入后进入高优先就绪状态。

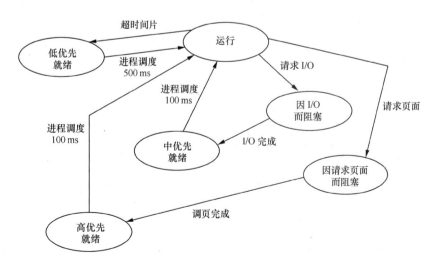

当 CPU 空闲时，首先从高优先就绪队列中选择队首元素去运行；若高优先就绪队列为空，则从

中优先就绪队列中选择队首元素去运行；若中优先就绪队列为空，则从低优先就绪队列中选择队首元素去运行。

六、在一个数据采集系统中，利用两个缓冲区 buf₁ 和 buf₂（缓冲区大小为每次存放一个数据）来缓和读和写速度不匹配的矛盾。方法是对这两个缓冲区交替进行读、写，并规定只能对已空的缓冲区进行写操作，又只能对已满的缓冲区进行读操作。试用信号灯的 P、V 操作实现读进程与写进程的同步问题，要求用一种结构化的程序设计语言写出程序描述。

解答：

```
main()
{   s₁: = 1;   / *  buf₁有无空位置 */
    s₂: = 0;   / *  buf₁有无数据 */
    t₁: = 1;   / *  buf₂有无空位置 */
    t₂: = 0;   / *  buf₂有无数据 */
    cobeging
      p₁();   / *  写进程 */
      p₂();   / *  读进程 */
    coend
}
```

```
p₁()                          p₂()
{  while(输入未完成)          {   while(输出未完成)
   {                             {
     P(s₁);                        P(s₂);
     数据放入 buf₁中；              数据从 buf₁中取出；
     V(s₂);                        V(s₁);;
     P(t₁);                        P(t₂);;
     数据放入 buf₂中；              数据从 buf₂中取出；
     V(t₂);                        V(t₁);
   }                             }
}                             }
```

七、设一个已被打开的文件 A 有 100 个逻辑记录（逻辑记录大小与物理块大小相等，都为 512 KB），现分别用连续文件、串联文件、索引文件来构造。回答以下问题。

1. 分别画出这 3 种文件的物理结构。

2. 若要随机读 r_7 记录，问在 3 种结构下，分别要多少次磁盘读操作？要求做必要的说明。

解答：

1.（1）连续文件

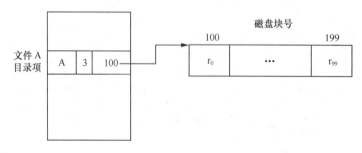

（2）串联文件

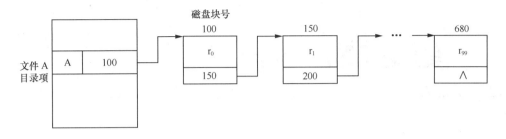

（3）索引文件

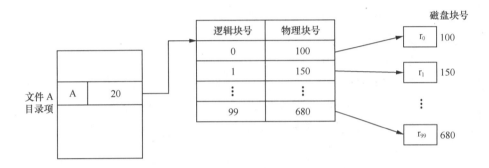

2. 随机读第 r_7 记录，文件 A 已被打开，文件目录项已在内存。

（1）连续文件　经过计算确定 r_7 记录的物理块号：

相对块号 $b=l \times r/size=512 \times 7/512=7$；

r_0 所在物理块号由文件目录项查得为 100，

r_7 的块号$=100+7=107$　可直接读 107 块，　　　　　　读 1 次

（2）串联文件　读入 r_0、r_1、…、r_7　　　　　　共读 8 次

（3）索引文件　读入索引表 1 次，

查 r_7 所在物理块，读该物理块　　　　　　　　共读 2 次

模拟试题2答案

一、填空题

1. 多道程序分时、轮流地占用 CPU

2. 文件系统

3. 多用户、分时操作系统。

4. 逻辑地址<限长寄存器内容（即地址空间长度）

5. 空闲缓冲区队列、设备缓冲区队列　　6. 中断响应过程

7. 程序、数据和进程控制块 PCB　　　　8. 进程撤销原语

二、判断改错题

1. ×，改正："硬件"改为"软件"

2. ×，改正："程序装入主存"改为"程序运行过程"

3. √

4. ×，改正："部分分配"改为"环路"

5. √

6. ×，改正："每一个 I/O 设备"改为"每一类 I/O 设备"

7. ×，改正："进行 I/O 操作"改为"用户存取信息"

8. ×，改正："必须有不同的名字"改为"可以相同，也可以不同"

三、选择填空题

1. C　　　2. B　　　3. D　　　4. B

四、简答题

1. 某操作系统的设计目标是充分发挥磁盘设备的利用率。试设计该系统的进程状态，画出进程状态变迁图，并标明状态变迁可能的原因。

解答：进程状态变迁图及状态变迁原因如下：

状态变迁可能的原因：

变迁 1：请求磁盘 I/O。　　变迁 2：磁盘 I/O 完成。

变迁 3：当 CPU 空闲时，首先从高优先就绪队列选择一个进程去运行，给定时间片为 10 ms。

变迁 4：请求其他 I/O。　　变迁 5：其他 I/O 完成。

变迁 6：当 CPU 空闲时，高优先就绪队列为空，则从低优先就绪选择一个进程去运行，给定时间片为 500 ms。

变迁 7：时间片到。

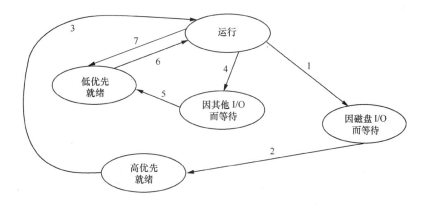

2. 用户在使用文件之前必须要做打开文件的操作，为什么?

解答：由于文件目录在辅存上，如要存取文件时都要到辅存上去查录目录，那是颇为费时的。但是，如果把整个目录在所有时间内都放在主存，则要占用大量的存储空间，所以，只需将目录文件中当前正需要使用的那些文件的目录表目复制到主存中。这样既不占用太多的主存空间，又可显著地减少查寻目录的时间。

五、设有如下计算程序：$x = (A^2 + B^2) \times C^2 / (B + C)$　其中，每一个操作看作一个进程。要求：

1. 此计算程序的进程流图如下

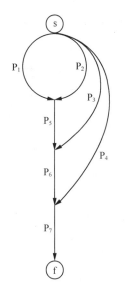

P_1 ： A^2

P_2 ： B^2

P_3 ： C^2

P_4 ： $B + C$

P_5 ： $A^2 + B^2$

P_6 ： $(A^2 + B^2) \times C^2$

P_7 ： $(A^2 + B^2) \times C^2 / (B + C)$

2. 程序描述

```
main()
{   s₁: = 0;  /* P₅能否开始 */
    s₂: = 0;  /* P₆能否开始 */
    s₃: = 0;  /* P₇能否开始 */
    cobeging
      P₁ ();  P₂ ();  P₃ ();  P₄ ();  P₅ ();  P₆ ();  P₇ ();
    coend
}
P₁ ( )              P₃ ( )                P₅ ( )          P₇ ( )
{                   {                     {  P(s₁);       {  P(s₃);
```

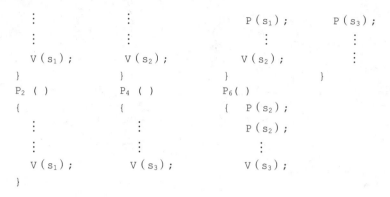

```
        ⋮               ⋮              P ( s₁ );      P ( s₃ );
        ⋮               ⋮                  ⋮              ⋮
    V ( s₁ );       V ( s₂ );         V ( s₂ );          ⋮
    }               }               }              }
    P₂ ( )          P₄ ( )          P₆( )
    {               {               {   P ( s₂ );
        ⋮               ⋮              P ( s₂ );
        ⋮               ⋮                  ⋮
    V ( s₁ );       V ( s₃ );         V ( s₃ );
    }
```

六、在一请求分页系统中，某程序在一个时间段内有如下的存储器引用：12、351、190、90、430、30、550（以上数字为虚存的逻辑地址）。假定内存中每块的大小为 100 B，系统分配给该程序的内存块数为 3 块。回答如下问题：

1. 对于以上的存储器引用序列，给出其页面走向。

0, 3, 1, 0, 4, 0, 5

2. 设程序开始运行时，已装入第 0 页。在先进先出页面置换算法和 LRU 页面置换算法下，缺页中断次数分别是多少（要求给出必要的、简洁的说明）？

先进先出页面置换算法

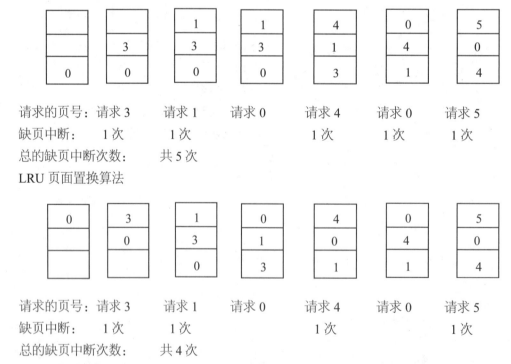

先进先出页面置换算法

		1	1	4	0	5
	3	3	3	1	4	0
0	0	0	0	3	1	4

请求的页号：请求 3　　　请求 1　　　请求 0　　　请求 4　　　请求 0　　　请求 5
缺页中断：　　1 次　　　1 次　　　　　　　　1 次　　　1 次　　　1 次
总的缺页中断次数：　　共 5 次

LRU 页面置换算法

0	3	1	0	4	0	5
	0	3	1	0	4	0
		0	3	1	1	4

请求的页号：请求 3　　　请求 1　　　请求 0　　　请求 4　　　请求 0　　　请求 5
缺页中断：　　1 次　　　1 次　　　　　　　　1 次　　　　　　　1 次
总的缺页中断次数：　　共 4 次

七、设某文件系统的文件目录项中有 6 个表目的数组用作描述文件的物理结构。磁盘块的大小为 512 字节，登记磁盘块号的表目需占两个字节。若此数组的前 4 个表目用作直接索引表，第五个表目用作一级间接索引，第六个表目用作二级间接索引。回答如下问题：

解答：

1. 该文件系统能构造的最大的文件字节数

$$（4+256+256^2）\times 512\ B = 65\ 796\times 512=33\ 687\ 552\ B$$

2. 文件 file 有 268 个记录（大小为 512 字节），试用图画出该文件的索引结构。

268 = 4+256+8　　用到二级索引

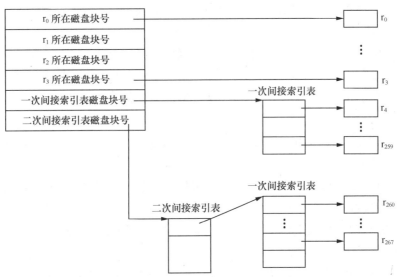

八、某处有一东、西向单行道，其上交通并不繁忙。试用 P、V 操作正确实现该东、西向单行道的管理：当有车由东向西（或由西向东）行驶时，另一方向的车需要等待；同一方向的车可连续通过；当某一方向已无车辆在单行道行驶时，则另一方向的车可以驶入单行道（要求用一种结构化的程序设计语言写出程序描述）。

解答：
```
main()
(   mutex:=1；/*两个方向车辆的互斥信号灯*/
    count1=0；/*由东向西行驶的车辆的计数变量*/
    count2=0；/*由西向东行驶的车辆的计数变量*/
    mutex1:=1；/*对计数变量 count1 操作的互斥信号灯*/
    mutex2:=1；/*对计数变量 count2 操作的互斥信号灯*/
    cobegin
    由东向西行驶的车辆：          由西向东行驶的车辆：
    Pi()                        Pj()
    {   P(mutex1);              {   P(mutex2);
            count1:=count1+1;           count2:=count2+1;
            if(count1==1)               if(count2==1)
                then  P(mutex);             then  P(mutex);
        V(mutex1);                  V(mutex2);
        由东向西行驶；               由西向东行驶；
        过了单行道；                 过了单行道；
        P(mutex1);                  P(mutex2);
            count1:=count1-1;           count2:=count2-1;
            if(count1==0)               if(count2==1)
                then  V(mutex);             then  P(mutex);
        V(mutex1);                  V(mutex2);
    }                           }
    coend
)
```
$P_i()$表示有多辆由东向西行驶的车；$P_j()$表示有多辆由西向东行驶的车。

参考文献

[1] [美] Abraham Silberschatz Peter Baer Galvin 著，郑扣根译. 操作系统概念（第六版）[M]. 北京：高等教育出版社，2004.

[2] [美] Gary Nutt 著，孟祥山，宴益慧译. 操作系统现代观点[M]. 北京：机械工业出版社，2004.

[3] Lubomir F.Bic Alan C.Shaw 著，梁洪亮等译. 操作系统原理[M]. 北京：清华大学出版社，2005.

[4] 浅析：关于 Linux 操作系统的发展史　发布时间：2006.09.06 17:07　来源：互联网　作者：mary.

[5] [美] Robert Love 著，陈莉君，康华，张波译. Linux 内核设计与实现（第 2 版）[M]. 北京：机械工业出版社，2006.

[6] [荷] Andrew S.Tanenbaum 著，陈向群，马洪兵，等译. 现代操作系统（第 2 版）[M]. 北京：机械工业出版社，2006.

[7] Daniel P.Bovet & Marco Cesati 著，陈莉君，张琼声，张宏伟译. 深入理解 Linux 内核（第三版）[M]. 北京：中国电力出版社，2007.

[8] 李善平，陈文智，等编著. 边干边学，Linux 内核指导[M]. 杭州：浙江大学出版社，2002.